"十四五"职业教育国家规划教材

辽宁省职业教育"十四五"规划教材

荣获中国石油和化学工业优秀出版物奖·教材奖

环境监测

—————— 第四版 ——————

王英健　杨永红　主编

王冬梅　主审

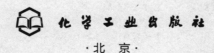

化学工业出版社

·北京·

内容简介

本书根据高等职业教育环境保护类专业的基本要求编写而成。本书结合环境监测岗位的实际监测项目和任务编排内容，培养环境监测人员的综合素质和职业能力。全书分别介绍了环境监测工作概述、水和污水监测、大气和废气监测、噪声监测、土壤污染监测、固体废物监测、生物污染监测、放射性污染监测和现代环境监测技术等。以环境监测项目、环境监测工作任务为主线，详细阐述了环境监测技术方法、环境标准、监测过程的质量保证。监测任务的选取与环境监测岗位运行同步，突出实际、实践、实用，适当兼顾新仪器、新方法和新技术的运用。本书被历届全国环境类职业技能大赛组委会指定为必备参考书。

本书贯彻生态文明思想，践行绿水青山就是金山银山的理念。推动绿色发展，促进人与自然和谐共生，充分体现了党的二十大精神进教材。

本书为高职高专环境保护类、分析检验技术等专业的教材，亦可作为其他专业相关课程的教学用书，还可供从事环境监测的技术人员参考。

图书在版编目（CIP）数据

环境监测/王英健，杨永红主编．— 4 版．—北京：
化学工业出版社，2024.5（2025.3重印）
ISBN 978-7-122-45220-7

Ⅰ.①环⋯　Ⅱ.①王⋯②杨⋯　Ⅲ.①环境监测-高
等职业教育-教材　Ⅳ.①X83

中国国家版本馆 CIP 数据核字（2024）第 052688 号

责任编辑：王文峡　　　　文字编辑：丁海蓉
责任校对：田睿涵　　　　装帧设计：韩　飞

出版发行：化学工业出版社
　　　　　（北京市东城区青年湖南街13号　邮政编码100011）
印　　装：河北京平诚乾印刷有限公司
787mm×1092mm　1/16　印张20¾　字数518千字
2025年3月北京第4版第2次印刷

购书咨询：010-64518888　　　售后服务：010-64518899
网　　址：http://www.cip.com.cn
凡购买本书，如有缺损质量问题，本社销售中心负责调换。

定　　价：49.00元

第四版前言

本书自第一版（2004年）、第二版（2009年）、第三版（2015年）出版以来，得到了广大使用者的肯定。环境监测教材在本次修订中，根据环境监测现行国家标准，结合环境监测工作岗位监测项目、监测任务和监测方法，对有关内容做了适当精选、调整和补充。参照环境监测工作岗位的职业要求、职业资格、技术规范，体现环境监测工作所需的知识、能力和素质，把环境监测工作分为若干包含监测工作和能力要求的监测项目与工作任务。教材突破原有的学科和课程界限，实现理实合一、"教、学、做"一体化，实现工学结合即"学习的内容是工作，通过工作实现学习"。摒弃理论知识完整性、系统性的观点，紧密结合环境监测任务实际，教材集专业教学、职业培训、技能鉴定于一体。

1. 环境监测项目和任务即各级环境监测中心、环境监测站、企业环境监测站的监测工作任务、监测项目和监测方法。

2. 以监测任务为载体，将知识点分布到各监测项目的任务中去，每个项目可分一个或多个任务。

3. 教材体现职业教育办学类型特点，与时代保持同步，与当地的经济发展要求同行，体现新技术、新方法、新工艺、新标准和新规定。

4. 根据学生的认知水平，适当介绍环境监测领域技术发展方向和趋势，反映企业文化、职业素养等方面的知识或案例，使学生的认知学习、情感学习和精神学习紧密结合。

5. 培养学生职业素质，提高学生的就业竞争能力。

6. 将课程思政融入教学内容，贯彻生态文明思想，践行绿水青山就是金山银山的理念。推动绿色发展，促进人与自然和谐共生，充分体现了党的二十大精神进教材。

全书共分环境监测工作概述和八个项目。主要内容包括环境监测工作概述、水和污水监测、大气和废气监测、噪声监测、土壤污染监测、固体废物监测、生物污染监测、放射性污染监测、现代环境监测技术等。

参加教材编写工作的有王英健、杨永红、杨蕴敏、潘振宇（环境监测站）、刘美（石化企业）、孙萍、顾婉娜，其中王英健、杨永红任主编。刘美编写环境监测工作概述；王英健编写项目一；杨永红编写项目二；孙萍编写项目三、五；潘振宇编写项目四；杨蕴敏编写项目六、七；顾婉娜编写项目八；全书由王英健统稿。锦州市生态环境监测站高级工程师王冬梅担任主审。

本次教材编写参考了大量环境监测教材和文献资料，谨向有关专家及原作者表示敬意与感谢！也对促成本书不断改进，不断提高编著质量的读者们表示敬意与感谢。

限于编者的水平，教材难免有疏漏或不足之处，敬请读者批评指正。

编者

2023 年 9 月

目 录

项目二　大气和废气监测　　　150

二维码资源一览表

环境监测工作概述

 知识目标

掌握环境监测工作的基本概念；熟悉环境污染和环境监测的特点；了解环境监测的目的和类型；了解环境监测的常用技术及发展趋势；明确环境监测质量保证体系的基本概念、知识、方法和监测实验室相关知识与要求；正确评价环境污染状况，保证环境监测质量。

能力目标

具备及时、准确、熟练地获得监测数据和监测结果的能力；能完成环境监测报告的书写；会运用质量保证体系，使环境监测方法和操作标准化；能运用环境标准评价环境质量；具有自学能力、探究问题的能力和解决问题的能力。

素质目标

提升生态环境意识；"尊重自然、顺应自然、保护自然"；热爱环境、保护环境；培养实事求是、诚实守信的工作作风；培养精益求精的务实精神和爱岗敬业精神；能吃苦、会做人、会创造、勇于创新。

● 任务一 认识环境监测 ●

环境监测项目概述

一、环境监测及其方案

1. 环境监测的概念

环境监测是环境保护、环境质量管理和评价的科学依据，也是环境科学的一个重要组成部分。环境监测就是运用现代科学技术手段对代表环境污染和环境质量的各种环境要素（环境污染物）的监视、监控与测定，从而科学评价环境质量及其变化趋势的操作过程。

环境监测在对污染物监测的同时，已扩展延伸为对生物、生态变化的大环境的监测。环境监测机构按照规定的程序和有关的标准、法规，全方位、多角度连续地获得各种监测信息，实现信息的捕获、传递、解析、综合及控制。

2. 环境监测方案

环境监测的过程一般为接受任务、现场调查和收集资料、监测方案设计、样品采集、样品运输和保存、样品的预处理、分析测试、数据处理、综合评价等。环境监测结果的科学、准确有赖于监测过程中每一细节的把握，以及监测前有目的、有计划、有组织的准备工作，尤为重要的是在监测前制订切实可行的监测方案。环境监测主要由采样技术、测试技术和数据处理技术构成，在明确监测目的的前提下，监测方案由以下几方面组成：采样方案，包括设计网点、采样时间、采样频率、采样方法、样品的运输、样品的储存、样品的处理等；分析测定方案，包括监测方法的选择、监测操作、制定质量保证体系等；数据处理方案，包括数据处理方法、监测报告、综合评价等。

二、环境监测的内容

环境监测的内容按监测对象、监测项目分为水和污水监测、大气和废气监测、噪声监测、土壤污染监测、固体废物监测、生物污染监测、放射性污染监测等。

生态环境监测纲要
（2020—2035 年）

1. 水和污水监测

水和污水监测是监测环境水体（江、河、湖、库和地下水等）和水污染源（生活污水、医院污水和工业废水等）。包括物理性质的监测、金属化合物的监测、非金属无机物的监测、有机化合物的监测、生物监测和水文、气象参数的测定，以及底质监测。

2. 大气和废气监测

大气和废气监测是对大气污染物及大气污染源的监测。包括分子状态污染物监测、粒子状态污染物监测、大气降水监测、大气污染生物监测，以及风向、风速、气温、气压、雨量、湿度等的测定。

3. 噪声监测

噪声监测主要是对城市区域环境噪声、城市交通噪声和工业企业噪声等的监测。

4. 土壤污染监测

土壤污染的主要来源是工业废物（污水、废渣）、农药、牲畜排泄物、生物残体和大气沉降物等，土壤污染监测主要是对土壤水分含量、有机农药、铜、铬、镉、铅等的监测。

5. 固体废物监测

固体废物主要来源于人类的生产和消费活动中被弃用的固体、泥状物质及非水液体等，固体废物监测主要是对有害物质的监测、有害特性的监测和生活垃圾的特性分析等。

6. 生物污染监测

生物从环境（大气、水体和土壤等）中吸取营养物质的同时，有害污染物也被吸入并累积于体内，使动植物被损害直至死亡。生物污染监测项目一般视具体情况而定，植物与土壤监测项目类似，水生生物与水体污染监测项目类似。

7. 放射性污染监测

随着科技进步和核工业的发展，以及人类对放射性物质的使用，环境中放射性物质含量增高，监视与防止放射性污染愈显重要。放射性污染监测主要是对环境物质中的各种放射线进行监测。

振动监测、电磁辐射监测、热监测、光监测、卫生监测等也是环境监测的内容。

三、环境监测的类型

1. 监视性监测

监视性监测又称常规监测或例行监测，是对各环境要素进行定期的经常性的监测，是监测站第一位的工作。用以确定环境质量及污染状况，评价控制措施的效果，衡量环境标准实施情况，积累监测数据，一般包括环境质量和污染源的监督监测。我国已初步形成了各级监视性监测网站。

2. 特定目的监测

特定目的监测又称特例监测或应急监测，是监测站第二位的工作，按目的不同分为以下几种。

（1）污染事故监测　污染事故发生时，及时进行现场追踪监测，确定污染程度、危害范围和大小、污染物种类、扩散方向和速度，查找污染发生的原因，为控制污染提供科学依据。

（2）纠纷仲裁监测　纠纷仲裁监测主要解决污染事故纠纷，为执行环境法规过程中产生的矛盾进行裁定。纠纷仲裁监测由国家指定的具有权威的监测部门进行，以提供具有法律效力的数据作为仲裁凭据。

（3）考核验证监测　考核验证监测主要是为环境管理制度和措施实施考核。包括人员考核、方法验证、新建项目的环境考核评价、污染治理后的验收监测等。

（4）咨询服务监测　咨询服务监测主要为环境管理、工程治理等部门提供服务，以满足社会各部门、科研机构和生产单位的需要。

3. 研究性监测

研究性监测又称科研监测，属于高层次、高水平、技术比较复杂的一种监测，通常由多个部门、多个学科协作共同完成。其任务是研究污染物或新污染物自污染源排出后，其迁移变化的趋势和规律，以及污染物对人体和生物体的危害及影响程度，包括标法研制监测、污染规律研究监测、背景调查监测、综评研究监测等。

四、环境监测的目的

环境监测是环境保护的"眼睛"，其目的是客观、全面、及时、准确地反映环境质量现状及发展变化趋势，为环境保护、环境管理、环境规划、污染源控制、环境评价提供科学依据。

① 与环境质量标准比较，评价环境质量优劣。

② 根据掌握的污染物分布和浓度、污染速度和发展趋势以及影响程度，追踪污染源，确定控制和防治方法，评价保护措施的效果。

③ 根据长期积累的数据和资料，为研究环境容量、实施总量控制、目标管理、预测预报环境质量提供依据。

④ 为保护人类健康、合理使用自然资源、改善人类环境以及制定和修改环境法规、环境质量标准等服务。

⑤ 为环境科学的研究提供基础数据。

五、环境监测的特点

1. 环境污染物的分类

进入环境的污染物分为无机污染物和有机污染物，常以分子、原子、离子等形式存在，如图 0-1 所示。

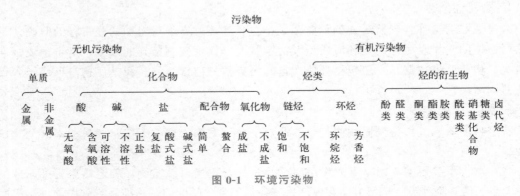

图 0-1　环境污染物

2. 环境污染的特点

（1）时、空分布性　时间分布性是指环境污染物的排放量和污染强度随时间而变化。例如工厂排放污染物的种类、浓度因生产周期的不同而随时间变化；河流丰水期、平水期和枯水期的交替，使污染物的浓度和危害随时间而变化。空间分布性是指环境污染物的排放量和污染强度随空间位置的变化而变化。例如进入河流的污染物下游浓度不断减小。环境污染物随时间和空间的变化而变化的时、空分布性，决定了要准确确定某一区域环境质量，单靠某一点位的监测结果是片面的，只有充分考虑环境污染的时、空分布性，才能获得科学、准确的监测结果。

（2）活性和持久性　活性表明污染物在环境中的稳定程度。活性高的污染物质，在环境中或在处理过程中易发生化学反应生成比原来毒性更强的污染物，造成二次污染，严重危害人体及生物。与活性相反，持久性则表示有些污染物质能长期地保持其危害性。

（3）生物可分解性、累积性　生物可分解性是指有些污染物能被生物所吸收、利用并分解，最后生成无害的稳定物质，大多数有机物都有被生物分解的可能性。如苯酚虽有毒性，但经微生物作用后可以被分解无害化。但也有一些有机物长时间不能被微生物作用而分解，属难降解有机物，如二噁英。生物累积性是指有些污染物可在人类或生物体内逐渐积累、富集，尤其在内脏器官中的长期积累，由量变到质变引起病变发生，危及人类和动植物健康。如镉可在人体的肝、肾等器官组织中蓄积，造成各器官组织的损伤；水俣病则是由甲基汞在人体内的蓄积引起的。

（4）综合效应　环境中存在多种污染物，同时存在对人或生物体的某些器官的毒害作用，有以下几种情况。单独作用是指多种污染物中某一组分发生的毒害作用，不存在协同作用；相加作用是指多种污染物发生的危害等于各污染物的毒害作用总和；相乘作用是指多种污染物发生的毒害作用超过各污染物毒害作用的总和；拮抗作用是指多种污染物发生的毒害作用彼此抵消或部分抵消的特性。

3. 环境监测的特点

环境监测就其对象、手段、时间和空间的多变性，污染物繁杂和变异性，污染物毒性大、含量低以及环境监测的特殊使命来说，其特点如下。

（1）生产性　环境监测具备生产过程的基本环节，类似于工业生产的工艺模式，方法标准化和技术规范化的管理模式，数据就是环境监测的基本产品。

（2）综合性　环境监测的对象包括大气、水、土壤、固体、生物等客体；环境监测手段包括化学的、物理的、生物的等多种方法；监测数据解析评价涉及自然和社会的诸多领域，所以具有很强的综合性。只有综合应用各种手段、综合分析各种客体、综合评价各种信息，才能准确地揭示监测信息的内涵，说明环境质量状况。

（3）追踪性　要保证监测资料的准确性和可比性，就必须依靠可靠的量值传递体系进行资料追踪溯源，为此必须建立环境监测的质量保证体系。

（4）持续性　环境污染物的特点决定了只有长期测定积累大量的数据，监测结果的准确度才高，即只有在有代表性的监测点位上持续监测，才能客观、准确地揭示环境质量及发展变化趋势。

（5）执法性　环境监测不仅要及时、准确提供监测数据，还要根据监测结果和综合分析、评价结论，为主管部门提供决策建议，并授权对监测对象执行法规情况进行执法性监督控制。

六、环境监测的原则

1. 优先污染物

世界上已知的化学物质超过几百万种，进入环境的化学物质也以十万种计。就目前的人力、物力、财力，以及污染物危害程度的差异性而言，人们不可能也没必要对每一种化学物质进行监测，只能将潜在危险性大（难降解、具有生物累积性、毒性大和三致类物质），在环境中出现频率高、残留高，检测方法成熟的化学物质定为优先监测目标，实施优先和重点监测，经过优先选择的污染物称为环境优先污染物，简称优先污染物。

美国是最早开展优先监测的国家，20世纪70年代中期就规定了水和污水中129种优先监测污染物，其后又提出了43种空气优先监测污染物。中国环境优先监测研究亦已完成，1989年提出了中国环境优先污染物名单，包括14种有毒化学品，见表0-1。

表 0-1　中国环境优先污染物名单

	化学类别	名称
1	卤代（烷、烯）烃类	二氯甲烷、三氯甲烷[①]、四氯化碳[①]、1,2-二氯乙烷[①]、1,1,1-三氯乙烷、1,1,2-三氯乙烷、1,1,2,2-四氯乙烷、三氯乙烯[①]、四氯乙烯[①]、三溴甲烷[①]
2	苯系物	苯[①]、甲苯[①]、乙苯[①]、邻二甲苯、间二甲苯、对二甲苯
3	氯代苯类	氯苯[①]、邻二氯苯[①]、对二氯苯[①]、六氯苯
4	多氯联苯类	多氯联苯[①]
5	酚类	苯酚[①]、间甲酚[①]、2,4-二氯酚[①]、2,4,6-三氯酚[①]、五氯酚[①]、对硝基酚[①]
6	硝基苯类	硝基苯[①]、对硝基甲苯[①]、2,4-二硝基甲苯[①]、三硝基甲苯、对硝基氯苯[①]、2,4-二硝基氯苯[①]
7	苯胺类	苯胺[①]、二硝基苯胺、对硝基苯胺[①]、2,6-二氯硝基苯胺
8	多环芳烃	萘、荧蒽、苯并[b]荧蒽、苯并[k]荧蒽、苯并[a]芘、茚并[1,2,3-cd]芘、苯并[ghi]芘
9	邻苯二甲酸酯类	邻苯二甲酸二甲酯、邻苯二甲酸二丁酯、邻苯二甲酸二辛酯
10	农药	六六六[①]、滴滴涕、敌敌畏[①]、乐果[①]、对硫磷[①]、甲基对硫磷[①]、除草醚、敌百虫[①]
11	丙烯腈	丙烯腈
12	亚硝胺类	N-亚硝基二丙胺
13	氰化物	氰化物
14	重金属及其化合物	砷及其化合物[①]、铍及其化合物[①]、镉及其化合物[①]、铬及其化合物[①]、铜及其化合物[①]、铅及其化合物[①]、汞及其化合物[①]、镍及其化合物[①]、铊及其化合物[①]

① 当时推荐近期实施的名单。

2. 优先监测原则

对优先污染物进行的监测称为优先监测，环境监测应遵循优先监测的原则。环境监测要遵循符合国情、全面规划、合理布局的方针，其准确性往往取决于监测过程的最薄弱环节。

七、环境监测的要求

环境监测是为环境保护，评价环境质量，制定环境管理、规划措施，制定各项环境保护法规、法令、条例提供资料、信息依据。为确保监测结果准确可靠、正确判断并能科学地反映实际，环境监测要满足下列要求。

1. 代表性

代表性主要是指取得具有代表性的能够反映总体真实状况的样品，则样品必须按照有关规定的要求、方法采集。

2. 完整性

完整性主要是指监测过程中的每一细节，尤其是监测的整体设计方案及实施、监测数据和相关信息无一缺漏地按预期计划及时获取。

3. 可比性

可比性主要是指在监测方法、环境条件、数据表达方式等相同的前提下，实验室之间对同一样品的监测结果相互可比，以及同一实验室对同一样品的监测结果应该达到相关项目之间的数据可比，相同项目没有特殊情况时，历年同期的数据也是可比的。

4. 准确性

准确性主要指测定值与真实值的符合程度。监测数据的准确性，不仅与评价环境质量有关，而且与环境治理的经济问题也有密切联系，不准确的测定数据无法评价和保证环境质量，还会导致浪费资金，造成的后果反而比没有监测数据更坏。

5. 精密性

精密性主要指多次测定值有良好的重复性和再现性。

准确性和精密性是监测分析结果的固有属性，必须按照所用方法使之正确实现。

八、环境监测的发展

环境监测是环境科学的一个分支学科，是随环境污染、环境问题的日益突出及科学技术的进步而产生和发展起来的，并逐步形成系统的、完整的环境监测体系。人们普遍认为它的发展经历了以下三个阶段。

1. 污染监测阶段或被动监测阶段

随着工业的发展，工业发达国家相继发生了震惊世界的公害事件，而这些都是化学污染物的作用结果，以确定化学污染物的组成、含量的环境分析应运而生。环境分析以间歇采样，现场或实验室分析为主要工作方式，对象是水、空气、土壤、生物等环境要素中的各种化学污染物。因此，环境分析是分析化学的发展，只是环境监测的一部分。

2. 环境监测阶段或主动监测、目的监测阶段

由于环境体系相当复杂，污染要素众多，除化学因素外，还有物理因素（如噪声、振动、电磁波、放射性、热污染等）、生物因素（如生物量测定、细菌鉴定和计数等）等，环境质量是诸多因素共同作用的结果。监测也由点到面，而且扩展到一定空间范围（区域甚至全球）；在时间上也由间歇到连续直至长期监测；在监测内容上对所有影响环境质量的要素进行分别监测，从而综合评价环境质量，此阶段为环境监测成熟阶段。

3. 污染防治监测阶段或自动监测阶段

尽管环境监测已能综合各环境因素来评价环境质量，但还不能及时地监视环境质量变化，预测变化趋势，更不能根据监测结果发布采取应急措施的指令。人们需要在极短的时间内观察到环境因素的变化，预测预报未来环境质量，当污染程度接近或超过环境标准时即可采取保护措施。基于此在环境监测中建立了自动连续监测系统，使用遥感遥测技术，监测仪器用计算机遥控并传送到中心控制室显示污染态势，真正实现了监测的实时性、连续性和完整性。

国外的环境监测起始于 20 世纪 50 年代，20 世纪 80 年代初已建立起一套现代化的监测网络。我国的环境监测起步于 20 世纪 70 年代，但发展迅速，1978 年前仅一个独立机构，现全国各级（国家级、省级、市级、县级）监测站（所）已超过 4000 个，此外已建成全球环境监测系统（GEMS）网点站的中国大气、地表水监测点等。但同时也应看到我国环境监测能力和水平还较低，可测环境要素数和可监测项目数不够多，监测手段和质量保证等方面还较落后，经费不足，管理水平不高，大型仪器和自动化监测系统大多依靠进口。

九、环境监测技术及其发展

1. 环境监测技术简介

提供强有力的
监测技术支持

环境监测技术有：化学分析法，包括称量分析法（含气化法、沉淀法）、滴定分析法（含酸碱滴定法、沉淀滴定法、配位滴定法、氧化还原滴定法）；仪器分析法，包括光学分析法（含紫外-可见吸收光谱法、原子发射光谱法、原子吸收光谱法、红外吸收光谱法、原子和分子荧光光谱法、化学发光分析法、X 射线分析法）、电化学分析法（含电导分析法、电位分析法、电位滴定法、库仑分析法、极谱分析法、阳极溶出伏安法）、色谱分析法（含气相色谱法、液相色谱法、离子色谱法、纸层色谱法、薄层色谱法）及其他（含质谱分析法、中子活化分析法、放射化学分析法）；生物分析法（即利用植物和动物在污染环境中所产生的各种反映信息来判断环境质量的方法，包括通过生物体内污染物含量的测定、观察生物在环境中受伤害症状、生物的生理反应、生物群落结构和种类变化等手段来判断环境质量）等。

2. 环境监测技术的发展

随着科技进步和环境监测的需要，环境监测在发展传统的化学分析技术基础上，发展高精密度、高灵敏度，适用于痕量、超痕量分析的新仪器、新设备，同时研制发展了适用于特定任务的专属分析仪器。计算机在监测系统中的普遍使用，使监测结果快速处理和传递，使多机联用技术广泛采用，扩大仪器的应用、使用效率和价值。发展大型、连续自动监测系统的同时，发展小型便携式仪器和现场快速监测技术。广泛采用遥测遥控技术，逐步实现监测技术的智能化、自动化和连续化。

十、环境标准

1. 环境标准的概念

环境标准是有关控制污染、保护环境的各种标准的总称，是国家为了保护人民的健康和社会财产安全，防治环境污染，促进生态良性循环，同时又合理利用资源，促进经济发展，根据环保法和有关政策在综合分析自然环境特征、生物和人体的承受力、控制污染的经济能力、技术可行的基础上，对环境中污染物的允许含量及污染源排放的数量、浓度、时间、速率（限量阈值）和技术规范所作的规定。

2. 环境标准的作用

① 环境标准是环保法规的重要组成部分和具体体现，具有法律效力，是执法的依据。

② 环境标准是推动环境保护科学进步及清洁生产工艺的动力。

③ 环境标准是环境监测的基本依据。

④ 环境标准是环境保护规划目标的体现。

⑤ 环境标准具有环境投资导向作用。

⑥ 环境标准在提高全民环境意识、促进污染治理方面具有十分重要的作用。

3. 环境标准制定原则

① 以国家的环境保护政策、法规为依据，以保护人体健康和改善环境质量为目标，促进环境效益、经济效益、社会效益的统一。

② 环境标准既要科学合理，又要便于实施，同时还要兼顾技术经济条件。

③ 环境标准应便于实施与监督，并不断修改、补充，逐步充实、完善。

④ 各类环境标准、规范之间应协调配套。

⑤ 积极采用和等效采用适合中国国情的国际标准。

4. 国家标准制定的程序

国家标准制定程序一般为：编制标准制定项目计划→组织拟定标准草案→征求意见稿→送审稿→报批稿→局长专题会审议→局务会审议→标准编号、批准、发布。

5. 环境标准的分类和分级

中国环境标准依据其性质和功能分为环境质量标准、污染物排放标准、环境基础标准、环境方法标准、环境标准样品标准和环境保护的其他标准六类。它由政府部门制定，属于强制性标准，具有法律效力。

环境标准分为国家标准和地方标准两级。国家标准是国家对环境中的各类污染物，在一定条件下的允许浓度所作的规定，适用于全国范围。地方标准是地方政府参照国家标准而制定的，地方标准是国家标准的补充、完善和具体化。

（1）环境质量标准　环境质量标准是指在一定时间和空间范围内，对环境质量的要求所作的规定。它是在保护人体健康、维持生态良性循环的基础上，对环境中污染物的允许含量所作的限制性规定。它是国家环境政策目标的体现，是制定污染物排放标准的依据，也是环境保护部门和有关部门对环境进行科学管理的重要手段。按照环境要素和污染要素分为大气、水质、土壤、噪声、放射性和生态环境质量标准等。

（2）污染物排放标准　污染物排放标准是为了实现环境质量标准目标，结合技术经济条件和环境特点，对排入环境的污染物或有害因素的控制所作的规定。它是实现环境质量标准的主要保证，也是对污染进行强制性控制的主要手段。国家污染物排放标准按其性质和内容分为部门行业污染物排放标准、通用专业污染物排放标准、一般行业污染物排放标准、地方污染物排放标准四种排放标准。

（3）环境基础标准　环境基础标准是指在环境保护标准化工作范围内，对有指导意义的符号、代号、图式、量纲、指南、导则、规范等所作的国家统一规定，是制定其他环境标准的基础，处于指导地位。

（4）**环境方法标准**　环境方法标准是指在环境保护工作范围内以抽样、分析、试验、统计、计算、测定等方法为对象制定的标准。污染环境的因素繁杂，污染物的时空变异性较大，对其测定的方法可能有许多种，但从监测结果的准确性、可比性方面考虑，环境监测必须制定和执行国家或部门统一的环境方法标准。

（5）**环境标准样品标准**　环境标准样品标准是对环境标准样品必须达到的要求所作的规定。它是为了在环境保护工作中和环境标准实施过程中校准仪器、检验监测方法、进行量值传递，由国家法定机关制作的能够确定一个或多个特性值的材料和物质。

（6）**环境保护的其他标准**　环境保护的其他标准是指除上述标准以外，对在环保工作中还需统一协调的技术规范，如仪器设备标准、环境管理办法、产品标准等所作的统一规定。

特别需要指出的是环境基础标准、环境方法标准、环境标准样品标准只有国家标准。

除上述环境标准外，还需要为统一的技术要求所制定的标准，包括执行各项环境管理制度、监测技术、环境区划、规范的技术要求、规范和导则等。

中国环境保护标准分为强制性环境标准和推荐性环境标准。环境质量标准和污染物排放标准和法律、法规规定必须执行的其他标准为**强制性标准**。强制性环境标准必须执行，超标即违法。强制性标准以外的环境标准属于**推荐性标准**。国家鼓励采用推荐性环境标准，推荐性环境标准被强制性标准引用，也必须强制执行。

6. 环境标准简介

国家环境标准代码介绍如下：GB——国家标准；GB/T——国家推荐标准；GB/Z——国家指导性技术文件；GHZB——国家环境质量标准；GWPB——国家污染物排放标准；GWKB——国家污染物控制标准；HJ——国家环境保护行业标准；HJ/T——国家环境保护行业推荐标准；CJ——国家城镇建设行业标准；CJ/T——国家城镇建设行业推荐标准。

（1）**水质标准**　水环境质量标准：《地表水环境质量标准》（GB 3838—2002）；《海水水质标准》（GB 3097—1997）；《农田灌溉水质标准》（GB 5084—2021）；《渔业水质标准》（GB 11607—89）；《生活饮用水卫生标准》（GB 5749—2022）；《生活饮用水水源水质标准》（CJ/T 3020—93）等。

污染物排放标准：《污水综合排放标准》（GB 8978—1996）；《制浆造纸工业水污染物排放标准》（GB 3544—2008）；《钢铁工业水污染物排放标准》（GB 13456—2012）等。

每一标准通常几年修订一次，新标准自然替代老标准，只是年代改变而标准号不变。如GB 8978—2002 代替 GB 8978—1996。

①《地表水环境质量标准》（GB 3838—2002）适用于中华人民共和国领域内江河、湖泊、运河、水库等具有使用功能的地表水水域。

按地表水域使用目的和环境保护目标把水域功能分为以下五类。

Ⅰ类：主要适用于源头水、国家自然保护区。

Ⅱ类：主要适用于集中式生活饮用水水源地一级保护区、珍稀水生生物栖息地、鱼虾类产卵场、仔稚幼鱼的索饵场等。

Ⅲ类：主要适用于集中式生活饮用水水源地二级保护区、鱼虾类越冬场、洄游通道、水产养殖区等渔业水域及游泳区。

Ⅳ类：主要适用于一般工业用水区及人体非直接接触的娱乐用水区。

Ⅴ类：主要适用于农业用水区及一般景观要求水域。

同一水域兼有多种功能的，依最高功能划分类别。有季节功能的，可按季节划分类别。

在标准中还规定了水体监测项目，共计109项，其中地表水环境质量标准基本项目24项，集中式生活饮用水地表水源地补充项目5项，集中式生活饮用水地表水源地特定项目80项，并规定了各项目的标准值。

②《污水综合排放标准》（GB 8978—1996）适用于现有单位水污染物的排放管理，以及建设项目的环境影响评价、建设项目环境保护设施设计、竣工验收及其投产后的排放管理。明确规定其与行业排放标准不交叉执行的原则。如造纸工业、合成氨工业、钢铁工业等行业执行污水排放国家行业标准。

该标准自1998年1月1日起生效，代替GB 8978—88。以该标准实施之日为界限，划分为两个时间段：1997年12月31日前建设的单位执行第一时间段规定的标准值；1998年1月1日起建设的单位，执行第二时间段规定的标准值。第一时间段增加控制项目10项，标准值基本维持原标准水平；第二时间段增加控制项目40项，有些项目的最高允许排放浓度适当从严，如COD、BOD_5等项目。

该标准分为一级标准、二级标准、三级标准，排放的污染物按其性质分为第一类污染物和第二类污染物。

（2）大气标准　我国现已颁布并执行的大气标准：《环境空气质量标准》（GB 3095—2012）；《大气污染物综合排放标准》（GB 16297—1996）；《锅炉大气污染物排放标准》（GB 13271—2014）等。

①《环境空气质量标准》（GB 3095—2012）适用于全国范围的环境空气质量评价。标准规定了环境空气质量功能区分类和标准分级。

一类区：自然保护区、风景名胜区和其他需要特殊保护的地区。二类区：城镇规划中确定的居住区、商业交通居民混合区、文化区、一般工业区和农村地区。三类区：特定工业区。一级标准：由一类区执行。二级标准：由二类区执行。三级标准：由三类区执行。

同时规定了各污染物不允许超过的浓度限值、监测采样和鉴定分析方法，还规定了取值时间、数据统计的有效性。

②《大气污染物综合排放标准》（GB 16297—1996）适用于现有单位大气污染物排放管理。标准设置了三项指标。指标一：通过排气筒排放的污染物最高允许排放浓度。指标二：通过排气筒排放的污染物，按排气筒高度规定的最高允许排放速率，任何一个排气筒必须同时遵守上述两项指标，超过其中一项均为超标排放。指标三：对以无组织方式排放的污染物，规定无组织排放的监控点及相应的监控浓度限值。

标准规定的最高允许排放速率，现有污染源分为一级、二级、三级，新污染源分为二级、三级，按污染源所在的环境空气质量功能区类别，执行相应级别的排放速率标准。位于一类区的污染源执行一级标准（一类区禁止新、扩建污染源，一类区现有污染源改建时执行现有污染源一级标准）；位于二类区的污染源执行二级标准；位于三类区的污染源执行三级标准。

标准还规定了监测布点、采样时间和频次、采样方法和监测方法等。

（3）噪声标准　我国现已颁布的噪声标准：《声环境质量标准》（GB 3096—2008）；《工业企业厂界环境噪声排放标准》（GB 12348—2008）；《建筑施工场界环境噪声排放标准》（GB 12523—2011）；《机场周围飞机噪声环境标准》（GB 9660—88）；《汽车定置噪声限值》（GB 16170—1996）。

①《声环境质量标准》（GB 3096—2008）适用于城市区域，乡村生活区域可参照本标

准执行。标准规定了城市中不同环境噪声区域的划分标准和标准值，见表0-2。

表0-2　城市区域环境噪声标准（等效声级 L_{eq}）　　　　单位：dB（A）

类别	昼间	夜间	类别		昼间	夜间
0	50	40	3		65	55
1	55	45	4	4a 类	70	55
2	60	50		4b 类	70	65

0 类标准：指康复疗养区等特别需要安静的区域。1 类标准：指以居民住宅、医疗卫生、文化教育、科研设计、行政办公为主要功能，需要保持安静的区域。2 类标准：指以商业金融、集市贸易为主要功能，或者居住、商业、工业混杂，需要维持住宅安静的区域。3 类标准：指以生产、仓库物流为主要功能，需要防止工业噪声对周围环境产生严重影响的区域。4 类标准：指交通干线两侧一定距离之内，需要防止交通噪声对周围产生严重影响的区域，包括 4a 类和 4b 类两种类型。4a 类为高速公路、一级公路、二级公路、城市快速路、城市主干路、城市次干路、城市轨道交通（地面段）、内河航道两侧区域；4b 类为铁路干线两侧区域。

夜间突发的噪声其最大值不准超过标准值的 15dB。

② 《工业企业厂界环境噪声排放标准》（GB 12348—2008）适用于工业企业噪声排放的管理、评价及控制。机关、事业单位、团体等对外环境排放噪声的单位也按本标准执行。工业企业厂界环境噪声排放标准见表0-3。

表0-3　工业企业厂界环境噪声排放标准（等效声级 L_{eq}）　　　　单位：dB（A）

类别	昼间	夜间	类别	昼间	夜间
0	50	40	3	65	55
1	55	45	4	70	55
2	60	50			

工业企业若位于划分声环境功能区的区域，当厂界外有噪声敏感建筑物（指医院、学校、机关、科研单位、住宅等需要保持安静的建筑物）时，由当地县级以上人民政府参照 GB 3096—2008 和 GB/T 15190—2014 的规定确定厂界外区域的声环境质量要求，并执行相应的厂界环境噪声排放限值。当厂界与噪声敏感建筑物距离小于 1m 时，厂界环境噪声应在噪声敏感建筑物的室内测量，并将表 0-3 中相应的限值减 10dB（A）作为评价依据。

7. 标准应用

环境质量标准、污染物排放或控制标准，都是环境管理的重要依据，各种标准中的限值就是管理的尺度。通常是按照计划实施监测获得准确的监测数据后，与执行的标准进行比较评价，看其是否超标，超标多少。通常超标多少以超标倍数表示。除溶解氧、pH 值外，监测项目超标倍数值按式(0-1)计算。

$$E_L = \frac{c}{c_S} - 1 \qquad\qquad (0-1)$$

式中　E_L——监测项目超标倍数；

　　　c——监测项目测定浓度值；

　　　c_S——相应监测项目的质量（或排放、控制）标准中某一级别的标准值。

计算过程中注意测定浓度与标准值浓度单位的一致性。

pH 值的超标倍数按式(0-2)、式(0-3)计算。

当测量值 pH≤7 时：

$$E_{\text{L}} = \frac{7-\text{pH}}{7-\text{pH}_{\text{S}}} - 1 \tag{0-2}$$

当测量值 pH＞7 时：

$$E_{\text{L}} = \frac{\text{pH}-7}{\text{pH}_{\text{S}}-7} - 1 \tag{0-3}$$

式中，pH_{S} 为质量（或排放、控制）标准中某一级别下限值。

当超标倍数计算值为负数时，说明该监测项目在此标准级别上不超标。当被监测的环境要素中所有监测项目都不超同一级别的标准时，才能说该环境要素满足某质量（或排放、控制）标准该级别的要求。

 任务训练

1. 什么是环境监测？环境监测方案的内容有哪些？
2. 环境监测的具体工作任务有哪些？
3. 如何理解环境监测的类型？
4. 优先污染物和优先监测的内涵是什么？在环境监测中如何贯彻优先监测原则？
5. 环境污染物的种类有哪些？环境污染的特点是什么？
6. 为什么说按环境监测要求进行监测是获得准确监测结果的前提和基础？
7. 环境监测如何适应环境污染的特点？
8. 简述环境监测技术包括的内容。
9. 环境监测和环境监测技术发展的决定性因素是什么？
10. 制定环境标准的意义是什么？
11. 简述环境标准的作用。
12. 说明中国环境标准的分类和分级。
13. 简述国家标准和地方标准的关系。

● 任务二　环境监测数据处理 ●

一、基本概念

1. 真值

在某一时刻、某一位置或状态下，某量的效应体现出的客观值或实际值称为真值。真值分为理论真值、约定真值和相对真值三种。

（1）**理论真值**　由理论推导或验证所得到的数值即为理论真值。例如三角形内角之和等于 180°。

（2）**约定真值**　由国际计量大会定义的国际单位制（包括基本单位、辅助单位和导出单位）所定义的真值称为约定真值。如长度单位米（m），是光在真空中于 1/299792458 s 的时间间隔内的运行距离。

（3）相对真值　标准器（包括标准物质）给出的数值为相对真值。高一级标准器的误差为低一级标准器或普通计量仪器误差的 1/5（或 1/20～1/3）时，即可认为前者给出的数值对后者是相对真值。

2. 误差

环境监测常使用各种测试方法来完成。由于被测量的数值形式通常不能以有限位数表示，或由于认识能力的不足和科学技术水平的限制，测量值与真值并不完全一致，表现在数值上的这种差异即为误差。任何测量结果都具有误差，误差存在于一切测量的全过程中。

误差按其产生的原因和性质可分为系统误差、随机误差和过失误差。误差有两种表示方法——绝对误差和相对误差。

3. 偏差

个别测量值（x_i）与多次测量平均值（$\overline{x}$）的偏离称为偏差。偏差分为绝对偏差、相对偏差、平均偏差、相对平均偏差、标准偏差、相对标准偏差和方差等。

4. 极差

极差为一组测量值内最大值（x_{max}）与最小值（x_{min}）之差，以 R 表示。

$$R = x_{max} - x_{min} \tag{0-4}$$

5. 总体和个体

研究对象的全体称为总体，而其中的某个元素就称为个体。

6. 样本和样本容量

总体中的一部分称为样本，样本中含有个体的数量称为此样本的容量，记作 n。

7. 平均数

平均数代表一组测量值的平均水平。当对样本进行测量时，大多数测量值都靠近平均数。最常用的平均数（简称均数）是算术均数，其定义为：

$$样本均数\ \overline{x} = \frac{\sum x_i}{n} \tag{0-5}$$

$$总体均数\ \mu = \frac{\sum x_i}{n} \quad (n \to \infty) \tag{0-6}$$

8. 有效数字

在环境监测工作中需要对大量的数据进行记录、运算、统计、分析。分析实验中实际能测量得到的数字称为有效数字，它包括确定的数字和一位不确定的数字。有效数字不仅表示出数量的大小，而且反映了测量的精确程度。

有效数字的修约规则是"四舍六入五考虑；五后非零则进一，五后皆零视奇偶，五前为偶应舍去，五前为奇则进一"。

二、可疑值的取舍

对于一次测量的数据常会遇到这样一些情况，如一组分析数据，有个别值与其他数据相差较大；多组分析数据，有个别组数据的平均值与其他组的平均值相差较大。把这种与其他数据有明显差别的数据称为可疑数据。这些可疑数据的存在往往会显著地影响分析结果，当测定数据不多时，影响尤为明显。因为正常数据具有一定的分散性，所以对于这种数据，既不能轻易保留，也不能随意舍弃，应对它进行检验，常用的判别方法有以下两种。

1. Q 检验法

Q 检验法（Dixon 检验法）常用于检验一组测定值的一致性，剔除可疑值。其具体步骤如下。

① 将测定结果按从小到大的顺序排列：x_1，x_2，x_3，…，x_n。其中 x_1 和 x_n 分别为最小可疑值和最大可疑值。

② 根据测定次数 n 计算 Q 值，计算公式见表 0-4。

③ 再在表 0-4 中查得临界值（Q_x）。

④ 将计算值 Q 与临界值 Q_x 比较，若 $Q \leqslant Q_{0.05}$，则可疑值为正常值，应保留；若 $Q_{0.05} < Q \leqslant Q_{0.01}$，则可疑值为偏离值，可以保留；若 $Q > Q_{0.01}$，则可疑值应予剔除。

表 0-4　Q 检验的统计量计算公式与临界值

统计量	n	显著性水平 α		统计量	n	显著性水平 α	
		0.01	**0.05**			**0.01**	**0.05**
$Q = \dfrac{x_n - x_{n-1}}{x_n - x_1}$（检验 x_n）	3	0.988	0.941				
	4	0.889	0.765		14	0.641	0.546
	5	0.780	0.642		15	0.616	0.525
$Q = \dfrac{x_2 - x_1}{x_n - x_1}$（检验 x_1）	6	0.698	0.560		16	0.595	0.507
	7	0.637	0.507		17	0.577	0.490
$Q = \dfrac{x_2 - x_1}{x_{n-1} - x_1}$（检验 x_1）	8	0.683	0.554	$Q = \dfrac{x_n - x_{n-2}}{x_n - x_3}$（检验 x_n）	18	0.561	0.475
	9	0.635	0.512		19	0.547	0.462
$Q = \dfrac{x_n - x_{n-1}}{x_n - x_2}$（检验 x_n）	10	0.597	0.477		20	0.535	0.450
				$Q = \dfrac{x_3 - x_1}{x_{n-2} - x_1}$（检验 x_1）	21	0.524	0.440
					22	0.514	0.430
$Q = \dfrac{x_n - x_{n-2}}{x_n - x_2}$（检验 x_n）	11	0.679	0.576		23	0.505	0.421
	12	0.642	0.546		24	0.497	0.413
$Q = \dfrac{x_3 - x_1}{x_{n-1} - x_1}$（检验 x_1）	13	0.615	0.521		25	0.489	0.406

【例 0-1】某一试验的 5 次测量值分别为 2.50、2.63、2.65、2.63、2.65，试用 Q 检验法检验测定值 2.50 是否为离群值。

解：从表 0-4 中可知，当 $n=5$ 时，用下式计算。

$$Q = \frac{x_2 - x_1}{x_n - x_1} = \frac{2.63 - 2.50}{2.65 - 2.50} = 0.867$$

查表 0-4，当 $n=5$，$\alpha = 0.01$ 时，$Q_{(5,0.01)} = 0.780$，$Q > Q_{(5,0.01)}$，故 2.50 可予舍去。

Q 检验法的缺点是没有充分利用测定数据，仅将可疑值与相邻数据比较，可靠性差。在测定次数少时，如 3～5 次测定，误将可疑值判为正常值的可能性较大。Q 检验法可以重复检验至无其他可疑值为止。但要注意 Q 检验法检验公式随 n 不同略有差异，在使用时应予注意。

2. T 检验法

T 检验法（Grubbs 检验法）常用于检验多组测定值的平均值的一致性，也可以用它来检验同组测定中各测定值的一致性。以同一组测定值中数据一致性的检验为例来介绍它的检验步骤。

① 将各数据按大小顺序排列：x_1，x_2，x_3，…，x_n。求出算术平均值 $\bar{x}$ 和标准偏差

s。将最大值记为 $x_{\max}$，最小值记为 $x_{\min}$，这两个值是否可疑，则需计算 T 值。

② 计算 T 值可以使用式(0-7)。

$$T = \frac{\overline{x} - x_{\min}}{s} \text{ 或 } T = \frac{x_{\max} - \overline{x}}{s} \tag{0-7}$$

③ T 检验临界值见表0-5（不做特别说明时，α 取 0.05），查该表得 T 的临界值 $T_{(\alpha, n)}$。

表 0-5　T 检验临界值

次数 n（组数 l）	自由度 n−1	置信度 α 0.05	置信度 α 0.01	次数 n（组数 l）	自由度 n−1	置信度 α 0.05	置信度 α 0.01
3	2	1.153	1.155	14	13	2.371	2.659
4	3	1.463	1.492	15	14	2.409	2.705
5	4	1.672	1.749	16	15	2.443	2.747
6	5	1.822	1.944	17	16	2.475	2.785
7	6	1.938	2.097	18	17	2.504	2.821
8	7	2.032	2.221	19	18	2.532	2.854
9	8	2.110	2.323	20	19	2.557	2.884
10	9	2.176	2.410	21	20	2.580	2.912
11	10	2.234	2.485	31	30	2.759	3.119
12	11	2.285	2.550	51	50	2.963	3.344
13	12	2.331	2.607	101	100	3.211	3.604

④ 如果 $T \geqslant T_{(\alpha, n)}$，则所怀疑的数据 x_1 或 x_n 是异常的，应予剔除；反之应予保留。新计算 $\overline{x}$ 和 s，求出新的 T 值，再次检验，以此类推，直到无异常的数据为止。

⑤ 在第一个异常数据剔除舍弃后，如果仍有可疑数据需要判别时，则应重对多组测定值进行检验，只要把平均值作为一个数据用以上相同步骤进行计算与检验即可。

【例 0-2】10 个实验室分析同一样品，各实验室测定的平均值按大小顺序排列为 4.41、4.49、4.50、4.51、4.64、4.75、4.81、4.95、5.01、5.39，用 T 检验法检验最大均值 5.39 是否应该被剔除。

解：$\overline{\overline{x}} = \dfrac{1}{10} \sum\limits_{i=1}^{10} \overline{x}_i = 4.746$

$s_{\overline{x}} = \sqrt{\dfrac{1}{10-1} \sum\limits_{i=1}^{10} (\overline{x}_i - \overline{\overline{x}})^2} = 0.305$

$\overline{x}_{\max} = 5.39$

所以　$T = \dfrac{\overline{x}_{\max} - \overline{\overline{x}}}{s_{\overline{x}}} = \dfrac{5.39 - 4.746}{0.305} = 2.11$

当 $l = 10$，显著性水平 $\alpha = 0.05$ 时，临界值 $T_{0.05} = 2.176$，因 $T < T_{0.05}$，故 5.39 为正常均值，即均值为 5.39 的一组测定数据为正常数据，不可剔除。

三、测量结果的统计检验和结果表述

1. 均数置信区间和"t"值

考察样本测量平均数（$\overline{x}$）与总体平均数（μ）之间的关系称为均数置信区间。用它来考察以样本平均数代表总体平均数的可靠程度。

若测定值 x 遵从正态分布，则样本测定平均值 $\overline{x}$ 也遵从正态分布。如一组测定样本的平均值为 $\overline{x}$，标准偏差为 s，则用统计学可以推导出有限次数的平均值 $\overline{x}$ 与总体平均值 μ 的关系：

$$\mu = \overline{x} \pm t \frac{s}{\sqrt{n}} \qquad (0\text{-}8)$$

式中，t 为在一定置信度（在特定条件下出现的概率）$(1-\alpha)$ 与自由度 $f = n-1$ 下的置信系数，见表 0-6。

式(0-8)具有明确的概率意义，它表明 μ 落在置信区间$(\mu = \overline{x} - t \frac{s}{\sqrt{n}}，\mu = \overline{x} + t \frac{s}{\sqrt{n}})$ 的置信概率为 $P = 1-\alpha$。在分析中如果不做特别注明，一般指置信度为 95%。

表 0-6　t 值

自由度 f	置信度（显著性水平 α）				
	80%($\alpha=0.200$)	90%($\alpha=0.100$)	95%($\alpha=0.050$)	98%($\alpha=0.020$)	99%($\alpha=0.010$)
1	3.078	6.31	12.71	31.82	63.66
2	1.89	2.92	4.30	6.96	9.92
3	1.64	2.35	3.18	4.54	5.84
4	1.53	2.13	2.78	3.75	4.60
5	1.44	2.02	2.57	3.37	4.03
6	1.44	1.94	2.45	3.14	3.71
7	1.41	1.89	2.37	3.00	3.50
8	1.40	1.86	2.31	2.90	3.36
9	1.38	1.83	2.26	2.82	3.25
10	1.37	1.81	2.23	2.76	3.17
11	1.36	1.80	2.20	2.72	3.11
12	1.36	1.78	2.18	2.68	3.05
13	1.35	1.77	2.16	2.65	3.01
14	1.35	1.76	2.14	2.62	2.98
15	1.34	1.75	2.13	2.60	2.95
16	1.34	1.75	2.12	2.58	2.92
17	1.33	1.74	2.11	2.57	2.90
18	1.33	1.73	2.10	2.55	2.88
19	1.33	1.73	2.09	2.54	2.86
20	1.33	1.72	2.09	2.53	2.85
21	1.32	1.72	2.08	2.52	2.83
22	1.32	1.72	2.07	2.51	2.82
23	1.32	1.71	2.07	2.50	2.81
24	1.32	1.71	2.06	2.49	2.80
25	1.32	1.71	2.06	2.49	2.79
26	1.31	1.71	2.06	2.48	2.78
27	1.31	1.70	2.05	2.47	2.77
28	1.31	1.70	2.05	2.47	2.76
29	1.31	1.70	2.05	2.46	2.76
30	1.31	1.70	2.04	2.46	2.75
40	1.30	1.68	2.02	2.42	2.70
60	1.30	1.67	2.00	2.39	2.66
120	1.29	1.66	1.98	2.36	2.62
∞	1.28	1.64	1.96	2.33	2.58
自由度 f	0.100	0.050	0.025	0.010	0.005
	P（单侧概率）				

【**例 0-3**】测定污水中铁的浓度时，得到下列数据：$n=10$，$\bar{x}=15.30\mathrm{mg/L}$，$s=0.10$，求置信度分别为 90% 和 95% 时的置信区间。

解：自由度 $f=n-1=9$

当置信度为 90% 时，查表 0-6 得 $t=1.83$

则 $\mu=15.30\pm1.83\times0.10/\sqrt{10}\approx15.30\pm0.06$

即当置信度为 90% 时，置信区间为 $15.24\sim15.36\mathrm{mg/L}$。

当置信度为 95% 时，查表 0-6 得 $t=2.26$

则 $\mu=15.30\pm2.26\times0.10/\sqrt{10}\approx15.30\pm0.07$

即当置信度为 95% 时，置信区间为 $15.23\sim15.37\mathrm{mg/L}$。

2. 测量结果的统计检验（t 检验法）

（1）平均值与标准值的比较   检查分析方法或操作过程是否存在较大系统误差，可对标样进行若干次分析，再利用 t 检验法比较分析结果 $\bar{x}$ 与标准值 μ 是否存在显著性差异。若有显著性差异，则存在系统误差，否则这个差异是由偶然误差引起的。

① 按式（0-9）计算 $t_{计}$ 值

$$t_{计}=\frac{|\bar{x}-\mu|}{s}\sqrt{n} \tag{0-9}$$

式中 $\bar{x}$——标样测定的平均值；

μ——标样的标准值；

s——标样测定的标准偏差；

n——标样的测定次数。

② 根据自由度 f 与置信度 P 查表 0-6 得 t 值，将 t 与 $t_{计}$ 进行比较，若 $t_{计}>t$ 则存在显著性差异，反之则不存在显著性差异。环境监测中，置信度一般取 95%（即 $\alpha=0.05$）。

【**例 0-4**】已知某含铁标准物质的保证值为 1.06%，对其进行 10 次测定，平均值为 1.054%，标准偏差为 0.009%。检验测定结果与保证值之间有无显著性差异。

解：$\mu=1.06\%$ $\bar{x}=1.054\%$ $s=0.009\%$

$$t_{计}=\frac{|\bar{x}-\mu|}{s}\sqrt{n}=\frac{|1.054\%-1.06\%|}{0.009\%}\times\sqrt{10}=2.11$$

由 $\alpha=0.05$，$f=n-1=9$，查表 0-6 得 $t=2.26$。

因为 $t_{计}<t$，故测定结果与保证值无显著性差异。

（2）两组平均值的比较   在环境监测中，由不同的人、不同的方法或不同的仪器对同一种试样进行分析时，所得均值一般不会相等。这时如何判断两组平均值之间是否存在显著性差异呢。假设两组数据如下，而且这两组数据的方差没有明显差异。

$$
\begin{array}{ccc}
n_1 & s_1 & \bar{x}_1 \\
n_2 & s_2 & \bar{x}_2
\end{array}
$$

则可按下面的两个步骤来进行显著性差异的比较。

① 先按式（0-10）计算 $t_{计}$ 值

$$t_{计}=\frac{|\bar{x}_1-\bar{x}_2|}{s_合}\sqrt{\frac{n_1n_2}{n_1+n_2}} \tag{0-10}$$

$$s_合=\sqrt{\frac{(n_1-1)s_1^2+(n_2-1)s_2^2}{n_1+n_2-2}}\qquad (0-11)$$

式中　$\overline{x}_1$——第一组数据均值；

　　　$\overline{x}_2$——第二组数据均值；

　　　$s_合$——合并方差；

　　　n——测定次数。

② 用 $P=95\%$（即 $\alpha=0.05$），$f=n_1+n_2-2$ 的值查表 0-6 得 t 值，若 $t_计>t$ 则存在显著性差异，反之则不存在显著性差异。

【例 0-5】甲、乙两个分析人员用同一种分析方法测定水样中的汞含量，经计算得到的两组测定结果为：

甲　$n_1=4$　　$\overline{x}_1=15.1$　　$s_1=0.41$

乙　$n_2=3$　　$\overline{x}_2=14.9$　　$s_2=0.31$

问两人的测定结果有无显著性差异。

解：$s_合=\sqrt{\dfrac{(4-1)\times0.41^2+(3-1)\times0.31^2}{4+3-2}}=0.37$

$t_计=\dfrac{|15.1-14.9|}{0.37}\times\sqrt{\dfrac{3\times4}{4+3}}=0.71$

由 $\alpha=0.05$，$f=4+3-2=5$，查表 0-6 得 $t=2.57$。

因为 $t_计<t$，故两人测定结果无显著性差异。

此外，还有比较两组数据方差 s^2 的一致性的 F 检验法，请参考有关资料。

3. 监测结果表述

对试样某一指标的测定，由于真实值很难测定，所以常用有限次的监测数值来反映真实值，其结果表达方式一般有如下几种。

（1）用算术均值代表集中趋势　测定过程中排除了系统误差后，只存在随机误差，所测得的数据常呈正态分布，其计算均值（$\overline{x}$）虽不是总体平均值（μ），但它反映了数据的集中趋势，因此，用 $\overline{x}$ 代表监测结果是有相当可靠性的，也是表达监测结果最常用的方式。

（2）用算术均值和标准偏差表示测定结果的精密度　算术均值代表集中趋势，标准偏差表示离散程度。算术均值代表性的大小与标准偏差的大小有关，即标准偏差大，算术均值代表性小，反之亦然，故而监测结果常以（$\overline{x}\pm s$）表示。

（3）用标准偏差及变异系数（C_v）表示结果　标准偏差的大小还与所测均值水平或测量单位有关。不同水平或单位的测定结果之间，其标准偏差是无法进行比较的，而变异系数是相对值，故可在一定范围内用来比较不同水平或单位测定结果之间的变异程度，其结果可用（$\overline{x}\pm s$，C_v）表示。

此外，监测结果还可以用测量值和不确定度表示。可查阅《测量不确定度评定与表示》。

4. 环境监测报告

环境监测报告是环境监测工作的终端产品，报告的质量优劣、完成报告的及时程度，都直接影响环境监测工作效益的发挥。环境监测报告有多种形式。

（1）根据报告表达形式分类，环境监测报告分为数据型和文字型两种。

① 数据型报告是指根据监测原始数据编制的各种报表，这类报告大部分是例行监测报告，是环境保护管理部门数据管理的重要形式。此类报告有固定的表格形式，原始数据经过规范处理后，由经过专门培训的人员填写，然后录入计算机，经过相关技术人员核对、审核无误后，在上级规定期限内通过专门的有线或无线通信网络传给上级主管部门。因此，无论是填写、录入、核对还是审核，都要认真、细致、及时、规范，防止错录、漏录和拖延，以保证数据的准确性、完整性、时效性。

② 文字型报告是指依据各种监测数据及综合计算结果进行以文字表述为主的报告，无论是例行监测报告、应急监测报告还是专题监测报告都有文字型报告。

各类文字型监测报告有其基本的格式，包含以下内容：①报告名称；②报告编制单位名称与地址；③报告的唯一性标识、页码和总页数；④被监测点情况；⑤报告内容；⑥报告内容负责人的职务和签名；⑦报告签发日期；⑧编写监测报告的单位公章（骑缝章）。

（2）根据报告的时效性和内容分类，环境监测报告分为快报、简报、日报、周报、月报、季报、年报、环境质量报告书、污染源监测报告和验收监测报告等。

（3）根据监测类别分类，环境监测报告分为例行监测报告、应急监测报告和专题监测报告等。

① 例行监测报告（日报、周报、月报、季报、年报等）的内容　日报、周报、月报等报告的内容主要有报告监测时间与结果、对结果的简要分析（包括与前期分析结果进行对比）、当期主要问题及原因分析、变化趋势预测、管理控制与对策建议等。季报包括监测技术规范执行情况，各环境要素和污染因子的监测频率、时间及结果，单要素环境质量评价及结果，存在的主要问题及原因简要分析，环境质量变化趋势估计，改善环境管理工作的建议，环境污染治理工作效果、监测结果及综合整治考核结果。年报、环境质量报告书的编写更为复杂，报告内容要概括全部环境监测工作概况、监测结果统计图表、质量与污染情况分析评价等。

② 应急监测报告（快报、简报）的内容　应急监测报告内容包括事故发生的时间、接到通知的时间以及到达现场监测的时间；事故发生的具体位置；监测实施情况，包括采样点位、监测频次和监测方法；事故发生的性质、原因及伤亡损失情况；主要污染物的种类、流失量、浓度及影响范围；简要说明污染物的有害特性及处理处置建议；附现场示意图及录像或照片。

③ 专题监测报告的内容　考核监测报告主要报告参考人员的基本情况、监测考核时间、考核项目及监测分析方法、考核结果及合格率分析等。仲裁监测报告的内容包括委托单位、样品来源及采样方法、监测项目、监测分析方法、监测分析结果。必要时要与相关标准值比较，判定样品所测项目是否超标。建设项目环境影响评价监测报告主要说明采样点位布设情况、采样时间、采样频率、采样与分析的实施时间，并附有详细的测定数据。

四、直线回归和相关

两个变量 x 和 y 之间存在三种关系：第一种是完全无关；第二种是有确定性关系，如 $S=vt$；第三种是有相关关系，即两个变量之间既有联系，但又不确定。研究变量与变量之间关系的统计方法称为回归分析和相关分析。前者主要是用于找出描述变量间关系的定量表达式，以便由一个变量的值而求另一变量的值；后者则用于度量变量之间关系的密切程度，

即当自变量 x 变化时，因变量 y 大体上按照某种规律变化。

1. 相关系数

变量与变量之间的不确定关系称为相关关系，它们之间线性关系的密切程度用相关系数 r 表示。

例如，现有二组数据：

$$x_1, x_2, x_3, \cdots, x_n$$
$$y_1, y_2, y_3, \cdots, y_n$$

相关系数可以用式（0-12）计算得到：

$$r = \frac{S_{xy}}{\sqrt{S_{xx}S_{yy}}} \tag{0-12}$$

$$S_{xx} = \sum_{i=1}^{n}(x_i - \overline{x})^2 = \sum_{i=1}^{n}x_i^2 - \frac{1}{n}\left(\sum_{i=1}^{n}x_i\right)^2$$

$$S_{yy} = \sum_{i=1}^{n}(y_i - \overline{y})^2 = \sum_{i=1}^{n}y_i^2 - \frac{1}{n}\left(\sum_{i=1}^{n}y_i\right)^2$$

$$S_{xy} = \sum_{i=1}^{n}(x_i - \overline{x})(y_i - \overline{y}) = \sum_{i=1}^{n}x_i y_i - \frac{1}{n}\sum_{i=1}^{n}x_i \sum y_i$$

r 的取值在 $-1\sim+1$ 之间。可以有如下三种情况。

① 当 $r=0$ 时，x 与 y 毫无线性关系。

a. x 与 y 之间没有关系，如图 0-2（a）所示。

b. x 与 y 之间为非线性关系，如图 0-2（e）所示。

② 当 $|r|=1$ 时，x 与 y 为完全线性相关，即有确定的线性函数关系，如图 0-2（d）所示。

a. $r=+1$ 时，x 与 y 为完全正相关。

b. $r=-1$ 时，x 与 y 为完全负相关。

③ 当 $0<|r|<1$ 时，x 与 y 之间存在一定的线性关系。

a. 当 $r>0$ 时，称为正相关，如图 0-2（b）所示。

b. 当 $r<0$ 时，称为负相关，如图 0-2（c）所示。

$|r|$ 越接近 1，则所得的数据线性相关就越好。对于环境监测工作中的标准曲线，应力求相关系数 $|r|>0.999$，否则应找出原因加以纠正，并重新进行测定和绘制。但在实际监测分析中，其标准曲线的相关系数达不到 $|r|>0.999$，因此根据实际情况制定了相关系数的临界值 r_α 表，见表 0-7。根据不同的测定次数 n 和给定的 α（环境监测中 α 常取 0.05 或 0.01）可查得相应的临界值 r_α，当 $|r|>r_\alpha$ 时，表明 x 与 y 之间有着良好的线性关系，这时根据回归直线方程绘制的直线才有意义。反之，则 x 与 y 之间不存在线性相关关系。

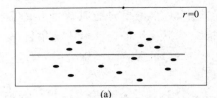

(a)

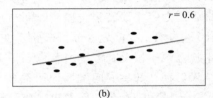

(b)

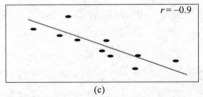

(c)

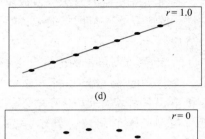

(d)

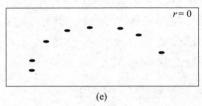

(e)

图 0-2　相关关系的散点示意

表 0-7　相关系数临界值

次数 n	显著性水平		次数 n	显著性水平		次数 n	显著性水平	
	0.05	0.01		0.05	0.01		0.05	0.01
3	0.9969	0.9999	12	0.5760	0.7079	21	0.4329	0.5487
4	0.9500	0.9900	13	0.5529	0.6835	22	0.4227	0.5368
5	0.8783	0.9587	14	0.5324	0.6614	23	0.3809	0.4869
6	0.8114	0.9172	15	0.5139	0.6411	24	0.3494	0.4487
7	0.7545	0.8745	16	0.4973	0.6226	42	0.3044	0.3932
8	0.7067	0.8343	17	0.4821	0.6055	52	0.2732	0.3541
9	0.6664	0.7977	18	0.4683	0.5897	62	0.2500	0.3248
10	0.6319	0.7646	19	0.4555	0.5751	82	0.2172	0.2830
11	0.6021	0.7348	20	0.4438	0.5614	102	0.1946	0.2540

2. 直线回归方程

两个变量之间建立的关系式叫作回归方程式，最简单的是直线回归方程，其形式为：

$$\hat{y} = ax + b \tag{0-13}$$

式中，a、b 为常数。当 x 为 x_1 时，实际 y 值按计算所得 $\hat{y}$ 值左右波动。但正如在前面的讨论中所指出的，只有当 $|r| > r_a$ 时，才表明 x 与 y 之间有着良好的线性关系，这时根据回归直线方程绘制的直线才有意义。反之，就毫无意义，因为实际 y 值与计算所得 $\hat{y}$ 值相差甚远。

常数 a、b 可以用下列公式确定：

$$a = \frac{\sum(x_i - \bar{x})(y_i - \bar{y})}{\sum(x_i - \bar{x})^2} = \frac{\sum x_i y_i - \frac{1}{n}\sum x_i \sum y_i}{\sum x_i^2 - \frac{1}{n}(\sum x_i)^2} = \frac{n\sum x_i y_i - \sum x_i \sum y_i}{n\sum x_i^2 - (\sum x_i)^2} \tag{0-14}$$

$$b = \frac{\sum x_i^2 \sum y_i - \sum x_i \sum x_i y_i}{n\sum x_i^2 - (\sum x_i)^2} = \bar{y} - a\bar{x} \tag{0-15}$$

式中　$\bar{x}$，$\bar{y}$——x、y 的平均值；

　　　x_i——第 i 个测量值；

　　　y_i——第 i 个与 x_i 相对应的测量值。

【例 0-6】用比色法测酚得到下列数据，见表 0-8。试求对吸光度 A 和酚浓度的回归直线方程。

表 0-8　比色法测酚实验数据

项目	1	2	3	4	5	6
酚浓度/(mg/L)	0.005	0.010	0.020	0.030	0.040	0.050
吸光度 A	0.020	0.046	0.100	0.120	0.140	0.180

解：设酚的浓度为 x，吸光度为 y

则　　$\sum x = 0.155$　$\sum y = 0.606$　$n = 6$

　　　$\bar{x} = 0.0258$　　$\bar{y} = 0.101$

　　　$\sum x_i y_i = 0.0208$　　$\sum x_i^2 = 0.00552$

根据式（0-14）、式（0-15）得：$a = (6 \times 0.0208 - 0.155 \times 0.606)/(6 \times 0.00552 - 0.155^2) = 3.4$

　　　$b = 0.101 - 3.4 \times 0.0258 = 0.013$

其回归方程式为 $\hat{y} = 3.4x + 0.013$

根据数据和公式以吸光度 A 对酚浓度作图，如图 0-3 所示，图中直线是按公式所作，记号"×"是按实际测得的数据所画的点。

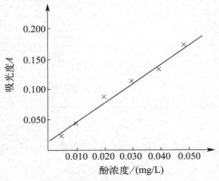

图 0-3　酚浓度和吸光度关系

 任务训练

1. 分析误差可以分为哪几种？分别是由哪些因素引起的？可以用哪种方式表示？

2. 用双硫腙比色法测定水样中的铅，六次测定的结果分别为 1.06mg/L、1.08mg/L、1.10mg/L、1.15mg/L、1.10mg/L、1.20mg/L，试计算测定结果的平均值、平均偏差、相对平均偏差、标准偏差、极差、变异系数，并表示出该测定的结果。

3. 一组测定值为 15.65、15.86、15.89、15.95、15.97、16.01、16.02、16.04、16.04、16.07，用 Dixon 检验法检验最小值 15.65 和最大值 16.07 是否为离群值。

4. 对同一样品 10 次测定的结果为 4.41、4.49、4.50、4.51、4.64、4.75、4.81、4.95、5.01、5.39，试用 Grubbs 检验法检验最大值 5.39 是否为离群值。

5. 测定一批鱼样的汞含量为 2.06μg/g、1.93μg/g、2.12μg/g、2.16μg/g、1.89μg/g、1.95μg/g，试估计这批鱼的含汞量范围（$P = 90\%$ 和 $P = 95\%$）。

6. 用分光光度法测定铁标准溶液得到下列数据，见表 0-9。

表 0-9　分光光度法测定铁标准溶液实验数据

项目	1	2	3	4	5
Fe^{3+} 含量 ρ/(10^{-3}mg/mL)	0.40	0.80	1.20	1.60	2.00
吸光度 A	0.250	0.495	0.740	0.969	1.225

试求直线回归方程，并检验所确定的关系式是否有意义。

7. 某一样品用两种分析方法测定，所得结果见表 0-10。

表 0-10　两种分析方法测定所得结果

序号	1	2	3	4	5	6
方法 1	2.01	2.10	1.86	1.92	1.94	1.99
方法 2	1.88	1.92	1.90	1.97	1.94	

分析两种方法所得结果有无显著性差异。

任务三　环境监测工作质量保证

一、名词解释

1. 准确度

准确度是用来对分析结果（单次测定值或重复测定值的均值）与假定的或公认的真值之间符合程度进行评价的一种指标，它是分析方法或测量系统中存在的系统误差和随机误差两者的综合反映。准确度的好坏决定了分析结果是否可靠。准确度用绝对误差和相对误差来表示。

准确度的评价有两种方法：第一种是通过分析标准物质，由所得结果来确定数据的准确度；第二种是"加标回收"法，即在样品中加入一定量的标准物质，然后测定其回收率，以确定准确度。"加标回收"法是目前实验室中最常用的确定准确度的方法，其计算公式见式(0-16)：

$$回收率 = \frac{加标试样测定值 - 试样测定值}{加标量} \times 100\% \tag{0-16}$$

2. 精密度

精密度是使用特定的分析程序在受控条件下重复分析均一样品所得测定值之间的一致程度。它反映了分析方法或测量系统存在的随机误差的大小。测试结果的随机误差越小，测试的精密度越高。

精密度通常用极差、平均偏差和相对平均偏差、标准偏差和相对标准偏差表示。为满足某些特殊需要，引用下述三个精密度的专用术语。

（1）平行性　平行性是指在同一实验室中，当分析人员、分析设备和分析时间都相同时，用同一分析方法对同一样品进行双份或多份平行样测定结果之间的符合程度。

（2）重复性　重复性是指在同一实验室内，当分析人员、分析设备及分析时间中的任一项不相同时，用同一分析方法对同一样品进行两次或多次独立测定所得结果之间的符合程度。

（3）再现性　再现性是指用相同的方法，对同一样品在不同条件下获得的单个结果之间的一致程度。不同条件指不同实验室、不同分析人员、不同设备、不同（或相同）时间。

3. 灵敏度

分析方法的灵敏度是指该方法对单位浓度或单位量的待测物质的变化所引起的响应量变化的程度，它可以用仪器的响应量或其他指示量与对应的待测物质的浓度或量之比来描述。如在用分光光度计进行样品测定时，常用标准曲线的斜率来度量灵敏度。标准曲线的直线部分以式(0-17)表示：

$$A = kc + a \tag{0-17}$$

式中　A——仪器的响应量；

　　　c——待测物质的浓度；

　　　a——校准曲线的截距；

　　　k——方法的灵敏度，k 值大，说明方法灵敏度高。

一个方法的灵敏度可因实验条件的改变而改变。在一定的实验条件下，灵敏度具有相对的稳定性。

4. 校准曲线

校准曲线是用于描述待测物质的浓度或量与相应的测量仪器的响应量或其他指示量之间的定量关系的曲线。校准曲线包括"工作曲线"（绘制校准曲线的标准溶液的分析步骤与样品分析步骤完全相同）和"标准曲线"（绘制校准曲线的标准溶液的分析步骤与样品分析步骤相比有所省略，如省略样品的前处理）。

监测中常用校准曲线的直线部分。某一方法的标准曲线的直线部分所对应的待测物质浓度（或量）的变化范围，称为该方法的线性范围。

5. 空白试验

空白试验又叫空白测定，是指用蒸馏水代替试样的测定。其所加试剂和操作步骤与试验测定完全相同。空白试验应与试样测定同时进行，试样分析时仪器的响应值（如吸光度、峰高等）不仅是试样中待测物质的分析响应值，还包括所有其他因素，如试剂中杂质、环境及操作进程的沾污等的响应值，这些因素是经常变化的，为了解它们对试样测定的综合影响，在每次测定时，均做空白试验，空白试验所得的响应值称为空白试验值。对试验用水有一定的要求，即其中待测物质浓度应低于方法的检出限。当空白试验值偏高时，应全面检查空白试验用水、试剂的空白、量器和容器是否沾污、仪器的性能以及环境状况等。

6. 检测限

某一分析方法在给定的可靠程度内可以从样品中检测待测物质的最小浓度或最小量称为检测限。所谓检测是指定性检测，即断定样品中确定存在有浓度高于空白的待测物质。

检测限有几种规定，简述如下。

① 分光光度法中规定以扣除空白值后，吸光度为 0.01 相对应的浓度值为检测限。

② 气相色谱法中规定检测器产生的响应信号为噪声值 2 倍时的量。最小检测浓度是指最小检测量与进样量（体积）之比。

③ 离子选择性电极法规定某一方法的标准曲线的直线部分外延的延长线与通过空白电位且平行于浓度轴的直线相交时，其交点所对应的浓度值即为检测限。

④《全球环境监测系统水监测操作指南》中规定，给定置信水平为 95%时，样品浓度的一次测定值与零浓度样品的一次测定值有显著性差异者，即为检测限（L）。当空白测定次数 n 大于 20 时：

$$L = 4.6\sigma_{wb} \tag{0-18}$$

式中 σ_{wb}——空白平行测定（批内）标准偏差。

检测上限是指校准曲线直线部分的最高点（弯曲点）相应的浓度值。

7. 测定限

测定限分测定下限和测定上限。测定下限是指在测定误差能满足预定要求的前提下，用特定方法能够准确地定量测定待测物质的最小浓度或量；测定上限是指在限定误差能满足预定要求的前提下，用特定方法能够准确地定量测定待测物质的最大浓度或量。

最佳测定范围又叫有效测定范围，系指在限定误差能满足预定要求的前提下，特定方法的测定下限到测定上限之间的浓度范围。

方法适用范围是指某一特定方法检测下限至检测上限之间的浓度范围。显然，最佳测定范围应小于方法适用范围。

二、质量保证体系

1. 质量保证的意义

环境监测工作的成果就是监测数据。然而，由于环境监测所面对的环境要素极为广泛，既有固态的土壤、废渣、废料，也有气态的空气和废气，还有液态的水和污水，更有物理的以及生物的诸多要素。可想而知，环境样品的成分往往是极为复杂的，随机变化明显，浓度范围宽，而且具有极强的时间和空间特性。同一个样品往往涉及一个较大的区域范围，又由于受人类生产和生活活动的影响，待测物的浓度也表现着时间分布上的变化。在许多情况下，对于同一个环境样品常常需要众多实验室按规定和计划，同时进行监测。如果没有一个科学的环境监测质量保证程序，由于人员的技术水平、仪器设备、地域等差异，难免出现调查资料互相矛盾、数据不能利用的现象，造成大量人力、物力和财力的浪费。错误的数据必然导致错误的判断和错误的决策，它的后果将是十分严重的。因此，人们常说：错误的数据比没有数据更可怕。为此，必须在环境监测的各个环节中开展质量保证工作，这是实现监测数据具有准确性、精密性和可比性的重要基础。只有取得合乎质量要求的监测结果，才能正确地指导人们认识环境、评价环境、管理环境和治理环境，这就是实施环境监测质量保证的根本意义。

2. 质量保证和质量控制

（1）质量保证   质量保证是一个比较大的概念，它是指对整个监测过程的全面质量管理或质量控制。因此，质量保证也就必然体现在环境监测过程的每一个工作环节中。通常一项完整的监测大致可以分解为几个步骤，如图 0-4 所示。

图 0-4   环境监测工作流程

这些工作通常是由许多人分别完成的，其中任何一项工作的失误都可能导致最终结果的失败。因此，如何保证每一个步骤都准确无误，一旦出现错误又能及时发现并予以纠正，这就是一个管理者应当重视和考虑的问题。

质量保证的目的就在于确保分析数据达到预定的准确度和精密度。为达到这一目的所应采取的措施和工作步骤都应当是事先规划好的，并通过一系列的规约予以确定，并要求有关工作人员按规约执行，由此使整个监测工作处于受检状态。

质量保证的具体措施有：a. 根据需要和可能确定监测指标及数据的质量要求；b. 规定相应的分析监测系统。其内容包括采样、样品预处理、储存、运输、实验室供应，仪器设备、器皿的选择和校准，试剂、溶剂和基准物质的选用，统一监测方法，质量控制程序，数据的记录和整理，各类人员的要求和技术培训，实验室的清洁度和安全，以及编写有关的文件、指南和手册等。

（2）质量控制   环境监测质量控制是环境监测质量保证的一个部分，它包括实验室内部质量控制和外部质量控制两个部分。实验室内部质量控制，是实验室自我控制质量的常规程序，它能反映分析质量稳定性如何，以便及时发现分析中的异常情况，随时采取相应的校正措施。其内容包括空白试验、校准曲线核查、仪器设备的定期标定、平行样分析、加标样分析、密码样品分析和编制质量控制图等。外部质量控制通常是由上级监测站或环境管理部门委派有经验的人员对监测站的工作进行考核及评估，以便对数据质量进行独立评价，各实验室可以从中发现所存在的系统误差等问题，以便及时校正，提高监测质量。通常采用的方法是由检查人员下发考核样品（标准样品或密码样品），由受检查的监测站进行分析，以此对实验室的工作进行评价。

3. 质量保证体系构成

质量保证体系是对环境监测全过程进行全面质量管理的一个大的系统，其功能就是要使监测工作的各个环节和步骤都能充分体现并满足"代表性、完整性、可比性、准确性、精密性"的要求，从而保证监测数据的可靠性。质量保证体系的构成如图 0-5 所示。

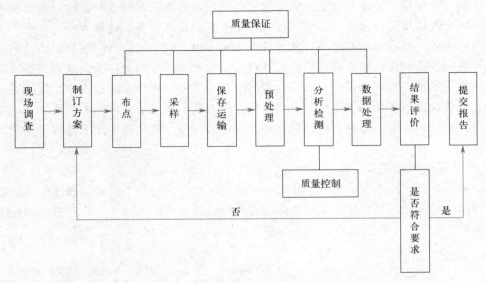

图 0-5　质量保证体系的构成

质量保证体系主要由布点系统、采样系统、运储系统、分析测试系统、数据处理系统和综合评价系统六个关键系统构成。这六个系统的内容及控制要点见表 0-11。

表 0-11　质量保证体系各系统的内容及控制要点

质量保证体系	内容	控制要点
布点系统	(1)监测目标系统的控制； (2)监测点位点数的优化控制	控制空间代表性及可比性
采样系统	(1)采样次数和采样频率优化； (2)采集工具方法的统一规范化	控制时间代表性及可比性
运储系统	(1)样品的运输过程控制； (2)样品固定保存控制	控制可靠性及代表性
分析测试系统	(1)分析方法准确度、精密度、检测范围控制； (2)分析人员素质及实验室间质量的控制	控制准确性、精密性、可靠性及可比性
数据处理系统	(1)数据整理、处理及精度检验控制； (2)数据分布、分类管理制度的控制	控制可靠性、可比性、完整性及科学性
综合评价系统	(1)信息量的控制； (2)成果表达控制； (3)结论完整性、透彻性及对策控制	控制真实性、完整性、科学性及适用性

质量保证体系是环境监测管理的核心，是对监测工作全过程进行科学管理和监督的有力保障。质量保证体系是在长期的监测工作实践中从无数成功的经验和失败的教训中不断总结

发展而形成的，它的实施为环境监测质量保证奠定了坚实的基础。

4. 环境监测质量保证工作的现状

合格监测员的
基本素质

美国是开展质量保证工作较早的国家，此外英国、日本、西欧及一些国际性环保组织也积极推行质量保证制度。中国环境监测系统的质量保证工作起步于环境保护事业的发展初期。20 世纪 70 年代末，随着环境保护工作日益受到重视，各地方纷纷建立了环境保护监测站，并迅速地发展为一个独立的系统。20 世纪 80 年代初，在国家环境保护局的支持下，逐步开展了这项工作。在总结多年质量保证工作经验的基础上，我国建立健全了质量保证工作制度，制定了《环境监测质量保证管理规定》《环境监测人员合格证制度》《环境监测优质实验室评比制度》"三项制度"。在推行"三项制度"的基础上，开展了全国各级监测站创建优质实验室活动，在各级监测站设置了质量保证的专设机构或专职人员，建立健全了质量管理制度，从而推动了质量保证工作的进展，涌现出一批优秀实验室，提高了监测站的整体工作水平。

三、实验室内质量控制

环境监测质量图

实验室是获得监测结果的关键部门，要使监测质量达到规定水平，必须要有合格的实验室和合格的分析操作人员。具体地讲包括：仪器的正确使用和定期校正；玻璃仪器的选用和校正；化学试剂和溶剂的选用；溶液的配制和标定；试剂的提纯；实验室的清洁度和安全工作；分析人员的操作技术和分离技术等。

1. 质量控制图

质量控制图是实验室内部实行质量控制的一种常用的、简便有效的方法，它可用于准确度和精密度的检验。

质量控制图主要是反映分析质量的稳定性情况，以便及时发现某些偶然的异常现象，随时采取相应的校正措施。因此，它一般用于经常性的分析项目。编制质量控制图的基本假设是：测定结果在受控条件下具有一定的精密度和准确度，并按正态分布。因而测量值落在总体平均值 μ 两侧 3σ 范围内的概率为 99.73%。

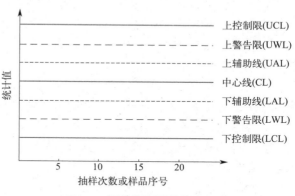

图 0-6　质量控制图的基本组成

质量控制图一般采用直角坐标系。横坐标代表抽样次数或样品序号，纵坐标代表作为质量控制指标的统计值。质量控制图的基本组成如图 0-6 所示。

质量控制图中各条线及区域的意义为：预期值——图中的中心线（CL）；目标值——图中上、下警告限（WL）之间区域；实测值的可接受范围——图中上、下控制限（CL）之间的区域；辅助线（AL）——上、下各线在中心线与警告限的中间。

质量控制图有许多种类，如均数控制图（$\bar{x}$ 控制图）、空白试验值控制图、准确度控制图、均数-极差控制图（$\bar{x}$-R 控制图）、回收率控制图等。以下介绍均数控制图和均数-极差控制图两种质量控制图。

（1）均数控制图　编制质量控制图时，需要准备一份质量控制样品。控制样品的浓度和组成尽量与环境样品相近，并且性质稳定而均匀。用与分析环境样品相同的分析方法在一定时间内（例如每天分析一次平行样，平行分析两份，求均值 $\overline{x}_i$），重复测定控制样品 20 次（不可将 20 次重复实验同时进行，或一天分析两次或更多），其分析数据如总体平均值 μ、标准偏差 s 和平均极差 $\overline{R}$ 等值按下列公式计算，以此来绘制质量控制图。

$$\overline{x}_i = \frac{x_i + x_i'}{2} \; ; \; \mu = \sum \frac{\overline{x}_i}{n} \; ; \; s = \sqrt{\frac{\sum \overline{x}_i^2 - \frac{(\sum \overline{x}_i)^2}{n}}{n-1}} \; ; \; R_i = |x_i - x_i'| \; ; \; \overline{R} = \sum \frac{R_i}{n}$$

以测定顺序为横坐标，以相应的测定值为纵坐标作图，同时作有关控制线。

中心线——以总体平均值 μ 估计；

上、下警告限——按 $\mu \pm 2s$ 值绘制；

上、下控制限——按 $\mu \pm 3s$ 值绘制；

上、下辅助线——按 $\mu \pm s$ 值绘制。

在绘制控制图时，落在 $\mu \pm s$ 范围内的点数应占总数的 68%，若小于 50%，则分布不合适，此图不可靠。若连续 7 点位于中心线同一侧，表示数据失控，此图不适用。

控制图绘制后，应标明绘制控制图的有关内容和条件，如测定项目、分析方法、溶液浓度、温度、操作人员和绘制日期等。

均值控制图的使用方法：根据日常工作中该项目的分析频率和分析人员的技术水平，每间隔适当时间，取两份平行的控制样品，随环境样品同时测定，对操作技术较低的人员和测定频率低的项目，每次都应同时测定控制样品，将控制样品的测定结果（$\overline{x}_i$）依次点在控制图上，根据下列规定检验分析过程是否处于受控状态。

① 若此点在上、下警告限之间区域内，则测定结果处于受控状态，环境样品分析结果有效。

② 若此点超出上述区域，但仍在上、下控制限之间的区域内，表示分析质量开始变劣，可能存在"失控"倾向，应进行初步检查，并采取相应的校正措施。此时环境样品的结果仍然有效。

③ 若此点落在上、下控制限以外，则表示测定过程已经失控，应立即查明原因并予以纠正。该批环境样品的分析结果无效，必须待方法校正后重新测定。

④ 若遇到 7 点连续上升或下降，表示测定有失去控制的倾向，应立即查明原因，予以纠正。

⑤ 即使过程处于受控状态，尚可根据相邻几次测定值的分布趋势，对分析质量可能发生的问题进行初步判断。

当控制样品测定次数累积更多之后，这些结果可以和原始结果一起重新计算总平均值、标准偏差，再校正原来的控制图。

【例 0-7】某一铁的控制水样，其 20 个平行样的数据见表 0-12，试作控制图。

表 0-12　平行样数据　　　　　　　　　　　　单位：mg/L

序号	$\overline{x}_i$	序号	$\overline{x}_i$	序号	$\overline{x}_i$	序号	$\overline{x}_i$	序号	$\overline{x}_i$
1	0.251	5	0.235	9	0.262	13	0.263	17	0.225
2	0.250	6	0.240	10	0.234	14	0.300	18	0.250
3	0.250	7	0.260	11	0.229	15	0.262	19	0.256
4	0.263	8	0.290	12	0.250	16	0.270	20	0.250

解：总均值

$$\mu = \frac{\sum \overline{x}_i}{n} = 0.254$$

标准偏差：

$$s = \sqrt{\frac{\sum \overline{x}_i^2 - \frac{(\sum \overline{x}_i)^2}{n}}{n-1}} = 0.020$$

$\mu + s = 0.274$　　$\mu - s = 0.234$

$\mu + 2s = 0.294$　　$\mu - 2s = 0.214$

$\mu + 3s = 0.314$　　$\mu - 3s = 0.194$

根据以上数据作图，如图 0-7 所示。

（2）均数-极差控制图　用 $\overline{x}$-R 控制图可以同时考察 $\overline{x}$ 和 R 的变化情况。$\overline{x}$-R 控制图包括下述内容，如图 0-8 所示。

① 均数控制图部分。

中心线——μ；

上、下控制限——$\mu \pm A_2 \overline{R}$；

上、下警告限——$\mu \pm \frac{2}{3} A_2 \overline{R}$；

上、下辅助线——$\mu \pm \frac{1}{3} A_2 \overline{R}$。

② 极差控制图部分。

上控制限——$D_4 \overline{R}$；

上警告限——$\overline{R} + \frac{2}{3} (D_4 \overline{R} - \overline{R})$；

上辅助线——$\overline{R} + \frac{1}{3} (D_4 \overline{R} - \overline{R})$；

下控制限——$D_3 \overline{R}$。

其中系数 A_2、D_3、D_4 可从表 0-13 中查出。

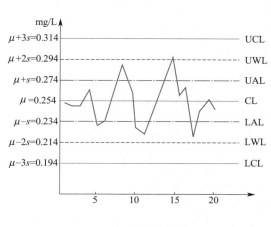

图 0-7　均数控制图

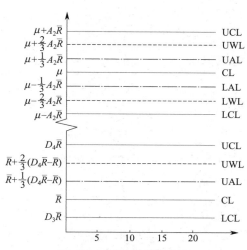

图 0-8　均数-极差控制图

表 0-13　控制图系数（每次测 n 个平行样）

系数	2	3	4	5	6	7	8
A_2	1.88	1.02	0.73	0.58	0.48	0.42	0.37
D_3	0	0	0	0	0	0.076	0.136
D_4	3.27	2.58	2.28	2.12	2.00	1.92	1.86

因为极差是越小越好，所以极差控制图部分没有下警告限，但仍有下控制限。在一般情况下，取 2～3 个平行样测定时，由表 0-13 可看出此时 $D_3 = 0$，下控制限为 0。在使用过程中，如 R 值稳定下降，以致 $R \approx D_3 \overline{R}$（即接近下控制限），则表明测定精密度已有提高，原质量控制图失效，应根据新的测定值重新计算 μ、$\overline{R}$ 和各相应统计量，改绘新的 $\overline{x}$-R 图。

使用 $\overline{x}$-R 控制图时，只要两者中任一个超出控制限（不包括 R 图部分的下控制限），即认为是"失控"，显然，其灵敏度较单纯的 $\overline{x}$ 图或 R 图高。

【例 0-8】用镉试剂法测镉，以浓度为 1mg/L 的控制样品每次做两个平行测定。其结果见表 0-14。根据此数据作 $\overline{x}$-R 控制图。

表 0-14　镉试剂法测定镉含量结果　　　　　　　　单位：mg/L

序号	x_i	x_i'	$\overline{x}$	R_i	序号	x_i	x_i'	$\overline{x}$	R_i
1	1.00	0.96	0.98	0.04	11	1.00	0.98	0.99	0.02
2	0.98	1.00	0.99	0.02	12	0.98	0.96	0.97	0.02
3	0.92	1.00	0.96	0.08	13	0.99	0.96	0.975	0.03
4	0.94	1.02	0.98	0.08	14	1.00	0.95	0.975	0.05
5	0.98	1.00	0.99	0.02	15	0.98	0.96	0.97	0.02
6	0.97	1.00	0.985	0.03	16	1.04	0.95	0.995	0.09
7	0.99	1.05	1.02	0.06	17	1.03	1.00	1.015	0.03
8	0.97	0.99	0.98	0.02	18	0.97	0.99	0.98	0.02
9	1.02	1.00	1.01	0.02	19	1.02	0.94	0.98	0.08
10	0.97	0.95	0.96	0.02	20	1.02	0.94	0.98	0.08

解： 根据每次的平行样数据 x_i 和 x_i'，计算平均值（$\overline{x}$）和极差（R）并填于表 0-14 中。

计算总均值　$\mu = \dfrac{\sum \overline{x}}{n} = 0.98$

标准偏差　$s = 0.031$

变异系数　$C_v = \dfrac{s}{\overline{x}} \times 100\% = 3.16\%$

平均极差　$\overline{R} = \dfrac{\sum R_i}{n} = 0.042$

镉的监测方法中规定当镉浓度大于 0.1mg/L 时，$C_v \leqslant 4\%$，故上述数据"合格"。

① 均数控制图部分。

均数上、下控制限为 $\mu \pm A_2 \overline{R}$，分别为 1.06 和 0.90；

均数上、下警告限为 $\mu \pm \dfrac{2}{3} A_2 \overline{R}$，分别为 1.03 和 0.93；

均数上、下辅助线为 $\mu \pm \dfrac{1}{3} A_2 \overline{R}$，分别为 1.006 和 0.954。

② 极差控制图部分。

极差上控制限为 $D_4 \overline{R} = 0.14$；

极差上警告限为 $\overline{R} + \dfrac{2}{3}(D_4 \overline{R} - \overline{R}) = 0.11$；

极差上辅助线为 $\overline{R} + \dfrac{1}{3}(D_4 \overline{R} - \overline{R}) = 0.075$；

极差下控制限为 $D_3 \overline{R} = 0$。

根据上述数据绘成 $\overline{x}\text{-}R$ 控制图，如图 0-9 所示。

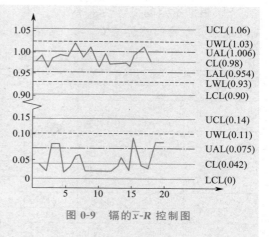

图 0-9　镉的 $\overline{x}\text{-}R$ 控制图

当然，无论是 $\overline{x}$ 控制图还是 $\overline{x}\text{-}R$ 控制图，都不是一劳永逸、一成不变的。在分析方法、步骤、分析试剂等条件改变以后，应建立新的控制图。

2. 比较实验

对同一样品采用不同的分析方法进行测定，比较结果的符合程度来估计测定准确度。对于难度较大而不易掌握的方法或测得结果有争议的样品常用此法，必要时还可以进一步交换操作者，交换仪器设备或两者都换。将所得结果加以比较，以检查操作稳定性和发现问题。

3. 对照分析

在进行环境样品分析的同时，对标准物质进行平行分析，将后者的测定结果与浓度进行比较，以控制分析准确度。也可以由他人（上级或权威部门）配制（或选用）标准样品，但不告诉操作人员浓度值即密码样，然后由上级或权威部门对结果进行检查，这也是考核人员的一种方法。

四、实验室间质量控制

实验室工作质量的外部控制就称为实验室间质量控制。这方面工作通常由中心实验室或上级监测机关负责施行，接受外部控制的各实验室必须是内部质量合格者。各实验室接受考核时，一般采用统一的标准方法对上级部门统一发放的密码标准样品进行测定，测定数据由上级部门进行统计处理后，对接受检查的实验室做出质量评价并予以公布，从中可以发现各实验室存在的问题并及时纠正。实际考核的内容和方法有很多种，以下介绍常用的几种方法。

1. 各实验室等精度检验

对接受检查的若干个实验室，要求用相同的标准方法对同一个标准样品做 n 次测定，测定结果用 Cochran 最大方差法予以检验，这种方法就称为等精度检验。具体做法如下。

设有 m 个实验室接受检查，各自的标准偏差为 s_1，s_2，s_3，$\cdots$，s_m。

① 将 m 个标准偏差按大小顺序排列，其中最大者记为 s_{max}。

② 计算统计量 C。

$$C = \frac{s_{max}^2}{\sum\limits_{i=1}^{m} s_i^2} \tag{0-19}$$

③ 根据给定的显著性水平 α、实验室个数 m、测定次数 n，从数理统计表中得到 Cochran 最大方差检验临界值 $C_{0.05}$，见表 0-15。

表 0-15 Cochran 最大方差检验临界值 $C_{0.05}$

m	n								
	2	3	4	5	6	7	8	9	10
2	0.9985	0.9750	0.9392	0.9057	0.8772	0.8534	0.8332	0.8159	0.8010
3	0.9669	0.8709	0.7977	0.7457	0.7070	0.6770	0.6531	0.6333	0.6167
4	0.9065	0.7679	0.6839	0.6287	0.5894	0.5598	0.5365	0.5175	0.5018
5	0.8413	0.6838	0.5981	0.5440	0.5063	0.4783	0.4564	0.4387	0.4241
6	0.7807	0.6161	0.5321	0.4803	0.4447	0.4184	0.3980	0.3817	0.3682
7	0.7270	0.5612	0.4800	0.4307	0.3972	0.3725	0.3535	0.3383	0.3289
8	0.6798	0.5157	0.4377	0.3910	0.3594	0.3362	0.3185	0.3043	0.2927
9	0.6385	0.4775	0.4027	0.3584	0.3285	0.3067	0.2901	0.2768	0.2659
10	0.6020	0.4450	0.3733	0.3311	0.3028	0.2822	0.2665	0.2540	0.2438
11	0.5697	0.4169	0.3482	0.3079	0.2810	0.2616	0.2467	0.2349	0.2253
12	0.5410	0.3924	0.3264	0.2880	0.2624	0.2439	0.2298	0.2187	0.2095
13	0.5152	0.3708	0.3074	0.2706	0.2462	0.2286	0.2152	0.2046	0.1959
14	0.4919	0.3517	0.2906	0.2554	0.2320	0.2152	0.2024	0.1923	0.1841
15	0.4709	0.3346	0.2757	0.2418	0.2194	0.2033	0.1911	0.1815	0.1736

④ 若实得统计量 $C \leqslant C_{0.05}$，表明 m 个实验室都是符合精度要求的；若 $C > C_{0.01}$，表明具有 s_{max} 的那个实验室精度不符合要求；若 $C_{0.05} < C \leqslant C_{0.01}$，表明具有 s_{max} 的那个实验室的精度是有疑问的，需再次考核。

2. 质量检查图

这种方法是将对各实验室的考核结果全部标绘在同一个图上，这样就可以清楚地比较出各受检实验室的工作质量。

3. 双样图

在实验室间起支配作用的误差常为系统误差。判断实验室的分析质量时，发现实验室内的随机误差比较容易，对系统误差的存在与否是较难判别的。这就通常需要组织多个实验室进行互校，以便最后确定。

尤登试验是验证实验室间分析质量的一种简便易行的方法。尤登试验需要使用两个样品同时进行分析，将所得结果绘制成图，用以评价分析质量。尤登称这种图为双样图。双样图的绘制方法如下。

① 选择 5 个以上实验室接受检查，最多甚至可达几十个。

② 每个实验室发两个标准样品，这两个标准样品的检测项目相同，仅浓度相差约 5%。

③ 被选定的测定项目必须是样品中的稳定组分，如 K^+、Na^+、Cl^-、SO_4^{2-} 等，避免选用 DO（溶解氧，见项目一任务六非金属无机物的监测三、溶解氧）或 BOD 之类的项目。

④ 每个实验室只要求对每个样品测定 1 次，并在规定日期上报测定结果 x_i、y_i。

⑤ 根据各实验室上报的数据，可计算出平均值 $\bar{x}$ 和 $\bar{y}$，然后在直角坐标系中分别画出 $\bar{x}$ 值的垂直线和 $\bar{y}$ 值的水平线。

⑥ 将各实验室的测定结果（x_i、y_i）点在图中，即可得到双样图，然后便可根据图形判断实验室存在的误差。

根据随机误差的特点，各点应分别高于或低于平均值，且随机出现。因此如各实验室间不存在系统误差，则各点应随机分布在四个象限，即大致呈一个以代表两均值的直线交点为中心的圆形，如图 0-10(a) 所示。如各实验室间存在系统误差，则实验室测定值双双偏高或双双偏低，即测定点分布在＋＋或－－象限内，形成一个与纵轴方向约成 45°倾斜的椭圆形，如图 0-10(b) 所示，根据此椭圆形的长轴与短轴之差及其位置，可估计实验室间系统误差的大小和方向。还可根据各点的分散程度来估计各实验室间的精密度和准确度。

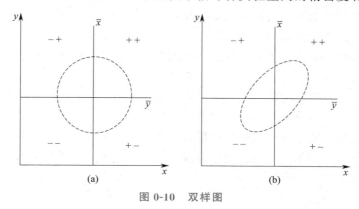

图 0-10　双样图

如将数据进一步做误差分析，可更具体地了解各实验室间的误差性质。常用的处理方法是标准差分析。

① 将各对数据（x_i、y_i）分别求和值、差值。

	和值		差值
	$x_1 + y_1 = T_1$		$\|x_1 - y_1\| = D_1$
	$x_2 + y_2 = T_2$		$\|x_2 - y_2\| = D_2$
	……		……
	$x_n + y_n = T_n$		$\|x_n - y_n\| = D_n$

② 取和值 T_i 计算各实验室数据分布的标准偏差。

$$s = \sqrt{\frac{\sum T_i^2 - \dfrac{(\sum T_i)^2}{n}}{2(n-1)}} \qquad (0\text{-}20)$$

式（0-20）中分母除以 2 是因为 T_i 值中包括两个类似样品的测定结果，故含有 2 倍的误差。

③ 因为标准偏差可分解为系统标准偏差和随机标准偏差，当两个类似样品测定结果相减时，系统标准偏差消除，故可取差值 D_i 计算随机标准偏差。

$$s_r = \sqrt{\frac{\sum D_i^2 - \dfrac{(\sum D_i)^2}{n}}{2(n-1)}} \qquad (0\text{-}21)$$

④ 如 $s = s_r$，即总标准偏差只包含随机标准偏差，表明实验室间不存在系统误差。

五、监测方法的质量保证

1. 标准分析方法

对于一种化学物质或元素往往有许多种分析方法可供选择。例如，水体中汞的测定方法就有冷原子荧光法、冷原子吸收法和双硫腙分光光度法等，

环境监测方法选择
的基本思路

其中的后两种方法都是国家标准中公布的标准方法。

为什么需要对分析方法制定国家标准或者地方（行业）标准呢？这是因为在测定同一个项目时，不同的分析方法具有不同的原理、不同的灵敏度、不同的干扰因素以及不同的操作要求等，因此其测定结果往往不具备可比性。这在环境监测工作中是不允许的，所以有必要对各个项目的分析方法做出强制性的规定，并采用标准规定的分析方法。

标准方法的选定首先要达到所要求的检出限度，其次能提供足够小的随机误差和系统误差，同时对各种环境样品能得到相近的准确度和精密度，当然也要考虑技术、仪器的现实条件和推广的可能性。

标准分析方法又称分析方法标准，是技术标准中的一种，它通常是由某个权威机构组织有关专家进行编写的，因此具有很高的权威性。

编制和推行标准分析方法的目的是保证分析结果的重复性、再现性和准确性，不但要求同一实验室的分析人员分析同一样品的结果要一致，而且要求不同实验室的分析人员分析同一样品的结果也要一致。

2. 分析方法标准化

标准是标准化活动的结果，标准化工作是一项具有高度政策性、经济性、技术性、严密性和连续性的工作，开展这项工作必须建立严密的组织机构，同时必须按照一定规范来进行工作。中国标准化工作的组织管理体系如图 0-11 所示。

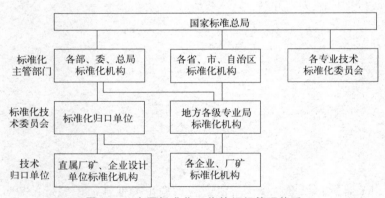

图 0-11　中国标准化工作的组织管理体系

3. 监测实验室间的协作试验

协作试验是指为了一个特定的目的并按照预定的程序所进行的合作研究活动。协作试验可用于分析方法标准化、标准物质浓度定值、实验室间分析结果争议的仲裁和分析人员技术等级评定等项工作。

分析方法标准化协作试验的目的则是确定拟作为标准的分析方法在实际应用的条件下可以达到的精密度和准确度，确定实际应用中分析误差的允许界限，以作为方法选择、质量控制和分析结果仲裁的依据。

进行协作试验预先要制订一个合理的试验方案，并应注意下列因素。

（1）实验室的选择　参加协作试验的实验室要在地区和技术上有代表性，并具备参加协作试验的基本条件，如分析人员、分析设备等，避免选择技术太高和太低的实验室，实验室数目以多为好，一般要求五个以上。

（2）分析方法　选择成熟和比较成熟的方法，方法应能满足确定的分析目的，并已写成了较严谨的文件。

（3）分析人员　参加协作试验的实验室应指定具有中等技术水平的分析人员参加工作，分析人员应对被试验的方法具有较丰富的实际经验。

（4）实验设备　参加协作试验的实验室要尽可能用已有的可互换的同等设备。各种量器、仪器等按规定校准，如果同一实验有两人以上参加，除专用设备外，其他常用设备（如天平、玻璃器皿和分光光度计等）不得共用。

（5）样品的类型和含量　样品基体应有代表性，在整个试验期间必须均匀稳定。

由于精密度往往与样品中被测物质浓度水平有关，一般至少要包括高、中、低三种浓度。如要确定精密度随浓度变化的回归方程，至少要使用五种不同浓度的样品。

只向参加实验室分送必需的样品量，不得多余，样品中待测物质含量不应恰为整数或一系列有规则的数，作为商品或浓度值已为人们知道的标准物质不宜作为方法标准化协作试验或考核人员的样品，使用密码样品可避免"习惯性"偏差。

（6）分析时间和测定次数　同一名分析人员至少要在两个不同的时间进行同一样品的重复分析。一次平行测定的平行样数目不得少于两个。每个实验室对每种含量的样品的总测定次数不应少于六次。

（7）协作试验中质量控制　在正式分析以前要分发类型相似的已知样，让分析人员进行操作练习，取得必要的经验，以检查和消除实验室的系统误差。

协作试验设计不同，数据处理的方法也不尽相同。以方法标准化为例，一般计算步骤如下：

①整理原始数据，汇总成便于计算的表格；②核查数据并进行离群值检验；③计算精密度，并进行精密度与含量之间的相关性检验；④计算允许差；⑤计算准确度。

六、自动监测质量保证与控制

所有自动监测系统都是由一个中心控制站和多个固定监测子站（或固定监测点）组成的，是集监测、电子、通信、自动控制于一体的高新系统工程，具有连续运转的特点。

自动监测质量保证与控制的内容主要包括点位优化、站房建设、系统选型、子站运行、中心站数据处理、人员岗位培训、管理制度建设与执行等。在完成点位优化、站房建设和系统选型之后，质量保证与控制的重点则是子站运行等内容。

1. 点位优化、站房建设和系统选型

环境水质自动监测站主要由国家环境保护主管部门统一确定站位建设和系统选型。

环境空气质量自动监测是各地、市环境保护部门按照国家环境保护相关规范结合当地实际情况优化布点确定监测站位数量与位置，进行站房建设、系统选型。

固定污染源污水自动监测主要是对工业污染源和城市污水处理厂污水连续排放进行监测，通常要求排水量 $100m^3/d$ 及以上的工业污染源和城市污水处理厂都要安装自动监测系统。站房建设和系统选型必须符合相关技术规范要求。

固定污染源废气自动监测主要是对火电业、热电业、水泥工业等重点工业污染源烟尘烟气连续排放进行监测。建设站房、监测系统的选择必须符合相关技术规范要求。

2. 子站运行

日常工作中，监测人员主要对子站内的采样系统、监测仪器、基础设施、供电系统、通

信系统等进行巡检、维护，确保子站正常运行。

环境水质自动监测和固定污染源污水自动监测应保证标样质量合格，足量够用，标样浓度要与被测水质浓度水平相当，定期进行比对试验，比对相对误差应符合规范要求。

环境空气自动监测、固定污染源废气自动监测应配备流量标准传递设备、各种基准标准气体、质量保证专用仪器、便携式审核校准仪器，对各种监测仪器设备进行定期不定期校准和标准传递，并对各种过滤器进行定期不定期地更换、清洗，保持流路畅通，确保设备良好稳定运行。

3. 人员岗位培训

目前自动监测工作均由各地环境保护部门所属监测机构运行与监控，要求相关工作人员必须熟练掌握监测系统的运行原理和维护方法，执行《环境监测人员持证上岗考核制度》，持证上岗。

环境监测人员
岗位责任制

固定污染源监测和污水、废气自动监测由有资质的企业承担运营，由所属地环境保护主管部门的监测机构实行监控，运营企业的相关人员必须接受有关部门的专业培训，获得资格证才能上岗。

4. 管理制度建设与执行

建立系统运行记录制度，如中心控制室运行记录、子站运行记录、子站巡检记录、仪器设备校准记录、仪器设备维护记录、数据审核记录。建立仪器设备管理制度，如仪器设备建档制度、仪器设备操作制度、仪器设备维护制度、仪器设备校准制度。同时，还应建立子站巡检制度、数据审核制度、后勤保障制度，以确保数据的准确及仪器设备的良好运行。

七、环境标准物质

1. 环境标准物质的概念

标准物质是指具有一种或多种足够均匀并已经很好地确定其特性量值的材料或物质，而环境标准物质只是标准物质中的一类。

20世纪80年代，标准物质的发展已进入了在全世界范围内普遍推广使用的阶段。环境标准物质不仅成为环境监测中传递准确度的基准物质，而且也是实验室分析质量控制的物质基础。在世界范围内，目前已有近千种环境标准物质。其中，中国使用量较大的代表性标准物质有果树叶、小牛肝和标准气体，以及水、气、土、生物和水系沉积物，还有大米粉标准物质等；日本有胡椒树叶、底泥和人头发标准物质等。

环境标准物质可以是纯物质，也可以是混合的气体、液体或固体，甚至可以是简单的人造物体。

2. 环境标准物质的作用

环境标准物质在环境监测中具有十分重要而且广泛的作用，它不仅是环境监测中传递准确度的基准物质，而且也是实验室分析质量控制的重要物质基础。其具体作用如下。

① 评价监测分析方法的准确度和精密度，研究和验证标准方法，发展新的监测方法；

② 校正和标定监测分析仪器，发展新的监测技术；

③ 在协作试验中用于评价实验室的管理效能和监测人员的技术水平，从而不断提升实验室提供准确、可靠数据的能力；

④ 把标准物质当作工作标准和监控标准使用；

⑤ 通过标准物质的准确度传递系统和追溯系统，可以实现国际同行间、国内同行间以及实验室间数据的可比性和时间上的一致性；

⑥ 作为相对真值，标准物质可以用作环境监测的技术仲裁依据；

⑦ 以一级标准物质作为真值，控制二级标准物质和质量控制样品的制备与定值，也可以为新类型的标准物质的研制与生产提供保证。

3. 环境标准物质的分类

环境标准物质的分类不同于一般标准物质，目前主要是按照物质的属性来进行分类，大致有以下一些主要类别：水质标准物质、空气标准物质、土壤标准物质、汽车尾气标准物质、河流底泥标准物质、燃料标准物质、生物材料标准物质、粮食标准物质、食品标准物质、临床化验标准物质、有机污染物标准物质、放射性标准物质等。

4. 中国环境标准物质

（1）标准物质等级　中国的标准物质以 BW 为代号，分为国家一级标准物质和二级标准物质（部颁标准物质）。国家一级标准物质应具备以下条件。

① 用绝对测量法或两种以上不同原理的准确、可靠的测量方法进行定值，也可在多个实验室中分别使用准确可靠的方法进行协作定值；

② 定值的准确度应具有国内最高水平；

③ 应具有国家统一编号的标准物质证书；

④ 稳定时间应在一年以上；

⑤ 应保证其均匀度在定值的精密度范围内；

⑥ 应具有规定的合格的包装形式。

作为标准物质中的一类，环境标准物质除具备上述性质外，还应具备以下条件。

① 是由环境样品直接制备或人工模拟环境样品制备的混合物；

② 具有一定的环境基体代表性。

（2）中国已有的环境标准物质　中国从 20 世纪 80 年代初开始进行环境标准物质的研究，经过几十年的努力现已研制出标准气体、水中痕量元素、大米粉、小麦粉、甘蓝粉、桃树叶、茶叶、土壤、河流底泥、煤飞灰、阴离子洗涤剂等上百种标准物质。表 0-16 中列举了部分气体标准物质。

表 0-16　中国部分气体标准物质

名称	编号	标准浓度/(μmol/mol)	不确定度/%
氮中甲烷	BW0101	10～1000	1
氮中一氧化碳	BW0106	10～1000	1
氮中二氧化碳	BW0111	10～1000	1
氮中二氧化硫	BW0116	300～3000	1.5
空气中甲烷	BW0121	1～100	1
氮中一氧化氮	BW0122	50～2000	1
氮中氧	BW0123	21%	0.1
氮中二氧化氮	BW0124	1%	0.5
空气中一氧化碳	BW0125	5～50	1
氮中丙烷		研制中	

（3）使用标准物质的注意事项　在使用标准物质时应当注意的是，不能以为有了标准物

质便可以在任何情况下得到准确可靠的测定结果。标准物质是一种传递准确度的工具，只有当它和测量方法结合在一起，使用得当时，才能发挥其应有的作用。现在国内外提供的标准物质有几百种，因而如何从中选择适合自己工作需要的标准物质是十分重要的。选择和使用标准物质时需要注意如下几点。

① 要选择与待测样品的基体组成和待测成分的浓度水平相类似的标准物质。

② 根据测定工作本身对准确度的要求可选用不同级别的标准物质。例如，在研制标准物质时必须使用一级标准物质，而在普通实验室的分析质量控制中则可使用二级标准物质或工作标准物质。

③ 要注意标准物质证书中规定的有效期限能否满足实际工作的需要。

④ 要注意标准物质证书中规定的保存条件，并按证书中的要求妥善保存。

⑤ 要仔细了解标准物质的量值特点、化学组成、最小取样量和标准值的测定条件等内容。

⑥ 必须在测量系统经过标准化并达到稳定后才可使用标准物质。如果在使用标准物质时测量系统不稳定、噪声高、灵敏度低、重现性差，测量条件经常发生变化，或存在明显的系统误差，即使使用了标准物质也难以取得质量可靠的结果。

5. 环境标准物质的制备

环境标准物质的制备是一项极其复杂的工作，由于环境样品的种类繁多、状态各异、基体变化大、组成复杂，因此研制的周期长、难度高、工作量大，致使标准物质价格昂贵。这些都给标准物质的研制、使用和推广带来一定的困难。美国国家标准局（NBS）在制备SRM1577（果叶）时，仅分析工作就花费了6个人整整一年的时间和38万美元的资金。

环境标准物质的多样性决定了制备方法的多样性，限于教材篇幅无法详尽加以说明，这里仅以河流沉积物标准物质的制备为例做一简单介绍，如图 0-12 所示。

固体标准物质的制备大致可以分为采样、粉碎、混匀和分装等几步。固体标准物质通常是直接采用环境样品制备的。已被选作标准物质的环境样品有飞灰、河流沉积物、土壤、煤，植物的叶、根、茎、种子，动物的内脏、肌肉、血、尿、毛发、骨骼等。

多数环境的液体和气体样品很不稳定，组成的动态变化大，所以液体和气体的标准

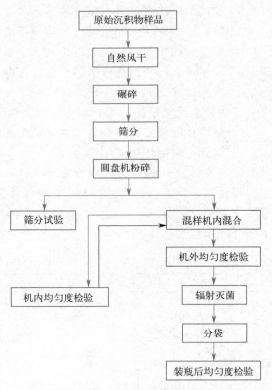

图 0-12　固体标准物质制备流程示意

物质是人工模拟天然样品的组成制备的，如美国的 SRM1643a（水中 19 种痕量元素）就是根据天然港口淡水中各种元素的浓度，准确称量多种化学试剂并经过准确稀释制成的。

➔ 任务训练

1. 简述环境监测的质量保证的涵义，其目的是什么？

2. 为了有效保证环境监测工作的质量，可以采取哪些措施？

3. 环境监测通常可以分为哪些步骤？哪些步骤是最关键的？

4. 质量控制可以分为哪两个部分？各有什么目的？

5. 实施实验室内部质量控制有哪几种方法？

6. 什么是实验室外部质量控制？有哪些方法？

7. $\bar{x}$ 控制图与 $\bar{x}$-R 控制图各有什么特点？其使用方法、注意事项是什么？

8. 用某浓度为 42mg/L 的质量控制水样，每天分析一次平行样，共获得 20 个数据（吸光度 A），顺序为：0.301，0.303，0.304，0.300，0.305，0.300，0.300，0.312，0.308，0.304，0.305，0.313，0.308，0.309，0.313，0.306，0.312，0.309，0.313，0.303。试作 $\bar{x}$ 控制图，并说明在进行质量控制时如何使用此图。

9. 在环境监测工作中为什么要强调采用标准分析方法？

10. 什么叫作协作试验？在协作试验中应当注意哪些因素？

11. 什么是环境标准物质？它有什么作用？

12. BW 是什么物质的代号？

13. 国家一级标准物质的稳定期至少需要多长时间？

14. 环境标准物质是一种传递准确度的工具，但在有些情况下却不能得到准确可靠的测定结果。列举其影响因素。

【环境监测知识概要】

一、知识框图

二、环境监测技术按分析方法分为仪器分析技术、化学分析技术和生物分析技术。

三、环境污染具有时、空分布性，环境污染的综合效应指单独作用、相加作用、相乘作用和拮抗作用。

四、环境标准的概念、作用、分类和分级。

五、环境监测质量保证的意义

开展环境监测质量保证的意义就在于获得准确而且可靠的监测数据。只有取得合乎质量要求的监测结果，才能使我们正确地认识环境、评价环境、管理环境和治理环境。

六、数据处理的质量保证

1. 误差和偏差

2. 有效数字

3. 可疑值的取舍

4. 直线回归方程

5. 测定结果的表述

七、监测实验室的质量保证

1. 名词

灵敏度 空白试验 校准曲线 检测限 测定限

2. 实验室内部质量控制

质量控制图、比较实验和对照分析

3. 实验室间质量控制

等精度检验、质量检查图和双样图

八、监测方法的质量保证

1. 标准分析方法

2. 分析方法标准化

3. 环境标准物质的分类和级别

4. 环境标准物质的作用

5. 环境标准物质的制备

水和污水监测

📚 知识目标

　　理解水体、水质、水体污染、水体自净作用的含义；掌握水体监测断面的类型和设置方法；学会采样点的布设、采样方法和采样器的正确使用；了解采样时间和采样频率的确定方法；掌握水样保存和预处理方法；熟练掌握各种水体监测工作任务的测定方法。

💻 能力目标

　　能根据水体情况设置监测断面，设置采样点，采集具有代表性的水样；具有对水质监测对象水样的运输、保存和预处理能力；能正确地选用仪器、试剂及相关监测设备；能对水体的各个测定项目进行监测，得出准确的监测结果，完成监测报告；具有仪器使用、维护和保养能力；能对监测过程中出现的异常情况进行分析。

👥 素质目标

　　培养获取准确监测结果、报出合格的水和污水监测报告的职业能力；培养团队协作精神；树立安全意识，节约为本；开拓进取、勇于创新。

⬤ 任务一　认识水和污水监测 ⬤

一、水和水体污染

2023 年全国地表
水环境质量状况

1. 水的存在

　　地球表面的四分之三被水覆盖，水广泛存在于海洋、江、河、湖、地下水、大气水、冰川等中。其中海水占 97.3％，淡水占 2.7％，可被利用的淡水不足总水量的 1％。人类对水的需求量很大，工农业生产对水的需求量更大。我国是一个水资源贫乏的国家，而且水资源分布不均匀，节约用水及保护水资源是公民的责任和义务。

2. 水体污染

从自然地理的角度来解释，水体是指地表被水覆盖的区域的自然综合体。因此，水体不仅包括水，而且包括水中的悬浮物、溶解性物质、底泥和水生生物等，它是一个完整的自然生态系统。

水体根据其成因可分为自然水体和人工水体；根据化学成分和溶解于水中的盐含量可分为咸水体和淡水体。

水体污染是由于人类的生产和生活活动，将大量的工业废水、生活污水、农业回流水及其他废物未经处理排入水体，使排入水体的污染物的含量超过了一定限度，使水体受到损害直至恶化，水体的物理、化学性质和生物群落甚至生态平衡发生变化，破坏了水体功能，降低了水体的使用价值。

水体污染类型如下。

（1）化学型污染 指随污水及其他废物排入水体中的无机物（如酸、碱、盐）和有机物（如碳水化合物、蛋白质、油脂、纤维素、氨基酸）等造成的水体污染。

（2）物理型污染 指色度和浊度物质污染、悬浮固体污染、热污染和放射性污染等物理因素造成的水体污染。

（3）生物型污染 指生活污水、医院污水以及屠宰、畜牧、制革业、餐饮业等排放的污水中常含有各种病原体如病毒、病菌、寄生虫等造成的水体污染。

3. 水体的自净作用

当污染物进入水体后，随水稀释的同时发生挥发、絮凝、水解、配合、氧化还原及微生物降解等物理、化学变化和生物转化过程，使污染物的浓度降低或至无害化的过程称为水体自净作用。水体的自净作用是有一定限度的，当污染物浓度超过水体的自净能力时，污染随之产生。

水质指标是衡量水质优劣的依据。水的质量（水质）是指水和水中所含杂质共同表现出来的综合特征，描述水质量的参数称为水质指标，常用水中杂质的种类、成分和数量来表示。一般分为物理指标（色度、浊度等）、化学指标〔COD（化学需氧量）、BOD（生化需氧量）、有毒物质等〕、生物指标（细菌总数、大肠菌群数等）。

二、水体监测对象和目的

1. 水体监测对象

水体监测分为环境水体监测和水污染源监测。环境水体包括地表水（江、河、湖、库、海水）和地下水；水污染源包括生活污水、医院污水和各种工业废水。

2. 水体监测的目的

① 对进入江、河、湖、库、海洋等地表水体的污染物质及渗透到地下水中的污染物质进行经常性的监测，以掌握水质现状及其发展趋势；

② 对生产过程、生活设施及其他排放源排放的各类污水进行监视性监测，为污染源管理和排污收费提供依据；

③ 对水环境污染事故进行应急监测，为分析判断事故原因、危害及采取对策提供依据；

④ 为国家政府部门制定环境保护法规、标准和规划，全面开展环境保护管理工作提供有关数据和资料；

⑤ 为开展水环境质量评价、预测预报及进行环境科学研究提供基础数据和手段。

三、水体监测方法

1. 选择监测方法的原则

① 方法的灵敏度能满足定量要求;

② 方法经过科学论证成熟、准确;

③ 操作简便,易于推广普及;

④ 选择性好。

2. 监测方法类别

根据选择监测方法的原则,力求使监测资料数据具有可比性,以大量实验、实践为基础,对各类水体中的污染物都编制了相应分析方法。

(1) 国家标准分析方法 国家标准分析方法是由国家编制的包括采样在内的、经典的、准确度较高的标准分析方法。它是环境监测必须采用的方法,也用作纠纷的仲裁以及评价其他监测方法的基准方法。

(2) 统一分析方法 统一分析方法是指在实际监测过程中,有些项目急需测定,但方法尚不成熟,经过研究作为统一方法予以推广,在使用中积累经验,不断完善,逐步成为国家标准分析方法。

(3) 等效方法 与 (1)、(2) 类方法的灵敏度、准确度具有可比性的分析方法称为等效方法。鼓励监测单位采用新技术、新仪器形成新方法,推动监测技术水平提高。新方法必须经过方法验证和对比实验,证明与 (1)、(2) 等效才能使用。

3. 常用监测方法

按照监测方法的原理,水体监测常用的方法有化学分析法如称量法、滴定分析法,仪器分析法如分光光度法、原子吸收分光光度法、气相色谱法、液相色谱法、离子色谱法、多机联用技术等。常用水质监测方法和测定项目见表 1-1。

表 1-1 常用水质监测方法和测定项目

方法	测定项目
称量法	SS(悬浮物)、可滤残渣、矿化度、油类、SO_4^{2-}、Cl^-、Ca^{2+} 等
滴定分析法	酸度、碱度、CO_2、DO(溶解氧)、总硬度、Ca^{2+}、Mg^{2+}、氨氮、Cl^-、F^-、CN^-、SO_4^{2-}、S^{2-}、Cl^-、COD、BOD_5、挥发酚等
分光光度法	Ag、Al、As、Be、Bi、Ba、Cd、Co、Cr、Cu、Hg、Mn、Ni、Pb、Sb、Se、Th、U、Zn、氨氮、NO_2^--N、NO_3^--N、凯氏氮、PO_4^{3-}、F^-、Cl^-、C、S^{2-}、SO_4^{2-}、BO_3^{2-}、SiO_3^{2-}、Cl_2、挥发酚、甲醛、三氯乙醛、苯胺类、硝基苯类、阴离子洗涤剂等
荧光分光光度法	Se、Be、U、Ba、P 等
原子吸收分光光度法	Ag、Al、Ba、Be、Bi、Ca、Cd、Co、Cr、Cu、Fe、Hg、K、Na、Mg、Mn、Ni、Pb、Sb、Se、Sn、Te、Tl、Zn 等
氢化物及冷原子吸收法	As、Sb、Bi、Ge、Sn、Pb、Se、Te、Hg
原子荧光法	As、Sb、Bi、Se、Hg
火焰光度法	Li、Ni、K、Sr、Ba 等
电极法	E_h(氧化还原电位)、pH 值、DO、F^-、Cl^-、CN^-、S^{2-}、NO_3^-、K^+、Na^+、NH_4^+ 等
离子色谱法	F^-、Cl^-、Br^-、NO_2^-、NO_3^-、SO_3^{2-}、SO_4^{2-}、$H_2PO_4^-$、K^+、Na^+、NH_4^+ 等
气相色谱法	Be、Se、苯系物、挥发性卤代烃、氯苯类、六六六、DDT、有机磷农药类、三氯乙醛、PCB 等
液相色谱法	多环芳烃类
ICP-AES	用于水中基体金属元素、污染重金属以及底质中多种元素的同时测定

四、水体监测项目

水体监测项目根据监测的目的和监测站的职能，对物理指标、化学指标、生物指标等进行监测，不可能也没有必要对数量繁多的项目一一监测。根据《环境监测技术规范》分别规定测定项目如下。

国家地表水水质
自动监测实时
数据发布系统

1. 地表水监测项目

地表水监测项目见表 1-2。

表 1-2   地表水监测项目

地表水类型	必测项目	选测项目
河流	水温、pH 值、悬浮物、总硬度、电导率、溶解氧、化学需氧量、氨氮、亚硝酸盐氮、BOD₅、硝酸盐氮、挥发酚、氰化物、砷、汞、六价铬、铅、镉、石油类等	硫化物、氟化物、氯化物、有机氯农药、有机磷农药、总铬、铜、锌、大肠杆菌、总 α 放射性、总 β 放射性、铀、镭、钍等
饮用水源地	水温、pH 值、浊度、总硬度、DO、COD、BOD、氨氮、亚硝酸盐氮、硝酸盐氮、挥发酚、氰化物、砷、汞、六价铬、铅、镉、氟化物、细菌总数、大肠菌群等	铜、锌、锰、阴离子洗涤剂、硒、石油类、有机氯农药、有机磷农药、硫酸盐、碳酸盐等
湖泊、水库	水温、pH 值、SS、DO、总硬度、透明度、总氮、总磷、COD、BOD、挥发酚、氰化物、砷、汞、六价铬、铅、镉等	钾、钠、藻类、悬浮藻、可溶性固体总量、大肠菌群等
底泥	砷、汞、铬、镉、铅、铜等	硫化物、有机氯农药、有机磷农药等

2. 工业废水监测项目

工业废水监测项目见表 1-3。

表 1-3   工业废水监测项目

类别		监测项目
黑色金属矿山（包括磁铁矿、赤铁矿、锰矿等）		pH 值、悬浮物、硫化物、铜、铅、锌、镉、汞、六价铬等
黑色冶金（包括选矿、烧结、炼焦、炼铁、炼钢等）		pH 值、悬浮物、COD、硫化物、氟化物、挥发酚、氰化物、石油类、铜、铅、锌、砷、镉、汞等
选矿药剂		COD、BOD、悬浮物、硫化物、挥发酚等
有色金属矿山及冶炼（包括选矿、烧结、冶炼、电解、精炼等）		pH 值、悬浮物、COD、硫化物、氟化物、挥发酚、铜、铅、锌、砷、镉、汞、六价铬等
火力发电、热电		pH 值、悬浮物、硫化物、砷、铅、镉、挥发酚、石油类、水温等
煤矿（包括洗煤）		pH 值、悬浮物、砷、硫化物等
焦化		COD、BOD、悬浮物、硫化物、挥发酚、石油类、氰化物、氨氮、苯类、多环芳烃、水温等
石油开发		pH 值、COD、BOD、悬浮物、硫化物、挥发酚、石油类等
石油炼制		pH 值、COD、BOD、悬浮物、硫化物、挥发酚、氰化物、石油类、苯类、多环芳烃等
化学矿开采	硫铁矿	pH 值、悬浮物、硫化物、砷、铜、铅、锌、镉、汞、六价铬等
	雄黄矿	pH 值、悬浮物、硫化物、砷等
	磷矿	pH 值、悬浮物、氟化物、硫化物、砷、铅、磷等
	萤石矿	pH 值、悬浮物、氟化物等
	汞矿	pH 值、悬浮物、硫化物、砷、汞等
无机原料	硫酸	pH 值（或酸度）、悬浮物、硫化物、氟化物、铜、铅、锌、镉、砷等
	氯碱	pH 值（或酸、碱度）、COD、悬浮物、汞等
	铬盐	pH 值（或酸度）、总铬、六价铬等
有机原料		pH 值（或酸、碱度）、COD、BOD、悬浮物、挥发酚、氰化物、苯类、硝基苯类、有机氯等
化肥	磷肥	pH 值（或酸度）、COD、悬浮物、氟化物、砷、磷等
	氮肥	COD、BOD、挥发酚、氰化物、硫化物、砷等
橡胶	合成橡胶	pH 值（或酸、碱度）、COD、BOD、石油类、铜、锌、六价铬、多环芳烃等
	橡胶加工	COD、BOD、硫化物、六价铬、石油类、苯、多环芳烃等

续表

类别	监测项目
塑料	COD、BOD、硫化物、氰化物、铬、砷、汞、石油类、有机氯、苯类、多环芳烃等
化纤	pH 值、COD、BOD、悬浮物、铜、锌、石油类等
农药	pH 值、COD、BOD、悬浮物、硫化物、挥发酚、砷、有机氯、有机磷等
制药	pH 值(或酸、碱度)、COD、BOD、石油类、硝基苯类、硝基酚类、苯胺类等
染料	pH 值(或酸、碱度)、COD、BOD、悬浮物、挥发酚、硫化物、苯胺类、硝基苯类等
颜料	pH 值、COD、悬浮物、硫化物、汞、六价铬、铅、镉、砷、锌、石油类等
油漆	COD、BOD、挥发酚、石油类、氰化物、镉、铅、六价铬、苯类、硝基苯类等
其他有机化工	pH 值(或酸、碱度)、COD、BOD、挥发酚、石油类、氰化物、硝基苯类等
合成脂肪酸	pH 值、COD、BOD、油、锰、悬浮物等
合成洗涤剂	COD、BOD、油、苯类、表面活性剂等
机械制造	COD、悬浮物、挥发酚、石油类、铅、氰化物等
电镀	pH 值(或酸度)、氯化物、六价铬、铜、锌、镍、镉、锡等
电子、仪器、仪表	pH 值(或酸度)、COD、苯类、氰化物、六价铬、汞、镉、铅等
水泥	pH 值、悬浮物等
玻璃、玻璃纤维	pH 值、悬浮物、COD、挥发酚、氰化物、砷、铅等
油毡	COD、石油类、挥发酚等
石棉制品	pH 值、悬浮物、石棉等
陶瓷制品	pH 值、COD、铅、镉等
人造板、木材加工	pH 值(或酸、碱度)、COD、BOD、悬浮物、挥发酚等
食品	pH 值、COD、BOD、悬浮物、挥发酚、氨氮等
纺织、印染	pH 值、COD、BOD、悬浮物、挥发酚、硫化物、苯胺类、色度、六价铬等
造纸	pH 值(或碱度)、COD、BOD、悬浮物、挥发酚、硫化物、铅、汞、木质素、色度等
皮革及皮革加工	pH 值、COD、BOD、悬浮物、硫化物、氯化物、总铬、六价铬、色度等
电池	pH 值(或酸度)、铅、锌、汞、镉等
火工	铅、汞、硝基苯类、硫化物、锶、铜等
绝缘材料	COD、BOD、挥发酚等

3. 生活污水监测项目

生活污水监测项目包括 COD、BOD、悬浮物、氨氮、总氮、总磷、阴离子洗涤剂、细菌总数、大肠菌群等。

4. 医院污水监测项目

医院污水监测项目包括 pH 值、色度、浊度、悬浮物、余氯、COD、BOD、致病菌、细菌总数、大肠菌群等。

 任务训练

1. 简述水体污染和水体的自净作用。
2. 如何选择水体监测方法？
3. 根据所学知识归纳各类水体的监测项目。
4. 水体监测的目的是什么？
5. 水体污染的类型有哪些？

● 任务二　水样的采集 ●

水体监测没有必要对全部水体进行测定，为了使测定用水正确反映水体的水质状况，具有代表性，必须控制好下列诸多关键环节：采样前的现场调查研究和收集资料，监测断面和采样点的布设，采样时间和采样频率的确定，采样器和采样方法的选择，水样的保存、运输和预处理等。

一、采样前的准备

从水体中取出的反映水体水质状况的水就是水样；将水样从水体中分离出来的过程就是采样；采样地点的选择和监测网点的建立就是布点。

1. 基本准备

采样前应提出采样计划，确定采样断面、垂线和采样点，采样时间和路线，人员分工，采样器材，样品的保存和交通工具等。

（1）容器的准备　通常使用的容器有聚乙烯塑料容器和硬质玻璃容器。塑料容器常用于金属和无机物的监测项目；玻璃容器常用于有机物和生物等的监测项目；惰性材料常用于特殊监测项目。目的是避免引入干扰成分，因为各类材质与水样发生如下作用。

① 容器材质可溶于水样，如从塑料容器溶解下来的有机质和从玻璃容器溶解下来的钠、硅、硼。

② 容器材质可吸附水样中某些组分，如玻璃吸附痕量金属，塑料吸附有机质和痕量金属。

③ 水样与容器直接发生化学反应，如水样中的氟化物与玻璃容器间的反应等。

容器在使用前必须经过洗涤。测金属类水样的容器，先用洗涤剂清洗、自来水冲洗，再用10%的盐酸或硝酸浸泡8h，用自来水冲洗，最后用蒸馏水清洗干净；测有机物水样的容器先用洗涤剂冲洗，再用自来水冲洗，最后用蒸馏水清洗干净。

（2）采样器的准备　采样器与水样接触的材质常采用聚乙烯塑料、有机玻璃、硬质玻璃和金属铜、铁等。清洗时，先用自来水冲去灰尘等杂物，用洗涤剂去除油污，用自来水冲洗后，再用10%的盐酸或硝酸洗涮，再用自来水冲洗干净备用。

（3）交通工具的准备　最好有专用的监测船和采样船，或其他合适的船只，根据交通条件准备合适的陆上交通工具。

2. 采样量

采样量与监测方法和水样组成、性质、污染物浓度有关。按监测项目计算后，再适当增加20%～30%作为实际采样量。供一般物理与化学监测用水样约2～31个，待测项目很多时采集5～101个，充分混合后分装于1～21个储样瓶中。采集的水样除一部分用于监测外，还要保存一部分备用。正常浓度水样的采集量（不包括平行样和质控样）见表1-4。

表 1-4　正常浓度水样采集量

监测项目	水样采集量/mL	监测项目	水样采集量/mL	监测项目	水样采集量/mL
悬浮物	100	氯化物	50	溴化物	100
色度	50	金属	1000	碘化物	100
嗅	200	铬	100	氰化物	500
浊度	100	硬度	100	硫酸盐	50
pH 值	50	酸度、碱度	100	硫化物	250
电导率	100	溶解氧	300	COD	100
凯氏氮	500	氨氮	400	苯胺类	200
硝酸盐氮	100	BOD_5	1000	硝基苯	100
亚硝酸盐氮	50	油	1000	砷	100
磷酸盐	50	有机氯农药	2000	显影剂类	100
氟化物	300	酚	1000		

二、地表水水样的采集

地表水即地球表面上的水，如海洋、河流、湖泊、水库、沟渠中的水。

1. 收集资料、调查研究

在采集水样之前，应尽可能完备地收集欲监测水体及所在区域的有关资料，主要包括如下几类。

① 水体的水文、气候、地质和地貌特征。如水位、水量、流速及流向的变化；降雨量、蒸发量及历史上的水情；河流的宽度、深度、河床结构及地质状况；湖泊沉积物的特性、间温层的分布、等深线等。

② 水体沿岸城市分布、污染源分布及其排污情况、城市给水排水情况等。

③ 水体沿岸的资源现状和水资源的用途；饮用水源分布和重点水源保护区；水体流域土地功能及近期使用计划等。

④ 历年的水质监测资料等。

2. 监测断面的设置原则

在对调查研究结果和有关资料进行综合分析的基础上，根据监测目的和监测项目，并考虑人力、物力等因素确定监测断面，同时还要考虑实际采样时的可行性和方便性。在水域的下列位置应设置监测断面。

① 有大量污水排入河流的主要居民区、工业区的上游和下游。

② 湖泊、水库、河口的主要入口和出口，河流的入海口。

③ 城市饮用水源区、水资源集中的水域、主要风景游览区、水上娱乐区及重大水利设施所在地等功能区。

④ 较大支流汇合口上游和汇合后与干流充分混合处、入海河流的河口处、受潮汐影响的河段和严重水土流失区。

⑤ 断面位置应避开死水区、回水区、排污口处，尽量选择顺直河段、河床稳定、水流平稳、水面宽阔、无急流、无浅滩处。

⑥ 国际河流出入国境线的出入口处。

⑦ 应尽可能与水文测量断面重合，实现水质监测与水量监测的结合，并要求交通方便、有明显岸边标志。监测断面和采样点位置确定后，如果岸边无明显的天然标志，应立即设置标志物，如竖石柱、打木桩等。每次采样时以标志物为准，在同一点位上采样，以保证样品

的代表性和可比性。

监测断面的设置数量，应根据要掌握水环境质量状况的实际需要，在对污染物时空分布和变化规律了解、优化的基础上，以最少的断面、垂线和测点取得代表性最好的监测来确定。

3. 监测断面的设置

（1）河流监测断面的设置　对于江、河水系或其中某一河段，常设置三种断面，即对照断面、控制断面和消减断面。河流监测断面典型设置示意图如图 1-1 所示。

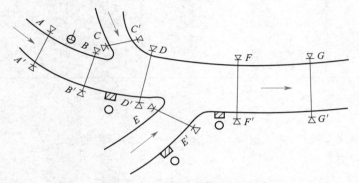

河流监测断面设置

图 1-1　河流监测断面设置示意

➡ 水流方向；⊕ 自来水厂取水点；○ 污染源；▨ 排污口；A—A′为对照断面；
B—B′、C—C′、D—D′、E—E′、F—F′为控制断面；G—G′为消减断面

① 对照断面　为水体中污染物监测及污染程度提供参比、对照而设置，能够了解流入监测河段前水体水质状况。因此这种断面应设在河流进入城市或工业区以前的地方，避开各种污水的流入或回流处。一般一个河段只设一个对照断面，有主要支流时可酌情增加。

对一个水系或一条较长河流的完整水体进行污染监测时需要设置背景断面，一般设置在河流上游或接近河流源头处，未受或少受人类活动影响处，可获得河流背景值。

② 控制断面　常称污染监测断面，表明河流污染状况与变化趋势，与对照断面比较即可了解河流污染现状。控制断面的数目按河段被污染情况、排污口分布、城市工业分布情况而定。控制断面一般设在排污口下游 500～1000m 处，因为在排污口的污染带下游 500m 横断面的 1/2 宽度处重金属的浓度出现峰值。

③ 消减断面　表明河流被污染后，经过河流水体自净作用后的结果。常选择污染物明显下降，其左、中、右三点浓度差异较小的断面，距城市或工业区最后一个排污口下游 1500m 以外的河段上。

（2）湖泊、水库监测断面的设置
设置前，应先判断湖泊、水库是单一水体还是复杂水体，考虑汇入湖、库的河流数量、水体径流量、季节变化及动态变化、沿岸污染源分布等，按以下原则设置监测断面，如图 1-2 所示。

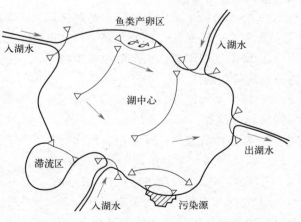

图 1-2　湖泊、水库监测断面设置示意

△—△为监测断面

① 进出湖、库的河流汇合处设监测断面。

② 以功能区为中心（如城市和工厂的排污口、饮用水源、风景游览区、排灌站等），在其辐射线上设置弧形监测断面。

③ 在湖库中心，深、浅水区，滞流区，不同鱼类的洄游产卵区，水生生物经济区等设置监测断面。

4. 采样点的布设

在设置监测断面后，应先根据水面宽度确定断面上的采样垂线，再根据采样垂线深度确定采样点的位置和数目。采样垂线和采样点的设置如图 1-3 所示。

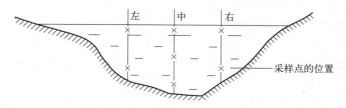

图 1-3　采样垂线和采样点的设置

河流采样点位确定

（1）采样垂线　当河面水宽小于 50m 时，设一条中泓垂线；河面水宽为 50～100m 时，在左右近岸有明显水流处各设一条垂线；河面水宽为 100～1000m 时，设左、中、右三条垂线；水面宽大于 1500m 时至少设 5 条等距离垂线。

（2）采样点的位置和数目　每一条垂线上，当水深小于或等于 5m 时，只在水面下 0.3～0.5m 处设一个采样点；水深 5～10m 时，在水面下 0.3～0.5m 处和河底上 0.5m 处各设一个采样点；水深 10～50m 时，要设三个采样点，水面下 0.3～0.5m 处一点，河底以上约 0.5m 处一点，1/2 水深处一点；水深超过 50m 时，应酌情增加采样点数。

湖、库采样点位与河流相同，需注意有些指标随水深而变化，如水温和溶解氧等。

5. 采样时间和采样频率

① 对较大水系干流和中小河流，全年采样应不少于 12 次。至少不少于 6 次，采样时间为丰水期、枯水期和平水期，每期采样两次。

② 流经城市工业区、污染较严重的河流、游览水域、饮用水源地等全年采样不少于 12 次，采样时间为每月一次。

③ 潮汐河流全年采样 3 次，丰水期、平水期、枯水期各一次，每次采样两天，分别在大潮期和小潮期进行，每次应采集当天涨、退潮水样，分别测定。

④ 湖泊、水库全年采样两次，枯水期、丰水期各 1 次。若设有专门监测站，全年采样不少于 12 次，每月采样 1 次。

⑤ 要了解 1 天或几天内水质变化，可以在 1 天（24h）内按一定时间间隔或 3 天内（72h）分不同等份时间进行采样。遇到特殊情况时，增加采样次数。

⑥ 背景断面每年采样 1 次。

⑦ 遇特殊自然情况，或发生污染事故时，要随时增加采样频率。

6. 采样方法和采样器

（1）采样方法

① 船只采样　适用于一般河流和水库采样。利用船只到指定地点，用采样器采集一定深度的水样。此法灵活，但采样地点不易固定，使所得资料可比性较差。

② 桥梁采样　适用于频繁采样,并能横向、纵向准确控制采样点位置,尽量利用现有桥梁,勿影响交通。此法安全、可靠、方便,不受天气和洪水影响。

③ 涉水采样　适用于较浅的小河和靠近岸边水浅处的采样点。采样时,避免搅动沉积物,采样者应站在下游,向上游方向采集水样。

④ 索道采样　适用于地形复杂、险要、偏僻处的小河流,可架索道用采样器采集一定深度的水样。

(2) 采样器

① 水桶、瓶子　适用于采集表层水样。一般用水样冲洗水桶、瓶子2~3次。将其沉至水面下0.3~0.5m处采集,去除水面漂浮物。

② 单层采水器　适用于采集水流平缓的深层水样。单层采水器是一个装在金属框内用绳索吊起的玻璃瓶,框底部有铅锤,以增加重量,瓶口配塞,以绳索系牢,绳上标有高度,将采水瓶降落到预定的深度,然后将细绳上提,把瓶塞打开,水样便充满水瓶,如图1-4所示。

③ 急流采水器　适用于采集水流急、流量较大的水样。采集水样时,打开铁框的铁栏,将样瓶用橡胶塞塞紧,再把铁栏扣紧,然后沿船身垂直方向伸入水深处,打开钢管上部橡胶管的夹子,水样便从橡胶塞的长玻璃管流入样瓶中,瓶内空气由短玻璃管沿橡胶管排出,如图1-5所示。

④ 双层采样器　适用于采集测定溶解性气体的水样。将采样器沉入要求的水深处,打开上部的橡胶管夹子,水样进入小瓶并将空气驱入大瓶,从连接大瓶短玻璃管排出,直到大瓶中充满水样,提出水面后迅速密封,如图1-6所示。

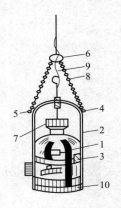

图 1-4　单层采水器

1—水样瓶;2,3—采水瓶架;4,5—平衡控制挂钩;6—固定采水瓶绳的挂钩;7—瓶塞;8—采水瓶绳;9—开瓶塞的软绳;10—铅锤

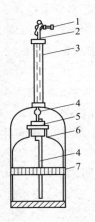

图 1-5　急流采水器

1—夹子;2—橡胶管;3—钢管;4—玻璃管;5—橡胶塞;6—玻璃取样瓶;7—铁框

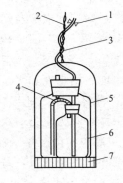

图 1-6　双层采样器

1—夹子;2—绳子;3—橡胶管;4—塑管;5—大瓶;6—小瓶;7—带重锤的夹子

⑤ 泵式采水装置　属于机械式的装置。泵式采水装置可用于多种监测项目的样品采集,如图1-7所示。它由抽吸泵(常用的是真空泵)、采样瓶、安全瓶、采水管等部件构成。采水管的进水口固定在带有铅锤的链子或钢丝绳上,到达预定水层后,用泵抽吸水样。

⑥ 固定式自动采水装置　这种采水装置是固定在采样点进行采水的自动装置。在一定位置上设置一个采水泵，水样通过过滤后输入高位槽，过多的水样通过溢流管返回水体。高位槽内的水样以一定时间间隔注入试样容器。为防止管路系统堵塞，应时常用自来水或超声波清洗器将其洗净。采水装置的整套动作都通过自动程序控制器予以控制，如图 1-8 所示。测定金属、油类、溶解氧、硫化物、pH 值、水生生物等项目的样品不宜用自动采水装置采样。

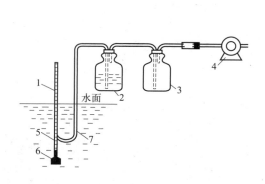

图 1-7　泵式采水装置

1—钢丝绳；2—采样瓶；3—安全瓶；4—真空泵；

5—进水口；6—铅锤；7—采水管

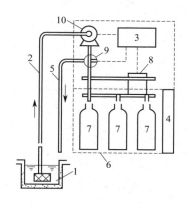

图 1-8　固定式自动采水装置

1—滤网；2—采水管；3—高位槽（自控单元）；

4—冷却单元；5—溢流管；6—储样室；

7—水样瓶；8—水流切换器；

9—水流切换阀；10—采水泵

⑦ 比例组合式自动采水装置　这种采水装置在固定采样点、不同时间内，按水的流量比例确定各份水样量，注入采样容器后，得到一份混合水样，如图 1-9 所示。

⑧ 直立式采水器　如图 1-10 所示，这种采水器主要由采水桶、采样器架和溶解氧瓶构成。采样时将采水桶和溶解氧瓶分别放入采水器架的相应位置上，固定好，并按图连接好溶解氧瓶的乳胶管，关好侧门；然后换上带软绳的瓶塞，将直立式采样器慢慢放入水中；当到达预定水层时，分别提拉采水桶和溶解氧瓶瓶塞的软绳，将瓶塞打开，水便从溶解氧瓶灌入，空气从采水桶口排出；待水灌满后迅速提出水面，倒掉采水桶上部一层水。直立式采样器专门用于溶解氧水样的采集。

⑨ 其他采水器　还有塑料手摇泵采水器、电动采水器以及连续自动定时采水器等。

7. 水样类型

（1）瞬时水样　是指在某一时间和地点从水体中随机采集的分散水样。当水体水质稳定，或其组分在相当长的时间或相当大的空间范围内变化不大时，瞬时水样具有很好的代表性；当水体组分及含量随时间和空间变化时，就应隔时、多点采集瞬时水样，分别进行分析，摸清水质的变化规律。

（2）混合水样　指在同一采样点于不同时间所采集的瞬时水样的混合水样，有时称"时间混合水样"，以区别于其他混合水样。这种水样观察平均浓度时非常有用，但不适用于被测组分在储存过程中发生明显变化的水样。

（3）综合水样　把不同采样点同时采集的各个瞬时水样混合后所得到的样品称为综合水样。这种水样在某些情况下更具有实际意义。例如，当为几条污水河、渠建立综合处理厂时，以综合水样取得的水质参数作为设计的依据更为合理。

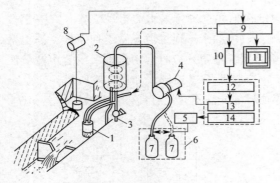

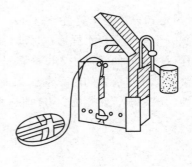

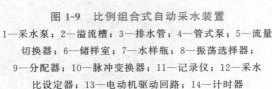

图 1-9 比例组合式自动采水装置   图 1-10 直立式采水器

1—采水泵；2—溢流槽；3—排水管；4—管式泵；5—流量
切换器；6—储样室；7—水样瓶；8—振荡选择器；
9—分配器；10—脉冲变换器；11—记录仪；12—采水
比设定器；13—电动机驱动回路；14—计时器

8. 质量控制样品

（1）现场空白样　在采样现场将纯水按样品采集步骤装瓶，与水样同样
处理，以掌握采样过程中环境与操作条件对监测结果的影响。

（2）现场平行样　现场采集平行水样，用于反映采样与测定分析的精密
度，采集时应注意控制采样操作条件一致。

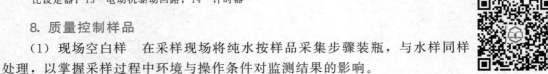

质量控制样品
采集及注意事项

（3）加标样　取一组平行水样，在其中一份中加入一定量的被测标准物溶液，两份水样
均按规定方法处理。

三、地下水水样的采集

地下水即储存在岩石空隙（孔隙、裂隙、溶隙）中和地表之下的水。地下水的采集还应
考虑以下几方面。

① 地下水流动较慢，所以水质参数的变化慢，一旦污染很难恢复，甚至无法恢复。

② 地下水埋藏深度不同，温度变化规律也不同。近地表的地下水的温度受气温的影响，
具有周期性变化，较深的年常温层中地下水温度比较稳定，水温变化不超过 0.1℃，但水样
一经取出，其温度即可能有较大的变化。这种变化能改变化学反应速率，从而改变原来的化
学平衡，也能改变微生物的生长速度。

③ 地下水所受压力较大，面对的环境条件与地面水不同，一旦取出，可溶性气体的溶
入和逃逸带来一系列化学变化，改变水质状况。例如，地下水富含 H_2S 但溶解氧较低，取
出后 H_2S 逃逸，大气中 O_2 溶入，会发生一系列的氧化还原变化；水样吸收或放出 CO_2 可
引起 pH 值变化。

由于采水器的吸附或沾污及某些组分的损失，水样的真实性将受到影响。

1. 收集资料、调查研究

① 收集、汇总监测区域的水文、地质、气象等方面的有关资料和以往的监测资料。例
如地质剖面图、测绘图、水井的成套参数、含水层、地下水补给、径流和流向，以及温度、
湿度、降水量等。

② 调查监测区域内城市发展、工业分布、资源开发和土地利用情况，尤其是地下工程

规模、应用等；了解化肥和农药的施用面积与施用量。

③ 测量或查知水位、水深，以确定采水器和泵的类型、所需费用以及采样程序。

④ 在完成以上调查的基础上，确定主要污染源和污染物，并根据地区特点和地下水的主要类型把地下水分成若干个水文地质单元。

⑤ 调查污水灌溉、排污、纳污和地表水污染现状。

2. 采样点的布设

地下水按理论条件分为潜水（浅层地下水）、承压水（深层地下水）和自流水。地下水监测以浅层地下水为主，利用各水文地质单元中原有的监测水井监测。利用机井可以对深层地下水的各层水质进行监测。

（1）地下水背景值采样点的布设 常做对照、比较之用，用一个不受或少受污染的地下水来测得。采样点应设在污染区的外围，若要查明污染状况，可贯穿含水层的整个饱和层，在垂直于地下水流方向的上方设置。若是新开发区，应在引入污染源前设背景值监测井点。

（2）污染地下水采样点的布设 地下水污染可分为点状污染、条状污染、带状污染和块状污染，这些污染是由渗坑、渗井和堆渣区的污染物在含水层渗透性的不同形式而产生的。例如，点状污染的监测井应在与污染源距离最近的地方布设；条状污染的监测井的布设应沿地下水流向，用平行和垂直的监测断面控制；带状污染的监测井应用网状布点法设置垂直于河渠的监测断面；块状污染的监测井的布点应是平行和垂直于地下水流方向；地下水位下降的漏斗区的监测井设置在平行于环境变化最大的方向和平行于地下水流的方向。

对供城市饮用的主要地下水、工业用水和农田灌溉用的地下水，均应适当布设监测井；对人为补给的回灌井，要在回灌前后分别采样监测水质的变化情况。一般监测井在液面下0.3～0.5m处采样。若有间温层或多含水层分布，可按具体情况分层采样。

采样井的位置确定后，要进行分区、分类、分级统一编号，利用天然标志或人工标志加以固定。

作为应用水源的地下水，现有水井常被作为日常监测水质的现成采样点。当地下水受到污染需要研究其受污情况时，则常需设置新的采样点。例如在与河道相邻近地区新建了一个占地面积不甚大的垃圾堆场的情况下，为了监测垃圾中污染物随径流渗入地下，并被地下水挟带转入河流的状况，应如图1-11所示设置地下水监测井采样点。如果含水层渗透性较大，污染物会在此水区形成一个条状的污染带，则监测井位置应处在污染带内，并在邻近污染源一侧设点（A），在靠近河道一侧设点（B），而且监测井的进水部位应对准污染带所在位置。显然，在图1-11中C点或D点位置设井或设定的进水位置都是不适宜的。

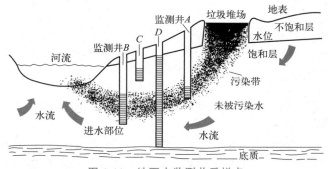

图1-11 地下水监测井采样点

3. 采样时间和采样频率

每年应在丰水期和枯水期分别采样，或按四季采样，有条件的监测站按月采样。每采一次样监测一次，十天后可再采一次样监测。对有异常情况的采样点，应适当增加采样监测次数。

4. 采样方法和采样器

（1）采样方法　从监测井采集水样常利用抽水机设备。启动后，先放水数分钟，将积留在管道内的杂质及陈旧水排出，然后用采样容器接取水样。对于无抽水设备的水井，可选择适合的专用采水器采集水样；对于自喷泉水，可以在涌水口处直接采样；对于自来水，也要先将水龙头完全打开，放水数分钟，排出管道中积存的死水后再采样。

地下水的特点决定了地下水质比较稳定，一般采集瞬时水样就能较好地代表地下水质状况。

（2）采样器

① 简易采水器　简易采水器由塑料水壶和钢丝架组成，如图1-12所示。将采水器放到预定深度，拉开塑料水壶（洗净晾干的）进水口的软塞，待水灌满后提出水面，即可采集到水样。

② 改良的 Kemmerer 采水器　改良的 Kemmerer 采水器由带有软塞的滑动螺杆和水桶等部件组成，如图1-13所示。常用于采集地面水和地下水。

③ 深层采水器　深层采水器如图1-14所示。采样时，将采水器下沉一定深度。扯动挂绳，打开瓶塞，待水灌满后，迅速提出水面，弃去上层水样，塞好瓶塞，并同步测定水深。

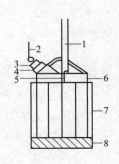

图1-12　简易采水器
1—采水器软绳；2—壶塞软绳；
3—软塞；4—进水口；5—固
定挂钩；6—塑料水壶；
7—钢丝架；8—重锤

图1-13　改良的
Kemmerer 采水器

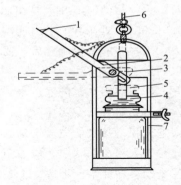

图1-14　深层采水器
1—叶片；2—杠杆（关闭位置）；3—杠杆
（开口位置）；4—玻璃塞（关闭位
置）；5—玻璃塞（开口位置）；
6—悬挂绳；7—金属架

四、污染源水样的采集

水污染源有工业污染源、生活污水源、医院污水源等。

1. 收集资料、调查研究

（1）工业污染源　收集如下资料：工厂名称、地址、企业性质、生产规模等；工艺流程和原理、工艺水平、能源类型、原材料类型、产品和产量；供水类型、水源、供水量、水的重复利用率；污水排放系统、排放规律；污染物种类、排放浓度、排放量；生产布局、排污口数量和位置、排污去向、控制方法、污水处理情况等。

（2）生活和医院污水源　收集如下资料：城镇人口、居民区位置及用水量；医院分布和医疗用水量、排水量；城市污水处理厂运行状况、处理量；城市下水道管网布局；生活垃圾处置状况；农业用化肥、农药情况等。

2. 采样点的布设

水污染源一般经管边或沟、渠排放，水的截面积较小，不需要监测断面，直接从确定的采样点采样。

（1）车间或车间设备出口处　测定一类污染物，包括汞、镉、砷、铅、六价铬、有机氯和强致癌物质等。

（2）工厂总排污口处　测定二类污染物，包括悬浮物、硫化物、挥发酚、氰化物、有机磷、石油类、铜、锌、氟及其他的无机化合物、硝基苯类、苯胺类。

（3）污水处理设施出口处　为了解对污水的处理效果，可在进水口和出水口同时布点采样。

（4）排污渠较直处　在排污渠道上，采样点应设在渠道较直、水量稳定、上游没有污水汇入处。

（5）城市综合排污口处　在一个城市的主要排污口或总排污口处；在污水处理厂的污水进出口处；在污水泵站的进水和安全溢流口处；在市政排污管线的入水口处。

3. 采样时间和采样频率

工业废水的污染物含量和排放量常随工艺条件及开工率的不同有很大的差异，故采样时间、周期和频率的选择是一个比较复杂的问题。

① 一般情况下，可在一个生产周期内每隔 0.5h 或 1h 采样一次，将其混合后测定污染物的平均值。

② 如果取几个生产周期（如 3～5 个周期）的污水样进行监测，可每隔 2h 取样一次。

③ 对于排污情况复杂、浓度变化大的污水，采样时间间隔要缩短，有时需要 5～10min 采样一次，这种情况最好使用连续自动采样装置。

④ 对于水质和水量变化比较稳定或排放规律性较好的污水，待找出污染物浓度在生产周期内的变化规律后，采样频率可大大降低，如每月采样两次。

⑤ 城市排污管道大多数受纳 10 个以上工厂排放的污水，由于管道内污水已进行混合，故在管道出水口，可每隔 1h 采样一次，连续采集 8h；也可连续采集 24h，然后将其混合制成混合样，测定各污染组分的平均浓度。

⑥《环境监测技术规范》对向国家直接报送数据的污水排放源规定：工业废水每年采样监测 2～4 次；生活污水每年采样监测两次，春、夏季各一次；医院污水每年采样监测四次，每季度一次。

4. 采样方法和采样器

（1）采样方法　污水一般流量较小，而且都有固定的排污口，所处位置也不复杂，因此所用采样方法和采样器也较简单。

① 浅水采样　水面距地面很近时，可用容器直接灌注，或用聚乙烯塑料长把勺采样，注意手不要接触污水。

② 深水采样　水面距地面较远时，可将聚乙烯塑料样品容器固定于负重架内，沉入一定深度的污水中采样，也可用塑料手摇泵或电动采水泵采样。

③ 自动采样　在企业内部监测中，利用自动采水器或连续自动定时采水器采样，有利于为生产部门提供生产情况信息，也为环保提供有价值的数据。

（2）采样器　采样器常使用聚乙烯塑料桶、金属（铜、铁等）桶、有机玻璃采水器、泵式采水器和自动采水器等。

在污水处理厂，用于从某设备或管道中采样的装置分别如图1-15（a）和图1-15（b）所示。全套采样装置一般用不锈钢材料做成。其先端加接一根塑料软管，以作出口引水之用。取样时，将软管插入采样容器底部，待容器口溢出液量约为容器容量的5倍后，拔出软管加盖，一次采样即完成。

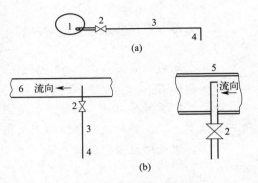

图1-15　从设备或管道中采样的装置
1—设备；2—采样阀；3—采样管路；4—加接塑料软管；5—支管部位放大；6—管道

5. 污水样类型

（1）瞬时污水样　一些工厂生产工艺过程连续、恒定，污水中污染组分及浓度随时间变化不大，采集瞬时水样具有较好的代表性。瞬时水样也适用于某些特定要求，如某些平均浓度合格，而高峰排放浓度超标的污水，可隔一定的时间采集瞬时水样，分别测定，用所得资料绘制浓度-时间关系曲线，计算其平均浓度和高峰排放时的浓度。

（2）平均污水样　生产的周期性影响排污的规律性，使工业废水的排放量和污染组分的浓度随时间大幅度变化，只有增大采样和测定频率，才能使监测结果具有代表性，此时最好在不增加采样频次的基础上采集平均混合水样，即在污水流量比较稳定时，每隔相同时间采集等量污水样混合而成的水样；或采集平均比例混合水样，即在污水流量不稳定时，在不同时间依据流量大小按比例采集污水样混合而成的水样。有时需要同时采集几个排污口的污水样，按比例混合，其监测结果代表采样时的综合排放浓度。

五、底质样品的采集

底质即水体底部的沉积物（底泥）。底质是由工矿企业排放的废物、大气污染物的沉降和蓄积进入水体引起的，反映难降解物质（主要是重金属）的积累情况，能很好地记录水体污染的历史及潜在危险。底质对水质、水生生物有明显的影响，是天然水体是否被污染及污染程度的重要标志，是水质监测的重要组成部分。

1. 收集资料、调查研究

收集资料和调查研究参照地表水，重点收集历年水体污染情况资料，以及排入水体污染源的相关资料。

2. 监测断面的设置

① 底质监测断面的设置与地表水采样断面的设置方法相同，采样断面尽可能与地表水质监测断面相重合，以便将底质的组成及物理化学性质与水质监测情况进行比较。

② 如果地表水的控制断面和消减断面的河床处于砂石区或岩石区，底质的采样断面应向下游移至泥质区；如果地表水对照断面的河床处于砂石区或岩石区，底质的采样断面向上游移至泥质区。

③ 采样断面通常选择在水流平缓、冲刷作用较弱的地方。

3. 采样点的布设

① 采样点应尽可能与地表水采样点位于同一垂线上（若遇到砂石可适当偏移）。

② 采样点布设在排污口处时，可在上游 50m 设对照采样点，应避开回流区；在排污口下游 50～1000m 设若干控制采样点。

③ 柱状样品采样点设置在河段底质较均匀、代表性好的位置。

一般底质样品采集量为 1～2kg，如样品不易采集或测定项目少时可予酌减。

4. 采样时间和采样频率

每年枯水期采样 1 次，必要时丰水期增采 1 次。

5. 采样方法和采样器

采集底质表层样品采用挖掘方法；研究底质污染物垂直分布时，采用管式采样器采集柱状样品。

（1）挖掘式采样器　适用于采样量较大的表层底质样品的采集。挖掘器装有一个斗，上面带有几个张口的爪，内装弹簧，用一根绳将采样器降到河底，采样时爪合上，如图 1-16 所示。采样量较少时用锥式采样器。

（2）管式泥芯采样器　适用于采集柱状样品，以保持底质的分层结构。采样器是一个管，把管沉到河底加以钻探，得到圆柱形样品。管上端有一活塞，防止管提起时溢出样品，如图 1-17 所示。如水深小于 3m，可将竹竿粗的一端削成尖头斜面插入底质中采样。

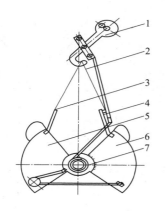

图 1-16　挖掘式采样器

1—吊钩；2—钢丝绳；3，4—铁门；
5，6—内外斗壳；7—主轴

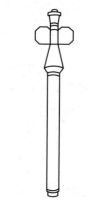

图 1-17　管式泥芯采样器

（3）其他采样器　水深小于 0.6m 时，可用长柄塑料勺直接采集表层底质样品。

六、流量的测量

水体流量的测量，不属于水质监测范围。但在计算水体污染负荷是否超过环境容量、控制污染源排放量、估价污染控制效果等工作中水体流量是必知的基础数据。水体的水位、流量、流速为水文参数。

对于较大的河流，水文部门一般设有水文监测断面，应尽量利用其所测参数。下面介绍小河流、明渠和排污管道等水体流量的测量方法。

1. 流速仪法

对水深大于 0.05m、流速大于 0.015m/s 的河、渠，可用流速仪测定水流速度，然后按式 (1-1) 计算流量。

$$Q = \overline{v}S \qquad (1-1)$$

式中　Q——水流量，m^3/s；

　　　$\overline{v}$——水流断面平均流速，m/s；

　　　S——水流断面面积，m^2。

目前商品流速仪有多种规格，如 LS45 型旋杯式浅水低流速仪，其流速测量范围为 0.015～0.5m/s，工作水深为 0.05～1.0m；XKC-3 型信控测流仪，其流速测量范围为 0.1～4.0m/s，工作水深大于 0.1m。

2. 浮标法

浮标法是一种粗略测量流速的简易方法。测量时，选择一平直河段，测量该河段 2m 间距内水流横断面的面积，求出平均横断面面积。在上游投入浮标，测量浮标流经确定河段 (L) 所需时间，重复测量几次，求出所需时间的平均值 ($\overline{t}$)，即可计算出水流平均速度 ($L/\overline{t}$)，再按式 (1-2) 计算流量。

$$Q = 60\overline{v}\,\overline{S} \qquad (1-2)$$

式中　Q——水流量，m^3/min；

　　　$\overline{v}$——水流平均速度，m/s，其值一般取 $0.7L/\overline{t}$；

　　　$\overline{S}$——水流平均横断面面积，m^2。

3. 堰板法

堰板法适用于不规则的污水沟、污水渠中的水流量的测量。该方法是用三角形或矩形、梯形堰板拦住水流，形成溢流堰，测量堰板前后水头和水位，计算流量。

三角堰法测量流量如图 1-18 所示，流量计算式如下。

$$Q = Kh^{5/2}$$

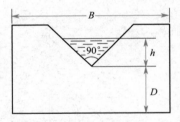

图 1-18　三角堰法测量流量示意

$$K = 1.354 + \frac{0.004}{h} + \left(0.14 + \frac{0.2}{\sqrt{D}}\right)\left(\frac{h}{B} - 0.09\right)^2 \qquad (1-3)$$

式中　Q——水流量，m^3/s；

　　　h——过堰水头高度，m；

　　　K——流量系数；

　　　D——从水流底至堰缘的高度，m；

　　　B——堰上游水流宽度，m。

在下述条件下，式 (1-3) 误差小于 1.4%：$0.5m \leqslant B \leqslant 1.2m$；$0.1m \leqslant D \leqslant 0.75m$；$0.07m \leqslant h \leqslant 0.26m$；$h \leqslant \dfrac{B}{3}$。

4. 容积法

当污水流量较小时，可在污水出口处或污水水流有落差的地方，利用容器接流方法测定流量。

通常使用的容器有水桶（数升到数十升）、汽油桶、石油桶等，在测定流量时，选择将水装满需要时间在 20s 以上的容器，把流水的溢流口或水渠中形成适当落差的地点作为流量测定点。将容器放在流水降落地点的同时，用秒表计时，测定容器中装一定体积水所需的时间。重复测定数次，求出其平均时间，然后根据容器的容量，计算出流量。

$$Q = \frac{V}{\bar{t}} \qquad (1\text{-}4)$$

式中　Q——流量，$\mathrm{m^3/s}$；

　　　V——容器的容积，$\mathrm{m^3}$；

　　　$\bar{t}$——接流时间的平均值，s。

▶ 任务训练

1. 简述河流监测断面的设置原则。监测断面的类型有哪些？
2. 简述河流采样点位的布设方法。采样时间和采样频率是如何规定的？
3. 采样器材质与水样可能发生何种作用？如何选择合适的容器盛装水样？
4. 简述瞬时水样、综合水样、混合水样、平均混合水样、平均比例混合水样的含义。
5. 第一类污染物和第二类污染物的水样采集方法有哪些？
6. 简述流量的测量方法。
7. 简述地下水采样点的布设方法。
8. 采集地表水常用的采样器有哪些？
9. 采样量是如何确定的？举例说明。
10. 简述底质样品采样点的布设方法。

● 任务三　水样的运输、保存和预处理 ●

一、水样的运输

采集的水样除一部分供项目在现场监测使用外，大部分水样要运到监测室进行监测。在水样运输过程中，为使水样不受污染、损坏和丢失，保证水样的完整性、代表性，应注意以下几点。

① 用塞子塞紧采样容器，塑料容器塞紧内、外塞子，有时用封口胶、石蜡封口（测油类水样除外）。

② 采样容器装箱，用泡沫塑料或纸条做衬里和隔板，防止碰撞损坏。

③ 需冷藏的样品，应配备专门的隔热容器，放入制冷剂，将样品置于其中；冬季应采取保温措施，防止冻裂样品容器；避免日光直接照射。

④ 根据采样记录和样品登记表，运送人和接收人必须清点和检查水样，并在登记表上签字，写明日期和时间，送样单和采样记录应由双方各保存一份待查。

⑤ 水样运输允许的最长时间为 24h。

水样保存技术

二、水样的保存

各种水质的水样，从采集到监测这段时间内，水样组分常易发生变化，及时运输、尽快分析、必要的保护措施等是解决问题的关键。引起水样变化的因素有以下几点。

① 物理因素　物理因素有挥发和吸附作用等，如水样中 CO_2 挥发可引起 pH 值、总硬度、酸（碱）度发生变化，水样中某些组分可被容器壁或悬浮颗粒物表面吸附而损失。

② 化学因素　化学因素有化合、配合、水解、聚合、氧化还原等，这些作用将会导致水样组成发生变化。

③ 生物因素　细菌等微生物的新陈代谢活动使水样中有机物的浓度和溶解氧浓度降低。

④ 水与盛样容器之间的相互作用（前面已介绍）。

针对上述水样发生变化的原因，保存水样有以下几种方法。

1. 冷藏

将水样置于冰箱或冰-水浴中放于暗处，冷藏温度为 4℃左右。因不加化学试剂，对以后测定无影响。

2. 冷冻

把水样置于冰柜或制冷剂中储存，冷冻温度为 -20℃左右。注意冷冻时水的膨胀作用。

冷藏和冷冻抑制生物活动，减缓物理挥发和化学反应速率。

3. 化学方法

为防止样品中某些被测组分在运输、保存中发生分解、挥发、氧化还原等变化，常加入化学保护剂。

（1）加生物抑制剂　加入 $HgCl_2$、$CuSO_4$、$CHCl_3$ 等抑制微生物作用，加何种试剂视具体情况而定。如测定氨氮、COD 时，在水样中加入 $HgCl_2$ 可抑制生物的氧化还原作用；测定酚的水样用 H_3PO_4 调节 pH 值为 4 时，加入 $CuSO_4$ 可抑制苯酚菌的分解活动。

（2）加入酸或碱　加入强酸（如 HNO_3）或强碱（如 NaOH）改变水样的 pH 值，从而使待测组分处于稳定状态。例如测定重金属时加 HNO_3 至 pH 值为 1～2，既可防止水解沉淀，又可避免被器壁吸附；测总氰时则加 NaOH 至 pH 值为 12 便于水样稳定保存。

（3）加入氧化剂或还原剂　如测定汞的水样需加入 HNO_3（至 pH<1）和 $K_2Cr_2O_7$，使汞保持高价态；测定硫化物的水样需加入抗坏血酸，可以防止被测物被氧化。

【注意】化学法加入的保存剂不能干扰以后的测定，保存剂最好是优级纯的，加入的方法要正确，避免沾污，同时还应做空白试验，扣除保存剂空白，对测定结果进行校正。

水样常用保存技术见表 1-5。

表 1-5　水样常用保存技术

	待测项目	容器类别	保存方法	分析地点	可保存时间	建议
物理、化学及生化分析	pH 值	P 或 G		现场		现场直接测定
	酸度或碱度	P 或 G	在 2～5℃下暗处冷藏	实验室	24h	水样充满整个容器
	溴	G		实验室	6h	最好在现场进行测定
	电导	P 或 G	冷藏于 2～5℃下	实验室	24h	最好在现场进行测定
	色度	P 或 G	在 2～5℃下暗处冷藏	现场、实验室	24h	
	悬浮物及沉积物	P 或 G		实验室	24h	单独定容采样
	浊度	P 或 G		实验室	短暂	最好在现场进行测定

待测项目		容器类别	保存方法	分析地点	可保存时间	建议
物理、化学及生化分析	臭氧	P 或 G		现场		
	余氯	P 或 G		现场		最好在现场分析,如果做不到,在现场用过量 NaOH 固定,保存不应超过 6h
	二氧化碳	P 或 G		见酸碱度		
	溶解氧	溶解氧瓶	现场固定氧并存在暗处	现场、实验室	几小时	碘量法加 1mL 1mol/L 高锰酸钾和 2mL 1mol/L 碱性碘化钾
	油脂、油类、碳氢化合物、石油及衍生物	用分析时使用的溶剂冲洗容器	现场萃取冷冻至 −20℃	实验室	24h～数月	建议于采样后立即加入在分析方法中所用的萃取剂,或进行现场萃取
	离子型表面活性剂	G	在 2～5℃下冷藏;硫酸酸化 pH<2	实验室	短暂～48h	
	非离子型表面活性剂		加入体积分数为 40% 的甲醛,使样品成为体积分数为 1% 的甲醛溶液,在 2～5℃下冷藏,并使水样充满容器	实验室	短暂～48h	
	砷			实验室	1 个月	不能用硝酸酸化生活污水及工业废水
	硫化物			实验室	24h	必须现场固定
	总氰	P	用 NaOH 调节至 pH>12	实验室	24h	
	COD	G	在 2～5℃下暗处冷藏	实验室	短暂	如果 COD 是因为存在有机物引起的则必须加以酸化。COD 值低时,最好用玻璃保存
			用 H$_2$SO$_4$ 酸化至 pH<2	实验室	1 周	
			−20℃ 下冷冻(一般不使用)	实验室	1 个月	
	BOD	G	在 2～5℃下暗处冷藏	实验室	短暂	BOD 值低时,最好用玻璃容器
			−20℃ 下冷冻(一般不使用)	实验室	1 个月	
	凯氏氮	P 或 G	用 H$_2$SO$_4$ 酸化至 pH<2 并在 2～5℃下冷藏	实验室	短暂	为了阻止硝化细菌的新陈代谢,应考虑加入杀菌剂如丙烯基硫脲或氯化汞或三氯甲烷等
	氨氮	P 或 G				
	硝酸盐氮	P 或 G	酸化至 pH<2 并在 2～5℃下冷藏	实验室	24h	有些污水样品不能保存,需要现场分析
	亚硝酸盐氮	P 或 G	在 2～5℃下暗处冷藏	实验室	短暂	
	有机碳	G	用 H$_2$SO$_4$ 酸化至 pH<2 并在 2～5℃下冷藏	实验室	24h	应该尽快测试,有些情况下,可以应用干冻法(−20℃)。建议于采样后立即加入在分析方法中所用的萃取剂,或现场进行萃取
	有机氯农药	G	在 2～5℃下冷藏			建议于采样后立即加入在分析方法中所用的萃取剂,或现场进行萃取
	有机磷农药		在 2～5℃下冷藏	实验室	24h	
	"游离"氯化物	P	保存方法取决于分析方法	现场	24h	
	酚	BG	用 CuSO$_4$ 抑制生化并用 H$_3$PO$_4$ 酸化或用 NaOH 调节至 pH>12	现场	24h	保存方法取决于所用的分析方法

待测项目	容器类别	保存方法	分析地点	可保存时间	建议
叶绿素	P 或 G	2～5℃下冷藏	实验室	24h	
		过滤后冷冻滤渣	实验室	1 个月	
肼	G	用 HCl 调至 1mol/L（每升样品 100mL）并于暗处储存	实验室	24h	
洗涤剂		见表面活性剂			
汞	P、BG		实验室	2 周	保存方法取决于分析方法
可过滤铝	P	在现场过滤并用硝酸酸化滤液至 pH＜2（如测定时用原子吸收法则不能用 H_2SO_4）	实验室	1 个月	滤渣用于测定不可过滤态铝，滤液用于该项测定
附着在悬浮物上的铝		现场过滤	实验室	1 个月	
总铝		酸化至 pH＜2	实验室	1 个月	取均匀样品消解后测定，酸化时不能使用 H_2SO_4
钡	P 或 BG	同铝			
镉	P 或 BG	同铝			
铜		同铝			
总铁	P 或 BG	同铝			
铅	P 或 BG	同铝			酸化不能使用 H_2SO_4
锰	P 或 BG	同铝			
镍	P 或 BG	同铝			
银	P 或 BG	同铝			
锡	P 或 BG	同铝			
铀	P 或 BG	同铝			
锌	P 或 BG	同铝			
总铬	P 或 BG	同铝	实验室	短暂	不得使用磨口及内壁已磨毛的容器，以避免对铬的吸附
六价铬	P 或 G	用氢氧化钠调节使 pH 为 7～9			
钴	P 或 G	同铝	实验室	24h	酸化时不要用 H_2SO_4；酸化的样品可同时用于测定钙和其他金属
钙	P 或 G	过滤后将滤液酸化至 pH＜12	实验室	数月	
总硬度		同钙			
镁	P 或 G	同钙			
锂	P	酸化至 pH＜2	实验室		
钾	P	同锂			
钠	P	同锂			
溴化物及含溴化合物	P 或 G	于 2～5℃下冷藏	实验室	短暂	样品应避光保存
氯化物	P 或 G	—	实验室	数月	
氟化物	P	—	实验室	若样品是中性的可保存数月	
碘化物	非光化玻璃	于 2～5℃下冷藏	实验室	24h	样品应避免日光直射
		加碱调节 pH＝8		1 个月	
正磷酸盐	BG	于 2～5℃下冷藏	实验室	24h	
总磷	BG	用 H_2SO_4 酸化至 pH＜2	实验室	数月	

（物理、化学及生化分析）

续表

待测项目		容器类别	保存方法	分析地点	可保存时间	建议
物理、化学及生化分析	硒	G 或 BG	用 NaOH 调节至 pH>11	实验室		
	硅酸盐		过滤并用 H_2SO_4 酸化至 pH<2，于 2~5℃下冷藏	实验室	24h	
	总硅	P	—	实验室	数月	
	硫酸盐	P 或 G	于 2~5℃下冷藏	实验室	1 周	
	亚硫酸盐	P 或 G	在现场每 100mL 水样加 1mL 质量分数为 25% 的 EDTA（乙二胺四乙酸）溶液	实验室	1 周	
	硼及硼酸盐	P	—	实验室	数月	
微生物分析	细菌总计数（大肠杆菌球菌、粪便链球菌、志贺氏菌等）	灭菌容器 G	于 2~5℃下冷藏	实验室	短暂（地表水、污染水及饮用水）	取氯化或溴化过的水样时，所用的样品瓶消毒之前，每 125mL 加入 0.1mL 质量分数为 10% 的硫代硫酸钠（$Na_2S_2O_3$）以消除氯或溴对细菌的抑制作用。对金属含量高于 0.01mg/L 的水样，应在容器消毒之前，每 125mL 容积加入 0.3mL 15%（质量分数）的 EDTA

注：P 为聚乙烯容器；G 为玻璃容器；BG 为硼硅玻璃。

三、采样记录和水样标签

1. 采样记录

采样时，填写好采样记录表，一式三份。书写时用硬质铅笔和不溶性墨水，字迹工整，忌涂改。现场测试项目的样品应记下平行样的份数和体积，同时记录现场空白样和现场加标样的处置情况。

《水质　采样样品的保存和管理技术规定》（HJ 493—2009）明确规定了记录样式和要求。地表水采样记录见表 1-6。

表 1-6　地表水采样记录

共_____页　　第_____页

水系			河口			采样端面		
采样时间	年　月　日　时　分					端面位置		
采样方法						工具		
采样时水文气象	气温　水温			水深/m		现场测定目的		
	流速　流量			左	中	右		
	晴雨　风向　风速							
水域状况现场描述								
1								
2								
3								
4								
5								
6								
7								
8								
9								
10								

采样人_____

2. 水样标签

水样采集后，根据不同的监测要求，将样品分装成数份，并分别加入保存剂，填写水样标签，贴于盛装水样的容器外壁上。水样标签如下。

样品编号＿＿＿＿＿＿＿＿＿＿＿　业务代号＿＿＿＿＿＿＿＿＿＿

样品名称＿＿＿＿＿＿＿＿＿＿＿＿＿＿＿＿＿＿＿＿＿＿＿＿＿＿＿＿

采样断面＿＿＿＿＿＿＿＿＿＿＿＿　采样地点＿＿＿＿＿＿＿＿＿＿＿

添加保存剂种类和数量＿＿＿＿＿＿＿＿＿＿＿＿＿＿＿＿＿＿＿＿＿＿

检测项目＿＿＿＿＿＿＿＿＿＿＿＿＿＿＿＿＿＿＿＿＿＿＿＿＿＿＿＿

采样者＿＿＿＿＿＿＿＿＿＿＿＿＿　登记者＿＿＿＿＿＿＿＿＿＿＿＿

采样时间＿＿＿＿＿＿＿＿＿＿＿＿＿＿＿＿＿＿＿＿＿＿

样品运到监测室后，应填写水样登记表和送检表。收样人仔细核对，与采样人、送样人各执一份。水样登记（送检表）格式见表1-7。

表 1-7　水样登记表和送检表

编号	样品名称	采样断面及采样地点	采样时间	添加剂种类及数量	检测项目

备注：＿＿＿＿＿＿＿＿＿＿＿＿＿＿＿＿＿＿＿＿＿＿＿＿＿＿＿＿＿＿

采样人：＿＿＿＿＿＿＿＿　送样人：＿＿＿＿＿＿＿＿　接样人：＿＿＿＿＿＿＿＿

四、水样的预处理

水样的预处理是环境监测中的一项重要的常规工作，其目的是去除组分复杂的共存干扰成分，将含量低、形态各异的组分处理到适合于监测的含量及形态。常用的水样预处理有水样的消解、富集和分离等。

1. 水样的常规消解方法

水样的消解是将样品与酸、氧化剂、催化剂等共置于回流装置或密闭装置中，加热分解并破坏有机物的一种方法，金属化合物的测定多采用此方法进行预处理。处理的目的：一是排除有机物和悬浮物的干扰；二是将金属化合物转变成简单的稳定的形态。另外，消解还可达到浓缩的目的。消解后的水样应清澈、透明、无沉淀。常用的消解法有以下几种。

（1）硝酸消解法　适用于较清洁的水样。操作方法是：取水样 $50\sim200$ mL 于烧杯中，加入 $5\sim10$ mL 浓 HNO_3，加热煮沸，蒸发至试液清澈透明，呈浅色或无色，否则应补加 HNO_3 继续消解；当液体蒸发至近干时，取下烧杯，稍冷后加 2% 的 HNO_3 20mL 溶解可溶盐；若有沉淀应过滤；滤液冷至室温后于 50mL 容量瓶中定容至标线，备用。

（2）硝酸-高氯酸消解法　适用于含有机物、悬浮物较多的水样。操作方法是：取适量水样于烧杯或锥形瓶中，加入 $5\sim10$ mL HNO_3，加热消解至大部分有机物被分解；取下烧杯稍冷，加 $2\sim5$ mL 高氯酸，继续加热至开始冒白烟，若试液仍呈深色，再补加 HNO_3，继续加热至冒白烟并逐渐消失时，取下烧杯冷却；用 2% 的 HNO_3 溶解，如有沉淀应过滤；滤液冷至室温，定容至标线，备用。

（3）硫酸-高锰酸钾消解法　常用于消解测定汞的水样。$KMnO_4$ 是强氧化剂，在中性、碱性、酸性条件下都可以氧化有机物，其氧化产物多为草酸根，但在酸性介质中还可继续氧化。操作方法是：取适量的水样，加适量 H_2SO_4 和 5% 的 $KMnO_4$，混匀后加热煮沸，冷却，滴加盐酸羟胺溶液破坏过量的 $KMnO_4$。

（4）硝酸-硫酸消解法 硝酸和硫酸都有比较强的氧化能力，硝酸的沸点低，而硫酸的沸点高，二者结合使用，可提高消解温度和消解效果。常用的硝酸与硫酸的比例为 5∶2。消解时，先将硝酸加入水样中，加热蒸发至小体积，稍冷，再加入硫酸、硝酸，继续加热蒸发至冒大量白烟，冷却，加适量水，温热溶解可溶盐，若有沉淀，应过滤。为提高消解效果，常加入少量过氧化氢。

该法不适用于处理测定易生成难溶硫酸盐组分（如铅、钡、锶）的水样。

（5）硫酸-磷酸消解法 适用于消除 Fe^{3+} 等离子干扰的水样，因为硫酸和磷酸的沸点都比较高，硫酸氧化性较强，磷酸能与一些金属离子配合。

（6）干灰化法 又称高温分解法。其处理过程是：取适量水样于白瓷或石英蒸发皿中，置于水浴上蒸干，移入马弗炉内，于 450～550℃下灼烧到残渣呈灰白色，使有机物完全分解除去。取出蒸发皿，冷却，用适量 2% 的 HNO_3（或 HCl）溶解样品灰分，过滤，滤液定容至标线后供测定。本方法不适用于处理测定含易挥发组分（如砷、汞、镉、硒、锡等）的水样。

此外，还有多元消解方法、碱分解法等，根据水样的性质，适当选用。

2. 微波消解

微波消解技术应用于样品处理，所用试剂少、空白值低，而且避免了元素的挥发损失和样品的沾污。

（1）原理 微波消解是以微波作为加热源，直接通过物质吸收热量来达到加热的目的。微波是频率在 300～300000MHz，即波长 100cm～1mm 范围内的高频电磁波。1959 年，日内瓦国际无线电公约规定，工业和科学研究应用的微波频率为（915±25）MHz、（2450±13）MHz、（5800±75）MHz、（22125±125）MHz。其中，最常用的频率为 2450MHz。

微波加热是通过偶极子旋转和离子传导两种方式吸收微波能，达到即时深层加热，从而产生热效应的。偶极子旋转（取向极化）是指在 2450MHz 微波场中，高频磁场变换，致使具有永久偶极矩或诱导偶极矩的样品组分分子做取向排列与无序热运动间的转换（24.5×10^8 次/s），转换过程中吸收微波能，并迅速被加热。与此同时，分子的运动也使样品与反应试剂之间有更好的接触和反应。离子传导（空间电荷极化）是指在微波（电磁）场中，所有样品离子的迁移运动因离子流电阻产生焦耳热（I^2R），从而耗散微波能，并转化为热效应。

不同物质对微波能的吸收可用介质耗散因子 tanδ（耗散角正切）来描述。物质的 tanδ 值越大，对微波能的吸收、耗散就越大，微波发生频率的穿透就越小。

从反应动力学来看，微波使与试样接触的介电液体产生高热能，溶解样品的不活泼表面层，也是加速样品溶解的原因。

微波消解应选择耗散因子小的材料做容器，以减少容器对微波的吸收损失。例如，石英、聚四氟乙烯、玻璃等都是理想的选择。这些材料不仅对微波能的吸收少（穿透性好），而且具有耐各种酸及耐高温的性能，同时，表现为化学惰性。另外，当微波用于有机萃取时，应当选择极性试剂的微波效应，吸收微波能，以提高分子间的相互作用。

（2）微波消解器 由消解罐和消解装置组成。消解罐分为开口式常压消解和密闭容器高压消解两种方式。开口式消解选用锥形瓶、烧杯等器皿。高压消解具有一定的优势，高压消解方式产生的压力提高了所用酸的沸点，并且密闭环境产生的高温使化学反应速率加快，减少消解时间。密闭容器消解还消除易挥发元素的损失，并且没有酸的挥发损失，使试剂空白值降低。但密闭容器的微波消解同时形成高温高压，会产生爆炸危险。为此，现行的解决方案是采用温度、压力传感器实时监测和控制，使运行操作在安全范围内进行。此外，设计泄压装置或防爆片，当罐内压力超过一定值后，装置会自动泄压，如图 1-19 所示。

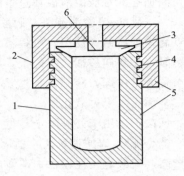

图 1-19 泄压式微波消解罐剖面图
1—罐体；2—外盖；3—内盖；4—啮合方牙；5—外部滚花；6—防爆膜

消解装置可选择专用消解仪或家用磁控管微波炉。前者附有各种控制设计（包括温度、压力监视等），价格较昂贵；后者为普通微波炉，使用带自动卸压（安全片）保护的密闭式消解罐。消解罐用聚四氟乙烯（PTFE）材料制成。通常微波可同时放置 8 个样品，一次消解。较传统加热方法不仅在能耗、时耗等方面表现出极大的优越性，而且具有更强的氧化效率、可靠性等优点。

3. 水样的富集和分离

当水样中待测组分含量低于分析方法的检测限时，就必须对其进行富集或浓缩；当共存干扰组分时，就必须采取分离或掩蔽措施。富集和分离往往是不可分割、同时进行的。常用的方法有过滤、挥发、蒸馏、溶剂萃取、离子交换、吸附、共沉淀、色谱分离、低温浓缩等，要结合具体情况进行选择、使用。

（1）挥发　挥发分离法是利用某些污染组分挥发度大，或者将待测组分转变成易挥发物质，然后用惰性气体带出从而达到分离的目的。例如，用冷原子荧光法测定水样中的汞时，先将汞离子用氯化亚锡还原为原子态汞，再利用汞易挥发的性质，通入惰性气体将其带出并送入仪器测定。用分光光度法测定水中的硫化物时，先使之在磷酸介质中生成硫化氢，再用惰性气体载入乙酸锌-乙酸钠溶液中吸收，从而达到与母液分离的目的。测定硫化物的吹气分离装置如图 1-20 所示。测定污水中砷时，将其转变成 AsH_3 气体，用吸收液吸收后供分光光度法测定。

（2）蒸馏　蒸馏法是利用水样中各组分具有不同的沸点从而使其彼此分离的方法。测定水样中的挥发酚、氰化物、氟化物、氨氮时，均需在酸性介质中进行预蒸馏分离。蒸馏具有消解、富集和分离三种作用。蒸馏装置分别如图 1-21～图 1-23 所示。

（3）溶剂萃取　溶剂萃取法的原理是：物质在不同的溶剂相中分配系数不同，从而达到组分的分离与富集的目的。常用于水中有机化合物的预处理。根据相似相溶原理，将一种与水不相溶的有机溶剂和水样一起混合振荡，然后放置分层，此时有一种或几种组分进入有机溶剂中，另一些组分仍留在试液中，从而达到分离、富集的目的。常用于常量元素的分离，痕量元素的分离与富集；若萃取组分是有色化合物，可直接比色（称萃取比色法）。萃取有以下几种类型。

① 有机物的萃取。分散在水相中的有机物质易被有机溶剂萃取，这是由于与水相比有机物质更容易溶解在有机溶剂中，利用此原理可以富集分散在水样中的有机污染物质。例如，用 4-氨基安替比林光度法测水中的挥发酚时，当酚含量低于 0.05mg/L 时，则水样经蒸馏分离后需再用三氯甲烷进行萃取浓缩；用紫外光度法测定水中的油和用气相色谱法测定有机农药（如六六六、DDT）时，需先用石油醚萃取等。

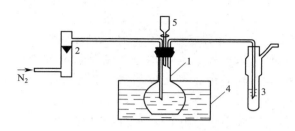

图 1-20 测定硫化物的
吹气分离装置

1—500mL 平底烧瓶（内装水样）；

2—流量计；3—吸收管；4—恒温水浴；

5—分液漏斗

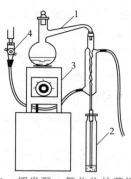

图 1-21 挥发酚、氰化物的蒸馏装置

1—500mL 全玻璃蒸馏器；2—接收瓶；

3—电炉；4—水龙头

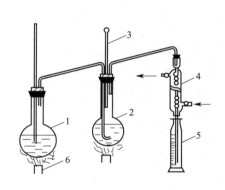

图 1-22 氟化物水蒸气蒸馏装置

1—水蒸气发生瓶；2—烧瓶
（内装水样）；3—温度计；

4—冷凝管；5—接收瓶；6—热源

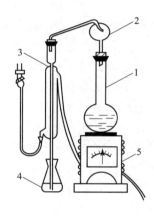

图 1-23 氨氮蒸馏装置

1—凯氏烧瓶；2—定氮球；3—直形冷凝管及导管；

4—收集瓶；5—电炉

② 无机物的萃取。由于有机溶剂只能萃取水相中以非离子状态存在的物质（主要是有机物质），而多数无机物质在水相中以水合离子状态存在，故无法用有机溶剂直接萃取。为实现用有机溶剂萃取，需先加入一种试剂，使其与水相中的离子态组分相结合，生成一种不带电、易溶于有机溶剂的物质，即将其由亲水性变成疏水性。该试剂与有机相、水相共同构成萃取体系。根据生成可萃取物类型的不同，可分为螯合物萃取体系、离子缔合物萃取体系、三元配合物萃取体系和协同萃取体系等。在水质监测中，螯合物萃取体系应用较多。螯合物萃取体系是指在水相中加入螯合剂，其与被测金属离子生成易溶于有机溶剂的中性螯合物，从而被有机相萃取出来。例如，用分光光度法测 Hg^{2+}、Pb^{2+} 等时加双硫腙后，用 $CHCl_3$（CCl_4）萃取，构成双硫腙-三氯甲烷-水萃取体系。

③ 微波萃取。微波萃取是利用不同介质对微波吸收能力的差异进行选择性加热，使被萃取组分从样品中萃取出来。微波萃取是一种效率极高的新萃取分离技术，已用于矿物质中金属的萃取，土壤及其他沉积物中有机农药、多环芳烃、有机金属化合物的萃取，以及植物

及其他生物组织中某些成分及有害残留物的萃取等。

微波萃取的关键是对萃取所用溶剂、萃取温度、萃取时间等条件参数的选择。萃取溶剂一般选用极性溶剂或极性溶剂和非极性溶剂的混合体，这是因为微波萃取过程需要能吸收微波能的物质，如用丙酮-环己烷（1：1或2：3）作萃取剂。固体样品用水润湿或固体样品中本身就含有水分时，将样品磨碎后加到非极性溶剂中进行微波萃取能取得很好的萃取效果。研究结果表明，萃取溶剂的电导率和介电常数大时，微波萃取率会显著提高。

萃取温度根据萃取对象可以调节。选择合适的萃取温度是为了保证好的萃取回收率，例如，有机氯杀虫剂的微波萃取选择120℃时能获得最好的回收率。在微波萃取时，盛试样的敞口杯放置在密封罐中，而密封罐内部压力可达1MPa，因此溶剂的沸点比常压下的沸点提高了许多。例如，在密闭容器中丙酮的沸点可高达164℃，环己烷-丙酮（1：1）的共沸点可高达158℃。高温及压力常会使待测组分分解。微波萃取时为避免被萃取组分形态变化，常调节合适的温度。

微波萃取时间长短与待测样品、溶剂体积和加热功率等因素有关。一般情况下，在10～15min内完成。在萃取时，加热时间一般为1～2min。

微波萃取主要适合于提取固体或半固体样品中的待测组分。样品制备主要包括固体样品的研磨粉碎、与溶剂混合、微波辐射及分离萃取液。所用设备主要是带有恒温控制功能的微波制样设备及聚四氟乙烯专用萃取盛样杯。

萃取盛样杯应选用能透过微波的材料制作，如聚四氟乙烯、玻璃等。由于萃取温度较高，所以盛样杯应能耐高温。另外，盛样杯不能吸附待测组分。

（4）离子交换　是利用离子交换剂与溶液中的离子发生交换作用从而使离子分离的方法。用途较广的是有机离子交换剂（离子交换树脂），阴、阳离子交换树脂对不同离子的亲和力不同，使不同离子分离、富集。离子交换树脂分离操作程序如下所述。

① 树脂的选择和处理。常选用强酸性阳离子和强碱性阴离子交换树脂，选用后过筛使颗粒大小均匀。阳离子交换树脂用4mol/L HCl浸泡1～2天，溶胀并去杂质，使其变成H型，用蒸馏水洗至中性。若用NaCl处理强酸性树脂，可转变为Na型；若用NaOH处理强碱性树脂，可转变成OH型等。

② 交换柱。离子交换通常在离子交换柱中进行，一般由玻璃、有机玻璃等制成。向其中注水，倾入带水的树脂，注意防止气泡进入树脂。为防止树脂露出水面，加水样时树脂间隙会产生气泡，使交换不完全，加盖玻璃丝。交换柱也可用滴定管。

③ 交换。将水样加到交换柱中，用活塞控制流速。欲分离离子从上到下一层层发生交换。交换完毕用蒸馏水洗下残留溶液及交换过程中形成的酸、碱、盐等。

④ 洗脱。阳离子交换树脂用盐酸作洗脱液，阴离子交换树脂用盐酸、氯化钠或氢氧化钠作洗脱液，以适宜的速度倾入交换柱中，洗下交换树脂上的离子。

离子交换在富集和分离微量或痕量元素中应用较广泛。例如，测定天然水中K^+、Na^+、Ca^{2+}、Mg^{2+}、SO_4^{2-}、Cl^-等组分，取数升水样，分别流过阳、阴离子交换柱，再用稀HCl洗脱阳离子，用稀$NH_3 \cdot H_2O$洗脱阴离子，这些组分的浓度增加数十倍至百倍。

⑤ 其他。除了上述介绍的预处理方法外，还有共沉淀法、吸附法等。

→ 任务训练

1. 水样运输过程中应注意什么？
2. 水样保存在监测中的作用是什么？常用的方法及适用方法有哪些？举例说明。
3. 水样富集常用的方法有哪些？
4. 水样预处理的意义是什么？常用的方法及适用对象是什么？
5. 水样消解的目的是什么？常用的消解方法有哪些？
6. 简述微波消解的原理及操作。
7. 自行设计一个水样标签和采集记录。
8. 萃取比色法如何操作？
9. 现有一污水水样，其中含有微量汞、铜和微量酚，欲测定其含量，试设计水样预处理方案。
10. 举例说明用离子交换法分离和富集水样中阳离子的操作方法。

● 任务四 物理性质的监测 ●

一、水温

水的物理化学性质、水中溶解性气体的溶解度、水生生物和微生物活动、化学和生物化学反应速率、pH 值等都与水温变化密切相关。

水温测量在现场进行，常用的方法有水温计法、深水温度计法、颠倒温度计法和热敏电阻温度计法。

1. 水温计法

水温计的水银温度计安装在金属半圆槽壳内，开有读数窗孔，下端连接一个金属贮水杯，温度计水银球位于金属杯的中央，顶端的槽壳带一圆环，用以拴一定长度的绳子。水温计如图 1-24 所示。测定时将水温计插入一定深度的水中，放置 5min 后，迅速提出水面并读数。必要时，重新测定。测量范围是 $-6 \sim +41\,℃$，分度值为 $0.2\,℃$。

水温计法适用于测量水的表层温度。

2. 深水温度计法

深水温度计的构造与水温计相似。贮水杯较大，并有上、下活门，利用其放入水中和提升时自动开启和关闭，使筒内装满水样。深水温度计如图 1-25 所示。测定方法同水温计法。测量范围是 $-2 \sim +40\,℃$，分度值为 $0.2\,℃$。

深水温度计法适用于水深 40m 以内的水温测量。

3. 颠倒温度计法

颠倒温度计由主温表和辅温表构成。主温表是双端式水银温度计，用于观测水温；辅温表为普通水银温度计，用于观测读取水温时的气温，以校正环境温度改变引起的主温表读数的变化。颠倒温度计如图 1-26 所示。测定时一般将其装在颠倒采水器上，沉入预定深度水层，放置 7min，提出水面后立即读数，根据主、辅温表的读数，查海洋常数表得出校正值。主温表的测量范围是 $-2\sim+32℃$，分度值为 $0.1℃$。辅温表的测量范围是 $-20\sim+50℃$，分度值为 $0.5℃$。

颠倒温度计法适用于水深在 40m 以上的各层水温的测量。

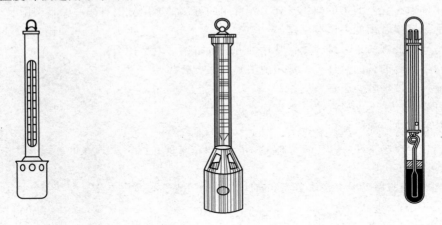

图 1-24　水温计　　　　　　图 1-25　深水温度计　　　　　图 1-26　颠倒温度计

4. 热敏电阻温度计法

测量水温时，启动仪器，按使用说明书进行操作。将仪器探头放入预定深度的水中，放置感温 1min 后，读取水温。读完后取出探头，用棉花擦干备用。

热敏电阻温度计法适用于表层和深层水温的测定。

【注意】各种温度计均应定期由计检部门校验；测定时感温按规定时间进行。

二、色度

纯水无色。清洁水在水层浅时无色，水层深时为浅蓝绿色。天然水中存在腐殖质、泥土、浮游生物、矿物质等，显示不同颜色。工业废水因污染源不同，呈不同颜色。水色的存在，使用水者产生不快之感，并且影响产品的质量。

色度是衡量颜色深浅的指标，单位用度来表示。水色可分为真色和表色。真色是指除去悬浮物质后水的颜色；表色是指没有除去悬浮物质时水的颜色。对于清洁水或浊度很低的水样，真色和表色几乎相同；对于着色很深的工业废水，真色和表色差别很大。水的色度一般指真色。常用测定方法有铂-钴比色法和稀释倍数法。

1. 铂-钴比色法

用氯铂酸钾和氯化钴配成标准色列，与水样进行目视比色来确定水样的色度。规定每升水中含有 1mg 铂和 0.5mg 钴所具有的颜色为 1 度。测定前放置澄清、离心分离或用 $0.45\mu m$ 的滤膜除去悬浮物，但不能用滤纸过滤。测定时先配 500 度铂-钴储备液，再配成标准色列，与水样进行比色确定其色度。

铂-钴比色法适用于较清洁的带有黄色色调的天然水和饮用水。

【注意】无法除去水中悬浮物时只能测表色；标准色列可用重铬酸钾代替。

2. 稀释倍数法

首先用眼睛观察水样，用文字描述水样颜色深浅，如无色、浅色、深色等，色调如蓝色、黄色、灰色等，或包括水样透明度如透明、浑浊、不透明。取一定量水样装入比色管中，用无色水稀释至无色（与无色蒸馏水比较）时，水样的稀释倍数即为水样的色度，单位用倍表示。

稀释倍数法适用于被工业废水污染严重的地面水和工业废水的测定。

【注意】应尽快测定，或于 4℃下保温 48h；水样应无树叶、枯枝等。

3. 分光光度法

近年来我国某些行业试用这种方法检验排水水质。用分光光度法求出有色水样的三刺激值，查图和表，确定水样以波长表示的色调（红、蓝、黄等），以明度表示的亮度，以纯度表示的饱和度（柔和、浅淡等），来评定水的色度。

分光光度法适用于各种水色度的测定。

4. 色度的测定

【测定目的】

① 掌握铂-钴比色法的测定原理和操作。

② 掌握色度标准溶液的配制方法。

【仪器和试剂】

① 具塞比色管　50mL，一组规格一致。

② 容量瓶　250mL；1000mL。

③ 吸量管　若干支。

④ pH 计　精度±0.1pH 单位。

⑤ 量筒　250mL。

⑥ 光学纯水　将 0.2μm 滤膜（细菌学研究中所采用的）在 100mL 蒸馏水或去离子水中浸泡 1h，用它过滤 250mL 蒸馏水或去离子水。弃去最初的 25mL，以后用这种水配制全部标准溶液并作为稀释水。除另有说明外，测定中仅使用光学纯水及分析纯试剂。

⑦ 色度标准储备液　将（1.245±0.001）g 氯铂（Ⅳ）酸钾（K_2PtCl_6）及（1.000±0.001）g 六水氯化钴（Ⅱ）（$CoCl_2 \cdot 6H_2O$）溶于约 500mL 水中，加（100±1）mL 盐酸（$\rho=1.18g/mL$），用水定容至 1000mL。此溶液色度为 500 度，保存在密塞玻璃瓶中，存放在暗处。

【测定步骤】

（1）采样　用至少 1L 的玻璃瓶按采样要求采集具有代表性的水样。

（2）色度标准系列配制　在一组 250mL 的容量瓶中，用移液管分别加入 2.50mL、5.00mL、7.50mL、10.00mL、12.50mL、15.00mL、17.50mL、20.00mL、25.00mL、30.00mL 及 35.00mL 标准储备液，并用光学纯水稀释至标线。溶液色度分别为 5 度、10 度、15 度、20 度、25 度、30 度、35 度、40 度、50 度、60 度和 70 度，密塞保存。

（3）水样处理　将水样倒入 250mL 量筒中，静置 15min。

（4）测定　将量筒中的上层清液加入 50mL 比色管中，直至标线高度。将水样与色度标准系列进行目视比色。观察时，可将比色管置于白瓷板或白纸上，使光线从管底部向上透过液柱，目光自管口垂直向下观察，记下与水样色度相同的铂-钴色度标准系列的色度。若色度≥70 度，用光学纯水将水样适当稀释后，使色度落入标准溶液范围之中再行确定。

取水样，用酸度计测水样的 pH 值。

【测定结果】

以色度的标准单位（度）报告水样结果，在 0～40 度（不包括 40 度）的范围内准确到 5 度；40～70 度范围内，准确到 10 度。在报告样品色度的同时报告 pH 值。

稀释过的样品色度（A_0）按式(1-5)计算：

$$A_0 = \frac{V_1}{V_0} A_1 \qquad (1-5)$$

式中 V_1——样品稀释后的体积，mL；

　　　　V_0——样品稀释前的体积，mL；

　　　　A_1——稀释样品色度的观察值，度。

【注意事项】

　① 实验要求不高的情况下，用蒸馏水代替光学纯水。

　② 采样后立即测定。

【问题思考】

① 测定色度一般指真色还是表色？

② 常用过滤方法有哪些？为何不能用滤纸过滤？

三、浊度

浊度是指水中悬浮物对光线透过时所发生的阻碍程度。水的浊度大小与水中悬浮物质含量及其粒径等性质有关。常用测定方法有分光光度法、目视比浊法、浊度计法。

1. 分光光度法

将一定量的硫酸肼与六亚甲基四胺聚合，生成白色高分子聚合物，以此作为浊度标准溶液，在一定条件下与水样浊度比较。规定 1L 溶液中含 0.1mg 硫酸肼和 1mg 六亚甲基四胺为 1 度。

测定时用硫酸肼和六亚甲基四胺配制浊度标准色列，在 680nm 处测其吸光度，绘制吸光度-浊度标准曲线，再测水样的吸光度，即可从标准曲线上查得水样浊度。如水样经过稀释，要换算成原水样的浊度。

分光光度法适用于饮用水、天然水和高浊度水，最低检测浊度为 3 度。

【注意】水样中应无碎屑及易沉颗粒；器皿清洁、水样中无气泡；在 680nm 下测定，天然水中存在的淡黄色、淡绿色无干扰。

2. 目视比浊法

将水样与用硅藻土（或白陶土）配制的浊度标准溶液进行比较，用目视比色法确定水样的浊度。我国规定 1L 蒸馏水中含有 1mg 一定粒度的硅藻土所产生的浊度称为 1 度。

目视比浊法适用于饮用水和水源水等低浊度水，最低检测浊度为 1 度。

【注意】应加抑制剂如氯化汞，以防止菌类生长。

3. 浊度计法

浊度计是依据浑浊液对光进行散射或透射的原理制成的，在一定条件下，将水样的散射光强度与相同条件下的标准参比悬浮液（硫酸肼与六亚甲基四胺）的散射光强度相比较，即得水样的浊度，浊度单位为 NTU。

浊度计法适用于水体浊度的连续自动在线监测。

【注意】应定期用标准浊度溶液校正浊度仪。

4. 浊度的测定

【测定目的】

① 掌握分光光度法测定浊度的原理和操作。

② 学会浊度标准溶液的配制。

【仪器和试剂】

① 具塞比色管 50mL，规格一致。

② 分光光度计。

③ 无浊度水 将蒸馏水用 $0.2\mu m$ 滤膜过滤，收集于用滤过水荡洗两次的烧瓶中。

④ 硫酸肼溶液 1g/100mL，称取 1.000g 硫酸肼 $[(N_2H_4)H_2SO_4]$ 溶于水，定容至 100mL。

⑤ 六亚甲基四胺溶液 10g/100mL，称取 10.00g 六亚甲基四胺溶于水，定容至 100mL。

⑥ 浊度标准储备液 移取 5.00mL 硫酸肼溶液与 5.00mL 六亚甲基四胺溶液于 100mL 容量瓶中，混匀。于 (25 ± 3)℃下静置反应 24h。冷至室温后用水稀释至标线，混匀。此溶液浊度为 400 度。可保存一个月。注意硫酸肼有毒、致癌。

【测定步骤】

（1）采样 按采样要求采取有代表性的水样。样品应收集到具塞玻璃瓶中，取样后尽快测定。

（2）标准曲线的绘制 吸取浊度标准液 0、0.50mL、1.25mL、2.50mL、5.00mL、10.00mL 及 12.50mL 分别置于 50mL 的比色管中，加水至标线。摇匀后，即得浊度为 0 度、0.4 度、10 度、20 度、40 度、80 度及 100 度的标准系列。于 680nm 波长处用 30mm 比色皿测定吸光度，绘制标准曲线。

（3）测定 吸取 50.0mL 摇匀水样（无气泡，如浊度超过 100 度可酌情少取，用无浊度水稀释至 50.0mL）于 50mL 比色管中，按绘制标准曲线步骤测定吸光度，由标准曲线上查得水样浊度。

【测定结果】

$$浊度 = \frac{A(V+V_水)}{V_水} \quad\quad (1\text{-}6)$$

式中　A——稀释后水样的浊度，度；

　　　V——稀释水体积，mL；

　　$V_水$——水样体积，mL。

不同浊度范围测试结果的精度要求见表 1-8。

表 1-8　浊度范围与精度

浊度范围/度	精度/度	浊度范围/度	精度/度	浊度范围/度	精度/度
1～10	1	100～400	10	大于1000	100
10～100	5	400～1000	50		

【注意事项】

① 所有与水样接触的玻璃器皿必须清洁，用盐酸或表面活性剂清洗。

② 若需保存，可保存在冷（4℃）暗处，不超过 24h。测试前需激烈振摇并恢复到室温。

【问题思考】
① 浊度的测定在操作时应注意什么？
② 生物抑制剂有哪些？起何作用？

四、残渣

残渣的测定通常采用称量法。残渣一般分为总残渣、总可滤残渣和总不可滤残渣，是反映水中溶解性物质和不溶性物质含量的指标。

$$总残渣＝总可滤残渣＋总不可滤残渣 \tag{1-7}$$

1. 总残渣

总残渣是水样在一定的温度下蒸发、烘干后剩余的物质，水样烘干后用称量法测定。测定时取适量（50mL）振荡均匀的水样于称至恒重的蒸发皿中，在蒸汽浴上蒸干，移入 103～105℃烘箱内烘至恒重（大约 1h），增加的质量即为总残渣。

$$总残渣(mg/L)＝\frac{(m-m_0)\times1000\times1000}{V} \tag{1-8}$$

式中　m——总残渣和蒸发皿质量，g；

m_0——蒸发皿质量，g；

V——取样体积，mL。

2. 总可滤残渣

总可滤残渣是指将过滤后的水样放在称至恒重的蒸发皿内蒸干，再在一定温度下烘到恒重所增加的质量。测定时将用 $0.45\mu m$ 滤膜或滤纸过滤后的水样置于称至恒重的蒸发皿中，在蒸汽浴或水浴上蒸干，移入 103～105℃或（180±2）℃的烘箱内烘至恒重（大约 1h），增加的质量即为总可滤残渣。一般测定温度为 103～105℃，有时要求测定（180±2）℃烘干的总可滤残渣。

3. 总不可滤残渣（SS）

总不可滤残渣即悬浮物（SS），指水样经过滤后留在过滤器上的固体物质，于 103～105℃的烘箱内烘干至恒重得到的物质质量。常用滤纸、$0.45\mu m$ 滤膜、石棉坩埚等作为滤器，测定结果与选用滤器有关，因此须注明。测定时用已恒重的 $0.45\mu m$ 滤膜过滤一定量（50mL）水样，将载有悬浮物的滤膜移入烘箱中，于 103～105℃下烘干至恒重（大约 2h），增加的质量即为总不可滤残渣。

【注意】水样不宜保存，尽快分析；水样较清时，多取水样，使悬浮物质量在 50～100mg 之间；水样中不得加任何化学试剂；漂浮和浸没的物质不属于悬浮物。

五、透明度

透明度是指水样的澄清程度，洁净的水是透明的。当水中存在悬浮物和胶体时，透明度降低，且成正比关系。透明度与浊度含义相反。常用的测定方法有铅字法、塞氏盘法、十字法等。

1. 铅字法

根据检验人员的视力观察水样的澄清程度。从透明度计（如图 1-27 所示）筒口垂直向下观察，清楚见到透明度计底部标准铅字印刷符号时，水柱高度即为用厘米表示的透明度。透明度计是一种长 33cm、内径 2.5cm 的玻璃筒，上面有以厘米为单位的刻度，筒底有一磨光的玻璃片。筒与玻璃片之间有一个橡胶圈，用金属夹固定。距玻璃筒底部 1～2cm 处有一放水侧管，底部有标准印刷符号。测定时将振荡均匀的水样立即倒入筒内至 30cm 处，从筒口垂直向下观察，如不能清楚地看见印刷符号，慢慢放出水样，直到刚好能辨认出符号为止。记录此时水柱高度，估计至 0.5cm。铅字法适用于天然水和处理后的水。

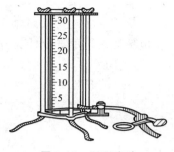

图 1-27 透明度计

【注意】 透明度计应放在光线充足的位置，放在离直射阳光窗户约 1m 的地方；受检验人员主观影响较大，一般多次或数人测定取平均值。

2. 塞氏盘法

将塞氏盘沉入水中，以刚好看不到它时的水深（cm）表示透明度。塞氏盘（如图 1-28 所示）是以较厚的白铁片剪成直径 200mm 的圆板，用漆涂成黑白各半的圆盘，正中间开小孔，穿一铅丝，下面加一铅锤，上面系小绳，绳上有刻度。测定时将塞氏盘在船的背光处放入水中，逐渐下沉，至恰好不能看见盘面的白色时，记录其刻度，观察时需反复 2～3 次。塞氏盘法适用于现场测定。

3. 十字法

在内径为 30mm、长为 0.5m 或 1.0m 的有刻度的玻璃筒的底部放一白瓷片，片中部有宽度为 1mm 的黑色十字和四个直径为 1mm 的黑点，从筒顶观察，明显看到十字，看不到四个黑点时，用水柱高度（cm）表示透明度。测定时将振荡均匀的水样倒入筒内，除去水中气泡后，水从筒下部徐徐放入直至明显看到十字，而看不到四个黑点为止，记录水柱高度（cm）。

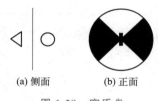

(a) 侧面　　(b) 正面

图 1-28 塞氏盘

六、电导率（电导仪法）

电导率是以数字表示溶液传导电流的能力。纯水的电导率很小，当水中含有无机酸、碱或盐时，电导率增加。电导率常用于间接推测水中离子成分的总浓度。水溶液的电导率取决于离子的性质和浓度、溶液的温度和黏度等。

不同类型的水有不同的电导率。新鲜蒸馏水的电导率为 $0.5～2\mu S/cm$，但放置一段时间后，因吸收了二氧化碳，增加到 $2～4\mu S/cm$；超纯水的电导率小于 $0.1\mu S/cm$；天然水的电导率多在 $50～500\mu S/cm$ 之间；矿化水的电导率可达 $500～1000\mu S/cm$；含酸、碱、盐的工业废水的电导率往往超过 $10000\mu S/cm$；海水的电导率约为 $30000\mu S/cm$。

电导率随温度的变化而变化，温度每升高 $1℃$，电导率增加约 2%，通常规定 $25℃$ 为测定电导率的标准温度。如果温度不是 $25℃$，必须进行温度校正，经验公式为：

$$K_t = K_s[1+\alpha(t-25)] \tag{1-9}$$

式中　K_s——$25℃$ 时的电导率；

K_t——温度 t 时的电导率；

　　α——各种离子电导率的平均温度系数，定为 0.022；

　　t——温度。

电导率的测定常采用电导仪（或电导率仪）法。

电解质溶液的导电能力通常用电导来表示，电导（L）是电阻（R）的倒数。电导率（K）是电阻率（ρ）的倒数，单位为 S/cm，常用 mS/cm 或 μS/cm 表示。当电极间的距离为 L（cm），电极面积为 A（cm）时，电导率 K 表示为：

$$K=\frac{1}{\rho}=\frac{Q}{R} \tag{1-10}$$

$$Q=\frac{L}{A}$$

式中　Q——电导池常数。

已知电导池常数，只要测出水样的电阻 R，即可求出电导率 K。

电导池常数的测定常用已知电导率的标准 KCl 溶液测定，不同浓度 KCl 溶液的电导率（25℃）见表 1-9。

表 1-9　不同浓度 KCl 溶液的电导率（25℃）

浓度/(mol/L)	电导率/(μS/cm)	浓度/(mol/L)	电导率/(μS/cm)
0.0001	14.94	0.01	1413
0.0005	73.90	0.02	2767
0.001	147.0	0.05	6668
0.005	717.8	0.1	12900

于是有：

$$Q=K_{KCl}R_{KCl} \tag{1-11}$$

对于 0.01000mL/L 的标准 KCl 溶液，25℃时 K_{KCl} 为 1413μS/cm，则上式为 $Q=1413R_{KCl}$。

实验室测定电阻的方法有平衡电桥法、电阻分压法、直接测量法和电磁感应法等。DDS-11 型电导仪是实验室广泛使用的一种，是按电阻分压法设计的。

电导仪由电导池系统和测量仪器组成。电导池是盛放或发送被测溶液的仪器，电导池中装有电导电极和感温元件，电导电极分片状光亮和镀铂黑的铂电极及 U 形铂电极，每一电极有各自的电导池常数，常用的有 260 型光亮电极。

测定时首先测定电导池常数，取一定浓度 KCl 溶液，恒温 ［（25±0.1）℃］后，浸泡、冲洗电导池和电极 3 次，用已预热 30min 校正好的电导仪测量该浓度的 KCl 溶液的电阻 R 数次，取平均值。按 $Q=KR$ 求出 Q 值。其次进行水样的测定，用水样冲洗电导池数次，再用水样冲洗后，装满水样，测定水样的电阻 R_x。

【注意】水样中的粗大悬浮物、油和脂干扰测定，过滤或萃取去除；温度差 1℃，电导率差 2.2%，因此必须恒温；使用与水样电导率相近的 KCl 标准溶液；容器要洁净，测量要迅速；若使用已知电导池常数的电导池，可直接测定读出数据。

七、臭

无臭无味的水虽不能保证是安全的，但有利于饮用者对水质的信任。臭是检验原水和处理水质的必测项目之一，检验臭也是评价水处理效果和追踪污染源的一种手段。臭较复杂，很难鉴定产臭物质的组成。

常用的测定方法有定性描述法和臭阈值法。

1. 定性描述法

检验人员依靠自己的嗅觉，在20℃和煮沸稍冷后闻其臭，用适当的词句描述臭特性，按六个等级报告臭强度，见表1-10。

表1-10　臭强度等级

等级	强度	说明
0	无	无任何气味
1	微弱	一般饮用者难以察觉，嗅觉敏感者可以察觉
2	弱	一般饮用者刚能察觉
3	明显	已能明显察觉，不加处理，不能饮用
4	强	有很明显的臭味
5	很强	有很强的恶臭

测定时取100mL水样于250mL锥形瓶内，用热水或冷水在瓶外调节水温至（20±2)℃，振荡瓶内水样，从瓶口闻水的气味，用适当文字描述，并记录其强度；取一个小漏斗放在瓶口，把瓶内水样加热至沸腾，立即取下，稍冷，再闻水的气味，用适当文字描述，并记录其强度。

定性描述法适用于测定天然水、饮用水、生活污水和工业废水的臭。

【注意】水样应用具塞玻璃瓶采集，不要用塑料容器，应尽快分析；水样有余氯时用新配制的3.5g/L的硫代硫酸钠脱氯，脱氯前后各测一次；此法受人嗅觉的影响较大。

2. 臭阈值法

用无臭水稀释水样，直至闻出最低可辨别臭气的浓度，表示臭的阈限。水样稀释到刚好闻出臭味时的稀释倍数，称为臭阈值。

$$臭阈值 = \frac{水样体积(mL) + 无臭水体积(mL)}{水样体积(mL)} \tag{1-12}$$

因检验人员的嗅觉敏感性有差别，对某一水样并无绝对臭阈值。一般选5人，最好10人或更多。可用邻甲酚或正丁醇测试检臭人员的嗅觉敏感程度。在实际工作中，常让受试人员嗅五种不同气味物质的气味，全部正确者为合格。

测定时用水样和无臭水在锥形瓶中配制水样稀释系列。一般使水样和无臭水总体积为200mL。在水浴上加热至（60±1)℃，检验人员取出锥形瓶，振荡2～3s，去塞，闻其臭气，与无臭水对比，确定刚好闻出臭气的稀释样。

臭阈值法适用于近无臭的天然水至臭阈值高达数千的工业废水的臭等级的测定，在科学研究与水处理工作中广泛采用。

【注意】如果水样中含余氯，脱氯前后各检验一次；无臭水不能用蒸馏水代替，可用水通过颗粒活性炭制取；检验人员应避免外来气味刺激，嗅觉迟钝者不得参检；确定刚好闻出臭气的气味较难，一般先确定无气味时的稀释倍数，其前一个稀释倍数即为臭阈值。

八、矿化度

矿化度是水中所含无机矿物成分的总量，是水化学成分测定的重要指标，用于评价水中总含盐量，对无污染水样，测得的矿化度与该水样在103～105℃时烘干的总可滤残渣值相近。对于污染严重的水样，其含义不明。

常用测定方法有称量法、电导法、阴阳离子加和法、离子交换法和密度计法。称量法含义较明确，是较简单通用的方法。

1. 称量法原理

水样经过滤去除悬浮物及沉降物，放在已恒重的蒸发皿中，在水浴上蒸干，并用过氧化氢除去有机物，然后在105～110℃下烘干至恒重，蒸发皿增加的重量即为矿化度。

2. 测定

将一定量（50mL）用清洁的玻璃砂芯坩埚或中速定量滤纸过滤的水样，放于烘至恒重的蒸发皿中。蒸发皿在水浴上蒸干，如残渣有色，滴加过氧化氢数滴，再蒸干，反复多次至残渣变白或颜色稳定为止。蒸发皿放入烘箱内于105～110℃下烘至恒重（大约2h），记录称量质量。

3. 数据处理

$$矿化度（mg/L）= \frac{m - m_0}{V} \times 10^6 \tag{1-13}$$

式中　m——蒸发皿及残渣质量，g；

　　　m_0——蒸发皿质量，g；

　　　V——水样体积，mL。

4. 适用范围

称量法适用于测量天然水的矿化度。

【注意】过氧化物的作用是除去有机物，宜少量多次，每次使残渣润湿即可，处理至残渣变白为止；铁存在时，残渣呈黄色，不褪色时停止处理；清亮水样不必过滤。

▶ 任务训练

1. 水体物理性质测定项目包括哪些？
2. 简述水温的测定方法。
3. 说明表色和真色的含义。
4. 如何根据水污染状况选择色度测定方法？
5. 说明浊度、透明度的含义。如何测定？
6. 测定电导率的意义是什么？怎样测定？
7. 说明残渣的类型及总不可滤残渣的测定方法。
8. 说明臭强度等级。臭阈值如何测定？

● 任务五　金属化合物的监测 ●

水体中含有大量无机金属化合物，一般都以金属离子的形式存在，毒性较大的有汞、镉、铬、铅、铜、锌等金属离子，是金属化合物监测的重点。金属化合物监测方法有分光光度法、原子吸收光谱法、极谱和阳极溶出伏安法以及容量滴定法，根据金属离子的含量、特

② 台式自动平衡记录仪　量程与测汞仪匹配。

③ 汞还原器　总容积分别为 50mL、75mL、100mL、250mL、500mL，具有磨口，带莲蓬形多孔吹气头的玻璃翻泡瓶。

④ U 形管　ϕ5mm×110mm，内填变色硅胶 60～80mm。

⑤ 三通阀。

⑥ 汞吸收塔　250mL 玻璃干燥塔，内填经碘化处理的柱状活性炭。

⑦ 优级纯试剂　浓硫酸（$\rho=1.84g/mL$）、浓盐酸（$\rho=1.19g/mL$）、浓硝酸（$\rho=1.42g/mL$）、重铬酸钾。

⑧ 无汞蒸馏水　将蒸馏水加盐酸酸化至 pH＝3，然后通过巯基棉纤维管除汞，二次重蒸馏水或电渗析去离子水通常可达到此纯度。

⑨ 硝酸溶液（1＋1）。

⑩ 高锰酸钾溶液（50g/L）　将 50g 高锰酸钾（优级纯，必要时重结晶精制）用水溶解，稀释至 1000mL。

⑪ 过硫酸钾溶液（50g/L）　将 50g 过硫酸钾（$K_2S_2O_8$）用无汞蒸馏水溶解，稀释至 1000mL。

⑫ 溴化剂　溴酸钾（0.1mol/L）-溴化钾（10g/L）溶液，用水溶解 2.784g（准确到 0.001g）溴酸钾（优级纯），加入 10g 溴化钾，用无汞蒸馏水稀释至 1000mL，置棕色瓶中保存。若见溴释出，则应重新配制。

⑬ 盐酸羟胺溶液（200g/L）　将 200g 盐酸羟胺（$NH_2OH \cdot HCl$）用无汞蒸馏水溶解，稀释至 1000mL。盐酸羟胺常含有汞，必须提纯。当汞含量较低时，采用巯基棉纤维除汞法；当汞含量高时，先用萃取法除大量汞，再用巯基棉纤维除尽汞。

⑭ 氯化亚锡溶液（200g/L）　将 20g 氯化亚锡（$SnCl_2 \cdot 2H_2O$）置于干烧杯中，加入 20mL 浓盐酸，微微加热。待完全溶解后，冷却，再用无汞蒸馏水稀释至 100mL。若有汞可通入氮气鼓泡除汞。

⑮ 汞标准固定液（简称固定液）　将 0.5g 重铬酸钾溶于 950mL 蒸馏水中，再加 50mL 硝酸。

⑯ 汞标准储备溶液　准确称取放置在硅胶干燥器中充分干燥过的氯化汞（$HgCl_2$）0.1354g，用固定液溶解后，转移到 1000mL 容量瓶（A 级）中，再用固定液稀释至标线，摇匀。此溶液每 1mL 含 100μg 汞。

⑰ 汞标准中间溶液　用吸管（A 级）吸取汞标准储备溶液 10.00mL，注入 100mL 容量瓶（A 级）中，加固定液稀释至标线，摇匀。此溶液 1mL 含 10.0μg 汞。

⑱ 汞标准使用液　用吸管（A 级）吸取汞标准中间溶液 10.00mL，注入 1000mL 容量瓶（A 级）中，用固定液稀释至标线，摇匀（室温下阴凉处放置，可稳定 100 天左右）。此溶液 1mL 含 0.100μg 汞。

⑲ 稀释液　将 0.2g 重铬酸钾溶于 972.2mL 无汞蒸馏水中，再加 27.8mL 硫酸。

⑳ 变色硅胶　ϕ3～4mm，干燥用。

㉑ 经碘化处理的活性炭　称取 1 质量份碘、2 质量份碘化钾和 20 质量份蒸馏水，在玻璃烧杯中配成溶液，然后向溶液中加入 10 质量份的柱状活性炭，用力搅拌至溶液脱色后，从烧杯中取出活性炭，用玻璃纤维把溶液滤出，然后在 100℃ 左右烘干 1～2h 即可。

【测定步骤】

（1）采样　按采样方法采取具有代表性且足够分析用量的水样（采取污水量不应少于 500mL，地表水不少于 1000mL）。水样采用硼硅玻璃瓶或高密度聚乙烯塑料壶盛装，样品尽量充满容器，以减少器壁吸附。

（2）保存方法　采样后应立即按每升水样中加 10mL 的比例加入浓硫酸（检查 pH 值应小于 1，否则应适当增加硫酸），然后加入 0.5g 重铬酸钾（若橙色消失，应适当补加，使水样呈持久的淡橙色）。密塞，摇匀后，置室内阴凉处，可保存一个月。

（3）水样制备

① 高锰酸钾-过硫酸钾消解法　一般污水或地表水、地下水按以下方法（近沸保温法）处理。将实验室样品充分摇匀后，立即准确吸取 10～50mL 污水（或 100～200mL 清洁地表水或地下水）注入 125mL（或 500mL）锥形瓶中，取样量少者，应补充适量无汞蒸馏水。

依次加 1.5mL 浓硫酸（对清洁地表水或地下水应加 2.5～5.0mL，使硫酸浓度约为 0.5mol/L）、1.5mL 硝酸溶液（对地表水或地下水应加 2.5～5.0mL）、4mL 高锰酸钾溶液（如果不能至少在 15min 内维持紫色，则混合后再补加适量高锰酸钾溶液，以使颜色维持紫色，但总量不超过 30mL）。然后，再加 4mL 过硫酸钾溶液，插入小漏斗。置于沸水浴中，使样液在近沸状态下保温 1h，取下冷却。临近测定时，边摇边加盐酸羟胺溶液，直至刚好使过剩的高锰酸钾及器壁上的二氧化锰全部褪色为止。

② 煮沸法　含有机物、悬浮物较多，组成复杂的污水，按以下方法处理。将实验室样品充分摇匀后，立即根据样品中汞含量，准确吸取 5～50mL 污水，置于 125mL 锥形瓶中。取样量少者，应补加无汞蒸馏水，使总体积约为 50mL。按近沸保温法步骤加入试剂。向样液中加入数粒玻璃珠或沸石，插入小漏斗，擦干瓶底，然后置于高温电炉或高温电热板上加热煮沸 10min，取下冷却。以下操作步骤同近沸保温法。

（4）制备空白水样　用无汞蒸馏水代替样品，按水样制备中消解方法步骤操作，制备两份空白水样，并把采样时加的试剂量考虑在内。

（5）安装仪器　按图 1-31 连接好仪器气路，更换 U 形管中硅胶，按说明书安装好测汞仪及记录仪，选择好灵敏度档及载气流速。将三通阀旋至"校零"端。取出汞还原器吹气头，逐个吸取 10.00mL。将经消解的水样或空白样注入汞还原器中，加入 1mL 氯化亚锡溶液，迅速插入吹气头，然后将三通阀旋至"进样"端，使载气通入汞还原器。此时水样中汞被还原气化成汞蒸气，随载气流载入测汞仪的吸收池，表头指针和记录笔迅速上升，记下最高读数或峰高。待指针和记录笔重新回零后，将三通阀旋回"校零"端，取出吹气头，弃去废液，用蒸馏水洗汞还原器两次，再用稀释液洗一次，以氧化可能残留的二价锡，然后进行另一水样的测定。

对汞含量低的样品，为提高精度，应适当增加水样体积（最大体积为 220mL），并按每 10mL 水样中加 1mL 的比例加入氯化亚锡溶液，然后迅速插入吹气头，先在闭气条件下用手将汞还原器沿前后或左右方向强烈振摇 1min，然后再将三通阀旋至"进样"端，其余操作均相同。

（6）标准曲线的制作

① 取 100mL 容量瓶（A 级）8 个，用 5mL 的刻度吸管（A 级）准确吸取每毫升含汞 0.10μg 的汞标准使用溶液 0、0.50mL、1.00mL、1.50mL、2.00mL、2.50mL、3.00mL、4.00mL，注入容量瓶中，用稀释液稀释至标线，摇匀，然后完全按照测定水样步骤对每一

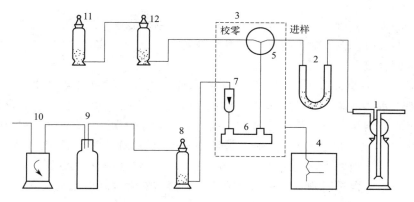

图 1-31 测汞装置气路连接示意

1—汞还原器；2—U 形管；3—测汞仪；4—记录仪；5—三通阀；6—吸收池；

7—流量控制器；8，12—汞吸收塔；9—气体缓冲瓶；10—真空泵，

抽气速率为 0.5L/s；11—干燥塔（内装变色硅胶）

个系列标准溶液进行测定（注：测定清洁地表水时，应当天吸取汞标准使用溶液，用汞标准固定液配制汞浓度为 $10\mu g/mL$ 的汞标准使用液，用于制备汞浓度为 0、$0.025\mu g/L$、$0.050\mu g/L$、$0.100\mu g/L$、$0.150\mu g/L$、$0.200\mu g/L$、$0.250\mu g/L$ 的标准系列）。

② 以扣除空白后的标准系列溶液测定值为纵坐标，以相应的汞浓度（$\mu g/L$）为横坐标，绘制测定值-浓度标准曲线。

【测定结果】

$$水样中汞的质量浓度（\mu g/L）=c\,\frac{V_0}{V}\times\frac{V_水+V_1}{V_水} \tag{1-14}$$

式中　c——被测水样中汞的质量浓度（由标准曲线查得），$\mu g/L$；

　V——制备水样时分取样品体积，mL；

　V_0——消解制备水样时定容体积，mL；

　$V_水$——采样的体积，mL；

　V_1——采样时向水中加入硫酸的体积，mL。

若 V_1 忽略不计，则公式可简化。结果应视含量高低，分别以 3 位或 2 位有效数字表示。

【问题思考】

① 测定汞时水样如何处理？

② 盐酸羟胺和氯化亚锡溶液的作用是什么？

③ 试比较冷原子吸收法和原子吸收法的异同。

二、镉

镉是人体必需的元素，镉的毒性很大，可在人体内蓄积，主要损害肾脏。绝大多数淡水的含镉量低于 $1\mu g/L$。海水中镉的平均浓度为 $0.15\mu g/L$。镉的主要污染源有电镀、采矿、冶炼、染料、电池和化学工业等排放的废水。

镉的测定方法有原子吸收光谱法、双硫腙分光光度法、阳极溶出伏安法或示波极谱法。

1. 原子吸收光谱法

根据某元素的基态原子对该元素特征谱线的选择性吸收来进行测定的分析方法，定量依

据是朗伯-比尔定律。

由镉空心阴极灯发射的特征谱线（锐线光源）穿越被测水样经原子化后产生的镉原子蒸气时产生选择性吸收，使入射光强度与透射光强度产生差异，通过测定基态原子的吸光度，确定试样中镉的含量。

直接吸入火焰原子吸收光谱法测定镉是将水样或消解处理好的水样直接吸入火焰中测定，适用于地下水、地表水、污水及受污染的水，适用范围 $0.05\sim1mg/L$；萃取或离子交换火焰原子吸收光谱法测定微量镉是将水样或消解处理好的水样，在酸性介质中与吡咯烷二硫代氨基甲酸铵（APDC）配合后，用甲基异丁基酮（MIBK）萃取后吸入火焰进行测定，适用于地下水、清洁地表水，适用范围 $1\sim50\mu g/L$；石墨炉原子吸收光谱法测定微量镉是将水样直接注入石墨炉内进行测定，适用于地下水和清洁地表水，适用范围 $0.1\sim2\mu g/L$。

水样用 HNO_3 和 $HClO_4$ 混合液消解。

① 直接吸入法　共存离子在常见浓度下不干扰测定，钙离子浓度高于 $1000mg/L$ 时抑制镉吸收。

② 萃取吸收法　铁含量低于 $5mg/L$ 时不干扰测定，铁含量高时用碘化钾-甲基异丁基酮萃取体系效果好，萃取时避免日光直射及远离热源。样品中存在强氧化剂时，萃取前应除去，否则会破坏吡咯烷二硫代氨基甲酸铵。

③ 石墨炉法　氯化钠对测定有干扰，每 $20\mu L$ 水样加入 5% 磷酸钠溶液 $10\mu L$ 消除基体效应的影响。

2. 双硫腙分光光度法

在强碱性溶液中，镉离子与双硫腙生成红色螯合物，用三氯甲烷萃取分离后，于 $518nm$ 波长处测定吸光度，求水样中镉含量。该法适用于受镉污染的天然水和各种污水。

方法的最低检出浓度（取 $100mL$ 水样，用 $20mm$ 比色皿时）为 $0.001mg/L$，测定上限为 $0.06mg/L$。

【注意】镁离子浓度达 $20mg/L$ 时，需多加酒石酸钾钠掩蔽；水样中含铅 $20mg/L$、镁 $30mg/L$、铜 $40mg/L$、锰 $4mg/L$、铁 $4mg/L$ 时，不干扰测定；水样中镉含量高于 $10\mu g$ 时取样量改为 $25mL$ 或 $50mL$；双硫腙必须提纯，同时注意光线对有色螯合物的影响。

三、铅

铅是可在人体和动植物组织中蓄积的有毒金属。主要毒性效应是贫血症、神经机能失调和肾损伤。铅对水生生物的安全浓度为 $0.16mg/L$。世界范围内，淡水中含铅 $0.06\sim120\mu g/L$；海水中含铅 $0.03\sim13\mu g/L$。铅的主要污染源有蓄电池、五金、冶金、机械、涂料和电镀工业等排放的废水。

铅的测定方法有原子吸收光谱法、双硫腙分光光度法和阳极溶出伏安法或示波极谱法。

1. 双硫腙分光光度法

双硫腙分光光度法是在 pH 值为 $8.5\sim9.5$ 的氨性柠檬酸盐-氰化钠的还原介质中，铅离子与双硫腙反应生成红色螯合物，用三氯甲烷（或四氯化碳）萃取后，于 $510nm$ 处测定吸光度，求出水样中铅含量。该法适用于地表水和污水中痕量铅的测定。

方法的最低检出浓度（取 $100mL$ 水样，用 $10mm$ 比色皿时）为 $0.01mg/L$，测定上限为 $0.3mg/L$。

【注意】使用的器皿、试剂、去离子水中不应含有痕量铅；在 pH 值为 $8\sim9$ 时 Bi^{3+}、

Sn^{2+} 等干扰测定,一般先在 pH 值为 $2 \sim 3$ 时用双硫腙三氯甲烷萃取除去,同时除去铜、汞、银等离子;水样中的氧化性物质(Fe^{3+})易氧化双硫腙,在氨性介质中加入盐酸羟胺去除;氯化钾可掩蔽铜、锌、镍、钴等离子;柠檬酸盐配位掩蔽钙、镁、铝、铬、铁等,防止氢氧化物沉淀。

2. 原子吸收光谱法

将水样或消解处理好的样品直接吸入火焰,火焰中形成的原子蒸气对光源发射的特征辐射产生吸收。将测得的样品的吸光度和标准溶液的吸光度进行比较,确定样品中被测元素的含量。

3. 铅的测定

将水样或消解处理好的样品直接吸入火焰,火焰中形成的原子蒸气对光源发射的特征辐射产生吸收。将测得的样品吸光度和标准溶液的吸光度进行比较,确定样品中被测元素的含量。

【测定目的】

① 掌握原子吸收光谱法测定铅的原理。

② 熟悉测量条件的选择。

③ 熟悉原子吸收光谱仪的使用方法。

【仪器和试剂】

① 原子吸收光谱仪。

② 铅空心阴极灯。

③ 优级纯试剂　硝酸;($1+1$)硝酸;($1+499$,即 0.2%)硝酸;高氯酸。

④ 助燃气　空气。由空气压缩机供给,进入燃烧器之前要过滤,以除去其中的水、油和其他杂质。

⑤ 燃气　乙炔,纯度不低于 99.6%。

⑥ 金属标准储备液($1.0000mg/mL$)　准确称取经($1+499$)硝酸清洗并干燥后的 0.5000g 光谱纯金属,用 50mL($1+1$)硝酸溶液溶解,必要时加热直至溶解完全,然后用水稀释定容至 500.0mL。

⑦ 混合标准溶液($100.0\mu g/mL$)　用($1+499$)硝酸溶液稀释金属标准储备液,使配成的混合标准溶液每毫升含铅 $100.0\mu g$。

【测定步骤】

(1) 采样　按采样要求采集具有代表性的水样。样品贮存于聚乙烯塑料瓶中。

(2) 样品预处理　取 100mL 水样放入 200mL 烧杯中,加入硝酸 5mL,在电热板上加热消解,确保样品不沸腾,蒸发至 10mL 左右,加入 5mL 硝酸和 2mL 高氯酸,继续消解,直至 1mL 左右。如果消解不完全,再加入 5mL 硝酸和 2mL 高氯酸,再蒸至 1mL 左右,取下冷却,加水溶解残渣,定容至 100mL 容量瓶中。

取($1+499$)硝酸 100mL,按上述相同的程序操作,以此作为空白样。

(3) 开机　选择铅空心阴极灯,按表 1-11 所示的工作条件将仪器调试到工作状态(调试操作按仪器说明书进行)。

表 1-11　元素的特征谱线

元素	特征谱线/nm	非特征谱线/nm
铅	283.3	283.7(锆)

（4）样品测定　仪器用（1＋499）硝酸调零，然后吸入空白样和样品，测量其吸光度。扣除空白样吸光度后，从校准曲线上查出样品中的金属浓度。如可能，也可从仪器上直接读出样品中的金属浓度。

（5）标准曲线绘制　吸取混合标准溶液 0、0.50mL、1.00mL、3.00mL、5.00mL 和 10.00mL，分别放入 6 个 100mL 的容量瓶中，用（1＋499）硝酸溶液稀释定容至标线。此混合标准溶液体积与金属铅标准系列浓度见表 1-12。接着按样品测定的步骤测量吸光度。用经空白校正的各标准溶液的吸光度与相应的浓度作图，绘制校准曲线。

表 1-12　混合标准溶液体积与金属铅标准系列浓度

混合标准溶液体积/mL	0	0.50	1.00	3.00	5.00	10.00
金属铅标准系列浓度/(mg/L)	0	0.50	1.00	3.00	5.00	10.00

【注意事项】

① 采样用的聚乙烯瓶、采样瓶应先酸洗，使用前用水洗净。

② 为了检验是否存在基体干扰或背景吸收，可通过测定标样的回收率判断基体干扰的程度；通过测定特征谱线附近 1nm 内的一条非特征吸收谱线处的吸收可判断背景吸收的大小。

③ 在测定过程中，要定期复测空白和工作标准溶液，以检查基线的稳定性和仪器的灵敏度是否发生了变化。根据检验结果，如果存在基体干扰，用标准加入法测定并计算结果。如果存在背景吸收，用自动背景校正装置或邻近非特征吸收法进行校正，后一种方法是从特征谱线处测得的吸收值中扣除邻近非特征吸收谱线处的吸收值，得到被测元素原子的真正吸收。此外，也可以使用整合萃取法或样品稀释法降低或排除产生基体干扰或背景吸收的组分。

④ 整个消解过程应在通风橱中进行。

【问题思考】

① 原子吸收光谱法的定量方法有哪些？

② 简述原子吸收光谱仪的组成和使用方法。

③ 如何消除基体干扰？

④ 原子吸收光谱仪的测量条件如何选择？

四、铜

铜是人体必不可少的元素，过量摄入对人体有害。铜对水生生物毒性很大，毒性与其形态有关，游离铜离子的毒性比配合物的毒性大。有人认为铜对鱼类的起始毒性浓度为 0.002mg/L，但一般认为水体含铜 0.01mg/L 对鱼类是安全的。水中铜达 0.01mg/L 时，对水体自净有明显的抑制作用。世界范围内，淡水平均含铜 $3\mu g/L$，海水平均含铜 $0.25\mu g/L$。铜的污染源有电镀、冶炼、五金、石油化工和化学工业等排放的废水。

铜的测定方法有原子吸收光谱法、二乙氨基二硫代甲酸钠萃取分光光度法、新亚铜灵萃取分光光度法及阳极溶出伏安法或示波极谱法。

1. 二乙氨基二硫代甲酸钠萃取分光光度法

在 pH 值为 9～10 的氨性溶液中，铜离子与二乙氨基二硫代甲酸钠（铜试剂 DDTC）作用，生成物质的量比为 1∶2 的黄棕色配合物。用三氯甲烷（或四氯化碳）萃取后于 440nm 波长处测定吸光度，求出水样中铜的含量。在测定条件下，有色配合物可以稳定 1h。该法适用于地表水和工业废水中铜的测定。

方法的最低检出浓度为 0.01mg/L，测定上限可达 2.0mg/L。

【注意】防止铜离子吸附在采样容器上，应尽快测定；铜含量较高时，可直接在水样中进行分光光度法测定，并加入淀粉、明胶、阿拉伯胶作稳定剂；萃取和比色时，避免阳光直射，以免有色配合物分解；水样中铁、锰、镍、钴和铋等与 DDTC 生成有色配合物干扰测定，铋用氰化钠去除，余者用 EDTA 和柠檬酸铵掩蔽去除。

2. 新亚铜灵萃取分光光度法

用盐酸羟胺将水样中的二价铜离子还原为亚铜离子，在中性或微酸性溶液中，亚铜离子与新亚铜灵（2,9-二甲基-1,10-菲啰啉）反应生成物质的量比为 1∶2 的黄色配合物，用三氯甲烷-甲醇混合溶剂萃取，于 457nm 波长处测定吸光度，求出水样中铜含量。在测定条件下，黄色配合物的颜色可稳定数日。该法适用于地表水、生活污水和工业废水中铜的测定。

方法的最低检出浓度（用 10mm 比色皿）为 0.06mg/L，测定上限为 3mg/L。

【注意】当 25mL 有机相中含铜不超过 0.15mg 时，符合比尔定律；大量铬、锡及其他氧化性离子干扰测定，加入亚硫酸还原铬酸盐去除铬的干扰，加入盐酸羟胺消除锡和其他氧化性离子的干扰；氰化物、硫化物和有机物干扰测定，消解样品时即可去除。

五、锌

锌是人体必不可少的有益元素，对水生生物影响较大。锌对鱼类的安全浓度约为 0.1mg/L，水中含锌 1mg/L 时，对水体的生物氧化过程有轻微抑制作用。锌的污染源有电镀、冶金、颜料及化工等排放的废水。

锌的测定方法有原子吸收光谱法、双硫腙分光光度法及阳极溶出伏安法或示波极谱法。双硫腙分光光度法是在 pH 值为 4.0～5.5 的醋酸盐缓冲溶液介质中，锌离子与双硫腙形成红色螯合物，用三氯甲烷（或四氯化碳）萃取后于 535nm 波长处测定吸光度，求出水样中锌含量。该法适用于天然水和轻度污染的地表水中锌的测定。

方法的最低检出浓度（取 100mL 水样，用 20mm 比色皿时）为 0.005mg/L。

【注意】所用器皿、试剂以及去离子水均不含痕量锌。用硝酸浸泡，用水多次冲洗；天然水中正常存在的金属离子不干扰测定；水中存在少量铋、镉、钴、金、铅、汞、镍、银、亚锡等离子，均产生干扰，采用硫代硫酸钠掩蔽和控制溶液的 pH 值来消除，这种方法称为混色测定法；水中存在大量上述干扰离子时，用混色比色法测定误差大，使用单色法测定。方法是将萃取有色螯合物后的有机相先用硫代硫酸钠-乙酸钠-硝酸混合液洗涤除去部分干扰离子，再用新配制的 0.04% 的硫化钠洗去过量的双硫腙。

六、铬

铬是生物体所必需的微量元素之一。铬的毒性与其存在的价态有关，六价铬（以 CrO_4^{2-}、$HCrO_4^-$、$HCr_2O_7^-$、$Cr_2O_7^{2-}$ 形式存在）比三价铬毒性高 100 倍，并易被人体吸收且在体内蓄积，三价铬和六价铬可以相互转化。当水中六价铬浓度为 1mg/L 时，水呈淡黄色并有涩味；当水中三价铬浓度为 1mg/L 时，水的浊度明显增加。三价铬化合物对鱼的毒性比六价铬大。天然水中不含铬；海水中铬的平均浓度为 $0.05\mu g/L$；饮用水中更低。铬的污染源有含铬矿石的加工、金属表面处理、皮革鞣制、印染等排放的废水。

铬的测定方法有原子吸收光谱法、二苯碳酰二肼分光光度法、硫酸亚铁铵滴定法、极谱法、气相色谱法、中子活化法、化学发光法。下面主要介绍二苯碳酰二肼分光光度法。

1. 六价铬

在酸性介质中，六价铬与二苯碳酰二肼（DPC）反应，生成紫红色配合物，于 540nm 波长处测定吸光度，求出水样中六价铬的含量。该法适用于地表水和工业废水中六价铬的测定。

方法的最低检出浓度（取 50mL 水样，用 10mm 比色皿时）为 0.004mg/L，测定上限为 1mg/L。

【注意】二价铁、亚硫酸盐、硫代硫酸盐等还原性物质干扰测定，可加显色剂，酸化后显色；浑浊、色度较深的水样在 pH 值为 8～9 的条件下，以氢氧化锌作共沉淀剂，此时 Cr^{3+}、Fe^{3+}、Cu^{2+} 均形成氢氧化物沉淀，与水样中 Cr^{6+} 分离；次氯酸盐等氧化性物质干扰测定，用尿素和亚硝酸钠去除；显色酸度一般控制在 $0.05\sim0.3mol/L\left(\frac{1}{2}H_2SO_4\right)$，0.2mol/L 最好；水样中的有机物干扰测定，用酸性 $KMnO_4$ 氧化去除。

2. 总铬

在酸性溶液中，水样中的三价铬用高锰酸钾氧化成六价铬，六价铬与二苯碳酰二肼（DPC）反应，生成紫红色配合物，于 540nm 波长处测定吸光度，求出水样中六价铬的含量。该法适用于地表水和工业废水中总铬的测定。

方法的最低检出浓度（取 50mL 水样，用 10mm 比色皿时）为 0.004mg/L，测定上限为 1mg/L。

【注意】过量的高锰酸钾用亚硝酸钠分解，过量的亚硝酸钠用尿素分解；亚硝酸钠可用叠氮化钠代替；水样中含有大量有机物时，用硝酸-硫酸消解。

3. 六价铬的测定

【测定目的】

① 掌握六价铬的测定原理和操作。

② 熟练运用所学采样知识，采集代表性的水样。

③ 进一步熟练分光光度计的使用。

【仪器和试剂】

① 容量瓶　500mL；1000mL。

② 分光光度计。

③ 丙酮。

④ （1＋1）硫酸溶液。

⑤ （1＋1）磷酸溶液　将磷酸（H_3PO_4，优级纯，1.69g/mL）与水等体积混合。

⑥ 氢氧化钠溶液（4g/L）。

⑦ 氢氧化锌共沉淀剂　用时将 100mL 80g/L 的硫酸锌（$ZnSO_4\cdot7H_2O$）溶液和 120mL 20g/L 的氢氧化钠溶液混合。

⑧ 高锰酸钾溶液（40g/L）　称取高锰酸钾（$KMnO_4$）4g，在加热和搅拌下溶于水，最

后稀释至 100mL。

⑨ 铬标准储备液　称取于 110℃下干燥 2h 的重铬酸钾（$K_2Cr_2O_7$，优级纯）（0.2829±0.0001）g，用水溶解后，移入 1000mL 容量瓶中，用水稀释至标线，摇匀。此溶液 1mL 含 0.10mg 六价铬。

⑩ 铬标准溶液 A　吸取 5.00mL 铬标准储备液置于 500mL 容量瓶中，用水稀释至标线，摇匀。此溶液 1mL 含 1.00μg 六价铬。使用时当天配制。

⑪ 铬标准溶液 B　吸取 25.00mL 铬标准储备液置于 500mL 容量瓶中，用水稀释至标线，摇匀。此溶液 1mL 含 5.00μg 六价铬。使用当天配制此溶液。

⑫ 尿素溶液（200g/L）　将尿素 [$(NH_2)_2CO$] 20g 溶于水并稀释至 100mL。

⑬ 亚硝酸钠溶液（20g/L）　将亚硝酸钠（$NaNO_2$）2g 溶于水并稀释至 100mL。

⑭ 显色剂 A　称取二苯碳酰二肼（$C_{13}N_{14}H_4O$）0.2g，溶于 50mL 丙酮中，加水稀释到 100mL，摇匀，储于棕色瓶，置冰箱中（色变深后不能使用）。

⑮ 显色剂 B　称取二苯碳酰二肼 2g，溶于 50mL 丙酮中，加水稀释到 100mL，摇匀，储于棕色瓶，置冰箱中（色变深后不能使用）。

【测定步骤】

（1）采样　用玻璃瓶按采样方法采集具有代表性的水样。采样时，加入氢氧化钠，调节 pH 值约为 8。

（2）样品的预处理

① 样品中不含悬浮物，低色度的清洁地表水可直接测定，不需预处理。

② 色度校正。当样品有色但不太深时，另取一份试样，以 2mL 丙酮代替显色剂，其他步骤同步骤④。试样测得的吸光度扣除此色度校正吸光度后，再行计算。

③ 对浑浊、色度较深的样品可用锌盐沉淀分离法进行前处理。取适量试样（含六价铬少于 100μg）于 150mL 烧杯中，加水至 50mL。滴加氢氧化钠溶液，调节溶液 pH 值为 7～8。在不断搅拌下，滴加氢氧化锌共沉淀剂至溶液 pH 值为 8～9。将此溶液转移至 100mL 容量瓶中，用水稀释至标线。用慢速滤纸干过滤，弃去 10～20mL 初滤液，取其中 50.0mL 滤液供测定。

④ 二价铁、亚硫酸盐、硫代硫酸盐等还原性物质的消除。取适量样品（含六价铬少于 50μg）于 50mL 比色管中，用水稀释至标线，加入 4mL 显色剂 B 混匀，放置 5min 后，加入 1mL 硫酸溶液摇匀。5～10min 后，在 540nm 波长处，用 10mm 或 30mm 光程的比色皿，以水作为参比，测定吸光度。扣除空白试验测得的吸光度后，从标准曲线中查得六价铬含量。用同法制作标准曲线。

⑤ 次氯酸盐等氧化性物质的消除。取适量样品（含六价铬少于 50μg）于 50mL 比色管中，用水稀释至标线，加入 0.5mL 硫酸溶液、0.5mL 磷酸溶液、1.0mL 尿素溶液，摇匀，逐滴加入 1mL 亚硝酸钠溶液，边加边摇，以除去由过量的亚硝酸钠与尿素反应生成的气泡，待气泡除尽后，以下步骤同步骤④（免去加硫酸溶液和磷酸溶液）。

（3）空白试验　按同水样完全相同的上述处理步骤进行空白试验，用 50mL 水代替水样。

（4）测定　取适量（含六价铬少于 50μg）无色透明水样，置于 50mL 比色管中，用水稀释至标线。加入 0.5mL 硫酸溶液和 0.5mL 磷酸溶液，摇匀。加入 2mL 显色剂 A，摇匀放置 5～10min 后，在 540nm 波长处，用 10mm 或 30mm 的比色皿，以水作为参比，测定吸光度，扣除空白试验测得的吸光度后，从标准曲线上查得六价铬含量（如经锌盐沉淀分离、高锰酸钾氧化法处理的样品，可直接加入显色剂测定）。

（5）标准曲线绘制　向一系列 50mL 比色管中分别加入 0、0.20mL、0.50mL、1.00mL、2.00mL、4.00mL、6.00mL、8.00mL 和 10.00mL 铬标准溶液 A 或铬标准溶液 B（如经锌盐沉淀分离法前处理，则应加倍吸取），用水稀释至标线。然后按照测定试样的步骤④进行处理。

用测得的吸光度减去空白试验的吸光度后，绘制以六价铬的量对吸光度的曲线。

【测定结果】

$$六价铬含量（mg/L）=\frac{m}{V_水} \tag{1-15}$$

式中　m——由标准曲线查得的试样含六价铬的质量，μg；

　　　$V_水$——水样的体积，mL。

六价铬含量以三位有效数字表示。

【注意事项】

① 采样后尽快测定，放置不超过 24h。

② 玻璃仪器不能用 $K_2Cr_2O_7$ 洗液洗涤，用 HNO_3 和 H_2SO_4 混合液洗涤。

【问题思考】

① 测总铬水样需如何处理？简述测定过程。

② 用 10mm 比色皿和 30mm 比色皿测出的吸光度数值是否一致？

七、其他金属化合物

其他金属化合物的监测方法见表 1-13。

表 1-13　其他金属化合物的监测方法

元素	危害	分析方法	测定浓度范围
铍	单质及其化合物毒性都极强	石墨炉原子吸收法	0.04～4μg/L
		活性炭吸附-铬天菁 S 分光光度法	最低 0.1μg/L
镍	具有致癌性，对水生生物有明显危害，镍盐引起过敏性皮炎	原子吸收法	0.01～8mg/L
		丁二酮分光光度法	0.1～4mg/L
		示波极谱法	最低 0.06mg/L
硒	生物必需微量元素，但过量能引起中毒；二价态毒性最大，单质态毒性最小	2,3-二氨基萘荧光法	0.15～25μg/L
		3,3-二氨基联苯胺分光光度法	2.5～50μg/L
		原子荧光法	0.2～10μg/L
		气相色谱法（ECD）	最低 0.2μg/L
锑	单质态毒性低；氢化物毒性大	5-Br-PADP 分光光度法	0.05～1.2mg/L
		原子吸收法	0.2～40mg/L
钍	既有化学毒性又有放射性辐射损伤，危害大	铀试剂（Ⅲ）分光光度法	0.008～3.0mg/L
铀	有放射性辐射损伤；引起急性或慢性中毒	TRPO-5Br-PADP 分光光度法	0.0013～1.6mg/L
铁	具有低毒性；工业用水含量高时，产品上形成黄斑	原子吸收法	0.03～5.0mg/L
		邻菲啰啉分光光度法	0.03～5.00mg/L
		EDTA 滴定法	5～20mg/L

续表

元素	危害	分析方法	测定浓度范围
锰	具有低毒性；工业用水含量高时,产品上形成斑痕	原子吸收法	0.01～3.0mg/L
		钾氧化分光光度法	最低 0.05mg/L
		甲醛肟法	0.01～4.0mg/L
钙	人体必需元素,但过高引起肠胃不适；结垢	EDTA 滴定法	2～100mg/L
		原子吸收法	0.02～5.0mg/L
镁	人体必需元素,过量有导泻和利尿作用；结垢	EDTA 滴定法	2～100mg/L
		原子吸收法	0.002～0.5mg/L

任务训练

1. 简述分光光度法、原子吸收光谱法的测定原理。结合实例说明它们在水和污水监测中是如何运用的？

2. 测定水样中汞时，常采用冷原子吸收法，试说明冷原子荧光法与其异同。

3. 用标准加入法测某水样中的镉，取四份等量水样分别加入不同量镉标准溶液，稀释至 50mL，用火焰原子吸收法测定，测得吸光度列于表 1-14 中，求该水样中镉的含量。

表 1-14　标准加入法测水样中镉的实验数据

编号	水样量/mL	加入 Cd^{2+} 标准溶液/(10μg/mL)	吸光度
1	20	0	0.042
2	20	1	0.082
3	20	2	0.116
4	20	3	0.190

4. 双硫腙分光光度法可测定哪些金属离子？测定条件有何不同？减少测定误差的方法有哪些？

5. 测定水样中铬含量时，六价铬、三价铬和总铬的含量是如何测定的？

6. 水样中的铜常采用的测定方法是什么？简要说明测定原理和测定方法。

● 任务六　非金属无机物的监测 ●

水体中的非金属无机物很多，进行监测的项目包括 pH 值、氟化物、溶解氧、硫化物、氰化物、含氮化合物、砷等。

一、 pH 值

pH 值可间接地表示水的酸碱程度，当水体受到酸碱污染后，pH 值就会发生变化。天然水的 pH 值多为 6～9；饮用水 pH 值要求在 6.5～8.5 之间；某些工业用水的 pH 值必须保持在 7.0～8.5 之间。水体的酸污染主要来自冶金、搪瓷、电镀、轧钢、金属加工等工业的酸洗工序和人造纤维、酸洗造纸、酸性矿山排出的废水；碱污染主要来源于碱法造纸、化学纤维、制革、制碱、炼油等工业废水。

pH 值是溶液中氢离子的活度的负对数，即 $pH = -\lg a_{H^+}$，随水温的变化而变化。pH 值的测定方法有玻璃电极法和比色法。

1. 玻璃电极法

如图 1-32 所示，以玻璃电极为指示电极、饱和甘汞电极为参比电极组成原电池。用已知 pH 值的标准溶液定位、校准，用 pH 计直接测出水样的 pH 值。该法适用于饮用水、地表水和工业废水的 pH 值的测定，适于现场测定。

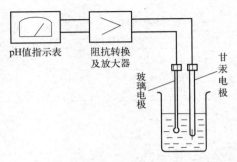

图 1-32   玻璃电极法测量 pH 值示意

该方法测定准确、快速，受水体色度、浊度、胶体物质、氧化剂和还原剂以及高含盐量的干扰少。

【注意】玻璃电极在使用前浸泡 24h 激活，注意温度补偿器的调节。

2. 比色法

酸碱指示剂在其特定 pH 值范围的水溶液中产生不同的颜色，向系列已知 pH 值的标准缓冲溶液中加入适当指示剂，生成的颜色制成标准比色管或封装在小安瓿瓶内，测定时取与缓冲溶液同量的水样加入同一种指示剂，进行目视比色，可测出水样的 pH 值。该法适用于色度和浓度很低的天然水、饮用水的 pH 值的测定。

【注意】水样有色、浑浊或含较高游离氯、氧化剂、还原剂时干扰测定。

3. pH 值的测定

【测定目的】

① 掌握酸度计法测定水体 pH 值的原理。

② 掌握样品采集方法。

③ 掌握缓冲溶液的选用和酸度计的使用方法。

【仪器和试剂】

① 酸度计以及配套使用的电极、磁力搅拌器、塑料烧杯。

② 温度计。

③ 标准缓冲溶液甲   pH = 4.00，将分析纯邻苯二甲酸氢钾在 110℃下烘干 2～3h，取出放在干燥器内冷却至室温。称取 10.12g，溶于蒸馏水中，移入 1000mL 容量瓶中，稀释至刻度，摇匀。

④ 标准缓冲溶液乙   pH = 6.86，将分析纯的磷酸二氢钾和磷酸氢二钠在 110℃下烘干 2～3h（温度不能太高，避免生成缩合磷酸盐），取出放在干燥器内冷却 45min 左右。称取 3.388g KH_2PO_4、3.533g Na_2HPO_4，溶于除去 CO_2 的蒸馏水中，移入 1000mL 容量瓶中，稀释至刻度，摇匀。

⑤ 标准缓冲溶液丙   pH = 9.18，将分析纯的硼砂在以蔗糖和 NaCl 饱和溶液为干燥剂的干燥器中平衡 2 天，称取 3.80g 分析纯硼砂溶于除去 CO_2 的蒸馏水中，移入 1000mL 容量瓶中，稀释至刻度，摇匀。

⑥ 饱和氯化钾溶液。

⑦ 饮用水、地表水、污水水样。

【测定步骤】

① 采样   将水样采集在容积至少为 1L 的玻璃瓶或塑料桶内，采样后立即测定。如需贮存，则将水样贮存于暗处，尽量避免温度的变化。水面采样时需要准备深水靴或者船只、橡胶筏等，桥上采样时不需要准备特殊的交通工具。

② 开启酸度计电源，预热 20min。

③ 仪器调零　不连接电极，量程选择"mV"挡，调节调零电位器，使显示为"0.00"。

④ 温度补偿　连接电极，用温度计测量被测溶液温度，调节"温度补偿"旋钮为被测溶液的温度值。

⑤ 定位　取一个洁净的 100mL 塑料烧杯，用标准缓冲溶液甲润洗三次，装入 50mL 该标准缓冲溶液，倾斜烧杯放入一个搅拌子，将烧杯放在搅拌器上。

用蒸馏水清洗电极，并用滤纸吸干电极表面的水，将电极插入标准缓冲溶液甲。开启搅拌器开关。

调节"定位"旋钮使仪器显示为"4.00"。取出电极用蒸馏水清洗，并用滤纸吸干电极表面的水。

⑥ 斜率校正　更换溶液为标准缓冲溶液乙，调节"斜率"旋钮使仪器显示为"6.86"。标准缓冲溶液的 pH 值与被测溶液 pH 值相差 3 个单位以内。

⑦ 测定溶液 pH 值　取一个洁净的 100mL 塑料烧杯，用被测溶液润洗三次，倒入 50mL 被测水样，将电极插入被测溶液中，开启搅拌器开关，待电极平衡后，读取并记录被测溶液的 pH 值。平行测定三次。

⑧ 关闭仪器电源，清洗电极，填写仪器使用记录。

【测定结果】

项目	1	2	3	平均值
水样 1				
水样 2				
水样 3				

【注意事项】

① 电极的插头必须保持干燥清洁。

② 玻璃电极敏感膜容易破损，使用时务必小心操作，使用前应在蒸馏水中浸泡 24h。

③ 玻璃电极的下端比甘汞电极高些，防止搅拌子打破玻璃电极。

④ 每测完一个溶液，电极都要清洗干净，并用滤纸吸干电极表面的水。

⑤ 电极不能用于强酸、强碱或其他腐蚀性溶液。严禁在脱水性介质如无水乙醇、重铬酸钾等中使用。

⑥ 测定前不宜提前打开样品瓶塞，以防空气中的 CO_2 溶入或样品中的 CO_2 逸失。

⑦ pH 值随水温变化而变化，测定时应在规定的温度下进行，或者校正温度。

【问题思考】

① 在测量过程中，搅拌的作用是什么？

② 如何选择校正的标准缓冲溶液？

③ 为什么玻璃电极在使用前要用水浸泡 24h？

④ 溶液的 pH 与电池电动势之间有什么关系？

二、氟化物

氟化物是人体必需的微量元素，广泛存在于天然水体中，饮用水中氟的适宜浓度为 0.5～1.0mg/L。当长期饮用含氟量高于 1～1.5mg/L 的水时，易患斑齿病，如水中含氟量高于 4mg/L 时，则可导致氟骨病，而缺氟易患龋齿病。氟化物的污染源有钢铁、有色冶金、铝加工、焦炭、玻璃、陶瓷、电子、电镀、化肥、农药及含氟矿物等行业排放的工业废水。

氟化物的测定方法有氟离子选择电极法、氟试剂分光光度法、茜素磺酸锆目视比色法、离子色谱法和硝酸钍滴定法。下面主要介绍氟离子选择电极法和氟试剂分光光度法。

1. 氟离子选择电极法

以氟离子选择电极为指示电极、饱和甘汞电极为参比电极，与被测水样组成原电池，以 pH 计（或离子计）测量电池电动势，如图 1-33 所示。用标准曲线法或标准加入法定量，求出水样中氟化物的含量。该法适用于地表水、地下水和工业废水中氟化物的测定。

方法的最低检出浓度为 0.05mg/L，测定上限可达 1900mg/L。

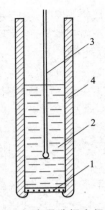

图 1-33　氟离子选择电极法示意
1—LaF$_3$ 单晶膜；2—内参比溶液
（0.3mol/L Cl$^-$，0.001mol/L F$^-$）；
3—Ag-AgCl（内参比）电极；
4—电极管

【注意】污染严重的水，测定前应进行预蒸馏处理；测定时加入总离子强度缓冲调节剂（TISAB），常用的是 0.2mol/L 柠檬酸钠和 1mol/L 硝酸钠溶液；某些高价阳离子（如 Fe^{3+}、Al^{3+}）、H$^+$ 与氟离子配合干扰测定，在碱性溶液中，氢氧根离子浓度大于氟离子的 1/10 时干扰测定，加入 TISAB 可去除；可测定浑浊、有色水样。

2. 氟试剂分光光度法

氟离子在 pH＝4.1 的乙酸盐缓冲介质中，与氟试剂 [1,2-二羟基蒽醌-3-甲胺-N,N-二乙酸，简称茜素氨羧配合剂（ALC）]和硝酸镧反应，生成蓝色三元配合物，颜色的强度与氟离子浓度成正比，于 620nm 波长处测定吸光度，求出水样中氟化物含量（以 F$^-$ 计）。该法适用于地表水、地下水和工业废水中氟化物的测定。

方法的最低检出浓度（取 25mL 水样，用 30mm 比色皿时）为 0.05mg/L，测定上限为 1.80mg/L。

【注意】水样呈强酸性或强碱性时应在测定前用 1mol/L NaOH 或 1mol/L HCl 溶液调节至中性；用有机胺的醇溶液萃取后可提高测定的灵敏度；ALC 与 Pb^{2+}、Zn^{2+}、Cu^{2+}、Co^{2+}、Cd^{2+} 等反应生成红色螯合物，F$^-$ 与 Al^{3+}、Be^{2+} 等生成稳定配离子，La^{3+} 与大量 PO$_4^{3-}$、SO$_4^{2-}$ 等反应干扰测定；水样预蒸馏处理时去除这些干扰。

三、溶解氧

溶解在水中的分子态氧称为溶解氧，用 DO 表示。溶解氧与大气中氧的平衡、温度、气压、盐分有关。清洁地表水中溶解氧一般接近饱和，有藻类生长的水体中溶解氧可能过饱和。水体受有机、无机还原性物质（如硫化物、亚硝酸根、亚铁离子等）污染后，溶解氧下降，可趋近于零。溶解氧是水体污染程度的综合指标，污水中溶解氧的含量取决于污水排出前的工艺过程。

溶解氧的测定方法有碘量法及其修正法和氧电极法。

1. 碘量法

水样中加入硫酸锰和碱性碘化钾，水中的溶解氧将二价锰氧化成四价锰，生成氢氧化物棕色沉淀。加酸后，氢氧化物沉淀溶解并与碘离子反应而释放出与溶解氧量相当的游离碘。以淀粉作指示剂，用硫代硫酸钠滴定释出碘，可计算出溶解氧含量。该法适用于清洁水、受污染地表水和工业废水中溶解氧的测定。

$$MnSO_4 + 2NaOH \longrightarrow Na_2SO_4 + Mn(OH)_2 \downarrow$$

$$2Mn(OH)_2 + O_2 \longrightarrow 2MnO(OH)_2 \downarrow$$
(棕色)

$$MnO(OH)_2 + 2H_2SO_4 \longrightarrow Mn(SO_4)_2 + 3H_2O$$

$$Mn(SO_4)_2 + 2KI \longrightarrow MnSO_4 + K_2SO_4 + I_2$$

$$2Na_2S_2O_3 + I_2 \longrightarrow Na_2S_4O_6 + 2NaI$$

$$DO(O_2, mg/L) = \frac{32cV}{4V_{水}} \times 1000 \tag{1-16}$$

式中　c——硫代硫酸钠标准溶液的浓度，mol/L；

　　　V——滴定消耗硫代硫酸钠标准溶液的体积，mL；

　　$V_{水}$——水样的体积，mL；

　　　32——氧的摩尔质量，g/mol。

【注意】水样有色，或含有氧化性或还原性物质、藻类、悬浮物等时会干扰测定，氧化性物质可使碘化物游离出碘，产生正干扰；还原性物质可把碘还原成碘化物，产生负干扰；有机物如腐殖酸、单宁酸、木质素等可能被氧化产生负干扰。如果水样呈强酸性或强碱性，可用氢氧化钠或硫酸溶液调至中性后测定；如果水样中含游离氯大于 0.1mg/L 时，应预先于水样中加入 $Na_2S_2O_3$ 去除。即用两个溶解氧瓶各取一瓶水样，在其中一瓶加入 5mL（1∶5）硫酸和 1g 碘化钾，摇匀，此时游离出碘。以淀粉作指示剂，用 $Na_2S_2O_3$ 溶液滴定至蓝色刚褪，记下用量（相当于去除游离氯的量）。于另一瓶水样中，加入同样量的 $Na_2S_2O_3$，摇匀后，按操作步骤测定。通常在采样现场加入硫酸锰和碱性碘化钾溶液。

2. 修正碘量法

水样中含有亚硝酸盐时干扰测定，用叠氮化钠将亚硝酸盐分解后再测定，称为叠氮化钠修正法。做法是在加硫酸锰和碱性碘化钾溶液的同时加入 NaN_3 溶液（或配成碱性碘化钾-叠氮化钠溶液加入水样中），Fe^{3+} 含量高时，加入 KF 掩蔽。其他同碘量法。

$$2NaN_3 + H_2SO_4 \longrightarrow 2HN_3 + Na_2SO_4$$

$$HNO_2 + HN_3 \longrightarrow H_2O + N_2 + N_2O$$

避免下列反应发生：

$$2HNO_2 + 2KI + H_2SO_4 \longrightarrow K_2SO_4 + 2H_2O + N_2O_2 + I_2$$

$$2N_2O_2 + 2H_2O + O_2 \longrightarrow 4HNO_2$$

【注意】NaN_3 是一种剧毒、易爆试剂，不能将碱性碘化钾-叠氮化钠直接酸化，会产生有毒的叠氮酸雾。试样中含大量亚铁离子而无其他还原剂和有机物时，用 $KMnO_4$ 去除后再测定，称为 $KMnO_4$ 修正法。做法是以 $KMnO_4$ 氧化 $Fe^{2+} \longrightarrow Fe^{3+}$，$Fe^{3+}$ 用 KF 掩蔽，过量的 $KMnO_4$ 用 $Na_2C_2O_4$ 除去。其他同碘量法。

加入 $Na_2C_2O_4$ 过量 0.5mL 以下对测定无影响，否则使结果偏低。

3. 氧电极法

氧电极按其工作原理分为极谱型和原电池型两种。极谱型氧电极由黄金阴极、银-氯化银阳极、聚四氟乙烯薄膜、壳体等部分组成，如图 1-34 所示。电极腔内充有氯化钾溶液，聚四氟乙烯薄膜将内电解液和被测水样隔开，只允许溶解氧透过，水和可溶性物质不能透过。当两电极间加上 0.5~0.8V 的固定极化电压时，水样中的溶解氧透过薄膜在阴极上还原，产生了该温度下与氧浓度成正比的还原电流（$i_{还}$）。故在一定条件下只要测得还原电流就可以求出水样中溶解氧的浓度。该法适用于溶解氧大于 0.1mg/L 的水样以及有色、含有可和碘反应的有机物的水样中溶解氧的测定，常用于现场自动连续测量。

阴极：$O_2 + 2H_2O + 4e^- \longrightarrow 4OH^-$

阳极：$Ag + Cl^- \longrightarrow AgCl + e^-$

$$i_{还} = Kc \tag{1-17}$$

式中　K——比例常数；

　　　c——溶解氧的浓度。

各种溶解氧测定仪就是根据氧电极工作原理工作的，如图 1-35 所示。

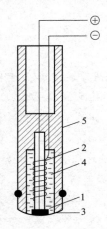

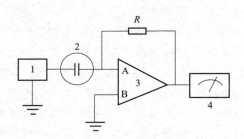

图 1-34　溶解氧电极结构
1—黄金阴极；2—银丝阳极；3—薄膜；
4—KCl 溶液；5—壳体

图 1-35　溶解氧测定仪原理
1—极化电压源；2—溶解氧电极测量池；
3—放大器；4—记录表

测定时，首先用无氧水样校正零点，再用化学法测得溶解氧浓度的水样校准仪器刻度值，最后测定水样，便可直接显示其溶解氧浓度。仪器设有手动或自动温度补偿装置，补偿温度变化造成的测量误差。

【注意】水样中含有氯、二氧化硫、碘、溴的气体或蒸气，可能干扰测定，需经常更换薄膜或校准电极；水样中含有藻类、硫化物、碳酸盐、油等物质时，长期与电极接触会使薄膜堵塞或损坏；更换电解质和膜后，或膜干燥时，要使膜湿润，待读数稳定后再进行校准。

4. 溶解氧的测定

【测定目的】

① 掌握碘量法测定溶解氧的原理和操作。

② 巩固滴定分析操作过程。

【仪器和试剂】

(1) 溶解氧瓶　250～300mL。

(2) 硫酸锰溶液　称取 480g 硫酸锰（$MnSO_4 \cdot H_2O$）溶于水，用水稀释至 1000mL。将此溶液加至酸化过的碘化钾溶液中，遇淀粉不得产生蓝色。

(3) 碱性碘化钾溶液　称取 500g 氢氧化钠溶解于 300～400mL 水中，另称取 150g 碘化钾溶于200mL水中，待氢氧化钠溶液冷却后，将两溶液合并，混匀，用水稀释至1000mL。如有沉淀，则放置过夜后，倾出上层清液，储于棕色瓶中，用橡胶塞塞紧，避光保存。此溶液酸化后，遇淀粉应不呈蓝色。

（4）硫代硫酸钠溶液　　称取6.2g硫代硫酸钠（$Na_2S_2O_3 \cdot 5H_2O$）溶于煮沸放冷的水中，加0.2g碳酸钠，用水稀释至1000mL，储于棕色瓶中，使用前用0.0250mol/L的重铬酸钾标准溶液标定。

（5）重铬酸钾标准溶液$\left[c\left(\dfrac{1}{6}K_2Cr_2O_7\right)=0.025\text{mol/L}\right]$　　称取于105～110℃下烘干2h，并冷却的重铬酸钾1.2258g，溶于水，移入1000mL容量瓶中，用水稀释至标线，摇匀。

（6）硫酸溶液　　$\rho=1.84$g/mL的硫酸溶液；（1+5）硫酸溶液。

（7）淀粉溶液（1%）　　称取1g可溶性淀粉，用少量水调成糊状，再用刚煮沸的水稀释至100mL。冷却后，加入0.1g水杨酸和0.4g氯化锌防腐。

【测定步骤】

（1）溶解氧的固定　　将吸液管插入溶解氧瓶的液面下，加入1mL硫酸锰溶液、2mL碱性碘化钾溶液，盖好瓶塞，颠倒混合数次，静置。一般在取样现场固定。

（2）游离碘　　打开瓶塞，立即用吸管插入液面下加入2.0mL硫酸，盖好瓶塞，颠倒混合摇匀，至沉淀物全部溶解，放于暗处静置5min。

（3）测定　　吸取100.00mL上述溶液于250mL锥形瓶中，用硫代硫酸钠标准溶液滴定至溶液呈淡黄色，加1mL淀粉溶液，继续滴定至蓝色刚好褪去，记录硫代硫酸钠溶液用量。

【测定结果】

$$DO(以 O_2 \text{ 计,mg/L})=\frac{cV\times 8\times 1000}{100} \tag{1-18}$$

式中　c——硫代硫酸钠标准溶液浓度，mol/L；

　　　V——滴定消耗硫代硫酸钠标准溶液的体积，mL。

【注意事项】

　　根据水样中所含干扰物质采取相应方法处理。

【问题思考】

① 测定溶解氧时干扰物质有哪些？如何处理？

② 分析产生测定误差的原因。

四、硫化物

地下水（特别是温泉水）及生活污水中通常含有硫化物，其中一部分是在厌氧条件下，由于细菌的作用，硫酸盐还原或由含硫有机物分解产生的。水体中硫化物包括溶解性的H_2S、HS^-和S^{2-}，存在于悬浮物中的可溶性硫化物、酸可溶性金属硫化物及未电离的有机、无机类硫化物。硫化物的主要污染源有焦化、造纸、造气、选矿、印染、制革等排放的废水。

硫化物的测定方法有对氨基二甲基苯胺分光光度法、碘量法、电位滴定法、离子色谱法、极谱法、库仑滴定法、比浊法等。

测定硫化物的关键是试样的预处理，应既消除干扰又不造成硫化物的损失。水样的预处理有三种方法，分别是乙酸锌沉淀-过滤法、酸化-吹气法、过滤-酸化-吹气分离法。

① 乙酸锌沉淀-过滤法。当水样中只含有少量硫代硫酸盐、亚硫酸盐等干扰物质时，可将现场采集并已固定的水样（已加入乙酸锌溶液），用中速定量滤纸或玻璃纤维滤膜进行过滤，然后按含量高低选择适当方法，直接测定沉淀中的硫化物。

② 酸化-吹气法吸收装置如图1-36所示。若水样中存在悬浮物或浑浊度高、色度深时，可在现场采集固定后的水样中加入一定量的磷酸，使水样中的硫化锌转变为硫化氢气体，利用载气将硫化氢吹出，用乙酸锌-乙酸钠溶液或2%氢氧化钠溶液吸收，再行测定。

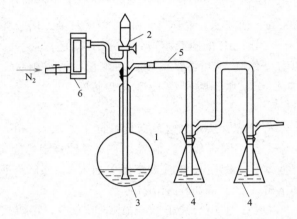

图1-36 酸化-吹气法吸收装置

1—500mL圆底反应瓶；2—加酸漏斗；3—多孔砂芯片；4—150mL锥形吸收瓶；5—玻璃连接管；6—流量计

③ 过滤-酸化-吹气分离法。若水样污染严重，不仅含有不溶性物质及影响测定的还原性物质，并且浊度和色度都高时，宜用此法。即将现场采集且固定的水样，用中速定量滤纸或玻璃纤维滤膜过滤后，按酸化吹气法进行预处理。

1. 对氨基二甲基苯胺分光光度法

在含高铁离子的酸性溶液中，硫离子与对氨基二甲基苯胺反应，生成蓝色亚甲基蓝染料，颜色深度与水样中硫离子浓度成正比，于665nm处测定吸光度，求出水样中硫化物的含量。适用于地表水和工业废水。

方法的最低检出浓度为0.02mg/L。S^{2-}测定上限为0.8mg/L，酌情减少取样量，测定浓度可达4mg/L。

【注意】亚硫酸盐、硫代硫酸盐超过10mg/L时，干扰测定，增加硫酸铁铵用量去除；显色时，酸液应慢慢加入，避免硫化氢逸出而损失。

2. 碘量法

水样中的硫化物与乙酸锌生成白色硫化锌沉淀，将其用酸溶解后，加入过量碘溶液，则碘与硫化物反应析出硫，用硫代硫酸钠标准溶液滴定剩余的碘，由硫代硫酸钠溶液所消耗的量，间接求出水样中硫化物的含量。适用于含硫化物在1mg/L以上的水和污水。

$$Zn^{2+} + S^{2-} \longrightarrow ZnS \downarrow (白色)$$

$$ZnS + 2HCl \longrightarrow H_2S + ZnCl_2$$

$$H_2S + I_2 \longrightarrow 2HI + S \downarrow$$

$$I_2 + 2Na_2S_2O_3 \longrightarrow Na_2S_4O_6 + 2NaI$$

$$硫化物(S^{2-},mg/L)=c(V_0-V)\times16.03\times1000/V_水 \tag{1-19}$$

式中　c——硫代硫酸钠标准溶液浓度，mol/L；

　　　V——滴定水样消耗硫代硫酸钠标准溶液体积，mL；

　　　V_0——空白溶液消耗硫代硫酸钠标准溶液体积，mL；

　　$V_水$——水样体积，mL；

　16.03——硫离子$\left(\frac{1}{2}S^{2-}\right)$摩尔质量，g/mol。

【注意】 水样中的氧化性或还原性的物质干扰测定：加入碘液和硫酸后，溶液为无色，说明硫化物含量较高，应补加适量碘标准溶液，使溶液呈淡黄棕色为止；空白试验亦应加入相同量的碘标准溶液。

3. 电位滴定法

以硫离子选择电极作指示电极，以双盐桥饱和甘汞电极作参比电极，与被测水样组成原电池。用硝酸铅作标准溶液滴定硫离子，生成硫化铅沉淀（$Pb^{2+}+S^{2-}\longrightarrow PbS\downarrow$）。用晶体管毫伏计或酸度计测量原电池电动势的变化，根据滴定终点电位突跃，求出硝酸铅标准溶液用量（用一阶或二阶微分法），即可计算出水样中硫离子的含量。

该方法不受色度、浊度的影响。但硫离子易被氧化，常加入抗氧缓冲溶液（SAOB）予以保护，SAOB溶液中含有水杨酸和抗坏血酸。水杨酸能与Fe^{3+}、Fe^{2+}、Cu^{2+}、Cd^{2+}、Zn^{2+}、Cr^{3+}等多种金属离子生成稳定的配合物；抗坏血酸能与Ag^+、Hg^{2+}等发生反应，消除它们的干扰。该方法适宜测定的硫离子浓度范围为$10^{-3}\sim10^{-1}$mol/L；最低检出浓度为0.2mg/L。

五、氰化物

氰化物属于剧毒物，对人体的毒性主要是与高铁细胞色素氧化酶结合，生成氰化高铁细胞色素氧化酶，从而失去传递氧的作用，引起组织缺氧窒息。水体中的氰化物以简单氰化物、配合氰化物和有机氰化物形式存在。其中简单氰化物易溶于水，毒性大；配合氰化物在水体中受pH值、水温和光照等影响离解为简单氰化物。地表水中一般不含氰化物，其主要污染源有电镀、选矿、焦化、造气、洗印、石油化工、有机玻璃制造、农药等排出的污水。

氰化物的测定方法有硝酸银滴定法、异烟酸-吡唑啉酮分光光度法、吡啶-巴比妥酸分光光度法、离子选择电极法。

水样的预处理有两种方法：一是向水样中加入酒石酸和硝酸锌，调节pH＝4，加热蒸馏，则简单氰化物和部分配合氰化物［如$Zn(CN)_4^{2-}$］以氰化氢形式被蒸馏出来，用氢氧化钠溶液吸收。取此蒸馏液，测得的氰化物为易释放的氰化物。二是向水样中加入磷酸和ED-TA，在pH＜2的条件下加热蒸馏，此时可将全部简单氰化物和除钴氰配合物外的绝大部分配合氰化物以氰化氢形式蒸馏出来，用氢氧化钠溶液吸收，取该蒸馏液，测得的结果为总氰化物。

1. 异烟酸-吡唑啉酮分光光度法

取一定体积预蒸馏馏出液，调节pH值至中性，加入氯胺T溶液与水样中的氰化物反应生成氯化氰（CNCl），再加入异烟酸-吡唑啉酮溶液，氯化氰与异烟酸作用，经水解后生成戊烯二醛，最后与吡唑啉酮进行缩合生成蓝色染料，其色度与氰化物含量成正比。于638nm波长处测定吸光度，求出水样中氰化物含量。该法适用于饮用水、地表水、生活污水和工业废水中氰化物的测定。

方法的最低检出浓度为 0.004mg/L，测定上限为 0.25mg/L。

【注意】 *氰化物以 HCN 形式存在时易挥发，因此快速操作，盖严塞子；NaOH 吸收液浓度较高时，加缓冲溶液前应以酚酞为指示剂，滴加盐酸溶液至红色褪去；水样和标准曲线均应为相同浓度的 NaOH 溶液；实验温度低时，磷酸盐缓冲溶液会析出结晶，改变溶液的 pH 值，因此需要在水浴中使结晶溶解，混匀后方可使用。*

2. 吡啶-巴比妥酸分光光度法

取一定体积的预蒸馏馏出液，调节 pH 至中性，水样中的氰离子与氯胺 T 反应生成氯化氰，氯化氰与吡啶反应生成戊烯二醛，戊烯二醛再与巴比妥酸发生缩合反应，生成红紫色染料，于 580nm 波长处测定吸光度，求出水样中氰化物的含量。该法适用于饮用水、地表水、生活污水和工业废水中氰化物的测定。

方法的最低检出浓度为 0.002mg/L，检出上限为 0.45mg/L。

六、含氮化合物

含氮化合物包括无机氮和有机氮，随生活污水和工业废水中大量含氮化合物进入水体，氮的自然平衡遭到破坏，使水质恶化，是水体富营养化的主要原因。有机氮在微生物作用下，逐渐分解变成无机氮，如蛋白质 $\longrightarrow$ 氨基酸 $\longrightarrow$ 氨 $\xrightarrow{2\sim10d}$ 亚硝酸盐 $\xrightarrow{2\sim4d}$ 硝酸盐。因此，测定水样中各种形态的含氮化合物，有助于评价水体被污染情况和自净情况。

1. 氨氮

氨氮（NH_3-N）以游离氨（NH_3）和铵盐（NH_4^+）的形式存在于水体中。当 pH 值偏高时，游离氨比例较高；当 pH 值偏低时，铵盐比例较高。氨氮的污染源主要有生活污水中含氮有机物分解产物，工业废水如焦化污水、氨化肥厂污水等和农田排水。

氨氮的测定方法有纳氏试剂分光光度法、滴定法、水杨酸-次氯酸盐分光光度法、电极法。

水样的预处理有两种方法：一种是絮凝沉淀法，在水样中加入适量硫酸锌溶液，加入氢氧化钠溶液，生成氢氧化锌沉淀，经过滤即可除去颜色和浑浊等。也可以在水样中加入氢氧化铝悬浮液，过滤除去颜色和浑浊。另一种是蒸馏法，调节水样的 pH 值为 6.0～7.4 加入适量氧化镁使水样显微碱性（或加入 pH＝9.5 的 $Na_4B_4O_7$-NaOH 缓冲溶液使水样呈弱碱性），蒸馏，释出的氨被吸收于硫酸或硼酸溶液中。纳氏法和滴定法用硼酸作吸收液，水杨酸-次氯酸盐法用 H_2SO_4 作吸收液。

水样有色或浑浊及含其他一些干扰物质，影响氨氮的测定。对于较清洁的水，采用絮凝沉淀法；对污染严重的水或工业废水，采用蒸馏法。

（1）纳氏试剂分光光度法　在水样中加入碘化钾和碘化汞的强碱性溶液（纳氏试剂），与氨反应生成黄棕色胶态化合物，此颜色在较宽的波长范围内具有强烈吸收。通常于 410～425nm 波长处测吸光度，求出水样中氨氮含量。该法适用于地表水、地下水、生活污水和工业废水中氨氮的测定。

$$2K_2[HgI_4]+3KOH+NH_3 \longrightarrow NH_2Hg_2OI+7KI+2H_2O$$

方法的最低检出浓度为 0.025mg/L，测定上限为 2mg/L。采用目视比色法时最低检出浓度为 0.02mg/L。

【注意】脂肪胺、芳香胺、醛类、丙酮、醇类和有机氯胺等有机化合物，以及铁、锰、镁和硫等无机离子，因产生异色或浑浊干扰测定，预处理去除；易挥发的还原性物质，在酸性条件下加热去除；金属离子，加入适当掩蔽剂去除；碘化汞与碘化钾的比例对显色反应灵敏度有影响。

（2）滴定法　取一定体积的水样，调节 pH 值为 6.0～7.4，加入氧化镁使其呈微碱性。加热蒸馏，释出的氨被吸收入硼酸溶液中，以甲基红-亚甲蓝为指示剂，用酸标准溶液滴定。求出水样中氨氮的含量。该法适用于含氨氮量较高的饮用水、地表水、各类污水中氨氮含量的测定。

$$氨氮含量(N,mg/L)=\frac{c(V-V_0)\times14\times1000}{V_水} \tag{1-20}$$

式中　c——酸标准溶液的浓度，mol/L；

　　　V——滴定水样消耗酸溶液的体积，mL；

　　　V_0——空白试验消耗酸溶液的体积，mL；

　　　$V_水$——水样的体积，mL；

　　　14——氨氮（N）的摩尔质量，g/mol。

【注意】在测定条件下，蒸发出的挥发性碱类物质使测定结果偏高；水样中存在余氯，加入结晶 $Na_2S_2O_3$ 去除；一般配成硼酸-指示剂溶液。

（3）水杨酸-次氯酸盐分光光度法　在亚硝基铁氰化钠存在下，氨与水杨酸和次氯酸反应生成蓝色化合物，于 697nm 波长处测吸光度，求出水样中氨氮的含量。该法适用于饮用水、生活污水和大部分工业废水中氨氮的测定。

方法的最低检出浓度为 0.01mg/L，测定上限为 1mg/L。

【注意】氯胺在测定条件下干扰测定；钙、镁等阳离子干扰测定，加酒石酸钾钠掩蔽去除。

（4）电极法　氨气敏电极是一复合电极，以 pH 玻璃电极为指示电极，以银-氯化银电极为参比电极。此电极对置于盛有 0.1mol/L 氯化铵内充液的塑料套管中，管端部紧贴指示电极，敏感膜处装有疏水半透膜，使内电解液与外部水样隔开，半透膜与 pH 玻璃电极间有一层很薄的液膜。在水样中加入强碱溶液将 pH 值提高到 11 以上，使铵盐转化为氨，生成的氨由于扩散作用通过半透膜（水和其他离子则不能通过），使氯化铵电解质液膜层内 $NH_4^+ \rightleftharpoons NH_3+H^+$ 的反应向左移动，引起氢离子浓度改变，由 pH 玻璃电极测得其变化。在恒定的离子强度下，测得的电动势与水样中氨氮浓度的对数成线性关系。测得电位值便可求出水样中氨氮的含量。

方法的最低检出浓度为 0.03mg/L，测定上限为 1400mg/L。该法适用于饮用水、地表水、生活污水和工业废水中氨氮含量的测定。

（5）氨氮的测定

Ⅰ. 蒸馏滴定法

【测定目的】

① 掌握蒸馏滴定法的原理和操作。

② 学会水样预处理方法。

【仪器和试剂】

① 蒸馏装置　凯氏定氮蒸馏装置或水蒸气蒸馏装置。

② 无氨水。

③ 盐酸溶液　$\rho=1.18\text{g/mL}$；1%（体积分数）；0.10mol/L；0.02mol/L。

0.10mol/L HCl 溶液的配制：计算求出配制 500mL（或 1000mL 等）0.1mol/L HCl 溶液所需浓盐酸（相对密度 1.19，约 12mol/L）的体积。用小量筒量取此量的浓盐酸，倾入预先盛有一定体积蒸馏水的试剂瓶中，加水稀释至 500mL，盖好瓶塞，摇匀并贴上标签，待标定（浓盐酸易挥发，所取 HCl 的量应比计算的量适当多些）。

标定：用甲基橙指示液（1g/L）指示终点，准确称取已烘干的基准物质无水碳酸钠 0.15~0.28g，放入 250mL 锥形瓶中。各加入 25mL 蒸馏水使其溶解，加甲基橙指示液 1 滴，用 HCl 溶液滴至溶液由黄色变为橙色即为终点。记下消耗 HCl 标准滴定溶液的体积。

$$c(\text{HCl})=\frac{m(\text{Na}_2\text{CO}_3)\times1000}{V(\text{HCl})M\left(\frac{1}{2}\text{Na}_2\text{CO}_3\right)} \tag{1-21}$$

式中　　$c(\text{HCl})$——HCl 标准滴定溶液的浓度，mol/L；

　　　　$V(\text{HCl})$——滴定时消耗 HCl 标准滴定溶液的体积，L；

　$m(\text{Na}_2\text{CO}_3)$——Na₂CO₃ 基准物的质量，g；

$M\left(\frac{1}{2}\text{Na}_2\text{CO}_3\right)$——$\frac{1}{2}$Na₂CO₃ 基准物的摩尔质量，g/mol。

④ 氢氧化钠溶液　1mol/L。

⑤ 轻质氧化镁　在 500℃ 时灼烧除去其中碳酸盐。

⑥ 吸收液　硼酸-指示剂溶液，将 0.5g 水溶性甲基红溶于约 800mL 水中，稀释至 1000mL；将 1.5g 亚甲基蓝溶于约 800mL 水中，稀释至 1000mL。将 20g 硼酸（H₃BO₃）溶于温水，冷至室温，加入 10mL 甲基红指示剂溶液和 2mL 亚甲蓝指示剂溶液，稀释至 1000mL。

⑦ 溴百里酚蓝指示液　0.5g/L。

⑧ 沸石和防沫剂（石蜡碎片等）。

【测定步骤】

① 采样　按采样要求采集具有代表性的水样于聚乙烯瓶或玻璃瓶中。

② 样品保存　采样后尽快分析，否则应在 2~5℃ 下存放，或用硫酸（$\rho=1.84\text{g/mL}$）将样品酸化，使其 pH 值小于 2（应注意防止酸化样品吸收空气中的氨而被污染）。

③ 水样体积的选择见表 1-15。

表 1-15　水样体积的选择

铵浓度/(mg/L)	试样体积/mL	铵浓度/(mg/L)	试样体积/mL
<10	250	20~50	50
10~20	100	50~100	25

④ 水样预处理　取 250mL 水样（如氨氮含量较高，可取适量水样并加水至 250mL，使氨氮含量不超过 2.5mg），移入凯氏烧瓶中，加数滴溴百里酚蓝指示液，用氢氧化钠溶液或盐酸溶液调节 pH 值至 7 左右。加入 0.25g 轻质氧化镁和数粒玻璃珠，立即连接氮球和冷凝管，导管下端插入 50mL 吸收液液面下。加热蒸馏，馏出液的收集速度约为 10mL/min。收

集至馏出液达 200mL 时，停止蒸馏。定容至 250mL。

⑤ 测定　用 0.10mol/L 盐酸标准溶液滴定馏出液至紫色，即为终点。记录消耗盐酸溶液的体积。

同时做空白试验。

【测定结果】

$$\rho(\text{氨氮，以氮计}) = \frac{c(V - V_0) \times 14.01}{V_\text{水}}$$

(1-22)

式中　c——盐酸标准溶液的浓度，mol/L；

　　　V——滴定水样时消耗盐酸溶液的体积，mL；

　　　V_0——空白试验滴定时消耗盐酸溶液的体积，mL；

　　　$V_\text{水}$——水样的体积，mL；

　　14.01——氮的摩尔质量，g/mol。

【注意事项】

① 若试样中存在余氯，加入几粒结晶硫代硫酸钠或亚硫酸钠去除。

② 滴定由含铵量高的水样所得馏出液时，可用 0.02mol/L 盐酸标准溶液滴定。

③ 尿素、挥发性胺类、氯胺等干扰，产生正误差。

④ 氨只要被蒸馏至吸收瓶就可以滴定。如果氨的蒸出速度很慢，表明可能存在干扰物质，它仍在缓慢水解产生氨。

Ⅱ. 纳氏试剂比色法

【测定目的】

① 掌握纳氏试剂比色法的原理和操作。

② 熟悉水样中干扰成分的去除方法。

【仪器和试剂】

① 分光光度计。

② 吸收液　20g/L 硼酸水溶液。

③ 纳氏试剂　称取 20g 碘化钾溶于约 25mL 水中，边搅拌边分次少量加入二氯化汞（$HgCl_2$）结晶粉末约 10g，至出现朱红色沉淀不易溶解时，改为滴加饱和二氯化汞溶液，并充分搅拌，当出现微量朱红色沉淀不再溶解时，停止滴加二氯化汞溶液。另称取 60g 氢氧化钾溶于水，并稀释至 250mL，冷却至室温后，将上述溶液徐徐注入氢氧化钾溶液中，用水稀释至 400mL，混匀。静置过夜，将上清液移入聚乙烯瓶中，密封保存。

④ 酒石酸钾钠溶液　称取 50g 酒石酸钾钠（$KNaC_4H_4O_6 \cdot 4H_2O$）溶于 100mL 水中，加热煮沸以除去氨，放冷。定容至 100mL。

⑤ 铵标准储备液　1.0mg/mL，称取 3.819g 在 100℃下干燥过的氯化铵（NH_4Cl）溶于水中，移入 1000mL 容量瓶中，稀释至标线。

⑥ 铵标准使用溶液　0.010mg/mL，移取 5.00mL 铵标准储备液于 500mL 容量瓶中，用水稀释至标线。

⑦ 硫酸锌溶液　10%。

⑧ 氢氧化钠溶液　25%。

⑨ 硫代硫酸钠溶液　0.35%。

⑩ 淀粉-碘化钾试纸。

⑪ 其他仪器和试剂同蒸馏滴定法。

【测定步骤】

① 采样和样品保存同蒸馏滴定法。

② 水样预处理　采用絮凝沉淀法。取 100mL 水样，加入 1mL 10%的硫酸锌溶液和 0.1～0.2mL 氢氧化钠溶液，调节 pH 值至 10.5 左右，混匀。放置使之沉淀。用经无氨水充分洗涤过的中速滤纸过滤，弃去初滤液 20mL。若水样中含有余氯可在絮凝沉淀前加入适量（每 0.5mL 可除去 0.25mg 余氯）硫代硫酸钠溶液，用淀粉-碘化钾试纸检验。若絮凝沉淀法处理后仍浑浊和带色应采用蒸馏法处理水样，用硼酸水溶液吸收。

③ 标准曲线绘制　吸取 0、0.50mL、1.00mL、2.00mL、3.00mL、5.00mL、7.00mL、10.00mL 铵标准使用溶液于 50mL 比色管中，加水至标线，加 1.0mL 酒石酸钾钠，混匀。加 1.5mL 纳氏试剂，混匀。放置 10min 后，在波长 420nm 处，用 20mm 比色皿，以水为参比，测定吸光度，减去零浓度空白管的吸光度后，得到校正吸光度，绘制以氨氮含量（mg）对校正吸光度的标准曲线。

④ 水样测定　若取适量絮凝沉淀预处理后的水样（使氨氮含量不超过 0.1mg），加入 50mL 比色管中，稀释至标线；若取适量蒸馏预处理的馏出液，加入 50mL 比色管中，加一定量 1mol/L 氢氧化钠溶液以中和硼酸，稀释至标线。

向上述比色管中加入 1.0mL 酒石酸钾钠溶液，混匀。再加入 1.5mL 纳氏试剂，混匀，放置 10min 后，按标准曲线绘制测定条件测水样的吸光度。

用 50mL 无氨水代替水样，同时做空白试验。

【测定结果】

由水样测得的吸光度减去空白试验的吸光度后，从标准曲线上查氨氮含量（mg）。

$$\rho(氨氮, mg/L) = \frac{m}{V_水} \times 1000 \qquad (1\text{-}23)$$

式中　m——由标准曲线查得的氨氮含量，mg；

　　　$V_水$——水样的体积，mL。

【注意事项】

① 纳氏试剂中碘化汞与碘化钾的比例对显色反应的灵敏度有较大影响。静置后生成的沉淀应去除。

② 滤纸中常含有痕量的铵盐，使用时注意用无氨水洗涤。所用玻璃器皿应避免实验室空气中氨的沾污。

【问题思考】

① 测定氨氮时的干扰物质有哪些？如何消除？

② 絮凝沉淀和蒸馏法预处理各适用于何种水样？

③ 试比较蒸馏滴定法和纳氏试剂比色法的特点及适用范围。

2. 亚硝酸盐氮

亚硝酸盐（NO_2^-）是含氮化合物分解过程中的中间产物，不稳定，是毒性较大的致癌物质。根据水环境条件，可被氧化成硝酸盐，也可被还原成氨。淡水、蔬菜中含有少量亚硝酸盐，熏肉中含量很高，一般天然水中含量不超过 0.1mg/L。亚硝酸盐氮的主要污染源有石油、燃料燃烧、染料以及药厂、试剂厂等排放的污水。

亚硝酸盐氮的测定方法有 N-(1-萘基)-乙二胺分光光度法和离子色谱法。

（1） N-(1-萘基)-乙二胺分光光度法　　在磷酸介质中，pH＝1.8±0.3 时，亚硝酸盐与对氨基苯磺酰胺反应，生成重氮盐，再与 N-(1-萘基)-乙二胺偶联生成红色染料，于 540nm 波长处测定吸光度，求出水样中亚硝酸盐氮含量。该法适用于饮用水、地表水、地下水、生活污水和工业废水中亚硝酸盐氮的测定。

方法的最低检出浓度为 0.003mg/L，测定上限为 0.20mg/L。

【注意】氯胺、氯、硫代硫酸盐、聚磷酸钠和高铁离子明显干扰测定；水样呈碱性（pH≥11）时，可加酚酞作指示剂，滴加磷酸溶液至红色消失；水样有颜色或悬浮物，可加氢氧化铝悬浮液并过滤。

（2）离子色谱法　　离子色谱法（IC）是利用离子交换的原理，连续对多种阳离子或阴离子进行分离、定性和定量分析的方法。仪器由泵、进样阀、分离柱、抑制柱和电导检测器组成，如图 1-37 所示。

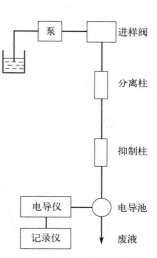

图 1-37　离子色谱仪器组成

分离操作过程是当分析阳离子时，分离柱为低容量的阳离子交换树脂，用盐酸溶液作淋洗液，注入样品溶液后，被测离子随淋洗液进入分离柱，基于各种阳离子对低容量阳离子交换树脂的亲和力不同而彼此分开，在不同的时间内随盐酸淋洗液进入抑制柱，在此盐酸被强碱性树脂中和，变成低电导的去离子水，使待测阳离子得以依次进入电导池被测定。当分析阴离子时，分离柱用低容量的阴离子交换树脂，抑制柱用强酸性阳离子交换树脂，淋洗液用氢氧化钠溶液或碳酸钠与碳酸氢钠的混合溶液。淋洗液载带水样在分离柱中将待测阴离子分离后，进入抑制柱被中和或抑制变成低电导的去离子水或碳酸，使待测阴离子得以依次进入电导池被测定。

例如用离子色谱法测水样中 F^-、Cl^-、NO_2^-、PO_4^{3-}、Br^-、NO_3^-、SO_4^{2-} 等阴离子。分离柱选用 $R-N^+HCO_3^-$ 型阴离子交换树脂，抑制柱选用 RSO_3H 型阳离子交换树脂，以 0.0024mol/L 碳酸钠与 0.0031mol/L 碳酸氢钠混合溶液为淋洗液。

分离柱：$R-N^+HCO_3^- + Na^+X^- \rightleftharpoons R-N^+X^- + NaHCO_3$

（X^- 为 F^-、Cl^-、NO_2^-、PO_4^{3-}、Br^-、NO_3^-、SO_4^{2-}）

抑制柱：$RSO_3^- H^+ + NaHCO_3 \rightleftharpoons RSO_3^- Na^+ + H_2CO_3$

$$2RSO_3^- H^+ + Na_2CO_3 \rightleftharpoons 2RSO_3^- Na^+ + H_2CO_3$$

$$Na^+X^- + RSO_3^- H^+ \rightleftharpoons RSO_3^- Na^+ + H^+X^-$$

由柱上反应可见，淋洗液转变成低电导的碳酸，而在抑制柱中待测离子以盐的形式转换为等当量的酸，分别进入电导池中测定。根据测得的各离子的峰高或峰面积与混合标准溶液的相应峰高或峰面积比较，即可得知水样中各种离子浓度。离子色谱图如图 1-38 所示。

方法的测定下限一般为 0.1mg/L。当进样量为 $100\mu L$，用 $10\mu S$ 满刻度电导检测器时 F^- 为 0.02mg/L，Cl^- 为 0.04mg/L，NO_2^- 为 0.05mg/L，NO_3^- 为 0.10mg/L，Br^- 为

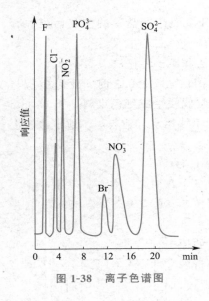

图 1-38　离子色谱图

0.15mg/L，PO_4^{3-} 为 0.20mg/L，SO_4^{2-} 为 0.10mg/L。

本方法可以连续测定饮用水、地表水、地下水、雨水中的 F^-、Cl^-、Br^-、NO_2^-、NO_3^-、PO_4^{3-}、SO_4^{2-}。

（3）亚硝酸盐氮的测定

【测定目的】

① 了解水中亚硝酸盐氮的测定意义。

② 掌握水中亚硝酸盐氮的测定方法和原理。

【仪器和试剂】

① 分光光度计。

② 50mL 具塞磨口比色管或 50mL 容量瓶。

③ 无亚硝酸盐的蒸馏水　于蒸馏水中加入少许高锰酸钾晶体，使其呈红色，再加氢氧化钡（或氢氧化钙）使其呈碱性。置于全玻璃蒸馏器中蒸馏，弃去 50mL 初馏液，收集中间约 70% 不含锰的馏出液。

亦可于每升蒸馏水中加 1mL 浓硫酸和 0.2mL 硫酸锰溶液（每 100mL 水中含 36.4g $MnSO_4 \cdot H_2O$），加入 1~3mL 0.04% 的高锰酸钾溶液至呈红色，重蒸馏。

④ 磷酸　$\rho = 1.70$g/mL，用于配制显色剂，控制溶液的酸度，使待测液的 pH 值为 1.8 ±0.3。

⑤ （1+9）磷酸。

⑥ 显色剂溶液　于 500mL 烧杯内，加入 250mL 无硝水和 50mL 磷酸，加入 20.0g 对氨基苯磺酰胺（磺胺），再将 1.00g N-(1-萘基)-乙二胺二盐酸盐（$C_{10}H_7NHC_2H_4NH_2 \cdot 2HCl$）溶于上述溶液中，转移至 500mL 容量瓶中，用无硝水稀释至标线，混匀。此溶液贮于棕色瓶中，保存在 2~5℃下，至少可稳定一个月。

显色剂中的氨基化合物和偶合组分也可分别配制，详细内容参见注意事项②。

⑦ 亚硝酸盐氮标准储备液　每 1mL 含约 0.25mg 亚硝酸盐氮，称取 1.232g 亚硝酸钠（$NaNO_2$）溶于 150mL 无硝水中，转移至 1000mL 容量瓶中，用水稀释至标线。

本溶液贮于棕色瓶中，加入 1mL 三氯甲烷（杀生物试剂，阻止生物的作用），保存在 2~5℃下，至少稳定一个月。

⑧ 储备液的标定　采用高锰酸钾返滴定法。

a. 在 250mL 具塞锥形瓶中，加入 50.00mL 0.050mol/L 的高锰酸钾标准溶液、5mL 浓硫酸，用 50mL 无分度吸管，下端插入高锰酸钾溶液液面下，加入 50.00mL 硝酸钠标准储备液，轻轻摇匀。置于水浴上加热至 70~80℃，按每次 10.00mL 加入足够的草酸钠标准液，使红色褪去并过量，记录草酸钠标准溶液总的用量（V_2）。然后用高锰酸钾标准溶液滴定过量草酸钠至溶液呈微红色，记录高锰酸钾标准溶液总用量（$V_1 = 50.00 +$ 滴定时的体积）。

b. 再以 50mL 水代替亚硝酸盐氮标准储备液，如上操作，做空白试验。用草酸钠标准溶液标定高锰酸钾溶液的浓度（c_1）。按式(1-24)计算高锰酸钾标准溶液浓度：

$$c_1\left(\frac{1}{5}KMnO_4\right) = \frac{0.0500V_4}{V_3} \tag{1-24}$$

按式(1-25)计算亚硝酸盐氮标准储备液的浓度：

$$\rho(亚硝酸盐氮,以N计)=\frac{(V_1c_1-0.0500V_2)\times7.00}{50.00} \tag{1-25}$$

式中　c_1——经标定的高锰酸钾标准溶液的浓度，mol/L；

　　　V_1——滴定亚硝酸盐氮标准储备液时，加入高锰酸钾标准溶液的总量，mL；

　　　V_2——滴定亚硝酸盐氮标准储备液时，加入草酸钠标准溶液的总量，mL；

　　　V_3——滴定空白水时，加入高锰酸钾标准溶液的总量，mL；

　　　V_4——滴定空白水时，加入草酸钠标准溶液的总量，mL；

　　7.00——亚硝酸盐氮（1/2N）的摩尔质量，g/mol；

　50.00——硝酸盐标准储备液取用量，mL；

0.0500——草酸钠（$1/2Na_2C_2O_4$）标准溶液的浓度，mol/L。

⑨ 亚硝酸盐氮标准中间液　每1mL含50.0μg亚硝酸盐氮，分取50.00mL亚硝酸盐标准储备液（含12.5mg亚硝酸盐氮），置于250mL容量瓶中，用水稀释至标线。中间液贮于棕色瓶内，保存在2～5℃下，可稳定一周。

⑩ 亚硝酸盐氮标准使用液　每1mL含1μg亚硝酸盐氮，取10.00mL亚硝酸盐标准中间液，置于500mL容量瓶中，用水稀释至标线。此溶液使用时，当天配制。

⑪ 氢氧化铝悬浮液　溶解125g硫酸铝钾［$KAl(SO_4)_2\cdot12H_2O$］或硫酸铝铵［$NH_4Al(SO_4)_2\cdot12H_2O$］于1000mL水中，加热至60℃，在不断搅拌下，徐徐加入55mL浓氨水，放置约1h后，移入1000mL量筒内，用水反复洗涤沉淀，最后至洗涤液中不含亚硝酸盐为止。澄清后，把上清液尽量全部倾出，只留稠的悬浮物，最后加入100mL水，使用前应振荡均匀。

⑫ 高锰酸钾溶液　0.04%。

⑬ 高锰酸钾［$c\left(\frac{1}{5}KMnO_4\right)$］标准溶液　0.050mol/L，溶解1.6g高锰酸钾于1200mL水中，煮沸0.5～1h，使体积减小到1000mL左右，放置过夜。用G_3号玻璃砂芯滤器过滤后，滤液贮存于棕色试剂瓶中避光保存，用草酸钠标准溶液进行标定。

⑭ 草酸钠［$c\left(\frac{1}{2}Na_2C_2O_4\right)$］标准溶液　溶解经105℃下烘干2h的优级纯无水草酸钠3.350g于750mL水中，移入1000mL容量瓶中，稀释至标线。

【测定步骤】

（1）绘制校准曲线　在6支50mL比色管中，分别加入0.00、1.00mL、3.00mL、5.00mL、7.00mL、10.00mL亚硝酸盐氮标准使用液，用无硝水稀释至标线。在每支比色管中，加入1.0mL显色剂，密塞，混匀。

静置20min后，于波长540nm处，用光程长10mm的比色皿，以无硝水为参比，测量吸光度。用测得的吸光度减去零浓度空白管的吸光度后，获得校正吸光度，绘制以氮含量（μg）对校正吸光度的校准曲线。

（2）水样的测定

① 水样预处理　当水样pH≥11时，可加入1滴酚酞指示液，边搅拌边逐滴加入（1+9）磷酸溶液至红色刚消失。水样如有颜色和悬浮物，可向每100mL水中加入20mL氢氧化铝悬浮液，搅拌、静置、过滤，弃去25mL初滤液。

② 测定　分取经预处理的水样于50mL比色管中（如含量较高，则分取适量，用水稀

释至标线），加 1mL 显色剂，然后按绘制校准曲线的相同步骤操作，测量吸光度。经空白校正后，从校准曲线上查得亚硝酸盐氮含量。

（3）空白试验　用蒸馏水代替水样，按相同步骤进行测定。

【测定结果】

水中亚硝酸盐氮含量按式（1-26）计算：

$$亚硝酸盐氮（以 N 计）= \frac{m}{V} \tag{1-26}$$

式中　m——由水样测得的校正吸光度，从校准曲线上查得的亚硝酸盐氮含量，μg；

　　　V——水样体积，mL。

【注意事项】

① 如水样经预处理后还有颜色，则分取两份体积相同的经预处理的水样，一份加 1.0mL 显色剂，另一份改加 1mL（1+9）磷酸溶液。由加显色剂的水样测得的吸光度，减去空白试验测得的吸光度，再减去改加磷酸溶液的水样所测得的吸光度后，获得校正吸光度以进行色度校正。

② 显色试剂除以混合液加入外，亦可分别配制和依次加入，具体方法如下。

对氨基苯磺酰胺溶液：称取 5g 对氨基苯磺酰胺（磺胺），溶于 50mL 浓盐酸和约 350mL 水的混合液中，稀释至 500mL。此溶液稳定。

N-(1-萘基)-乙二胺二盐酸盐溶液：称取 500mg N-(1-萘基)-乙二胺二盐酸盐溶于 500mL 水中，贮于棕色瓶内，置于冰箱中保存。当色泽明显加深时，应重新配制，如有沉淀则过滤。

测定时，于 50mL 水样（或标准管）中加入 1mL 对氨基苯磺酰胺溶液，混匀。放置 2～8min，加入 1.0mL N-(1-萘基)-乙二胺盐酸盐溶液，混匀。放置 10min 后，在 540nm 波长处测量吸光度。

【问题思考】

① 简述 N-(1-萘基)-乙二胺分光光度法测水中亚硝态氮的原理。

② 在测某水样中亚硝酸盐氮含量时，如遇水样 pH 很大或水样色度、悬浮物过高，应如何处理？

③ 配制显色剂时，能否将重氮试剂和偶合试剂分别配制？

3. 硝酸盐氮

水体中硝酸盐是在有氧环境下，各种形态的含氮化合物中最稳定的形式，以及最终阶段的分解产物。清洁地表水中含量较低，受污染的水体以及深层地下水中含量较高。人体摄入硝酸盐后，经肠道中微生物作用转变成亚硝酸盐从而呈现毒性作用。硝酸盐氮（$NO_3^- $-N）的污染源有制革、酸洗污水，某些生化处理设施的出水及农田排水。

硝酸盐氮的测定方法有酚二磺酸分光光度法、镉柱还原法、戴氏合金还原法、离子选择电极法、紫外分光光度法、离子色谱法。

（1）酚二磺酸分光光度法　硝酸盐在无水情况下与酚二磺酸反应，生成硝基二磺酸酚，在碱性溶液中生成黄色的硝基酚二磺酸三钾盐化合物，于 410nm 波长处测定吸光度，求出水样中硝酸盐氮含量。该法适用于饮用水、地下水和清洁地表水中硝酸盐氮的测定。

方法的最低检出浓度为 0.02mg/L，测定上限为 2.0mg/L。

【注意】水样中含氯化物、亚硝酸盐、铵盐、有机物和碳酸盐时会干扰测定，加入 Ag_2SO_4 溶液去除氯化物，加入 $KMnO_4$ 溶液使亚硝酸盐氧化为硝酸盐，最后从硝酸盐测定结果中减去亚硝酸盐氮量；水样浑浊、有色时，加入氢氧化铝悬浮液吸附过滤去除。

（2）镉柱还原法　在一定条件下，水样通过镉还原柱（铜-镉、汞-镉、海绵状镉），使硝酸盐还原为亚硝酸盐，然后以 N-(1-萘基)-乙二胺分光光度法测定。硝酸盐氮含量由测得的总亚硝酸盐氮减去未还原水样所含亚硝酸盐氮即得。该法适用于硝酸盐含量较低的饮用水、清洁地表水和地下水中硝酸盐氮的测定。

方法的测定范围为 $0.01\sim0.4mg/L$ 硝酸盐氮。

【注意】水样中悬浮物可堵塞柱子，用过滤法去除；水样中铜、铁等金属离子含量较高时，会降低还原效率，加入 EDTA 去除。

（3）戴氏合金还原法　水样在碱性条件下，硝酸盐可被戴氏合金（含 50%Cu、45%Al、5%Zn）在加热情况下定量还原为氨，经蒸馏出后被硼酸溶液吸收，用纳氏分光光度法或滴定法测定。该法适用于水样中硝酸盐氮大于 $2mg/L$，带深色的污染严重的水及含大量有机物或无机盐的污水中硝酸盐氮的测定。

【注意】亚硝酸盐干扰测定，在酸性条件下加入氨基磺酸去除；水样中氨及铵盐干扰测定，在加入戴氏合金前，于碱性介质中蒸馏去除。

（4）紫外分光光度法　利用硝酸根离子在 220nm 波长处的吸收定量测定硝酸盐氮含量。溶解的有机物在 220nm 处也有吸收，因硝酸根离子在 275nm 处没有吸收，因此在 275nm 处做另一次测量，以校正硝酸盐氮值，即在 220nm 处的吸光度减去经验校正值（在 275nm 处测得吸光度的 2 倍）为硝酸根离子的吸光度。用紫外分光光度计进行定量测定。该法适用于清洁地表水和未受明显污染的地下水中硝酸盐氮的测定。

方法的最低检出浓度为 $0.08mg/L$，测定上限为 $4mg/L$。

【注意】水样中的有机物、表面活性剂、亚硝酸盐、六价铬、溴化物、碳酸氢盐和碳酸盐等干扰测定，需进行预处理。采用絮凝共沉淀和大孔中性吸附树脂进行处理，以去除水样中大部分常见有机物、浊度和六价铬、高价铁。

（5）硝酸盐氮的测定

【测定目的】

① 了解水中硝酸盐氮的测定意义。

② 掌握酚二磺酸光度法测定水中硝酸盐氮的原理。

【仪器和试剂】

① 分光光度计。

② 瓷蒸发皿　$75\sim100mL$。

③ 50mL 具塞磨口比色管或 50mL 容量瓶。

④ 酚二磺酸溶液　称取 25g 苯酚（C_6H_5OH）置于 500mL 锥形瓶中，加 150mL 浓硫酸使之溶解，再加 75mL 发烟硫酸（含 13% SO_3），充分混合。瓶口插一小漏斗，小心置瓶于沸水浴中加热 2h，得淡棕色稠液，贮于棕色瓶中，密塞保存。

⑤ 氢氧化钠溶液　1mol/L，0.1mol/L。

⑥ 硫酸溶液　0.5mol/L。

⑦ 浓氨水。

⑧ 硝酸盐标准储备液　每 1mL 含 0.1mg 硝酸盐氮，称取 0.7218g 经 $105\sim110℃$ 下干

燥的优级纯硝酸钾（KNO_3）溶于无硝水，移入 1000mL 容量瓶中，稀释至标线，加 2mL 三氯甲烷作保存剂，混匀，至少可稳定 6 个月。

⑨ 硝酸盐标准使用液　每 1mL 含 0.010mg 硝酸盐氮，吸取 50.0mL 硝酸盐标准储备液置于蒸发皿内，加 0.1mol/L 氢氧化钠溶液调至 pH＝8，在水浴上蒸发至干。加 2mL 酚二磺酸，用玻璃棒研磨蒸发器内壁，使残渣与试剂充分接触，放置片刻，重复研磨一次，放置 10min，加入少量水，移入 500mL 容量瓶中稀释至标线，混匀。贮于棕色瓶中，此溶液至少稳定 6 个月。

⑩ 硫酸银溶液　称取 4.397g 硫酸银（Ag_2SO_4）溶于水，移至 1000mL 容量瓶中稀释至标线。1mL 此溶液可去除 1.00mg 氯离子。

⑪ 氢氧化铝悬浮液　溶解 125g 硫酸铝钾［$KAl(SO_4)_2 \cdot 12H_2O$］或硫酸铝铵［$NH_4Al(SO_4)_2 \cdot 12H_2O$］于 1000mL 水中，加热至 60℃，在不断搅拌下，徐徐加入 55mL 浓氨水，放置约 1h 后，移入 1000mL 量筒内，用水反复洗涤沉淀，最后至洗涤液中不含亚硝酸盐为止。澄清后，把上清液尽量全部倾出，只留稠的悬浮物，最后加入 100mL 水，使用前应振荡均匀。

⑫ 高锰酸钾溶液　称取 3.16g 高锰酸钾溶于水，稀释至 1L。用于消除亚硝酸盐氮的干扰。

实验用水应为无硝酸盐水。

【测定步骤】

（1）绘制校准曲线　于 9 支 50mL 比色管中分别加入硝酸盐氮标准使用液 0.00、0.10mL、0.30mL、0.50mL、0.70mL、1.00mL、5.00mL、7.00mL、10.00mL，加无硝水至约 40mL，加 3mL 浓氨水使溶液呈碱性，稀释至标线，混匀。

在波长 410nm 处，以无硝水为参比，以 10mm 或 30mm 比色皿测量吸光度。以测得的吸光度值减去零浓度管的吸光度值为纵坐标，以硝酸盐氮含量（mg）为横坐标，作硝酸盐氮的校准曲线。

（2）水样的测定

① 当水样浑浊和带色时可取 100mL 水样于具塞比色管中，加入 2mL 氢氧化铝悬浮液，密塞振摇，静置数分钟后，过滤，弃去 20mL 初滤液，如不能得到澄清滤液，可参照下文注意事项④处理。

② 氯离子干扰的去除。取 100mL 水样移入具塞比色管中，根据已测定的氯离子含量，加入相当量的硫酸银溶液，充分混合。在暗处放置 0.5h，使氯化银沉淀凝聚，然后用慢速滤纸过滤，弃去 20mL 初滤液。

③ 亚硝酸盐干扰的消除。当亚硝酸盐氮含量超过 0.2mg/L 时，可取 100mL 水加 1mL 硫酸（0.5mol/L），混匀后，滴加高锰酸钾溶液至淡红色保持 15min 不褪为止，使亚硝酸盐氧化为硝酸盐，最后从硝酸盐氮测定结果中减去亚硝酸盐氮量。

④ 测定。取 50.0mL 经预处理的水样于蒸发皿中，用 pH 试纸检查，必要时用 0.5mol/L 硫酸或 0.1mol/L 氢氧化钠溶液调至约 pH＝8，置水浴上蒸发至干。加 1mL 酚二磺酸，用玻璃棒研磨，使试剂与蒸发皿内残渣充分接触，静置片刻，再研磨一次，放置 10min，加入约 10mL 水。在搅拌下加入 3～4mL 氨水，使溶液呈现最深的颜色。如有沉淀，则过滤。将溶液移入 50mL 比色管中，稀释至标线，混匀。于波长 410nm 处，选用 10mm 或 30mm 比色皿，以水为参比，测量吸光度。

⑤ 空白试验。以蒸馏水代替水样，按相同步骤进行全程空白测定。

【测定结果】

由水样测得的吸光度减去空白试验的吸光度后，从校准曲线上查得硝酸盐氮含量（mg），按式(1-27)计算：

$$\rho(硝酸盐氮，以 N 计)=\frac{m}{V} \tag{1-27}$$

式中　m——从校准曲线上查得的硝酸盐氮量，mg；

　　　V——水样体积，mL。

经去除氯离子的水样（为了去除氯离子，加入了相当量的硫酸银溶液，不可略），其硝酸盐氮含量按式(1-28)计算：

$$\rho(硝酸盐氮，以 N 计)=\frac{m}{V}\times\frac{V_1+V_2}{V_1} \tag{1-28}$$

式中　V_1——去除氯离子的水样体积，mL；

　　　V_2——硫酸银溶液加入量，mL。

【注意事项】

① 当苯酚色泽变深时，应进行蒸馏精制。

② 市售发烟硫酸含 SO_3 超过 13%，应以浓硫酸稀释至 13%。

③ 无发烟硫酸时，亦可用浓硫酸代替，但应增加在沸水浴中加热时间至 6h，制得的试剂应注意防止吸收空气中的水汽，以免随着硫酸浓度的降低，影响硝基化反应的进行，使测定结果偏低。

④ 如不能获得澄清滤液，可将已加硫酸银溶液的试样，在近 80℃ 的水浴中加热，用力振摇，使沉淀充分凝聚，冷却后再进行过滤。如同时需去除带色物质，可在加入硫酸银溶液并混匀后，再加入 2mL 氢氧化铝悬浮液，充分振摇，静置片刻，待沉淀后过滤。

⑤ 如吸光度值超出校准曲线范围，可将显色溶液用水进行定量稀释，然后再测量吸光度，计算时乘以稀释倍数。

【问题思考】

① 酚二磺酸分光法测水中硝酸盐氮的原理是什么？

② 如果测定水样浑浊带色，应怎样进行处理？

③ 如何配制酚二磺酸？配制过程应注意哪些问题？

4. 凯氏氮

凯氏氮是指以凯氏（Kjeldahl）法测得的含氮量。它包括了氨氮和在此条件下能被转化为铵盐而测定的有机氮化合物。此类有机氮化合物主要有蛋白质、肽、胨、核酸、尿素、氨基酸以及大量合成的氮为负三价形态的有机氮化合物，不包括硝酸盐、亚硝酸盐、硝基化合物、叠氮化合物等。有机氮为测定的凯氏氮和氨氮之差，若直接测定有机氮时，可先将水样预蒸馏除去氨氮，再以凯氏法测定。测定有机氮和凯氏氮主要是为了了解水体受污染状况，对评价湖泊和水库的富营养化有实际意义。

取一定体积的水样于凯氏烧瓶中，加入浓硫酸并加热消解，使有机物中的氨基氮转变为硫酸氢铵，游离氨和铵盐也转变为硫酸氢铵。消解时加入适量硫酸钾以提高沸腾温度，增加消解速率，并加硫酸铜（或硫酸汞）作催化剂，以缩短消解时间，然后在碱性介质中蒸馏出氨，用硼酸溶液吸收，以分光光度法或滴定法测定氨氮含量即为凯氏氮。

5. 总氮

总氮即为分别测定的有机氮和无机氮之和。也可用过硫酸钾氧化-紫外分光光度法测定。

七、砷

砷是人体非必需元素，元素砷的毒性极低，而化合物均有剧毒，其中三价砷毒性最强。砷化物在人体中累积，毒性大、致癌，微量砷危害很小。饮用水中最高允许浓度为 $0.01\mu g/g$，砷的污染源主要有采矿、冶金、化工、化学制药、纺织、玻璃、制革等行业排出的工业废水。

砷的测定方法有新银盐分光光度法、二乙氨基二硫代甲酸银分光光度法和原子吸收光谱法。

1. 新银盐分光光度法

硼氢化钾（或硼氢化钠）在酸性溶液中产生新生态的氢，将水样中无机砷还原成砷化氢气体，以硝酸-硝酸银-聚乙烯醇-乙醇溶液为吸收液。砷化氢将吸收液中的银离子还原成单质胶态银，使溶液呈黄色，黄色在 2h 内无明显变化。颜色强度与生成氢化物的量成正比。于 400nm 波长处测定吸光度，求出水样中砷的含量。该法适用于地表水和地下水中痕量砷的测定。

$$BH_4^- + H^+ + 3H_2O \longrightarrow H_3BO_3 + 8[H]$$
$$As^{3-} + 3[H] \longrightarrow AsH_3 \uparrow$$
$$6Ag^+ + AsH_3 + 3H_2O \longrightarrow 6Ag + H_3AsO_3 + 6H^+$$

砷化氢发生与吸收装置如图 1-39 所示。

吸收液中的聚乙烯醇是胶态银的良好分散剂，但通入气体时，会产生大量的泡沫，在此加入乙醇作消泡剂，吸收液中加入硝酸，有利于胶态银的稳定。

方法的最低检出浓度（取 250mL 水样）为 0.0004mg/L，测定上限为 0.012mg/L。

【注意】锑、铋、锡等与氢形成类似砷化氢的氢化物产生正干扰；镍、钴、铁等能被氢还原产生负干扰；常见离子不干扰；在含 $2\mu g$ 砷的 250mL 试样中加入 15%（质量体积分数）的酒石酸溶液 20mL，可消除为砷量 800 倍的铅、锰、锌、镉、200 倍的铁，80 倍的镍、钴，30 倍的铜，2.5 倍的锡（Ⅳ），1 倍的锡（Ⅱ）的干扰；用浸渍二甲基甲酰胺脱脂棉可消除为砷量 2.5 倍的锑、铋，0.5 倍的锗的干扰；用醋酸铅棉可消除硫化物的干扰；水体中含量较低的碲、硒对本法无影响。

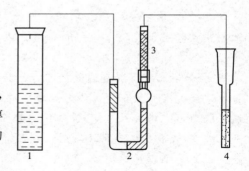

图 1-39　砷化氢发生与吸收装置
1—反应管，水样中的砷化物在此转变成 AsH_3；
2—U 形管，装有二甲基甲酰胺（DMF）、乙醇胺、三乙醇胺混合溶剂浸渍的脱脂棉，用以消除锑、铋、锡等元素的干扰；3—脱胺管，内装吸有无水硫酸钠和硫酸氢钾混合粉的脱脂棉，用于除去有机胺的细沫或蒸气；4—吸收管，装有吸收液，吸收 AsH_3 并显色

2. 二乙氨基二硫代甲酸银分光光度法

锌与酸作用，产生新生态氢。在碘化钾和氯化亚锡存在下，五价砷还原为三价，三价砷被新生态氢还原成气态砷化氢。用二乙氨基二硫代甲酸银-三乙醇胺的三氯甲烷溶液吸收砷

化氢，生成红色胶体银，于 510nm 波长处测吸光度，求出水样中砷的含量。该法适用于地表水、地下水、饮用水和工业废水中砷的测定。

方法的最低检出浓度（取 50mL 水样）为 0.007mg/L，测定上限为 0.50mg/L。

【注意】 硫化物对测定有干扰，可通过乙酸铅棉去除；铬、钴、铜、镍、汞、银或铂的浓度高达 5mg/L 时不干扰测定；锑和铋能生成氢化物与吸收液作用生成红色胶体银干扰测定，加入氯化亚锡和碘化钾，可抑制 300μg 锑盐的干扰；加酸消解破坏有机物的过程中，勿使溶液变黑，否则砷可能损失；为避免高温使还原反应激烈，可适当减少浓硫酸用量，或把砷化氢发生瓶放入冷水浴中。

八、阴离子洗涤剂

阴离子洗涤剂主要指直链烷基苯磺酸钠和烷基磺酸钠类物质。洗涤剂的污染会使水面产生不易消失的泡沫，并消耗水中的溶解氧。水中阴离子洗涤剂的测定方法，常用的是亚甲蓝分光光度法。

1. 亚甲蓝分光光度法

阴离子染料亚甲蓝与阴离子表面活性剂（包括直链烷基苯磺酸钠、烷基磺酸钠和脂肪醇硫酸钠）作用，生成蓝色的离子对化合物，这类能与亚甲蓝作用的物质统称亚甲蓝活性物质（MBAS）。生成的显色物可被三氯甲烷萃取，其色度与浓度成正比，用分光光度计在波长 652nm 处测量三氯甲烷层的吸光度。该法适用于测定饮用水、地表水、生活污水及工业废水中溶解态的低浓度亚甲蓝活性物质，亦即阴离子表面活性物质。在实验条件下，主要被测物是直链烷基苯磺酸钠（LAS）、烷基磺酸钠和脂肪醇硫酸钠，但亦可能由于含有能与亚甲蓝起显色反应并被三氯甲烷萃取的物质而产生一定的干扰。当采用 10mm 比色皿，样品为 100mL 时，本法的最低检出浓度为 0.050mg/L，检测上限为 20mg/L。

2. 阴离子表面活性剂的测定

【测定目的】

① 掌握样品预处理的方法。

② 培养学生测定阴离子表面活性剂的操作技能。

【仪器和试剂】

① 分光光度计。

② 索氏提取器　150mL 平底烧瓶、ϕ35mm×160mm 抽出筒、球形冷凝管。

③ 分液漏斗　250mL，最好用聚四氟乙烯（PTFE）活塞。

④ 氢氧化钠溶液　1mol/L。

⑤ 硫酸溶液　0.5mol/L。

⑥ 氯仿。

⑦ 直链烷基苯磺酸钠储备溶液　每 1mL 含 1.00mg LAS，称取 0.100g 标准物 LAS（平均化学式分子量为 344.4），溶于 50mL 水中，转移到 100mL 容量瓶中，定容至标线并混匀。保存于 4℃冰箱中。如需要，每周配制一次。

⑧ 直链烷基苯磺酸钠标准溶液　每 1mL 含 10.0μg LAS，准确吸取 10.00mL 直链烷基苯磺酸钠储备溶液，用水稀释至 1000mL，使用当天配制。

⑨ 亚甲蓝溶液　先称取 50g 一水磷酸二氢钠（$NaH_2PO_4 \cdot H_2O$）溶于 300mL 水中，转移到 1000mL 容量瓶内，缓慢加入 6.8mL 浓硫酸（$\rho = 1.84g/mL$），摇匀。另称取 30mg 亚甲蓝（指示剂级），用 50mL 水溶解后也移入容量瓶，定容至标线，摇匀，贮存于棕色试剂瓶中。

⑩ 洗涤液　称取 50g 一水磷酸二氢钠（$NaH_2PO_4 \cdot H_2O$）溶于 300mL 水中，转移到 1000mL 容量瓶中，缓慢加入 6.8mL 浓硫酸（$\rho = 1.84g/mL$），摇匀，定容至标线。

⑪ 酚酞指示剂　将 1.0g 酚酞溶于 50mL 乙醇［95％（体积分数）］中，然后边搅拌边加入 50mL 水，滤去形成的沉淀。

⑫ 玻璃棉或脱脂棉　在索氏提取器中用氯仿提取 4h 后，取出干燥，保存在清洁的玻璃瓶中待用。

玻璃器皿在使用前先用温水彻底清洗，然后用 10％的乙醇或 10％的盐酸清洗，最后用水冲洗干净。

除非另有说明，实验所用试剂均采用符合国家标准的分析纯试剂，实验用水为新制备的去离子水或蒸馏水。

【测定步骤】

（1）采样和预处理　采样和样品保存使用清洁并经乙醇清洗过的玻璃瓶。采样后尽快分析测定。24h 以内测定，冷藏于 2～4℃下即可。加入 1％（体积分数）的浓度 40％的甲醛溶液可保存 4d；用氯仿饱和水样可保存 8d。测定前将水样经中速定性滤纸过滤以除去悬浮物。吸附于悬浮物上的表面活性剂不计在内。

（2）萃取　如可估计水样中阴离子表面活性剂的大体浓度，可根据表 1-16 选择样品体积。

表 1-16　样品体积选择

预计的阴离子表面活性物质（MBAS）/（mg/L）	取样量/mL
0.05～2.0	100
2.0～10	20
10～20	10
20～40	5

当预计 MBAS 浓度超过 2mg/L 时，按表 1-16 选择取样量，用水稀释至 100mL。

将所取样品移至分液漏斗中，以酚酞为指示剂，逐滴加入 1mol/L 氢氧化钠溶液至水溶液呈桃红色，再滴加 0.5mol/L 硫酸溶液到桃红色刚好消失。

加入 25mL 亚甲蓝溶液，摇匀后再加入 10mL 氯仿，激烈振摇 30s，注意放气，过分的摇动会发生乳化，加入少量（小于 10mL）异丙醇可消除乳化现象。加相同体积的异丙醇至所有的标准溶液中，再慢慢旋转分液漏斗，使滞留在内壁上的氯仿液珠降落，静置分层。

将氯仿层放入预先盛有 50mL 洗涤液的第二个分液漏斗中，用数滴氯仿淋洗第一个分液漏斗的放液管，重复萃取三次，每次用 10mL 氯仿。

合并所有萃取液至第二个分液漏斗中，激烈摇动 30s，静置分层。将氯仿层通过玻璃棉或脱脂棉放入 50mL 容量瓶中。再用氯仿（每次 5mL）萃取洗涤液两次，此氯仿层也并入容量瓶中，加氯仿定容至标线。

（3）测定 在 652nm 处，以氯仿为参比液，测定样品的吸光度。应使用相同光程的比色皿。每次测定后，用氯仿清洗比色皿。

（4）空白试验 用 100mL 蒸馏水代替样品，按与样品相同的萃取、测定步骤测定吸光度。本实验条件下，每 10mm 光程长空白试验的吸光度不应超过 0.02，否则应仔细检查设备和试剂是否有污染。

（5）绘制校准曲线 取一组分液漏斗 10 个，分别加入 100mL、99mL、97mL、95mL、93mL、91mL、89mL、87mL、85mL、80mL 水，然后分别移入 0、1.00mL、3.00mL、5.00mL、7.00mL、9.00mL、11.00mL、13.00mL、15.00mL、20.00mL 直链烷基苯磺酸钠标准溶液中，摇匀。按与样品相同的萃取、测定步骤测定吸光度。校准系列测得的吸光度扣除零浓度溶液的吸光度后，与相应的 MBAS 的质量（以 LAS 计，平均化学式分子量为 344.4）绘制校准曲线或回归方程。

【测定结果】

样品的吸光度扣除空白试验的吸光度后，由校准曲线或回归方程计算得到阴离子表面活性剂的质量 m。

样品中阴离子表面活性剂（MBAS）以 LAS 计。其浓度 ρ（mg/L）按式(1-29)计算：

$$\rho = \frac{m}{V} \tag{1-29}$$

式中 m——由校准曲线或回归方程计算得到的 MBAS 质量，μg；

V——样品体积，mL。

测定结果以三位小数表示。

【注意事项】

① 主要被测物以外的其他有机的硫酸盐、磺酸盐、羧酸盐、酚类以及无机的硫氰酸盐、氰酸盐、硝酸盐和氯化物等，它们或多或少地与亚甲蓝作用，生成可溶于氯仿的蓝色配合物，致使测定结果偏高。通过水溶液反洗可消除这些正干扰（有机硫酸盐除外），其中氯化物和硝酸盐的干扰大部分被去除。

② 经水溶液反洗仍未除去的非表面活性物质引起的正干扰，可借气提萃取法将阴离子表面活性剂从水相转移到有机相而加以消除。

③ 一般存在于未经处理或一级处理的污水中的硫化物，它能与亚甲蓝反应，生成无色的还原物而消耗亚甲蓝试剂。可将试样调至碱性，滴加适量的过氧化氢（30%），避免其干扰。

④ 存在季铵类化合物等阳离子物质和蛋白质时，阴离子表面活性剂将与其作用，生成稳定的配合物，而不与亚甲蓝反应，使测定结果偏低。这些阳离子类干扰物可采用阳离子交换树脂（在适当条件下）去除。

生活污水及工业废水中的一般成分，包括尿素、氨、硝酸盐，以及防腐用的甲醛和氯化汞已证明不产生干扰。然而，并非所有天然的干扰物都能消除，因此被检物总体应确切地称为阴离子表面活性物质或亚甲蓝活性物质（MBAS）。

⑤ 每一批样品要做一次空白试验及校准系列的完全萃取。

⑥ 每次测定前，振荡容量瓶内的氯仿萃取液，并以此液洗三次比色皿，然后将比色皿充满。

【问题思考】

① 亚甲蓝分光光度法的测定原理是什么？

② 本方法的影响因素有哪些？试举例说明应如何改进。

九、总磷

天然水体中的磷以各种形式存在，如正磷酸盐、过磷酸盐、偏磷酸盐和多磷酸盐等，但磷含量很低。磷是生物生长的必备元素，但含量又不能过高，如果水体中磷含量大于 0.2mg/L 时，可造成藻类的过度生长，直至达到富营养化的有害程度，透明度降低，造成绿潮、赤潮的发生。水中磷的污染主要来自化肥、冶炼、合成洗涤剂等行业以及生活污水排放。

1. 钼酸铵分光光度法

水质中总磷的测定采用钼酸铵分光光度法。总磷包括溶解的、颗粒的、有机的和无机的磷。

在中性条件下用过硫酸钾（或硝酸-高氯酸）使试样消解，将所含的磷全部氧化为正磷酸盐。在酸性介质中，正磷酸盐与钼酸铵反应，在锑盐存在下生成钼杂多酸，用抗坏血酸还原成钼蓝测定。测定中可用的还原剂很多，抗坏血酸较好。正磷酸与钼酸铵的反应式为：

$$24(NH_4)_2MoO_4 + 2H_3PO_4 + 21H_2SO_4 \longrightarrow 2(NH_4)_3PO_4 \cdot 12MoO_3 + 21(NH_4)_2SO_4 + 24H_2O$$

最后，钼杂多酸被抗坏血酸还原成钼蓝。

测定时水样用过硫酸钾加热消解，然后向水样中加入抗坏血酸并混合均匀，30s 后加钼酸铵溶液显色。用 30mm 比色皿，在 700nm 波长下，以水作参比进行分光光度测定，并记录吸光度。用扣除了空白试验的吸光度值从校准曲线上查出磷的含量。

【注意】 取 500mL 水样后加入 1mL 硫酸（密度为 1.84g/mL）调节样品的 pH 值，使之低于或等于 1，或不加任何试剂于冷处保存（注：含磷量较少的水样，不要用塑料瓶采样，因磷酸盐易吸附在塑料瓶壁上）。

2. 总磷的测定

【测定目的】

① 了解水体总磷的来源，掌握钼酸铵分光光度法的测定原理。

② 掌握样品消解方法，掌握工作曲线的绘制方法。

【仪器和试剂】

① 蒸汽消毒器或一般压力锅 [1.1～1.4kgf/cm² （1kgf/cm² ≈ 0.1MPa）]。

② 50mL 具塞磨口比色管或 50mL 容量瓶；纱布和棉线。

③ 可见分光光度计。

④ 硫酸　$\rho = 1.84g/mL$。

⑤ 硫酸溶液（1+1）　在不断搅拌下，将 1 体积硫酸慢慢加入 1 体积水中。

⑥ 过硫酸钾溶液（50g/L）　将 5g 过硫酸钾 [$K_2S_2O_8$，A.R.（分析纯）] 溶于水，稀释至 100mL。注意如何使过硫酸钾更快更充分地溶解。

⑦ 抗坏血酸溶液（100g/L）　称取 10g 抗坏血酸（$C_6H_8O_6$，又名维生素 C）溶于水中，稀释至 100mL。此溶液储于棕色的试剂瓶中，在冷处可稳定几周。如不变色可长时间使用。

⑧ 钼酸盐溶液　　称取 13g 钼酸铵 $[(NH_4)_6Mo_7O_{24}\cdot4H_2O]$ 溶于 100mL 水中。称取 0.35g 酒石酸锑钾 $(KSbC_4H_4O_7\cdot1/2H_2O$，A.R.）溶于 100mL 水中。在不断搅拌下把钼酸铵溶液徐徐加到 300mL（1+1）硫酸溶液中，然后再加入酒石酸锑钾溶液，混匀。储于棕色瓶中，在冷处可保存两个月。

⑨ 磷标准储备溶液　　含磷 50.0μg/mL，称取 0.2179g 于 110℃下干燥 2h 的磷酸二氢钾 $(KH_2PO_4$，A.R.），溶解后转移至 1000mL 容量瓶中，加入大约 800mL 水，加 5mL（1+1）硫酸，定容至标线，摇匀。

⑩ 磷标准使用液　　含磷 2.00μg/mL，将 10.00mL 的磷标准储备液移至 250mL 容量瓶中，定容至标线，摇匀。

【测定步骤】

（1）采样　　选用玻璃瓶采样。样品采集后加入浓硫酸，调节样品 pH 值小于 1，置于冷处保存。

（2）样品消解

① 取 25.00mL 摇匀后的样品于具塞比色管中。取样时应将样品摇匀，如样品含磷量高可相应减少取样量并用水补充至 25mL。如样品是酸化贮存的，应先中和成中性。

② 加入 4mL 过硫酸钾溶液。将比色管塞塞紧，并用纱布和棉线扎紧，放在大烧杯中，置于高压蒸汽消毒器或压力锅内，加热，待压力表指示达到 0.11MPa，保持 30min 后停止加热。待压力表指针回零后，取出冷却，定容至 50mL。

（3）显色　　分别向各消解液中加入 2mL 钼酸盐溶液，摇匀。30s 后加 1mL 抗坏血酸溶液，混匀。15min 显色后测定。

（4）测定　　分光光度计在波长 700nm 处，以水作参比测定吸光度。样品吸光度扣除空白试验的吸光度后，由工作曲线或回归方程计算磷的含量。

（5）空白试验　　以等体积蒸馏水代替样品，进行空白试验，测定吸光度。

（6）绘制工作曲线　　取 7 支 50mL 具塞磨口比色管分别加入 0.00、0.50mL、1.00mL、2.50mL、5.00mL、10.00mL、15.00mL 磷酸盐标准使用溶液，加水至 25mL，按步骤（2）②消解并定容至标线。

按（2）、（3）测定吸光度。扣除零浓度溶液的吸光度后，以校正后的吸光度对应相应磷的质量绘制工作曲线或回归方程。

【测定结果】

数据记录表

样品编号	取样量/mL	样品吸光度	空白吸光度	校正吸光度	总磷含量

总磷含量以 ρ（mg/L）表示，按式(1-30) 计算：

$$\rho=\frac{m}{V} \tag{1-30}$$

式中　m——样品含磷质量，由工作曲线或回归方程计算得到，μg；

V——样品体积，mL。

【注意事项】

(1) 水中砷将严重干扰测定，使测定结果偏高。

(2) 含氯化合物高的样品在消解过程中会产生 Cl_2。大量不含磷的有机物会影响有机磷的消解，使其转化成正磷酸，对测定产生负干扰，此类样品应选用其他消解方法，例如用 HNO_3-$HClO_4$ 方法消解样品。

(3) 过硫酸钾溶解比较困难，可于 40℃ 以下的水浴锅上加热溶解，但切不可将烧杯直接放在电炉上加热，否则局部温度到达 60℃ 时过硫酸钾即分解失效。

【问题思考】

(1) 样品消解为何采用过硫酸钾？

(2) 影响总磷测定的因素有哪些？如何避免？

⇥ 任务训练

1. 玻璃电极法测定溶液 pH 值时，常用的标准缓冲溶液都有哪些？

2. 在测定水中氟化物时，加入 TISAB 的作用是什么？

3. 采集溶解氧水样应注意的事项是什么？

4. 测定氰化物的水样如何预处理？常用的测定方法和原理是什么？

5. 水体中含氮化合物是怎样相互转换的？各种形态的含氮化合物的测定方法是什么？对评价水体有何意义？

6. 测氨氮时蒸馏效果对测定结果有无影响？试说明原因。

7. 纳氏试剂分光光度法的测定过程中应注意哪些问题？

8. 硝酸盐氮和亚硝酸盐氮的测定方法有哪些？

9. 硫化物测定的原理是什么？怎样去除干扰？

10. 砷的测定方法有哪些？简述其原理。

● 任务七　有机化合物的监测 ●

水体中存在大量的有机化合物，通常以毒性大、强致癌性和消耗水中溶解氧的形式产生危害作用，所以有机化合物的测定对评价水质是十分重要的。鉴于水体中有机化合物种类繁多，难以对每一个组分逐一定量测定，目前多通过测定与水中有机化合物相当的需氧量来间接表示有机化合物的含量，如 COD、BOD 等；或对某一类有机化合物进行测定，如油类、酚类等。有机化合物的污染源主要有农药、医药、染料以及化工企业排放的废水。

有机化合物的测定方法主要有分光光度法、化学分析法、燃烧氧化法以及专属仪器测定等。

一、化学需氧量

化学需氧量（COD）是指在一定条件下，氧化 1L 水样中还原性物质所消耗的氧化剂的量，以氧的量（mg/L）表示。化学需氧量反映了水体受还原性物质污染的程度。水中的还原性物质包括有机物、亚硝酸盐、亚铁盐、硫化物等。水被有机物污染是很普遍的，因此化学需氧量也作为有机物相对含量的指标之一。

化学需氧量是条件性指标，其随测定时所用氧化剂的种类和浓度、反应温度和时间、溶液的酸度、催化剂等变化而不同。对于工业废水化学需氧量的测定，我国规定用重铬酸钾法，也可以用与其测定结果一致的库仑滴定法。

1. 重铬酸钾法

在强酸性溶液中，用重铬酸钾氧化水样中的还原性物质，过量的重铬酸钾以试亚铁灵作指示剂，用硫酸亚铁铵标准溶液回滴。同样条件下做空白实验，根据标准溶液用量计算水样的化学耗氧量。

$$Cr_2O_7^{2-} + 14H^+ + 6e^- \longrightarrow 2Cr^{3+} + 7H_2O$$

$$Cr_2O_7^{2-} + 14H^+ + 6Fe^{2+} \longrightarrow 6Fe^{3+} + 2Cr^{3+} + 7H_2O$$

COD测定回流装置如图1-40所示。在水样中加硫酸汞和催化剂硫酸银，加热沸腾后回流2h，用$K_2Cr_2O_7$滴定分析法定量。

$$COD(mg/L) = \frac{c(V_0 - V) \times 8}{V_{水}} \times 1000 \tag{1-31}$$

COD 测定终点

式中　c——硫酸亚铁铵标准溶液的浓度，mol/L；

　　　V_0——空白试验所消耗的硫酸亚铁铵标准溶液的体积，mL；

　　　V——水样测定所消耗的硫酸亚铁铵标准溶液的体积，mL；

　　　$V_{水}$——水样的体积，mL；

　　　8——$\frac{1}{4}O_2$的摩尔质量，g/mol。

污水COD值大于50mg/L时，可用0.25mol/L的$K_2Cr_2O_7$；污水COD值为5～50mg/L时，可用0.025mol/L的$K_2Cr_2O_7$。

【注意】$K_2Cr_2O_7$的氧化性很强，可将大部分有机物氧化，但吡啶不被氧化，芳香族有机物不易被氧化；挥发性直链脂肪族

图1-40　COD测定回流装置

化合物、苯等有机物存在于蒸气相，不能与氧化剂液体接触，氧化不明显；氯离子能被$K_2Cr_2O_7$氧化，并与硫酸银作用生成沉淀，影响测定结果，在回流前加入适量的硫酸汞去除；若氯离子含量过高应先稀释水样。

2. 库仑滴定法

库仑滴定法采用$K_2Cr_2O_7$氧化剂，在10.2mol/L硫酸介质中回流15min消解水样，加入硫酸铁溶液，电解产生的Fe^{2+}为库仑滴定剂，滴定剩余的$K_2Cr_2O_7$，同时做空白试验。根据电解产生亚铁离子所消耗的电量，按法拉第电解定律计算。

$$COD(O_2, mg/L) = \frac{Q_s - Q_m}{96500} \times \frac{8000}{V_{样}} \tag{1-32}$$

式中　Q_s——标定重铬酸钾消耗的电量（空白），C；

　　　Q_m——测定剩余重铬酸钾所消耗的电量，C；

　　　$V_{样}$——水样体积，mL；

　　　96500——法拉第常数。

若仪器具有简单数据处理装置，直接显示COD数值。

库仑滴定仪如图1-41所示。一般由库仑滴定池、电路系统和电磁搅拌器等组成。库仑

池由工作电极对、指示电极对及电解液组成。其中工作电极对为双铂片工作阴极和铂丝辅助阳极（置于充 3mol/L 硫酸、底部具有液络部的玻璃管内），用于电解产生滴定剂；指示电极对为铂片指示电极（正极）和钨棒参比电极（负极，置于充饱和硫酸钾溶液、底部具有液络部的玻璃管中），以其电位的变化指示库仑滴定终点。电解液为 10.2mol/L 硫酸、重铬酸钾和硫酸铁混合液。电路系统由终点微分电路、电解电流变换、频率变换积分电路、数字显示逻辑运算电路等组成，用于控制库仑滴定

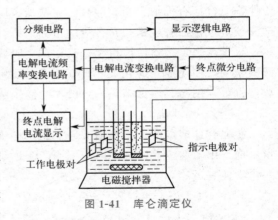

图 1-41　库仑滴定仪

终点，变换和显示电解电流，将电解电流进行频率转换、积分，并根据电解定律进行逻辑运算，直接显示水样的 COD 值。

此法简便、快速，试剂用量少，不需要标准溶液，缩短消化时间，氧化率与重铬酸钾法基本一致。该法适用于地表水和工业废水中化学需氧量的测定。当用 3mL 0.05mol/L 的重铬酸钾进行标定值测定时，最低检出浓度为 3mg/L，测定上限为 100mg/L。

3. 化学需氧量的测定

【测定目的】

① 掌握化学需氧量（COD）的测定原理和操作。

② 了解回流操作的基本要点。

③ 熟练运用滴定分析法进行测定。

【仪器和试剂】

① 酸式滴定管　25mL 或 50mL。

② 回流装置　带有 24 号标准磨口的 250mL 锥形瓶的全玻璃回流装置。回流冷凝管的长度为 300～500mm。若取样量在 30mL 以上时，可采用 500mL 锥形瓶的全玻璃回流装置。

③ 化学纯试剂　硫酸银、硫酸汞、硫酸（$\rho = 1.84g/mL$）。

④ 硫酸银-硫酸溶液　向 1L 硫酸中加入 10g 硫酸银，放置 1～2d 使之溶解，并混匀，使用前小心摇动。

⑤ 重铬酸钾标准溶液　$c\left(\dfrac{1}{6}K_2Cr_2O_7\right) = 0.250mol/L$。将 12.258g 在 105℃下干燥 2h 后的重铬酸钾溶于水中，稀释至 1000mL。

⑥ 硫酸亚铁铵标准滴定溶液　$c\left[(NH_4)_2Fe(SO_4)_2 \cdot 6H_2O\right] \approx 0.10mol/L$。溶解 39g 硫酸亚铁铵于水中，加入 20mL 浓硫酸，待溶液冷却后稀释至 1000mL。

硫酸亚铁铵标准滴定溶液的标定：取 10.00mL 重铬酸钾标准溶液置于锥形瓶中，用水稀释至约 100mL，加入 30mL 硫酸混匀冷却后，加 3 滴（约 0.15mL）试亚铁灵指示剂，用硫酸亚铁铵滴定，溶液的颜色由黄色经蓝绿色变为红褐色，即为终点。记录下硫酸亚铁铵的消耗量 V（mL），并按式(1-33)计算硫酸亚铁铵标准滴定溶液的浓度。

$$c\left[(NH_4)_2Fe(SO_4)_2 \cdot 6H_2O\right] = 10.00 \times 0.250/V \qquad (1-33)$$

⑦ 邻苯二甲酸氢钾标准溶液　$c(KC_8H_5O_4) = 2.0824mmol/L$。称取于 105℃下，干燥 2h 的邻苯二甲酸氢钾 0.4251g 溶于水，并稀释至 1000mL，混匀。以重铬酸钾为氧化剂，将

邻苯二甲酸氢钾完全氧化的 COD 值为 1.176（指 1g 邻苯二甲酸氢钾耗氧 1.176g），故该标准溶液的理论 COD 值为 500mg/L。

⑧ 1,10-邻菲啰啉指示液　溶解 0.7g 七水合硫酸亚铁（$FeSO_4 \cdot 7H_2O$）于 50mL 的水中，加入 1.5g 1,10-邻菲啰啉，搅拌至溶解，加水稀释至 100mL。

⑨ 防暴沸玻璃珠。

【测定步骤】

（1）采样　采取不少于 100mL 具有代表性的水样。

（2）样品的保存　水样要采集于玻璃瓶中，并尽快分析，如不能立即分析，则应加入硫酸至 pH<2，置 4℃下保存。但保存时间不得超过 5 天。

（3）回流　清洗所要使用的仪器，安装好回流装置。将水样充分摇匀，取出 20.0mL 作为水样（或取水样适量加水稀释至 20.0mL），置于 250mL 锥形瓶内，若水样中含有氯，加入适量的固体硫酸汞。准确加入 10.0mL 重铬酸钾标准溶液及数粒防暴沸玻璃珠。连接磨口回流冷凝管，从冷凝管上口慢慢加入 30mL H_2SO_4-Ag_2SO_4 溶液，轻轻摇动锥形瓶使溶液混匀，回流 2h。冷却后用 20～30mL 水自冷凝管上端冲洗冷凝管后取下锥形瓶，再用水稀释至 140mL 左右。

（4）水样测定　溶液冷却至室温后，加入 3 滴 1,10-邻菲啰啉指示液，用硫酸亚铁铵标准滴定溶液滴定至溶液由黄色经蓝绿色变为红褐色为终点。记下硫酸亚铁铵标准滴定溶液的消耗体积 V。

（5）空白溶液　按相同步骤以 20.0mL 水代替水样进行空白试验，记录下空白滴定时硫酸亚铁铵标准滴定溶液的消耗体积 V_0。

（6）进行校核试验　按测定水样同样的方法分析 20.0mL 邻苯二甲酸氢钾标准溶液的 COD 值，用以检验操作技术及试剂纯度。该溶液的理论 COD 值为 500mg/L，如果校核试验的结果大于该值的 96%，即可认为实验步骤基本上是适宜的，否则，必须寻找失败的原因，重复实验使之达到要求。

【测定结果】

$$COD(mg/L) = \frac{c(V_0 - V) \times 8 \times 1000}{V_水} \tag{1-34}$$

式中　c——硫酸亚铁铵标准溶液的浓度，mol/L；

V_0——空白试验所消耗的硫酸亚铁铵标准溶液的体积，mL；

V——水样测定所消耗的硫酸亚铁铵标准溶液的体积，mL；

$V_水$——水样的体积，mL；

8——$\frac{1}{4}O_2$ 的摩尔质量，g/mol。

测定结果一般保留 3 位有效数字，对 COD 值小的水样，当计算出 COD 值小于 10mg/L 时，应表示为"COD<10mg/L"。

【注意事项】

① 该方法对未经稀释的水样 COD 测定上限为 700mg/L，超过此限时必须经稀释后测定。

② 在特殊情况下，需要测定的水样在 10.0～50.0mL 之间，试剂的体积或质量可按表 1-17 做相应的调整。

表 1-17 试剂体积或质量数据

水样体积/mL	0.250mol/L 重铬酸钾溶液体积/mL	硫酸-硫酸银溶液体积/mL	硫酸汞质量/g	$c[(NH_4)_2Fe(SO_4)_2 \cdot 6H_2O]$/(mol/L)	滴定前体积/mL
10.0	5.0	15	0.2	0.050	70
20.0	10.0	30	0.4	0.100	140
30.0	15.0	45	0.6	0.150	210
40.0	20.0	60	0.8	0.200	280
50.0	25.0	75	1.0	0.250	350

③ 对于 COD 小于 50mg/L 的水样，应采用低浓度的重铬酸钾标准溶液（将本实验中所用的重铬酸钾标准溶液稀释 10 倍）氧化，加热回流以后，采用低浓度的硫酸亚铁铵溶液（将本实验中所用的硫酸亚铁铵溶液稀释 10 倍）回滴。对于污染严重的水样，可选取所需体积 1/10 的水样和 1/10 的试剂，放入 10mm×150mm 硬质玻璃管中，摇匀后，用酒精灯加热至沸数分钟，观察溶液是否变成蓝绿色。如呈蓝绿色，应再适当少加试料。重复以上实验，直到溶液不变蓝绿色为止，从而确定待测水样适当的稀释倍数。

【问题思考】

① 加入硫酸银和硫酸汞的目的是什么？

② 若要改进 COD 的测定方法，需考虑哪些因素？

③ 回流时发现溶液颜色变绿，试分析原因。如何处理？

二、高锰酸盐指数

1. 高锰酸盐指数概述

高锰酸盐指数是指在一定条件下，以高锰酸钾为氧化剂氧化水样中的还原性物质所消耗的高锰酸钾的量，以氧的量（mg/L）来表示。

高锰酸钾因在酸性中的氧化能力比在碱性中的氧化能力强，故常分为酸性高锰酸钾法和碱性高锰酸钾法，分别适用于不同水样的测定。高锰酸盐指数的测定结果也是化学需氧量，我国标准中仅将酸性重铬酸钾法测得的值称为化学需氧量。

取一定量水样，在酸性或碱性条件下，加入一定量的 $KMnO_4$ 溶液，加热一定时间以氧化水样中还原性无机物和部分有机物。加入过量的 $Na_2C_2O_4$ 溶液还原剩余的 $KMnO_4$ 溶液，再用 $KMnO_4$ 标准溶液滴定过量的 $Na_2C_2O_4$ 溶液，计算出水样的高锰酸盐指数。

若水样的高锰酸盐指数超过 5mg/L，应少取水样稀释后再测定。

国际标准化组织（ISO）建议高锰酸盐指数仅限于地表水、饮用水和生活污水。

清洁的地表水和被污染的水体中氯离子的含量不超 300mg/L 的水样，采用酸性高锰酸钾法；含氯量高于 300mg/L 时，采用碱性高锰酸钾法。

【注意】在水浴中加热完毕后，溶液仍应保持淡红色。如变浅或全部褪去说明高锰酸钾用量不够，将水样稀释倍数加大后再测定；水中的亚硝酸盐、亚铁盐、硫化物等还原性无机物和在此条件下可被氧化的有机物，均可消耗高锰酸钾。

2. 高锰酸盐指数的测定

Ⅰ. 酸式法

【测定目的】

① 掌握酸式法测定高锰酸盐指数的原理。

② 掌握高锰酸盐指数测定操作的基本技能。

③ 学会存在不同干扰时的处理方法及选用合适测定方法的能力。

【测定原理】

样品中加入已知量的高锰酸钾和硫酸，在沸水浴中加热 30min，高锰酸钾将水中的某些有机物及还原性物质氧化，剩余的高锰酸钾用过量的草酸钠还原，再用高锰酸钾标准溶液回滴过量的草酸钠。

根据加入的高锰酸钾和草酸钠标准溶液的量及最后滴定消耗高锰酸钾标准溶液的用量，计算出高锰酸盐指数。

其化学反应式如下：

$$4MnO_4^- + 5C(有机物) + 12H^+ \longrightarrow 4Mn^{2+} + 5CO_2 + 6H_2O$$

$$2MnO_4^- + 5C_2O_4^{2-} + 16H^+ \longrightarrow 2Mn^{2+} + 10CO_2 + 8H_2O$$

【仪器和试剂】

① 恒温水浴锅。

② 25mL 酸式滴定管。

③ 电子天平。

④ 不含还原性物质的水 将 1L 蒸馏水置于全玻璃蒸馏器中，加入 10mL（1+3）硫酸溶液和少量高锰酸钾溶液（0.0200mol/L），蒸馏。弃去 100mL 初馏液，余下馏出液贮于具玻璃塞的细口瓶中。

⑤ 硫酸 $\rho = 1.84g/mL$。

⑥（1+3）硫酸溶液 在不断搅拌下，将 1 体积硫酸慢慢加入 3 体积水中。趁热加入数滴高锰酸钾溶液（0.0020mol/L）直至出现粉红色。

⑦ 氢氧化钠溶液 500g/L。称取 50g 氢氧化钠溶于水并稀释至 100mL。

⑧ 草酸钠标准储备液 $c_1(Na_2C_2O_4) = 0.0500mol/L$。准确称取 6.7050g 经 120℃ 下烘干 2h 并放冷的草酸钠（$Na_2C_2O_4$）溶于水中，移入 1000mL 容量瓶，定容至标线，混匀，在 4℃ 下可保存 6 个月。

⑨ 草酸钠标准溶液 0.0050mol/L。准确吸取 100.00mL 草酸钠标准储备液于 1000mL 容量瓶中，定容至标线，混匀，常温下可保存 2 周。

⑩ 高锰酸钾标准储备液 $c_2(KMnO_4) \approx 0.0200mol/L$。称取 3.2g 高锰酸钾溶于 1000mL 水中，混匀。于 90～95℃ 水浴中加热 2h，冷却。存放两天后，倾出上清液，贮于棕色瓶中保存。使用前标定其浓度。

⑪ 高锰酸钾标准使用液 约 0.0020mol/L。吸取一定体积准确标定的高锰酸钾标准储备液，用不含还原性物质的水稀释至约 0.0020mol/L。此溶液在暗处可保存几个月，使用当天标定其浓度。

⑫ 高锰酸盐指数标准储备液 $I_{Mn} = 100mg/L$。称取 0.1584g 在 102～105℃ 下烘干 1h 并冷却的葡萄糖溶于水，无损失全量转移到 1000mL 容量瓶中，用纯水定容至标线，保存于冰箱中。

⑬ 高锰酸盐指数标准溶液 $I_{Mn} = 4.0mg/L$。准确吸取 10.00mL 高锰酸盐指数标准储备液置于 250mL 容量瓶中，用纯水定容至刻度。该溶液使用前现配。

除另有说明外，均使用符合国家标准或专业标准的分析纯试剂和不含还原性物质的重蒸水，不得使用去离子水。

【测定步骤】

(1) 采样 采样后要加入硫酸，调节样品 pH 值为 1～2，以抑制微生物活动。样品应尽快分析。如保存时间超过 6h，则需置于暗处；0～5℃下保存，不得超过 2 天。

(2) 氧化 分取 50.0mL 混合均匀的水样（如高锰酸盐指数高于 10mg/L，则酌情少取，并用水稀释至 50.0mL）于 250mL 锥形瓶中，加入 5mL（1＋3）硫酸溶液，混匀。再加入 10.00mL 高锰酸钾标准使用液，摇匀，放入沸水浴中加热（30±2）min（水浴沸腾时放入，重新沸腾起计时，温度在 96～98℃之间）。沸水液面要高于锥形瓶中的反应溶液液面。

(3) 滴定 取下锥形瓶，趁热加入 10.00mL 草酸钠标准溶液，摇匀。立即用高锰酸钾标准使用液滴定至微红色，并保持 30s 不褪色。记录高锰酸钾标准使用液的消耗量。

(4) 标准溶液的标定 取 50mL 重蒸水于 250mL 锥形瓶中，混匀后加热使溶液温度在 65～80℃，取出后加入草酸钠标准储备液 10.00mL，用待标定的高锰酸钾标准储备液滴定，滴定至溶液呈微红色，并保持 30s 不褪色，即为滴定终点。同时做空白滴定。

高锰酸钾标准储备液的浓度 c_2（mol/L）按式（1-35）计算：

$$c_2 = \frac{c_1 V_1}{V_2 - V_0} \times \frac{2}{5} \tag{1-35}$$

式中 c_1——草酸钠标准储备液的浓度，mol/L；

V_1——草酸钠标准储备液的体积，mL；

V_2——标定消耗的高锰酸钾标准储备液的体积，mL；

V_0——空白消耗的高锰酸钾标准储备液的体积，mL。

(5) 校核与空白试验 分别取 50.0mL 高锰酸盐指数标准溶液及重蒸水代替样品，同步骤（2）、步骤（3）进行校核与空白试验。

【测定结果】

数据记录表

样品编号	样品滴定结果/mL			空白滴定结果/mL			标定结果				高锰酸盐指数(O_2)/(mg/L)		
							滴定结果/mL			K 值			
	1	2	均值	1	2	均值	1	2	均值		I_{Mn1}	I_{Mn2}	均值

高锰酸盐指数 I_{Mn} 以每升样品消耗的氧气量（mg/L）表示，按式（1-36）计算：

$$I_{Mn} = \frac{cK(V_1 - V_0) \times 16 \times 1000}{V} \tag{1-36}$$

式中 c——草酸钠标准溶液的浓度，mol/L；

K——校正系数；

V_1——滴定样品消耗的高锰酸钾标准使用液的体积，mL；

V_0——空白试验消耗的高锰酸钾标准使用液的体积，mL；

V——样品体积，mL；

16——氧原子摩尔质量，g/mol。

校正系数 K 值可按式（1-37）计算：

$$K = \frac{10.00}{V_2} \tag{1-37}$$

式中　10.00——样品中加入草酸钠标准溶液的体积，mL；

V_2——标定消耗的高锰酸钾标准使用液的体积，mL。

【注意事项】

① 酸度大时会使结果偏小，这是因为草酸在酸性大的条件下分解，使测定结果不准确。

② 高锰酸盐指数样品处理中的加热方式以水浴加热更科学。这是由于直火加热容易使试样受热不均，样品氧化反应不完全，会使测定结果偏低；同时在相同时间内，不同电炉对所加热样品的加热程度不同，平行样之间的误差较大。

③ 加热时间不同，会使测定结果有偏差，这是因为氧化还原反应的程度不同，故要求准确计时。

④ 酸性条件下，草酸钠和高锰酸钾反应的温度应保持在 60～80℃，所以滴定操作必须趁热进行。

⑤ 高锰酸盐指数测定方法分为酸式法和碱式法，二者皆适用于饮用水、地表水的测定，不适用于测定工业废水中有机污染负荷（如需测定，可采用重铬酸钾法）。测定范围为 0.5～10.0mg/L。

酸式法适用于氯离子浓度不超过 300mg/L 的水样；氯离子浓度超过 300mg/L 时，应采用碱式法。

Ⅱ. 碱式法

【测定目的】

① 掌握碱式法测定高锰酸盐指数的原理。

② 掌握高锰酸盐指数测定操作的基本技能。

③ 学会存在不同干扰时的处理方法及选用合适测定方法的能力。

【测定原理】

在碱性条件下，高锰酸钾将水中的某些有机物及还原性物质氧化，剩余的高锰酸钾用过量的草酸钠还原，再用高锰酸钾标准溶液回滴过量的草酸钠至溶液呈微红色。根据加入的高锰酸钾和草酸钠标准溶液的量及最后滴定消耗高锰酸钾标准溶液的量，计算出高锰酸盐指数。

其化学反应式见酸式法。

【仪器和试剂】

同酸式法。

【测定步骤】

(1) 采样　同酸式法水体采样。

(2) 氧化　分取 50.0mL 混合均匀的水样（或酌情少取，用水稀释至 50.0mL）于锥形瓶中，加入 0.5mL 氢氧化钠溶液，再加入 10.00mL 高锰酸钾标准使用液，摇匀，立即放入沸水浴中加热（30±2)min（从水浴重新沸腾起计时）。沸水液面要高于锥形瓶中的反应溶液液面。

(3) 滴定　取下锥形瓶，冷却至 65～80℃，加入 5mL（1＋3）硫酸溶液并保证溶液呈酸性，加入 10.00mL 草酸钠标准使用液，摇匀。迅速用高锰酸钾标准使用液滴定至溶液呈微红色为止。

（4）标准溶液浓度的校正　高锰酸钾标准使用液浓度的校正同酸式法。

（5）校核与空白试验　分别取 50.0mL 高锰酸盐指数标准溶液及重蒸水代替样品，同步骤（2）、步骤（3）进行校核与空白试验。

【测定结果】

同酸式法。

【注意事项】

① 在水浴中加热完毕后，溶液仍应保持淡红色，如变浅或全部褪去，说明高锰酸钾用量不够。此时，应将水样稀释倍数放大后再测定，使加热氧化后残留的高锰酸钾为其加入量的 1/3～1/2 为宜。

② 实验用水不得使用去离子水，因为制备去离子水的树脂可能分解成小分子有机物，干扰测定。

③ 滴定时温度应保持在 65～80℃之间。温度过低，则反应缓慢；温度过高，会引起草酸钠的分解。

④ 样品从沸水浴中取出至滴定完成时间应控制在 2min 以内。

【问题思考】

① 配制高锰酸钾标准溶液时，为什么要把溶液煮沸、放置及过滤？

② 在高锰酸盐指数的实际测定中，引入高锰酸钾标准使用液的校正系数 K，简述它的测定方法。说明 K 与溶液浓度之间的关系。

三、生化需氧量

生化需氧量（BOD）就是水中有机物在好氧微生物生物化学氧化作用下所消耗的溶解氧的量，以氧的量（mg/L）表示。水样中的硫化物、亚铁等还原性无机物也同时氧化。水体发生生物化学过程必备的条件是好氧微生物、足够的溶解氧、能被微生物利用的营养物质。

有机物在微生物作用下好氧分解分为两个阶段：第一阶段称为含碳物质氧化阶段，主要是含碳有机物氧化为二氧化碳和水；第二阶段称为消化阶段，主要是含氮有机物在硝化菌的作用下分解为亚硝酸盐和硝酸盐。两个阶段分主次且同时进行，消化阶段大约在 5～7 天甚至 10 天以后才显著进行，故目前国内外广泛采用在 20℃下的五日培养法，其测定的耗氧量称为五日生化需氧量，即 BOD_5。

BOD_5 是反映水体被有机物污染程度的综合指标，也是研究污水的可生化降解性和生化处理效果，以及生化处理污水工艺设计和动力学研究中的重要参数。

1. 五日培养法

对于污染轻的水样，取两份：一份测其当时的 DO；另一份在（20±1）℃下培养 5 天再测 DO。两者之差即为 BOD_5。对于大多数污水来说，为保证水体生物化学过程所必需的条件，测定时需按估计的污染程度适当地加特制的水稀释，然后取稀释后的水样两份：一份测其当时的 DO；另一份在（20±1）℃下培养 5 天再测 DO。同时测定稀释水在培养前后的 DO，按公式计算 BOD_5 值。

对不经稀释直接培养的水样：

$$BOD_5(mg/L)=c_1-c_2 \tag{1-38}$$

式中 c_1——水样在培养前溶解氧的质量浓度，mg/L；

c_2——水样经 5 天培养后，剩余溶解氧的质量浓度，mg/L。

对稀释后培养的水样：

$$BOD_5(mg/L)=\frac{(c_1-c_2)-(b_1-b_2)f_1}{f_2} \tag{1-39}$$

式中 b_1——稀释水（或接种稀释水）在培养前溶解氧的质量浓度，mg/L；

b_2——稀释水（或接种稀释水）在培养后溶解氧的质量浓度，mg/L；

f_1——稀释水（或接种稀释水）在培养液中所占比例；

f_2——水样在培养液中所占比例；

其余符号含义同上。

该法适用于水样 BOD_5 大于或等于 2mg/L，最大不超过 6000mg/L 的水样；大于 6000mg/L，会因稀释带来一定误差。

（1）稀释水 上述特制的用于稀释水样的水通称为稀释水。它是专门为满足水体生物化学过程的三个条件而配制的。配制时，取一定体积的蒸馏水，加氯化钙、氯化铁、硫酸镁等用于微生物繁殖的营养物，用磷酸盐缓冲液调 pH 值至 7.2，充分曝气，使溶解氧近饱和，达 8mg/L 以上。稀释水的 pH 值应为 7.2，BOD_5 必须小于 0.2mg/L，稀释水可在 20℃左右保存。

（2）接种液 可选择以下任一方法，以获得适用的接种液。

① 城市污水，一般采用生活污水，在室温下放置一昼夜，取上清液供用。

② 表层土壤浸出液，取 100g 花园或动植物生长土壤加入 1L 水，混合并静置 10min。取上清液供用。

③ 用含城市污水的河水或湖水。

④ 污水处理厂的出水。

⑤ 对于某些含有不易被一般微生物所分解的有机物的工业废水，需要进行微生物的驯化。这种驯化的微生物种群最好从接种污水的水体中取得。为此可以在排水口以下 3～8km 处取得水样，经培养接种到稀释水中；也可用人工方法驯化，采用一定量的生活污水，每天加入一定量的待测污水，连续曝气培养，直到培养出含有可分解污水中有机物的种群为止。

（3）接种稀释水 分取适量接种液，加入稀释水中，混匀。每升稀释水中接种液加入量为：生活污水 1～10mL；表层土壤浸出液 20～30mL；河水、湖水 10～100mL。接种稀释水的 pH 值应为 7.2，BOD_5 值以在 0.3～1.0mg/L 之间为宜。接种稀释水配制后应立即使用。

（4）检验 为检查稀释水和微生物是否适宜以及化验人员的操作水平，将每升葡萄糖和谷氨酸各 150mg 的标准溶液以 1:50 的比例稀释后，与水样同步测定 BOD，测得值应在 180～230mg/L 之间，否则，应检查原因，予以纠正。

（5）水样的稀释 水样的稀释倍数主要是根据水样中有机物含量和分析人员的实践经验来进行估算的。通常有以下两种情况。

① 对于清洁天然水和地表水，其溶解氧接近饱和，不需要稀释。

② 对于工业废水，有两种方法可以估算稀释倍数：其一，用 COD 值分别乘以系数

0.075、0.15、0.25 获得；其二，由高锰酸盐指数确定稀释倍数，见表 1-18。

表 1-18   高锰酸盐指数对应的系数

高锰酸盐指数/(mg/L)	系数	高锰酸盐指数/(mg/L)	系数
<5	—	10~20	0.4,0.6
5~10	0.2,0.3	>20	0.5,0.7,1.0

为了得到正确的 BOD 值，一般以经稀释后的混合液在 20℃下培养 5 天后的溶解氧残留量在 1mg/L 以上，耗氧量在 2mg/L 以上，这样的稀释倍数最合适。如果各稀释倍数均能满足上述要求，则取测定结果的平均值为 BOD 值。如果三个稀释倍数下培养的水样测定结果均在上述范围以外，则应调整稀释倍数后重做。

【注意】 *水样含有铜、铅、锌、铬、镉、砷、氰等有毒物质时，对微生物活性有抑制，可使用接种驯化微生物的稀释水，或提高稀释倍数，以减小毒物的影响。如含少量氯，一般放置 1~2h 可自行消失，对游离氯短时间不能消散的水样，可加入亚硫酸钠去除。*

2. 其他方法

目前测定 BOD 值常采用 BOD 测定仪，操作简单，重现性好，并可直接读取 BOD 值。

(1) 检压库仑式 BOD 测定仪   在密封系统中氧气量的减少可以用电解来补给，根据电解所需电量来求得氧的消耗量，仪器自动显示测定结果。

(2) 测压法   测定密封系统中由氧量的减少而引起的气压变化，直接读取测定结果。

(3) 微生物电极法   用薄膜式溶解氧电极来求得生化过程中氧的消耗量，用标准 BOD 物质溶液校准后，直接显示 BOD 值。

此外，还有活性污泥法、相关估算法、亚甲基蓝脱色法。

3. 生化需氧量的测定

【测定目的】

① 掌握生化需氧量（BOD）的测定原理和操作。

② 熟悉稀释水、接种液、接种稀释水的配制和使用方法。

【仪器和试剂】

① 恒温培养箱。

② 量筒   1000~2000mL。

③ 玻璃棒   棒长应比所用量筒高度长 20cm，在棒的底端固定一个直径比量筒直径略小，并带有几个小孔的硬橡胶板。

④ 溶解氧瓶   200~300mL，带有磨口玻塞，并具有供水封闭的钟形口。

⑤ 细口玻璃瓶   5~20mL。

⑥ 虹吸管   供分取水样和稀释水用。

⑦ 磷酸盐缓冲溶液   pH＝7.2，将 8.5g 磷酸二氢钾（KH_2PO_4）、21.75g 磷酸氢二钾（K_2HPO_4）、33.4g 磷酸氢二钠（$Na_2HPO_4 \cdot 7H_2O$）和 1.7g 氯化铵（NH_4Cl）溶于水中，稀释至 1000mL。

⑧ 硫酸镁溶液   22.5g/L。

⑨ 氯化钙溶液   27.5g/L。

⑩ 氯化铁溶液   0.25g/L。

⑪ 盐酸溶液   0.5mol/L。

⑫ 氢氧化钠溶液 0.5mol/L。

⑬ 亚硫酸钠溶液 $c\left(\frac{1}{2}Na_2SO_3\right)=0.025mol/L$。将 1.575g 亚硫酸钠溶于水，稀释至 1000mL。此溶液不稳定，需当天配制。

⑭ 葡萄糖-谷氨酸标准溶液 将葡萄糖和谷氨酸在 103℃ 下干燥 1h 后，各称取 150mg 溶于水中，移入 1000mL 容量瓶中，并稀释至标线，混合均匀。此标准溶液临用前配制。

⑮ 稀释水 在 5~20L 玻璃瓶内装入一定量的水，控制水温在 20℃ 左右。然后用无油空气压缩机或薄膜泵将此水曝气 2~8h，使水中溶解氧接近饱和，也可以鼓入适量纯氧。瓶口盖以两层经洗涤晾干的纱布，置于 20℃ 培养皿中放置数小时，使水中溶解氧含量达 8mg/L 左右。临用前于每升水中加入氯化钙溶液、氯化铁溶液、硫酸镁溶液、磷酸盐缓冲溶液各 1mL，并混合均匀。稀释水的 pH 值应为 7.2，其 BOD_5 应小于 0.2mg/L。

⑯ 接种液可选以下任一种，以获得适用的接种液。

a. 城市污水。一般采用生活污水，在室温下放置一昼夜，取上层清液使用。

b. 表层土壤浸出液。取 100g 花园土壤或植物生长土壤，加入 1L 水，混合并静置 10min，取上层清液使用。

c. 其他。含城市污水的河水或湖水；污水处理厂的出水。

当分析含有难降解物质的污水时，在排污口下游 3~8m 处取水样作为污水的驯化接种液。如无此种水源，可取中和或经适当稀释后的污水进行连续曝气，每天加入少量该种污水，同时加入适量表层土壤或生活污水，使能适应该种污水的微生物大量繁殖。当水中出现大量絮状物，或检查其化学耗氧量的降低值出现突变时，表明适用的微生物已进行繁殖，可用作接种液。一般驯化过程需要 3~8 天。

⑰ 接种稀释水 取适量接种液，加入稀释水中，混匀。每升稀释水中接种液加入量生活污水为 1~10mL，表层土壤浸出液为 20~30mL，河水、湖水为 10~100mL。

接种稀释水的 pH 值为 7.2，BOD_5 值在 0.3~1.0mg/L 范围内为宜。接种稀释水配制后应立即使用。

【测定步骤】

(1) 采样 按要求采取具有代表性的水样。

(2) 水样的预处理

① 水样的 pH 值若超过 6.5~7.5 范围时，可用盐酸或氢氧化钠稀溶液调节至 7，但用量不要超过水样体积的 0.5%。

② 水样中含有铜、铅、锌、镉、铬、砷、氰等有毒物质时，可使用经驯化的微生物接种液的稀释水进行稀释，或增大稀释倍数，以减小有毒物的浓度。

③ 含有少量游离氯的水样，一般放置 1~2h 游离氯即可消失。对于游离氯在短时间内不能消散的水样，可加入亚硫酸钠溶液除去。

④ 从水温较低的水域中采集的水样，含有过饱和溶解氧，此时应将水迅速升温至 20℃ 左右，充分振摇，以赶出过饱和的溶解氧。

从水温较高的水浴或污水排放口取得的水样，则应迅速使其冷却至 20℃ 左右，并充分振摇，使与空气中氧分压接近平衡。

(3) 不经稀释的水样的测定 溶解氧含量较高、有机物含量较低的地表水，可不经稀释，而直接以虹吸法将约 20℃ 的混匀水样转移至两个溶解氧瓶内，转移过程中应注意不使其产生气泡。以同样的操作使两个溶解氧瓶充满水样,加塞水封。立即测定其中一瓶溶解氧。将另一瓶放入培养箱中,在(20±1)℃下培养五天后,测其溶解氧。

(4)需稀释水样的测定 稀释倍数的确定:地表水可由测得的高锰酸盐指数乘以适当的系数求出稀释倍数,见表 1-19。

表 1-19 高锰酸盐指数及相应系数

高锰酸盐指数/(mg/L)	系数	高锰酸盐指数/(mg/L)	系数
<5	—	10~20	0.4,0.6
5~10	0.2,0.3	>20	0.5,0.7,1.0

工业废水可由重铬酸钾法测得的 COD 值确定。通常需做 3 个稀释比,即使用稀释水时,由 COD 值分别乘以系数 0.075、0.15、0.225,即获得 3 个稀释倍数;使用接种稀释水时,则分别乘以 0.075、0.15 和 0.25,获得 3 个稀释倍数。

稀释倍数确定后按下法之一测定水样。

① 一般稀释法 按照选定的稀释比例,用虹吸法沿筒壁先引入部分稀释水(或接种稀释水)于 1000mL 量筒中,加入需要量的均匀水样,再引入稀释水(或接种稀释水)至 800mL,用带胶板的玻璃棒小心上下搅匀。搅拌时勿使搅棒的胶板露出水面,防止产生气泡。

按不经稀释水样的测定步骤,进行装瓶,测定当天溶解氧和培养五天后的溶解氧含量。

另取两个溶解氧瓶,用虹吸法装满稀释水(或接种稀释水)作为空白,分别测定 5 天前、后的溶解氧含量。

② 直接稀释法 是在溶解氧瓶内直接稀释。在两个已知容积相同(其误差小于 1mL)的溶解氧瓶内,用虹吸法加入部分稀释水(或接种稀释水),再加入根据瓶容积和稀释比例计算出的水样量,然后引入稀释水(或接种稀释水)至刚好充满,加塞,勿留气泡于瓶内。其余操作与上述稀释法相同。

在 BOD_5 测定中,一般采用叠氮化钠改良法测定溶解氧。如遇干扰物质,应根据具体情况采用其他测定法。

【测定结果】

见五日培养法。

【注意事项】

① 测定一般水样的 BOD_5 时,硝化作用很不明显或根本不发生。但对于生物处理池出水,则含有大量硝化细菌。因此,在测定 BOD_5 时也包括了部分含氮化合物的需氧量。对于这种水样,如只需测定有机物的需氧量,应加入硝化抑制剂,如丙烯基硫脲(ATU,$C_4H_8N_2S$)等。

② 在 2 个或 3 个稀释比的样品中,凡消耗溶解氧大于 2mg/L 和剩余溶解氧大于 1mg/L 都有效,计算结果时,应取平均值。

③ 为检查稀释水和接种液的质量以及化验人员的操作技术,可将 20mL 葡萄糖-谷氨酸标准溶液用接种稀释水稀释至 1000mL,测其 BOD_5,其结果应在 180~230mg/L 之间。否则,应检查接种液、稀释水或操作技术是否存在问题。

【问题思考】

① 采取哪些措施可使 BOD 测定结果更准确?

② 如何获取稀释水和接种稀释水？

四、总有机碳和总需氧量

1. 总有机碳

总有机碳（TOC）是以碳的含量表示水体中有机物质总量的综合指标。近年来，国内外已研制出各种 TOC 分析仪，按工作原理不同可分为燃烧氧化-非色散红外吸收法、电导法、气相色谱法、湿法氧化-非色散红外吸收法等。目前广泛采用燃烧氧化-非色散红外吸收法。

TOC 分析仪测定流程如图 1-42 所示。将一定量水样注入高温炉内的石英管中，在 900～950℃高温下，以铂和三氧化钴或三氧化二铬为催化剂，使有机物燃烧裂解转化为二氧化碳，然后用红外线气体分析仪测定二氧化碳含量，即可确定水样中碳的含量。但在高温条件下，水样中无机碳酸盐等也会分解产生二氧化碳，故上面测得的数值为水样中的总碳（TC）。为获得有机碳含量，一般可采用两种方法：一种是将水样预先酸化，通入氮气曝气，驱除各种碳酸盐分解生成的二氧化碳后再注入仪器测定；另一种方法是使用装有高温炉和低温炉的 TOC 测定仪，将同样等量水样，分别注入高温炉（900℃）和低温炉（150℃），在高温炉中水样中的有机碳和无机碳全部转化为二氧化碳，而低温炉的石英管中装有磷酸浸渍的玻璃棉，能使无机碳酸盐在 150℃下分解为二氧化碳，有机物却不能被分解氧化。将高、低温炉中生成的二氧化碳依次导入非色散红外线气体分析仪，分别测得总碳和无机碳（IC），二者之差即为总有机碳。该法适用于地表水和各种污水中 TOC 的测定。该法的最低检出浓度为 0.5mg/L，测定上限浓度 400mg/L；若变换仪器灵敏度档次，可继续测定大于 400mg/L 的高浓度样品。

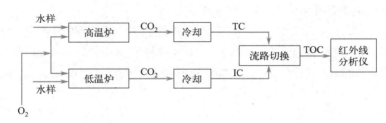

图 1-42 TOC 分析仪测定流程

【注意】 该法可使水样中的有机物完全氧化，故比 BOD_5 或 COD 更能反映水样中有机物的总量；地表水中无机碳含量远高于总有机碳时，影响总有机碳的测定精度；地表水中常见共存离子如 SO_4^{2-}、Cl^-、NO_3^-、PO_4^{3-}、S^{2-} 无明显干扰，当共存离子浓度较高时，可影响红外吸收，用无二氧化碳水稀释后再测；水样中含大量颗粒悬浮物时由于受水样注射器针孔的限制，测定结果往往不包括全部颗粒态有机碳。

2. 总需氧量

总需氧量（TOD）是指水中能被氧化的物质，主要是有机质在燃烧中变成稳定的氧化物时所需要的氧量，结果以氧气的量（mg/L）表示。

TOD 常用 TOD 测定仪来测定，将一定量水样注入装有铂催化剂的石英燃烧管中，通入含已知氧浓度的载气（氮气）作为原料气，则水样中的还原性物质在 900℃下被瞬间燃烧氧化，测定燃烧前后原料气中氧浓度减少量，即可求出水样的 TOD 值。该法适用于地表水和各种污水中 TOD 的测定。

TOD 是衡量水体中有机物污染程度的一项指标。TOD 值能反映几乎全部有机物质经燃烧后变成 CO_2、H_2O、NO、SO_2 等所需要的氧量，它比 BOD_5、COD 和高锰酸盐指数更接近理论需氧量值。

现有资料表明 BOD_5：TOD＝0.1～0.6，COD：TOD＝0.5～0.9，但它们之间没有固定相关关系，具体比值取决于污水性质。

研究表明水样中有机物的种类可用 TOD 和 TOC 的比例关系来判断。对于含碳化合物，因为一个碳原子需要消耗两个氧原子，即 O_2：C＝2.67，则理论上 TOD＝2.67TOC。若某水样的 TOD：TOC＝2.67 左右，可认为主要是含碳有机物；若 TOD：TOC 大于 4.0，可认为有较大量含硫、磷的有机物；若 TOD：TOC 小于 2.6，可认为有较大量的硝酸盐和亚硝酸盐，它们在高温和催化作用下分解放出氧，使 TOD 测定呈现负误差。

五、挥发酚

水中酚类属高毒物质，人体摄入一定量会出现急性中毒症状；长期饮用被酚污染的水，可引起头痛、出疹、瘙痒、贫血及各种神经系统症状。当水中含酚 0.1～0.2mg/L 时，鱼肉有异味；大于 5mg/L 时，鱼中毒死亡。常根据酚的沸点、挥发性和能否与水蒸气一起蒸出，将酚分为挥发酚和不挥发酚。通常认为沸点在 230℃ 以下为挥发酚，一般为一元酚；沸点在 230℃ 以上为不挥发酚。酚的主要污染源有煤气洗涤、炼焦、合成氨、造纸、木材防腐和化工行业排出的工业废水。

酚的监测方法有溴量法、4-氨基安替比林分光光度法和色谱法等。

水样预蒸馏的目的是分离出挥发酚及消除颜色、浑浊和金属离子的干扰。当水样中含有氧化剂和还原剂、油类等干扰物质时，在蒸馏前去除。

量取 250mL 水样于蒸馏烧瓶中，加 2 滴甲基橙溶液，用磷酸溶液将水样调至橙红色（pH＝4），加入 5mL 硫酸铜（采样未加时），加入数粒玻璃珠，以 250mL 量筒收集馏出液，加热蒸馏，等馏出 225mL 以上，停止蒸馏，液面静止后加入 25mL 水，继续蒸馏到馏出液为 250mL 为止。

1. 溴量法

取一定量水样，加入溴量剂 $KBrO_3$ 和 KBr，再加入碘化钾溶液，以淀粉为指示剂，用 $Na_2S_2O_3$ 标准溶液滴定生成的碘，同时做空白实验。根据 $Na_2S_2O_3$ 标准溶液消耗的体积计算出以苯酚计的挥发酚含量。该法适用于含酚浓度较高的各种污水，尤其适用于车间排污口或未经处理的总排污口废水中酚的测定。

$$KBrO_3 + 5KBr + 6HCl \longrightarrow 3Br_2 + 6KCl + 3H_2O$$
$$C_6H_5OH + 3Br_2 \longrightarrow C_6H_2Br_3OH + 3HBr$$
$$C_6H_2Br_3OH + Br_2 \longrightarrow C_6H_2Br_3OBr + HBr$$
$$Br_2 + 2KI \longrightarrow 2KBr + I_2$$
$$C_6H_2Br_3OBr + 2KI + 2HCl \longrightarrow C_6H_2Br_3OH + 2KCl + HBr + I_2$$
$$2Na_2S_2O_3 + I_2 \longrightarrow 2NaI + Na_2S_4O_6$$

$$\rho(挥发酚，以苯酚计，mg/L) = \frac{c(V_0 - V) \times 15.68 \times 1000}{V_样} \tag{1-40}$$

式中　c——Na$_2$S$_2$O$_3$ 标准溶液浓度，mol/L；

　　　V——水样滴定时 Na$_2$S$_2$O$_3$ 标液消耗的体积，mL；

　　　V_0——空白滴定时 Na$_2$S$_2$O$_3$ 标液消耗的体积，mL；

　　　$V_{样}$——水样的体积，mL；

　　15.68——苯酚 $\left(\dfrac{1}{6}C_6H_5OH\right)$ 摩尔质量，g/mol。

【注意】 水样中的干扰成分，在蒸馏前去除。氧化剂如游离氯加入过量亚硫酸铁去除；还原剂如硫化物用磷酸把水样 pH 值调至 4.0（用甲基橙或 pH 计指示），加入适量硫酸铜溶液生成硫化铜去除，当含量较高时用磷酸酸化水样，生成硫化氢逸出；油类用氢氧化钠颗粒调 pH 值为 12～12.5，用四氯化碳萃取去除；甲醛、亚硫酸盐等有机或无机还原物质，可分取适量水样于分液漏斗中，加硫酸酸化，分别用 50mL、30mL、30mL 乙醚或二氯甲烷萃取酚，合并乙醚层于另一分液漏斗中，分别用 4mL、3mL、3mL 10% 的 NaOH 溶液反萃取，使酚类转入 NaOH 溶液中，合并碱液于烧杯中，置水浴上加热，以除去残余萃取溶剂，然后用水将碱萃取液稀释至原分取水样的体积，同时以水做空白试验；采样时常加入适量硫酸铜（1g/L）以抑制微生物对酚类的生物氧化作用；蒸馏时若发现甲基橙红色褪去，在蒸馏结束后，再加入 1 滴甲基橙指示剂，如显示蒸馏后残液不呈酸性，重新取样，增加磷酸用量，进行蒸馏。

2. 4-氨基安替比林分光光度法

酚类化合物在 pH＝10±0.2 和铁氰化钾的存在下，与 4-氨基安替比林反应，生成橙红色的吲哚安替比林染料，于波长 510nm 处测定吸光度（若用氯仿萃取此染料，有色溶液可稳定 3h，可于波长 460nm 处测定吸光度），求出水样中挥发酚的含量。该法适用于各类污水中酚含量的测定。

该法的最低检出浓度（用 20mm 比色皿时）为 0.1mg/L，萃取后，用 30mm 比色皿时，最低检出浓度为 0.002mg/L；测定上限为 0.12mg/L。

【注意】 此法测定的不是总酚，因显色反应受酚环上取代基的种类、位置、数目的影响，羟基对位的取代基可阻止反应的进行，但卤素、羧基、磺酸基、羟基和甲氧基除外；邻位的硝基阻止反应发生，而间位的硝基不完全地阻止反应，氨基安替比林与酚的偶合在对位较邻位多见。当对位被烷基、芳基、酯、硝基、苯酰基、亚硝基或醛基取代，而邻位未被取代时，不呈现颜色反应；水样中含挥发性酸时，可使馏出液 pH 值降低，此时应在馏出液中加入氨水呈中性后，再加入缓冲溶液。

3. 酚类的测定

【测定目的】

① 掌握 4-氨基安替比林分光光度法的测定原理和操作。

② 熟练运用标准曲线法定量。

【仪器和试剂】

① 分光光度计。

② 全玻璃蒸馏器　500mL。

③ 无酚水　于 1L 水中加入 0.2g 经 200℃下活化 0.5h 的活性炭粉末，充分振摇后，放置过夜。用双层中速滤纸过滤，或加氢氧化钠使水呈强碱性，并滴加高锰酸钾溶液至紫红色，移入蒸馏瓶中加热蒸馏，收集馏出液备用。

无酚水应储于玻璃瓶中，取用时应避免与橡胶制品（橡胶塞或乳胶管）接触。

④ 硫酸铜溶液　100g/L。

⑤ 磷酸溶液　（1+10），$\rho = 1.69$。

⑥ 甲基橙指示液　0.5g/L水溶液。

⑦ 苯酚标准储备液　称取1.00g无色苯酚（C_6H_5OH）溶于水，移入1000mL容量瓶中稀释至标线，放入冰箱内保存。至少稳定一个月。

加溴酸钾-溴化钾和碘化钾后，用硫代硫酸钠标准溶液标定苯酚浓度。

⑧ 苯酚标准中间液　取适量苯酚储备液，用水稀释至每毫升含0.010mg苯酚。使用时当天配制。

⑨ 溴酸钾-溴化钾标准溶液　$c\left(\dfrac{1}{6}KBrO_3\right) = 0.1mol/L$。称取2.784g溴酸钾（$KBrO_3$）溶于水，加10g溴化钾（$KBr$）使其溶解，移入1000mL容量瓶中，稀释至标线。

⑩ 碘酸钾标准溶液　$c\left(\dfrac{1}{6}KIO_3\right) = 0.0125mol/L$。称取预先经180℃下烘干的碘酸钾0.4458g溶于水，移入1000mL容量瓶中，稀释至标线。

⑪ 硫代硫酸钠标准溶液　$c(Na_2S_2O_3 \cdot 5H_2O) \approx 0.0125mol/L$。称取3.1g硫代硫酸钠溶于煮沸放冷的水中，加0.2g碳酸钠，稀释至1000mL，临用前，用碘酸钾溶液标定。

⑫ 淀粉溶液　10g/L水溶液，冷后，置冰箱内保存。

⑬ 缓冲溶液　$pH \approx 10$。称取20g氯化铵（NH_4Cl）溶于100mL氨水中，加塞，置冰箱中保存。

⑭ 4-氨基安替比林　20g/L，置于冰箱中保存可使用一周。

⑮ 铁氰化钾溶液　80g/L，置于冰箱中保存可使用一周。

【测定步骤】

（1）水样预处理　量取250mL水样置于蒸馏瓶中，加数粒小玻璃珠以防暴沸，再加2滴甲基橙指示液，用磷酸溶液调节至pH=4（溶液呈橙色），加5.0mL硫酸铜溶液（如采样时已加过硫酸铜，则补加适量）。

如加入硫酸铜溶液后产生较多的黑色硫化铜沉淀，则应摇匀后放置片刻，待沉淀后，再滴加硫酸铜溶液，至不再产生沉淀为止。

（2）水样蒸馏　连接冷凝器，加热蒸馏，至蒸馏出约225mL时，停止加热，放冷。向蒸馏瓶中加入25mL水，继续蒸馏至馏出液为250mL为止。

蒸馏过程中，如发现甲基橙的红色褪去，应在蒸馏结束后，再加1滴甲基橙指示液。如发现蒸馏后残液不呈酸性，则应重新取样，增加磷酸加入量，进行蒸馏。

（3）标准曲线的绘制　在8支50mL比色管中，分别加入0、0.50mL、1.00mL、3.00mL、5.00mL、7.00mL、10.00mL、12.50mL苯酚标准中间液，加水至50mL标线。加0.5mL缓冲溶液，混匀，此时pH值为10.0±0.2，加4-氨基安替比林溶液1.0mL，混匀。再加1.0mL铁氰化钾溶液，充分混匀后，放置10min立即于510nm波长处，用光程为20mm的比色皿，以水为参比，测量吸光度。经空白校正后，绘制吸光度对苯酚含量（mg）的标准曲线。

（4）水样的测定　取适量的馏出液放入50mL比色管中，稀释至标线。按第（3）步相同方法测定吸光度，最后减去空白试验所得吸光度。

（5）空白试验　以水代替水样，经蒸馏后，按水样测定相同步骤进行测定，其测定结果即为水样测定的空白校正值。

【测定结果】

$$\rho(挥发酚，mg/L)=\frac{m}{V}\times1000 \tag{1-41}$$

式中　m——由水样的校正吸光度，从标准曲线上查得的苯酚含量，mg；

　　　　V——移取馏出液体积，mL。

【注意事项】

① 加热蒸馏是实验的关键。

② 水样含挥发酚较高时，移取适量水样并加至250mL进行蒸馏，在数据处理时乘以稀释倍数。

【问题思考】

① 如何标定苯酚和硫代硫酸钠溶液？

② 水样中加硫酸铜的目的是什么？

③ 水样进行蒸馏时应呈酸性还是碱性？为什么？

六、矿物油

矿物油漂浮于水体表面，直接影响空气与水体界面之间的氧交换。分散于水体中的油，常被微生物氧化分解，从而消耗水中的溶解氧，使水质恶化。另外，矿物油中还含有毒性大的芳烃类。水中的矿物油来自工业废水和生活污水，工业废水中的石油类（各种烃的混合物）污染物主要来自原油开采、加工及各种炼制油的使用部门。

矿物油的测定方法有称量法、非分散红外法、紫外分光光度法、荧光法、比浊法等。

1. 称量法

取一定量水样，加硫酸酸化，用石油醚萃取矿物油，然后蒸发除去石油醚。称量残渣重，计算出矿物油的含量。适用于含10mg/L矿物油的水样，不受油种类限制。

$$\rho(油，mg/L)=(m_1-m)\times10^6/V_样 \tag{1-42}$$

式中　m_1——烧杯和油的质量，g；

　　　　m——烧杯的质量，g；

　　　　$V_样$——水样体积，mL。

【注意】 石油醚对矿物油有选择性溶解。较重的石油成分可能不被萃取；蒸发除去石油醚时，会造成轻质油损失；操作时注意矿物油不要黏附于容器壁。

2. 非分散红外法

非分散红外法属红外吸收法。石油类物质的甲基（—CH₃）、亚甲基（—CH₂—）在近红外区（3.4μm）有特征吸收是测定水样中油含量的基础。标准油采用受污染地点水中石油醚萃取物。根据原油组分特点，也可采用混合石油烃作为标准油，其组成为十六烷∶异辛烷∶苯＝65∶25∶10（体积）。

测定时先用硫酸将水样酸化，加氯化钠破乳化，再用三氯三氟乙烷萃取，萃取液经过无水硫酸钠过滤、定容至标线，注入红外油分分析仪直接读取油含量。适用于0.1～200mg/L

的含油水样。

根据油分分析仪说明书规定预热、调零和校准仪器，向仪器分析池内注入三氯三氟乙烷调零；注入由十六烷、异辛烷、苯组成的标准油校准仪器；向分析池内注入已用无水硫酸钠去水的含油三氯三氟乙烷水样萃取液。

【注意】 含甲基、亚甲基的有机物质产生干扰；水样的动、植物性油脂及脂肪酸物质中加入分子筛，用砂芯漏斗过滤分离去除；石油中较重的组分不溶于三氯三氟乙烷，致使测定结果偏低；溶剂三氯三氟乙烷可用四氯化碳代替，实验后回收；注入样品不得带有气泡并控制速度。

3. 紫外分光光度法

石油及其产品在紫外光区有特征吸收。带有苯环的芳香族化合物的主要吸收波长为250～260nm；带有共轭双键的化合物主要吸收波长为215～230nm；一般原油的两个吸收波长为225nm和254nm；原油和重质油可选254nm，轻质油及炼油厂的油品可选择225nm。

水样用硫酸酸化，加氯化钠破乳化，然后用石油醚萃取、脱水、定容至标线后测定。

测定时标准油用受污染地点水样中石油醚萃取物，用紫外分光光度法定量。

该方法适用于0.05～50mg/L含矿物油水样。

【注意】 不同油品的特征吸收峰不同，如难以确定测定波长时，可用标准油样在215～300nm之间扫描，确定最大吸收波长，一般在220～225nm之间；用塑料桶采样或保存水样易使测定结果偏低，同时，使用前器皿应避免有机物的污染。

任务训练

1. 解释下列指标代表的意义：COD、BOD、TOD、TOC。

2. 简述COD测定原理及测定过程。若要改进，应采取哪些措施？

3. 简述BOD_5测定原理，稀释水和接种稀释水的配制与使用方法。

4. 高锰酸盐指数和化学需氧量有何区别？

5. 测定挥发酚的方法有哪些？简述其原理。

6. 简述非分散红外吸收法测矿物油的原理。

7. 酚标准溶液标定时，取10.0mL待标液加水至100mL，用0.1005mol/L的硫代硫酸钠溶液滴定，消耗15.35mL，同时用水代替待标液做另一次滴定，消耗硫代硫酸钠19.75mL，待标液的浓度是多少？

8. 简述总有机碳、总需氧量的测定原理。

9. 试计算1g葡萄糖、1g苯二甲酸氢钾的理论COD值。若需配制COD值为500mg/L的溶液1L，问需分别称葡萄糖、苯二甲酸氢钾多少？

10. 稀释法测BOD，取原水样100mL，加稀释水至1000mL，取其中一部分测其DO等于7.4mg/L，另一部分培养5日再测DO等于3.8mg/L，已知稀释水空白值为0.2mg/L，求水样的BOD。

● 任务八 水体污染的生物监测 ●

一、水体污染生物监测原理

要对水体污染科学、全面、综合地分析和评价，仅对水体的物理和化学指标进行监测是不完善的，还要对水体中的水生生物进行监测获取生物指标。水环境中存在着大量的水生生物，它们与水体共同组成了一个水生生物群落。各种水生生物之间以及水生生物与水环境之间存在着互相依存又互相制约的密切关系。当水体受到污染而使水环境改变时，由于各种不同的水生生物对环境的要求和适应能力不同，就会产生不同的反应，根据水体中水生生物的种群数量和个体数量的变化就能判断水体污染的类型与程度。这就是生物学水质监测方法的工作原理。

水中微生物

水生生物监测断面和采样点的布设，也应在对监测区域的自然环境和社会环境进行调查研究的基础上，遵循断面要有代表性，尽可能与化学监测断面相一致，并考虑水环境的整体性、监测工作的连续性和经济性等原则。对于河流应根据其流经区域的长度，至少设上（对照）、中（污染）、下（观察）三个断面，采样点数视水面宽、水深、生物分布特点等确定。对于湖泊和水库，通常应在湖（库）入口区、中心区、出口区、最深水区、清洁区等处设监测断面。监测项目及频率见表1-20。

表 1-20 河、湖、库淡水生物监测项目及频率

项目		适用范围	监测频率
名称	必(选)测		
浮游植物	必测	湖泊、水库	每年不少于两次
	选测	河流	
浮游动物	选测	湖泊、水库、河流	每年不少于两次
着生生物	必测	河流	每年不少于两次
	选测	湖泊、水库	
底栖动物	必测	湖泊、水库、河流	每年不少于两次
水生维管束植物	选测	湖泊、水库、河流	每年不少于两次
叶绿素 a 测定	必测	湖泊、水库	每年不少于两次
	选测	河流	
黑白瓶测氧	选测	湖泊、水库、河流	每年不少于两次
残毒	部分必测	湖泊、水库、河流、池塘等	参照《地表水监测技术规范》执行
细菌总数	必测	饮用水、水源水、地面水、废水	参照《地表水监测技术规范》执行
总大肠菌群	必测	饮用水、水源水、地面水、废水	
粪大肠菌群	选测	饮用水、水源水、地面水、废水	
沙门菌	选测	饮用水、水源水、地面水、废水	
粪链球菌	选测	饮用水、水源水、地面水、废水	
鱼类、藻类、毒性试验	选测	污染源	根据污染源监测需要确定
Ames 试验	选测	污染源	
紫露草微核技术	选测	污染源	
蚕豆根尖微核技术	选测	污染源	
鱼类 SEC 技术	选测	污染源	

水质污染生物监测方法主要有生物群落法、生产力测定法、残毒测定法、急性毒性试验、细菌学检验法等。

二、生物群落法

1. 指示生物

对某一特定环境条件特别敏感的水生生物，叫作指示生物，如浮游植物（藻类、海草等）、浮游动物（原生动物、轮虫等）、着生生物、底栖动物、鱼类和细菌等。每一水生生物都有一定的生存条件，在不同状态的水质中，有着不同种类和数量的生物。正常情况下，水体中存在的生物种类多，数量少；当水体受到污染后，不能适应的生物或者逃逸或者死亡，水体中存在生物种类少、数量多。根据水质中生物的种类和数量即能评价水质污染状况。

2. 监测方法

（1）污水生物系统法　该方法将受有机物污染的河流按其污染程度和自净过程划分为几个互相连续的污染带，每一个污染带中会出现各自不同的生物学特征（指示生物）和化学特征，据此评价水质状况。根据河流的污染程度，通常将其划分为四个污染带，即多污带、α-中污带、β-中污带和寡污带。各污染带水体内存在特有的生物种群，其生物学及化学特征见表 1-21。

表 1-21　污水系统生物学及化学特征

项目	多污带	α-中污带	β-中污带	寡污带
化学过程	因还原分解显著而产生腐败现象	水和底泥里出现氧化过程	氧化过程更强烈	因氧化使无机化达到矿化阶段
溶解氧	没有或极微量	少量	较多	很多
BOD	很高	高	较低	低
硫化氢的生成	具有强烈的硫化氢臭味	没有强烈的硫化氢臭味	无	无
水中有机物	蛋白质、多肽等高分子物质大量存在	高分子化合物分解产生氨基酸、氨等	大部分有机物已完成无机化过程	有机物全分解
底泥	常有黑色硫化铁存在，呈黑色	硫化铁氧化成氢氧化铁，底泥不呈黑色	有三氧化二铁存在	大部分氧化
水中细菌	大量存在，每毫升达100万个以上	细菌较多，每毫升十万个以上	数量减少，每毫升十万个以下	数量少，每毫升100个以下
栖息生物的生态学特征	动物都是细菌摄食者且耐受 pH 值强烈变化，耐嫌气性生物，对硫化氢、氨等有强烈的抗性	摄食细菌动物占优势，肉食性动物增加，对溶解氧和 pH 值变化表现出高度适应性，对氨大体有抗性，对硫化氢耐性较弱	对溶解氧和 pH 值变化耐性较差，并且不能长时间耐腐败性毒物	对 pH 值和溶解氧变化的耐性很弱，特别是对腐蚀性毒物如硫化氢等耐性很差
植物	硅藻、绿藻、接合藻及高等植物没有出现	出现蓝藻、绿藻、接合藻、硅藻等	出现多种类的硅藻、绿藻、接合藻，是鼓藻的主要分布区	水中藻类少，但着生藻类较多
动物	以微型动物为主，原生动物居优势	仍以微型动物占大多数	多种多样	多种多样
原生动物	有变形虫、纤毛虫，但无太阳虫、双鞭毛虫、吸管虫等出现	仍然没有双鞭毛虫，但逐渐出现太阳虫、吸管虫等	太阳虫、吸管虫中耐污性差的种类出现，双鞭毛虫也出现	鞭毛虫、纤毛虫中有少量出现
后生动物	有轮虫、蠕形动物、昆虫幼虫出现，水螅、淡水海绵、苔藓动物、小型甲壳、鱼类没有出现	没有淡水海绵、苔藓动物，有贝类、甲壳类昆虫出现	淡水海绵、苔藓、水螅、贝类、小型甲壳类、两栖类、鱼类均有出现	昆虫幼虫很多，其他各种动物逐渐出现

　　污水生物系统法注重用某些生物种群评价水体污染状况，需要丰富的生物学分类知识，工作量大，耗时多，并且有指示生物出现异常情况的现象，故给准确判断带来一定困难。污水生物系统法只是一种定性描述方法，为了能对污染的状况做出定量评价，环境生物学者根据生物种群结构变化与水体污染关系的研究成果，提出了生物指数法。

　　（2）生物指数法　生物指数法是指用数学公式反映生物种群或群落结构的变化，以评价水体质量的数值。

　　① 贝克法　贝克（Beek）于1955年首先提出以生物指数来评价水体污染的程度。它按底栖大型无脊椎动物对有机物污染的敏感性和耐受性分成 A 与 B 两大类，并规定在环境条件相近似的河段，采集一定面积的底栖动物，进行种类鉴定。按式（1-43）计算生物指数：

$$生物指数（BI）=2n_1+n_2 \tag{1-43}$$

式中　n_1——敏感种类，在污染状况下不出现；

　　　　n_2——耐污种类，在污染状况下才出现。

　　该生物指数数值越大，水体越清洁，水质越好；反之，生物指数值小，则水体污染越严重。

　　a. BI 值为 0 时，属严重污染区域。

　　b. BI 值为 1～6 时，为中等污染区域。

　　c. BI 值大于 10 时，为清洁水区。

　　② 津田松苗法　津田松苗从20世纪60年代起多次对贝克生物指数做了修改，他提出不限定采集面积，由4～5个人在一个点上采集30min，尽量把河段各种大型底栖动物采集完全，然后对所得生物样进行鉴定、分类，然后再用贝克公式计算，此法在日本应用已达十几年。指数与水质关系如下。

　　a. BI 大于 30 时为清洁河段。

　　b. BI 为 15～29 时为较清洁河段。

　　c. BI 为 6～14 时为较不清洁河段。

　　d. BI 为 0～5 时为极不清洁河段。

　　③ 多样性指数　沙农-威尔姆根据对底栖大型无脊椎动物的调查结果，提出用种类多样性指数评价水质。该指数的特点是能定量反映生物群落结构的种类、数量及群落中种类组成比例变化的信息。在清洁的环境中，通常生物种类极其多样，但由于竞争，各种生物又仅以有限的数量存在，而且相互制约而维持着生态平衡。当水体受到污染后，不能适应的生物或者死亡淘汰，或者逃离，能够适应的生物生存下来。由于竞争生物的减少，生存下来的少数生物种类的个体数大大增加。这种清洁水域中生物种类多，每一种个体数少，而污染水域中生物种类少，每一种的个体数大大增加的规律是建立种类多样性指数式的基础。沙农-威尔姆提出的种类多样性指数式如下：

$$\overline{d}=-\sum_{i=1}^{S}\frac{n_i}{N}\log 2^{\frac{n_i}{N}} \tag{1-44}$$

式中　$\overline{d}$——种类多样性指数；

　　　　N——单位面积样品中收集到的各类动物的总个数；

　　　　n_i——单位面积样品中第 i 种动物的种数；

　　　　S——收集到的动物种类数。

式(1-44)表明，动物种类越多，$\overline{d}$ 值越大，水质越好；反之，种类越少，$\overline{d}$ 值越小，水体污染越严重。

沙农-威尔姆对美国十几条河流进行了调查，总结出 $\overline{d}$ 值与水样污染程度的关系如下。

a. $\overline{d}<1.0$ 为严重污染。

b. $\overline{d}$ 为 1.0～3.0 为中等污染。

c. $\overline{d}>3.0$ 为清洁。

中国曾经运用该方法对蓟运河中大型底栖无脊椎动物进行调查，结果表明基本上与沙农-威尔姆公式相符。

三、细菌学检验法

1. 水样的采集

采集细菌学检验用水样，必须严格按照无菌操作要求进行，以防在运输过程中被污染，并应迅速进行检验。一般从采样到检验不宜超过 2h，在 10℃以下冷藏保存不得超过 6h。采样方法如下。

① 采集自来水样，首先用酒精灯灼烧水龙头灭菌或用 70%的酒精消毒，然后放水 3min，再采集约为采样瓶容量 80%的水量。

② 采集江河、湖泊、水库等水样，可将采样瓶沉入水面下 10～15cm 处，瓶口朝水流上游方向，使水灌入瓶内。需要采集一定深度的水样时，用采水器采集。

2. 细菌总数

细菌总数是指 1mL 水样在营养琼脂培养基中，于 37℃下经 24h 培养后，所生长的细菌菌落的总数。它是判断饮用水、水源水、地表水等污染程度的标志。其主要测定程序如下。

① 用于细菌检验的器皿、培养基等均需按规定要求进行灭菌，以保证所有检测出的细菌皆属被测水样所有。

② 营养琼脂培养基的制备：称取 10g 蛋白胨、3g 牛肉膏、5g 氯化钠及 10～20g 琼脂溶于 1000mL 水中，加热至琼脂溶解，调节 pH 值为 7.4～7.6，过滤，分装于玻璃容器中，经高压蒸气灭菌 20min，储于冷暗处备用。

③ 以无菌操作方法用 1mL 灭菌吸管吸取混合均匀的水样（或稀释水样），注入灭菌平皿中，加入约 15mL 已熔化并冷却到 45℃左右的营养琼脂培养基，摇动平皿使水样和培养基混合均匀。每个水样应做两份平行试验，同时再用一个平皿只倾注营养琼脂培养基做空白对照。待琼脂培养基冷却凝固后，翻转平皿置于 37℃恒温箱内培养 24h。

④ 用眼睛或借助放大镜观察，对平皿中的菌落进行计数，求出 1mL 水样中的平均菌落数。报告菌落计数时，若在 100 以内，按实有数字报告；若大于 100，则采用科学记数法来表示。例如，菌落总数为 1580 个/mL，应记为 1.6×10^3 个/mL。

3. 总大肠菌群

（1）总大肠菌群概述　粪便中存在大量的大肠菌群细菌，它们在水体中的存活时间和对氯的抵抗力等与肠道致病菌（如沙门菌、志贺菌等）相似，因此将总大肠菌群作为粪便污染的指示菌是合适的。但在某些水质条件下，大肠菌群细菌在水中能自行繁殖。

总大肠菌群是指那些能在 35℃、48h 之内使乳糖发酵产酸、产气，需氧及兼性厌氧的革兰氏阴性的无芽孢杆菌，以每升水样中所含有的大肠菌群的数目表示。

总大肠菌群的检验方法有发酵法和滤膜法。发酵法适用于各种水样（包括底质），但操作烦琐、费时间。滤膜法操作简便、快速，但不适用于浑浊水样。因为这种水样常会把滤膜堵塞，异物也可能干扰菌种生长。滤膜法操作程序如下。

将水样注入已灭菌、放有微孔（孔径 0.45μm）滤膜的滤器中，经抽滤，细菌截留在膜上；将该滤膜贴于品红亚硫酸钠培养基上，37℃下恒温培养 24h，对符合特征的菌落进行涂片、革兰染色和镜检；凡属革兰氏阴性的无芽孢杆菌者，再接种于乳糖蛋白胨培养液或乳糖蛋白胨半固体培养基中，在 37℃恒温条件下，前者经 24h 培养产酸产气者，或后者经 6～8h 培养产气者，则判定为总大肠菌群阳性。

由滤膜上生长的大肠菌群菌落总数和所取过滤水样量，按式(1-45)计算 1L 水中总大肠菌群数。

$$总大肠菌群数(个/L)=\frac{所计数的大肠菌群菌落数×1000}{过滤水样量(mL)} \tag{1-45}$$

大肠菌群在品红亚硫酸钠培养基上的特征是：紫红色，具有金属光泽的菌落；深红色，不带或略带金属光泽的菌落；淡红色，中心色较深的菌落。

（2）总大肠菌群的测定

【测定目的】

① 掌握多管发酵法的测定原理和操作。

② 了解各类培养基的制备方法。

【测定原理】

总大肠菌群可用多管发酵法检验。多管发酵法的原理是根据大肠菌群细菌能发酵乳糖、产酸产气以及具备革兰染色阴性、无芽孢、呈杆状等有关特性，通过三个步骤进行检验，求得水样中的总大肠菌群数。试验结果以最可能数（mostprobablenumber，MPN）表示。

【仪器和试剂】

① 高压蒸气灭菌器。

② 恒温培养箱；冰箱。

③ 生物显微镜；载玻片。

④ 酒精灯；镍铬丝接种棒。

⑤ 培养皿 ϕ100mm。

⑥ 试管 5 支 50mL。

⑦ 吸量管 1mL；10mL；500mL。

⑧ 烧杯 200mL；500mL；2000mL。

⑨ 锥形瓶 500mL；1000mL。

⑩ 采样瓶。

⑪ 乳糖蛋白胨培养液 将 10g 蛋白胨、3g 牛肉膏、5g 乳糖和 5g 氯化钠加热溶解于 1000mL 蒸馏水中，调节溶液 pH 值为 7.2～7.4，再加入 1.6％的溴甲酚紫乙醇溶液 1mL，充分混匀，分装于试管中，于 121℃高压灭菌器中灭菌 15min，储存于冷暗处备用。

⑫ 3 倍浓缩乳糖蛋白胨培养液 按上述乳糖蛋白胨培养液的制备方法配制。除蒸馏水外，各组分用量增加至 3 倍。

⑬ 品红亚硫酸钠培养基

a. 储备培养基的制备。于 2000mL 烧杯中，先将 20～30g 琼脂加到 900mL 蒸馏水中，加热溶解，然后加入 3.5g 磷酸氢二钾及 10g 蛋白胨，混匀，使其溶解，再用蒸馏水补充到 1000mL，调节溶液 pH 值为 7.2～7.4。趁热用脱脂棉或绒布过滤，再加 10g 乳糖，混匀，定量分装于 250mL 或 500mL 锥形瓶中，置于高压灭菌器中，121℃下灭菌 15min，储存于冷暗处备用。

b. 平面培养基的制备。将上述方法制备的储备培养基加热熔化。根据锥形瓶内培养基的容量，用灭菌吸管按比例吸取一定量的 5％碱性品红乙醇溶液，置于灭菌试管中；再按比例称取无水亚硫酸钠，置于另一灭菌空试管中，加灭菌水少许使其溶解，再置于沸水浴中煮沸 10min（灭菌）。用灭菌吸管吸取已灭菌的亚硫酸钠溶液，滴加于碱性品红乙醇溶液内到深红色再褪至淡红色为止（不宜加多）。将此混合液全部加入已熔化的储备培养基内，并充分混匀（防止产生气泡）。立即将适量（约 15mL）此培养基倾入已灭菌的平皿内，待冷却凝固后，置于冰箱内备用，但保存时间不宜超过两周。如培养基已由淡红色变为深红色，则不能再用。

⑭ 伊红美蓝培养基

a. 储备培养基的制备。于 2000mL 烧杯中，先将 20～30g 琼脂加到 900mL 蒸馏水中，加热溶解，再加入 2g 磷酸二氢钾及 10g 蛋白胨，混合使之溶解，用蒸馏水补充至 1000mL，调节溶液的 pH 值为 7.2～7.4。趁热用脱脂棉或绒布过滤，再加入 10g 乳糖，混匀后定量分装于 250mL 或 500mL 锥形瓶内，于 121℃下高压灭菌 15min，储存于冷暗处备用。

b. 平面培养基的制备。将上述制备的储备培养基熔化。根据锥形瓶内培养基的容量，用灭菌吸管按比例分别吸取一定量已灭菌的 2％伊红水溶液（0.4g 伊红溶于 20mL 水中）和一定量已灭菌的 0.5％美蓝水溶液（0.065g 美蓝溶于 13mL 水中），加入已熔化的储备培养基内，并充分混匀（防止产生气泡），立即将适量此培养基倾入已灭菌的空平皿内，待冷却凝固后，置于冰箱内备用。

⑮ 革兰染色剂

a. 结晶紫染色液。将 20mL 结晶紫乙醇饱和溶液（称取 4～8g 结晶紫溶于 100mL 95％的乙醇中）和 80mL 1％的草酸铵溶液混合、过滤。该溶液放置过久会产生沉淀，不能再用。

b. 助染剂。将 1g 碘与 2g 碘化钾混合后，加入少许蒸馏水，充分振荡，待完全溶解后，用蒸馏水补充至 300mL。此溶液两周内有效。当溶液由棕黄色变为淡黄色时应弃去。为易于储备，可将上述碘与碘化钾溶于 30mL 蒸馏水中，临用前再加水稀释。

c. 脱色剂，即 95％乙醇。

d. 复染剂。将 0.25g 沙黄加到 10mL 95％的乙醇中，待完全溶解后，加 90mL 蒸馏水。

【测定步骤】

（1）生活饮用水

① 初发酵试验　在两个装有已灭菌的 50mL 3 倍浓缩乳糖蛋白胨培养液的大试管或烧瓶中（内有倒管），以无菌操作各加入已充分混匀的水样 100mL。在 10 支装有已灭菌的 5mL 3 倍浓缩乳糖蛋白胨培养液的试管中（内有倒管），以无菌操作各加入充分混匀的水样 10mL，混匀后置于 37℃恒温箱内培养 24h。

② 平板分离　上述各发酵管经培养 24h 后，将产酸、产气及只产酸的发酵管分别接种于伊红美蓝培养基或品红亚硫酸钠培养基上，置于 37℃恒温箱内培养 24h，挑选符合下列特征的菌落。

a. 伊红美蓝培养基上。深紫黑色，具有金属光泽的菌落；紫黑色，不带或略带金属光泽的菌落；淡紫红色，中心色较深的菌落。

b. 品红亚硫酸钠培养基上。紫红色，具有金属光泽的菌落；深红色，不带或略带金属光泽的菌落；淡红色，中心色较深的菌落。

③ 取上述特征的菌落进行革兰染色。

a. 用已培养 18～24h 的培养物涂片，涂层要薄。

b. 将涂片在火焰上加温固定，待冷却后滴加结晶紫溶液，1min 后用水洗去。

c. 滴加助染剂，1min 后用水洗去。

d. 滴加脱色剂，摇动玻片，直到无紫色脱落为止（约 20～30s），用水洗去。

e. 滴加复染剂，1min 后用水洗去，晾干，镜检，呈紫色者为革兰氏阳性菌，呈红色者为阴性菌。

④ 复发酵试验　上述涂片镜检的菌落如为革兰氏阴性无芽孢的杆菌，则挑选该菌落的另一部分接种于装有普通浓度乳糖蛋白胨培养液的试管中（内有倒管），每管可接种分离自同一初发酵管（瓶）的最典型菌落 1～3 个，然后置于 37℃ 恒温箱中培养 24h，有产酸、产气者（不论导管内气体多少，皆作产气论），即证实有大肠菌群存在。根据证实有大肠菌群存在的阳性管（瓶）数查表 1-22，报告每升水样中的大肠菌群数。

表 1-22　大肠菌群检数表

10mL 水量的阳性管数/管	100mL 水量的阳性瓶数/瓶		
	0	1	2
	1L 水样中大肠菌群数/个	1L 水样中大肠菌群数/个	1L 水样中大肠菌群数/个
0	<3	4	11
1	3	8	18
2	7	13	27
3	11	18	38
4	14	24	52
5	18	30	70
6	22	36	92
7	27	43	120
8	31	51	161
9	36	60	230
10	40	69	>230

注：接种水样总量 300mL（100mL 两份，10mL 10 份），接种 5 份 10mL 水样、5 份 1mL 水样、5 份 0.1mL 水样时，不同阳性及阴性情况下 100mL 水样中细菌数的最可能数和 95% 可信限值。

（2）水源水

① 于各装有 5mL 3 倍浓缩乳糖蛋白胨培养液的 5 个试管中（内有倒管），分别加入 10mL 水样；于各装有 10mL 乳糖蛋白胨培养液的 5 个试管中（内有倒管），分别加入 1mL 水样；再于各装有 10mL 乳糖蛋白胨培养液的 5 个试管中（内有倒管），分别加入 1mL 1∶10 稀释的水样。共计 15 管，3 个稀释度。将各管充分混匀，置于 37℃ 恒温箱内培养 24h。

② 平板分离和复发酵试验的检验步骤同"生活饮用水检验方法"。

③ 根据证实总大肠菌群存在的阳性管数，查表 1-23，即求得每 100mL 水样中存在的总大肠菌群数。中国目前系以 1L 为报告单位，故 MPN 值再乘以 10，即为 1L 水样中的总大肠菌群数。

表 1-23　最可能数（MPN）表

出现阳性份数			每100mL水样中细菌数的最可能数/个	95%可信限值		出现阳性份数			每100mL水样中细菌数的最可能数/个	95%可信限值	
10mL管	1mL管	0.1mL管		下限	上限	10mL管	1mL管	0.1mL管		下限	上限
0	0	0	<2			4	2	1	26	9	78
0	0	1	2	<0.5	7	4	3	0	27	9	80
0	1	0	2	<0.5	7	4	3	1	33	11	93
0	2	0	4	<0.5	11	4	4	0	34	12	93
1	0	0	2	<0.5	7	5	0	0	23	7	70
1	0	1	4	<0.5	11	5	0	1	34	11	89
1	1	0	4	<0.5	11	5	0	2	43	15	110
1	1	1	6	<0.5	15	5	1	0	33	11	93
1	2	0	6	<0.5	15	5	1	1	46	16	120
2	0	0	5	<0.51	13	5	1	2	63	21	150
2	0	1	7	1	17	5	2	0	49	17	130
2	1	0	7	1	17	5	2	1	70	23	170
2	1	1	9	2	21	5	2	2	94	28	220
2	2	0	9	2	21	5	3	0	79	25	190
2	3	0	12	3	28	5	3	1	110	31	250
3	0	0	8	1	19	5	3	2	140	37	310
3	0	1	11	2	25	5	3	3	180	44	500
3	1	0	11	2	25	5	4	0	130	35	300
3	1	1	14	4	34	5	4	1	170	43	190
3	2	0	14	4	34	5	4	2	220	57	700
3	2	1	17	5	46	5	4	3	280	90	850
3	3	0	17	5	46	5	4	4	350	120	1000
4	0	0	13	3	31	5	5	0	240	68	750
4	0	1	17	5	46	5	5	1	350	120	1000
4	1	0	17	5	46	5	5	2	540	180	1400
4	1	1	21	7	63	5	5	3	920	300	3200
4	1	2	26	9	78	5	5	4	1600	640	5800
4	2	0	22	7	67	5	5	5	≥2400		

例如，某水样接种 10mL 的 5 管均为阳性；接种 1mL 的 5 管中有 2 管为阳性；接种 1∶10 的水样 1mL 的 5 管均为阴性。从最可能数（MPN）表中查检验结果 5-2-0，得知 100mL 水样中的总大肠菌群数为 49 个，故 1L 水样中总的大肠菌群数为 49×10＝490（个）。

（3）地表水和污水

① 地表水中较清洁的初发酵试验步骤同水源水检验方法。

② 严重污染的地表水和污水，初发酵试验的接种水样应作 1∶10、1∶100、1∶1000 或更高倍数的稀释，检验步骤同水源水检验方法。

如果接种的水样量不足 10mL、1mL 和 0.1mL，而是较低或较高的 3 个浓度的水样量，也可查表求得 MPN 指数，再经下面公式换算成每 100mL 的 MPN 值。

$$\text{MPN 值} = \frac{\text{MPN 指数} \times 10(\text{mL})}{\text{接种量最大的一管}(\text{mL})} \tag{1-46}$$

【问题思考】

① 简述多管发酵法测定原理。

② 测定时应注意的问题是什么？

4. 其他细菌的测定

在水体细菌污染监测中，为了判明污染源，有必要区别存在于自然环境中的大肠菌群细菌和存在于温血动物肠道内的大肠菌群细菌。为此可将培养温度提高到 44.5℃，在此条件下仍能生长并发酵乳糖产酸产气者，称粪大肠菌群。粪大肠菌群也用多管发酵法或滤膜法测定。

沙门菌是常常存在于污水中的病原微生物，也是引起水传播疾病的重要来源。由于其含量很低，测定时需先用滤膜法浓缩水样，然后进行培养和平板分离，最后再进行生物化学和血清学鉴定，确定一定体积水样中是否存在沙门细菌。

链球菌（通称粪链球菌）也是粪便污染的指示菌。这种细菌进入水体后，在水中不再自行繁殖，这是它作为粪便污染指示菌的优点。此外，由于人粪便中粪大肠菌群多于粪链球菌，而动物粪便中粪链球菌多于粪大肠菌群，因此，在水质检验时，根据这两种菌菌数的比值不同，可以推测粪便污染的来源。当该比值大于 4 时，则认为污染主要来自人粪；如比值小于或等于 0.7，则认为污染主要来自温血动物；如比值小于 4 而大于 2，则为混合污染，但以人粪为主；如比值小于或等于 2，而大于或等于 1，则难以判定污染来源。粪链球菌数的测定也采用多管发酵法或滤膜法。

 任务训练

> 1. 哪些水生生物可作为生物群落法监测水污染的指示生物？依据是什么？
> 2. 简述污水生物系统法测定河水水质污染程度的基本方法。
> 3. 多样指数法评价水质的方法有哪些？简述各自特点。
> 4. 饮用水、水源水、地表水中存在哪些细菌？
> 5. 简述细菌总数的测定方法。
> 6. 简述总大肠菌群的测定方法。

任务九　底质监测

因底质中所含的腐殖质、微生物、泥沙及土壤微孔表面的作用，在底质表面发生一系列的沉淀、吸附、化合、分解、配合等物理化学和生物转化过程，对水体中污染物的自净、降解、迁移、转化等过程起着重要的作用。因此底质监测是水体监测的补充，并具有特殊的地位。

一、底质监测的目的

① 通过采集并分析研究表层底质样品中污染物含量，查明底质中污染物质的种类、形态、含量、水平、分布范围及状况，为评价水体质量提供依据。

② 通过特别采集的柱状底质样品并分层测定其中的污染物质含量，查明污染物浓度的垂直分布状况，追溯水域污染历史，研究随年代变化的污染梯度及规律。

③ 为一些特殊研究目的进行底质监测，为水环境保护的科研管理工作提供基础资料。

④ 根据各水文因素，能研究并预测水质变化趋势及沉积物对水体的潜在危险，研究污染的沉积规律。

⑤ 检测出因形态、价态及微生物转化而生成的某些新的污染物质。

二、底质样品的制备

底质样品送交监测室后，应在低温冷冻条件下保存，并尽快进行处理和分析。如放置时间较长，则应在−40～−20℃冷冻柜中保存。处理方法应视待测污染物组分性质而定。

1. 制备

（1）底质的脱水　底质中含有的大量水分应采用下列方法之一除去，不可直接于日光下暴晒或高温烘干。

① 自然风干　待测组分较稳定，样品可置于阴凉、通风处晾干。

② 离心分离　待测组分如为易挥发或易发生各种变化的污染物（如硫化物、农药及其他有机污染物）可离心分离脱水后，立即采样进行分析，同时另取 1 份烘干测定水分，对结果加以校正。或加适当化学固定剂后于低温下保存。

③ 真空冷冻干燥　适用于各种类型的样品，特别适用于含有对光、热、空气不稳定的污染物质的样品。

④ 无水硫酸钠脱水　适用于油类等有机污染物的测定。

（2）底质的筛分

① 将脱水干燥后的底质样品平铺于硬质白纸板上，用玻璃棒等压散（勿破坏自然粒径）。

② 剔除砾石及动植物残体等杂物，使其通过 20 目筛。筛下样品用四分法缩分至所需量。

③ 用玛瑙研钵（或玛瑙碎样机）研磨至全部通过 80～200 目筛，装入棕色广口瓶中，贴上标签备用。

【注意事项】

① 测定汞、砷等易挥发元素及低价铁、硫化物等时，不能用碎样机粉碎且仅通过 80 目筛。

② 测定金属元素的试样，使用尼龙材质网筛。

③ 测定有机物的试样使用铜材质网筛。

（3）柱状样品的制备　柱状样品从管式泥芯采样器中小心挤出时，尽量不要使其分层状态破坏，经干燥后，用不锈钢小刀刮去样柱表层，然后按上述表层底质方法处理。如为了解各沉积阶段污染物质的成分及含量变化，可将柱状样品用不锈钢制小刀沿横断面截取不同部位，如泥质性状分层明显，按性状相同段截取；分层不明显，可分段截取（一般上部段间距小，下部段间距大）样品分别进行处理及测定。

2. 预处理

底质样品的预处理方法根据监测目的、监测元素的性质、试液的影响等不同采用不同方法。

（1）全量分解法　全量分解法适用于测定底质中元素含量水平随时间和空间分布变化的

样品的分解。常用硝酸-氢氟酸-高氯酸（或王水-氢氟酸-高氯酸）处理。分解过程是称取一定量样品于聚四氟乙烯烧杯中，加硝酸（或王水）在低温电热板上加热分解有机质。取下稍冷，加适量氢氟酸煮沸（或加高氯酸继续加热分解并蒸发至约剩 0.5mL 残液）。再取下冷却，加入适量高氯酸，继续加热分解并蒸发至近干（或加氢氟酸加热挥发除硅后，再加少量高氯酸蒸发至近干）。最后，用 1% 的硝酸煮沸溶解残渣，定容至标线，备用。这样处理得到的试液可测定全量 Cu、Pb、Zn、Cd、Ni、Cr 等。

（2）硝酸分解法　硝酸分解法适用于了解底质受污染状况的样品的分解。该方法能溶解出由于水解和悬浮物吸附而沉淀的大部分金属。分解过程是称取一定量样品于 50mL 硼硅玻璃管中，加几粒沸石和适量浓硝酸，徐徐加热至沸，并回流 15min，取下冷却，定容至标线，静置过夜，取上层清液分析测定。

（3）水浸取法　水浸取法适用于了解底质中重金属向水体释放情况的样品的分解。称取适量样品，置于磨口锥形瓶中，加水，密塞，放在振荡器上振摇 4h，静置，用干滤纸过滤，滤液供分析测定。

此外，还有适用于处理测定有机污染组分底质样品的有机溶剂提取法。

三、底质监测项目与方法

底质监测项目有总汞、有机汞、铜、铅、锌、镉、镍、铬、砷化物、硫化物、有机氯农药、有机质等，视水体污染来源确定所测项目。常用方法有分光光度法、原子吸收光谱法、冷原子吸收法等。

1. 有机质含量测定

采用重铬酸钾容量法。在加热的条件下，用过量的 $K_2Cr_2O_7$-H_2SO_4 溶液氧化底质中有机碳，以 $FeSO_4$ 标准溶液滴定剩余的 $K_2Cr_2O_7$，反应式为：

$$2K_2Cr_2O_7 + 3C + 8H_2SO_4 \longrightarrow 2K_2SO_4 + 2Cr_2(SO_4)_3 + 3CO_2 + 8H_2O$$

$$K_2Cr_2O_7 + 6FeSO_4 + 7H_2SO_4 \longrightarrow K_2SO_4 + Cr_2(SO_4)_3 + 3Fe_2(SO_4)_3 + 7H_2O$$

测得有机碳的含量乘上经验系数 1.724，即为有机质的含量。在本方法加热条件下有机碳的氧化效率约为 90%，故对其结果还要乘一个校正系数 1.08。

$$有机质含量 = \frac{c(V_0 - V) \times 0.003 \times 1.724 \times 1.08}{m} \times 100\% \qquad (1-47)$$

式中　V——滴定样品时消耗 $FeSO_4$ 标准溶液的体积，mL；

　　　V_0——用灼烧过的土壤代替底质样品进行空白试验消耗的 $FeSO_4$ 标准溶液的体积，mL；

　　　c——$FeSO_4$ 标准溶液的浓度，mol/mL；

　　　m——风干样品质量，g；

　　0.003——以 $\frac{1}{4}$C 表示的摩尔质量，g/mol。

【注意】消除氯化物干扰可加入 Ag_2SO_4。称样量视样品有机质的量而定：含量大于 7%～15%，称样 0.1g；含量 2%～4%，称样 0.3g；含量小于 2%，称样 0.5g。消解后的样品试液应为黄色或黄绿色，若以绿色为主，说明 $K_2Cr_2O_7$ 用量不足。在滴定时消耗 $FeSO_4$ 的量小于空白试验用量的 1/3 时，氧化不完全，应弃去重做，并适当少取样品。底质中含硫化物和二价铁等还原性物质时，干扰测定。可研细，摊开，风干，氧化底质样品，再测。

2. 有机氯农药的测定简介

采用气相色谱法。用丙酮和石油醚在索氏提取器（后面介绍）上提取底质中六六六、DDT。提取液经水洗、净化后用带电子捕获检测器的气相色谱仪测定，用外标法定量，适用于土壤、底泥中六六六、DDT 的测定。

3. 其他项目

其他底质监测项目与分析方法见表1-24。

表 1-24　其他底质监测项目与分析方法

必测项目	样品消解与测定方法
总镉	盐酸-硝酸-高氯酸或盐酸-硝酸-氢氟酸-高氯酸消解。 ①萃取-火焰原子吸收光谱法测定； ②石墨炉原子吸收法测定
总汞	硝酸-硫酸-五氧化二钒或硝酸-高锰酸钾消解，冷原子吸收法测定
总砷	①硫酸-硝酸-高氯酸消解，二乙基二硫代氨基甲酸银分光光度法测定； ②盐酸-硝酸-高氯酸消解，硼氢化钾-硝酸银分光光度法测定
总铅	盐酸-硝酸-氢氟酸高氯酸消解。 ①萃取火焰原子吸收法测定； ②石墨炉原子吸收法测定
总铜	盐酸-硝酸-高氯酸或盐酸-硝酸-氢氟酸高氯酸消解，火焰原子吸收法测定
总铬	盐酸-硝酸-氢氟酸消解。 ①高锰酸钾氧化，二苯碳酰二肼分光光度法测定； ②加氯化铵溶液，火焰原子吸收法测定
总锌	盐酸-硝酸-高氯酸（盐酸-硝酸-氢氟酸-高氯酸）消解，火焰原子吸收法测定
总镍	盐酸-硝酸-高氯酸（盐酸-硝酸-氢氟酸-高氯酸）消解，火焰原子吸收法测定
六六六、DDT	丙酮-石油醚提取，气相色谱法（电子捕获检测器）测定
pH 值	玻璃电极法测定
阳离子交换量	乙酸铵法测定

四、活性污泥的测定

活性污泥是微生物群体及它们所吸附的有机物质和无机物质的总称。微生物群体主要包括细菌、原生动物和藻类等。其中细菌和原生动物是主要的两大类。

活性污泥法处理污水是一种好氧生物处理方法。由于这种方法具有高净化能力，是目前工作效率最高的人工生物处理法。处理污水效果好的活性污泥应颗粒松散，且具有易于吸附和氧化有机物的性能，经曝气后澄清时，泥水能迅速分离，这就要求活性污泥有良好的混凝和沉降性能。在污水处理过程中，常通过控制污泥沉降比和污泥体积指数两项指标来获取最佳效果。活性污泥的测定包括污泥沉降比、污泥浓度和污泥体积指数（SVI）。

1. 污泥沉降比

将混匀的曝气池活性污泥混合液迅速倒进 1000mL 量筒中至满刻度，静置 30min，则沉降污泥与所取混合液之体积比为污泥沉降比（%），又称污泥沉降体积（SV_{30}），以 mL/L 表示。因为污泥沉降 30min 后，一般可达到或接近最大浓度，所以普遍以此时间作为该指标测定的标准时间。也可以 15min 为准。

2. 污泥浓度

1L 曝气池污泥混合液所含干污泥的质量称为污泥浓度。用称量法测定，以 g/L 或 mg/L

表示。该指标也称为悬浮物浓度（MLSS）。

3. 污泥体积指数（SVI）

污泥体积指数简称污泥指数（SVI），系指曝气池污泥混合液经 30min 沉降后，1g 干污泥所占的体积（以 mL 计）。计算式如下。

$$SVI = \frac{混合液经 30min 污泥沉降体积(mL/L)}{混合液污泥浓度(g/L)} \tag{1-48}$$

污泥指数反映活性污泥的松散程度和凝聚、沉降性能。污泥指数过低，说明泥粒细小、紧密，无机物多，缺乏活性和吸附能力；指数过高，说明污泥将要膨胀，污泥不易沉淀，影响对污水的处理效果。对于一般城市污水，在正常情况下，污泥指数控制在 50～150 为宜。对有机物含量高的工业废水，污泥指数可能远超过上述数值。

任务训练

1. 底质测定的意义是什么？其样品如何制备？
2. 简述有机质的测定方法。
3. 底质测定项目有哪些？
4. 活性污泥的测定项目有哪些？

【项目概要】

一、基本概念
水体、水体污染、水质等。
二、水体监测断面的设置
对照断面、控制断面、消减断面。
三、水样的采集、保存、运输和预处理方法
四、水体监测内容，掌握原理、测定、适用范围、注意事项等
1. 水体物理性质的监测
水温、色度、浊度、残渣、透明度、电导率、臭、矿化度。
2. 水体金属化合物的监测
汞、镉、铅、铜、锌、铬等。
3. 水体非金属无机物的监测
pH 值、氟化物、含氮化合物、砷等。
4. 水体有机化合物的监测
COD、BOD、TOC、TOB、挥发酚、矿物油、高锰酸盐指数等。
5. 水体污染的生物监测
生物群落法和细菌学检验法。
五、环境监测项目或任务的测定是环境监测工作的重要组成部分，能够加深理解所学基本方法，融会贯通，培养训练操作基本技能，提高监测能力和监测水平。

大气和废气监测

知识目标

　　掌握大气污染物的分类、样品的采集及布点方法、标准气体的配制等基本知识；熟悉大气中二氧化硫、二氧化氮、一氧化碳、臭氧等十余种污染物的监测方法；了解自然降尘、可吸入颗粒物、总悬浮颗粒物的监测方法；掌握大气降水的采样及其组分监测，污染源样品的采集及烟尘、烟气的测定；了解大气污染的生物监测方法；学习室内部分常见污染物的监测方法。

能力目标

　　能够根据大气情况设置采样点，采集具有代表性的大气样品；能正确地选用仪器、试剂及相关监测备品；能对环境大气、大气污染源和室内大气污染物的常规测定项目进行监测，得出准确的监测结果；具有仪器使用、维护、保养能力；具有对大气常规项目监测的能力；能正确记录与处理监测数据，完成监测报告；能通过监测结果分析评价大气质量。

素质目标

　　培养团队协作、顾全大局的团队精神；可以获取准确监测结果，报出合格的大气和废气监测报告；具有安全意识和责任意识；学会创新、学会创造。

● 任务一　认识大气和废气监测 ●

一、大气和大气污染

　　大气是指地球周围所有空气的总和，其厚度为 1000～1400km。世界气象组织按大气温度的垂直分布将大气分为对流层、平流层、中间层、热成层、逸散层。其中，对人类及生物生存起着重要作用的是近地面约 10km 的气体

空气质量预报
信息发布系统

层——对流层，人们常称这层气体为空气层。可见，空气的范围比大气小得多，但空气层的质量却占大气总质量的95%左右。在环境污染领域中，"空气"和"大气"常作为同义词使用。

空气是由多种物质组成的混合物。清洁干燥的空气主要组分是（以体积分数计）氮78.06%、氧20.95%、氩0.93%。这三种气体的总和占空气总体积的99.94%，另外还有十余种气体，总和不足0.1%。干燥的空气不包括水蒸气，而实际空气中水蒸气是重要的组成部分，其浓度随地理位置和气候条件在0～0.46%的范围内变化。

清洁的空气是人类和生物赖以生存的环境要素之一。随着人类生产活动和生活水平的提高，特别是现代工业和交通的迅速发展，煤和石油的大量使用，将产生的大量有害物质和烟尘、二氧化硫、氮氧化物、一氧化碳、碳氢化合物等排放到大气中，当其浓度超过环境所能允许的极限并持续一定时间后，就会改变大气特别是空气的正常组成，破坏自然的物理、化学和生态平衡体系，从而危害人们的生活、工作和健康，损害自然资源及财产、器物等，这种现象就被称为大气污染或空气污染。

二、大气污染物

引起大气污染的有害物质称为**大气污染物**。大气污染物的种类不下数千种，已发现有害作用而被人们注意到的有一百多种。依据大气污染物的形成过程，可将其分为一次污染物和二次污染物。

一次污染物是直接从各种污染源排放到大气中的有害物质。常见的主要有二氧化硫、氮氧化物、一氧化碳、碳氢化合物、颗粒性物质等。颗粒性物质中包含苯并[a]芘等强致癌物质、有毒重金属、多种有机物和无机物等。

二次污染物是一次污染物在大气中相互作用或它们与大气中的正常组分发生反应所产生的新污染物。常见的二次污染物有硫酸盐、硝酸盐、臭氧、醛类（乙醛和丙烯醛等）、过氧乙酰硝酸酯（PAN）等。二次污染物的毒性一般比一次污染物的毒性大。

由于各种污染物的物理、化学性质不同，形成的过程和气象条件也不同，因此，污染物在大气中存在的状态也不尽相同。一般按其存在状态分为分子状态污染物和粒子状态污染物两类。

1. 分子状态污染物

某些物质如臭氧、氯气、二氧化硫、一氧化碳、氮氧化物、氯化氢等沸点都很低，在常温、常压下以气体分子形式存在。还有些物质如苯、苯酚等，虽然在常温、常压下是液体或固体，但因其挥发性强，故能以蒸气态进入大气中，造成大气污染。

2. 粒子状态污染物

粒子状态污染物（或颗粒物）是分散在大气中的微小液体和固体颗粒，粒径多在0.01～100μm之间，是一个复杂的非均匀体系。通常根据颗粒物在重力作用下的沉降特性将其分为降尘和可吸入颗粒物。粒径大于10μm的颗粒物能较快地沉降到地面上，称为降尘；粒径小于10μm的颗粒物易随呼吸进入人体肺部，称为可吸入颗粒物。

可吸入颗粒物具有胶体性质，故又称气溶胶，它可长期飘浮在大气中，因此也称飘尘。通常所说的烟（其粒径在0.01～1μm）、雾（粒径在10μm以下）、灰尘就是以飘尘形式存在的。

三、大气污染源

大气污染源可分为自然源和人为源两种。自然源是由自然现象造成的，如火山爆发时喷射出大量的粉尘、二氧化硫气体等。人为源是由人类的生产和生活活动造成的，是大气污染的主要来源，按其存在形式划分为固定污染源和流动污染源。

固定污染源是指位置或地点不变的污染源，主要是工业企业、家庭炉灶与取暖设备的烟囱排放的污染物；流动污染源是指位置和地点变动的污染源，主要是由交通工具在行驶时向大气排放污染物而形成的。在交通工具中，汽车的数量最大，排放的污染物最多，并且集中在城市。汽车排放的主要污染物有氮氧化物、一氧化碳、碳氢化合物等。

四、大气污染的特点

1. 时间性

大气污染物的浓度变化与污染源的排放规律和气象条件如风速、风向、大气湍流、大气稳定度等有关。同一污染源对同一地点在不同时间所造成的地面空气污染浓度往往不同。例如北方某城市一年内，1月、2月、11月、12月属采暖期，二氧化硫浓度比其他月份高，在一天之内，6～10时和18～21时为供热高峰时间，空气中二氧化硫浓度比其他时间高。

2. 空间性

大气污染的空间分布也与污染源种类、分布情况和气象条件等因素有关。质量轻的分子态和气溶胶态污染物高度分散在大气中，易被扩散和稀释，随时空变化快；质量较大的尘、汞蒸气等，扩散能力差，影响范围较大。由于大气污染物在空间的分布不均匀，因此在大气污染监测工作中，应根据监测目的和污染物的空间分布特点选择适当的采样点，使结果更具代表性。

五、大气监测项目及监测目的

1. 大气监测项目

大气中的污染物多种多样，应根据优先监测原则，选择那些危害大、涉及范围广、已建立成熟的测定方法并有标准可参照的项目进行监测。《环境监测技术规范》规定的监测项目有如下几种。

（1）必测项目　二氧化硫、氮氧化物、总悬浮颗粒物、硫酸盐化速率、灰尘自然沉降量。

（2）选测项目　一氧化碳、可吸入颗粒物、光化学氧化剂、氟化物、铅、汞、苯并[a]芘、总烃及非甲烷烃。

2. 监测目的

① 通过对大气中主要污染物质进行定期或连续的监测，判断大气质量是否符合国家制定的大气质量标准，并为编写大气环境质量状况评价报告提供数据。

② 为研究大气质量的变化规律和发展趋势，开展大气污染的预测预报工作提供依据。

▶ 任务训练

1. 什么是大气污染？常见的大气污染物有哪些？
2. 简述大气污染源的分类及其含义。
3. 大气污染的特点有哪些？
4. 大气污染的监测项目有哪些？

任务二　大气样品的采集

进行大气污染监测时，人们不可能对全部大气进行监测，所以只能选择性地采集部分大气作为气样。要使气样具有代表性，能准确地反映大气污染的状况，必须控制好以下几个步骤：根据监测目的进行调查研究，收集必要的基础资料；经过综合分析，确定监测项目，布设采样网点；选择采样方法、时间、频率；建立质量保证程序和措施；提出监测报告要求及进度计划等。

一、收集资料、调查研究

1. 污染源分布及排放情况

调查监测区域内的污染源类型、数量、位置、排放的主要污染物及排放量，同时还应了解所用原料、燃料及消耗量。要注意将高烟囱排放的较大污染源与低烟囱排放的小污染源区别开来，也应区别一次污染物和由光化学反应产生的二次污染物。

2. 气象资料

污染物在大气中的扩散、输送和一系列的物理、化学变化在很大程度上取决于当时的气象条件。因此，要收集监测区域的风向、风速、气温、气压、降水量、日照时间、相对湿度、温度梯度、逆温层底部高度等资料。

3. 地形、土地利用和功能区划分

地形对当地的风向、风速和大气稳定情况等有影响，监测区域的地形越复杂，要求布设的监测点越多。监测区域内土地利用情况及功能区划分也是设置监测网点应考虑的重要因素。

不同功能区的污染状况是不同的，如工业区、商业区、混合区、居民区等。

4. 人口分布及健康情况

环境保护的目的是维护自然环境的生态平衡，保护人群的健康，因此，掌握监测区域的人口分布、居民和动植物受大气污染危害情况及流行性疾病等资料，对制订监测方案、分析判断监测结果是有益的。

此外，对于监测区域以往的大气监测资料等也应尽量收集，供制订监测方案时参考。

二、采样点的布设

1. 采样点布设原则

① 采样点应设在整个监测区域的高、中、低三种不同污染物浓度的地方。

② 采样点应选择在有代表性的区域内，按工业和人口密集的程度以及城市、郊区和农村的状况，可酌情增加或减少采样点。

③ 采样点要选择在开阔地带，应在风向的上风口，采样口水平线与周围建筑物高度的夹角应不大于30°，交通密集区的采样点应设在距人行道边缘至少1.5m远处。

④ 各采样点的设置条件要尽可能一致或标准化，使获得的监测数据具有可比性。

⑤ 采样高度应根据监测目的而定。研究大气污染对人体的危害，采样口应在离地面1.5～2m处；研究大气污染对植物或器物的影响，采样口高度应与植物或器物的高度相近。在例行监测中，SO_2、NO_x、TSP（总悬浮颗粒物）及硫酸盐化速率的采样高度为3～15m，以

5～10m 为宜；降尘的采样高度为 5～15m，以 8～12m 为宜。TSP、降尘、硫酸盐化速率的采样口应与基础面有 1.5m 以上相对高度，以减少扬尘的影响。

2. 采样点布设方法和数目

（1）功能区布点法　功能区布点法多用于区域性常规监测。布点时先将监测地区按环境空气质量标准划分成若干"功能区"——工业区、商业区、居民区、交通密集区、清洁区等，再按具体污染情况和人力、物力条件在各区域内设置一定数目的采样点。各功能区的采样点数不要求平均，一般在污染较集中的工业区和人口较密集的居民区多设采样点。

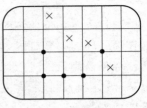

图 2-1　网格布点

（2）网格布点法　对于多个污染源，而且在污染源分布较均匀的情况下，通常采用网格布点法。此法是将监测区域地面划分成若干均匀网状方格，采样点设在两条直线的交点处或方格中心，如图 2-1 所示。网格大小视污染强度、人口分布及人力、物力条件等确定。若主导风向明显，下风向设点要多一些，一般约占采样点总数的 60%。

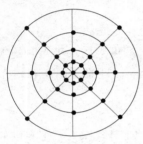

图 2-2　同心圆布点

（3）同心圆布点法　同心圆布点法主要用于多个污染源构成的污染群，而且重大污染源较集中的地区。先找出污染源的中心，以此为圆心在地面上画若干个同心圆，再从圆心做若干条放射线，将放射线与圆周的交点作为采样点，如图 2-2 所示。圆周上的采样点数目不一定相等或均匀分布，常年主导风向的下风向应多设采样点。例如，同心圆半径分别取 5km、10km、15km、20km，从里向外各圆周上分别设 4、8、8、4 个采样点。

（4）扇形布点法　扇形布点法适用于孤立的高架点源，而且主导风向明显的地区。以点源为顶点，以 45°扇形展开，夹角可大些，但不能超过 90°，采样点设在扇形平面内距点源不同距离的若干弧线上。每条弧线上设 3 个或 4 个采样点，相邻两点与顶点的夹角一般取 10°～20°，如图 2-3 所示。在上风向应设对照点。

（5）平行布点法　平行布点法适用于线性污染源。线性污染源如公路等，在距公路两侧 1m 左右布设监测网点，然后在距公路 100m 左右的距离布设与前面监测点对应的监测点，目的是了解污染物经过扩散后对环境产生的影响。在前后两点对比采样的时候注意污染物组分的变化。

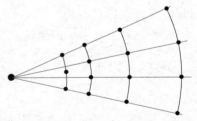

图 2-3　扇形布点

在采用同心圆布点法和扇形布点法时，应考虑高架点源排放污染物的扩散特点，在不计污染物本底浓度时，点源脚下的污染物浓度为零，随着距离增加，很快出现浓度最大值，然后按指数规律下降。因此，同心圆或弧线不宜等距离划分，而是靠近最大浓度值的地方密一些，以免漏测最大浓度的位置。

以上几种采样布点方法，可以单独使用，也可以综合使用，目的就是要有代表性地反映污染物浓度，为大气环境监测提供可靠的样品。

在一个监测区域内，采样点数目是与经济投资和精度要求相应的一个效益函数，应根据监测范围大小，污染物的空间分布特征，人口分布密度及气象、地形、经济条件等因素综合考虑确定。表 2-1 为我国对大气环境污染例行监测采样点规定的设置数目。

表 2-1　我国对大气环境污染例行监测采样点规定的设置数目

市区人口/10^4 人	SO$_2$、NO$_x$、TSP	灰尘自然沉降量	硫酸盐化速率
＜50	3	≥3	≥6
50～100	4	4～8	6～12
100～200	5	8～12	12～18
200～400	6	12～20	18～30
＞400	7	20～30	30～40

3. 采样时间和采样频率

采样时间指每次从开始到结束所经历的时间，也称采样时段。采样频率指一定时间范围内的采样次数。采样时间和频率要根据监测目的、污染物分布特征及人力、物力等因素确定。

短时间采样，试样缺乏代表性，监测结果不能反映污染物浓度随时间的变化，仅适用于事故性污染、初步调查等的应急监测。增加采样频率，也就相应地增加了采样时间，积累足够多的数据，样品就具有较好的代表性。

最佳采样和测定方式是使用自动采样仪器进行连续自动采样，再配以污染组分连续或间歇自动监测仪器，其监测结果能很好地反映污染物浓度的变化，能取得任意一段时间（一天、一月或一季）的代表值（平均值）。我国监测技术规范对大气污染例行监测规定的采样时间和采样频率见表 2-2。

表 2-2　我国监测技术规范对大气污染例行监测规定的采样时间和采样频率

监测项目	采样时间和采样频率
二氧化硫	隔日采样,每天连续采(24±0.5)h,每月 14～16d,每年 2 个月
氮氧化物	同二氧化硫
总悬浮颗粒物	隔双日采样,每天连续采(24±0.5)h,每月 5～6d,每年 12 个月
灰尘自然沉降量	每月采样(30±2)d,每年 12 个月
硫酸盐化速率	每月采样(30±2)d,每年 12 个月

三、采样方法和采样仪器

根据大气污染物的存在状态、浓度、物理化学性质以及监测方法的不同，要求选用不同的采样方法和采样仪器。

1. 采样方法

大气采样方法可分为两类，即直接采样法和富集（或浓缩）采样法。

（1）直接采样法　当大气污染物浓度较高，或测定方法较灵敏，用少量气样就可以满足监测分析要求时，用直接采样法。如用氢焰离子化检测器测定空气中的苯系物。常用的采样仪器有注射器、塑料袋、采样管等。

① 注射器采样　常用 100mL 注射器采集空气中的试样。采样时，先用现场气体抽洗 2～3 次，然后抽取 100mL，密封进气口，送实验室分析。样品存放时间不宜过长，一般应当天分析完。此法多用于有机蒸气的采集。

② 塑料袋采样　选择与气样中污染组分既不发生化学反应或吸附，也不渗漏的塑料袋。常用聚四氟乙烯袋、聚乙烯袋、聚酯袋等。为减少对被测组分的吸附，可在袋的内壁衬银、铝等金属膜。采样时，先用二联球打进现场气体冲洗 2～3 次，再充满样气，夹封进气口，送实验室尽快分析。

③ 采气管采样　采气管是两端带有活塞的玻璃管，其容积为 100～500mL，如图 2-4 所

示。采样时，采气管的一端接抽气泵，打开两端活塞，抽进比采气管容积大 6～10 倍的欲采气体，使采气管中原有气体完全被置换出，关上两端活塞，带回实验室分析。

④ 真空瓶采样　真空瓶是一种用耐压玻璃制成的容器，容积为 500～1000mL。采样前先用真空泵将瓶内抽成真空（瓶外套有安全保护套），并测出瓶内剩余压力（一般为 1.33kPa 左右），如图 2-5 所示。采样时打开瓶口上的旋塞，被采气样即入瓶内，关闭旋塞，带回实验室分析。

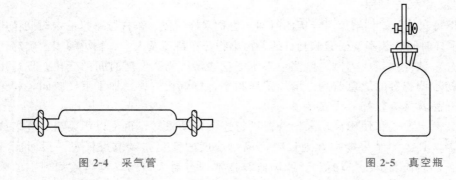

图 2-4　采气管　　　　　　　　　　图 2-5　真空瓶

采样体积按式（2-1）计算：

$$V = \frac{V_0(p - p')}{p} \tag{2-1}$$

式中　V——采样体积，L；

　　　V_0——真空采气瓶容积，L；

　　　p——大气压力，kPa；

　　　p'——瓶中剩余压力，kPa。

（2）富集采样法（浓缩采样法）　当大气中被测物质浓度很低，或所用分析方法灵敏度不高时，需用富集采样法对大气中的污染物进行浓缩。富集采样的时间一般都比较长，测得的结果是在采样时段内的平均浓度。富集采样法有溶液吸收法、低温冷凝法、固体阻留法、自然积集法等。

① 溶液吸收法　是采集大气中气态、蒸气态及某些气溶胶态污染物质的常用方法。采样时，用抽气装置将欲测空气以一定流量抽入装有吸收液的吸收管（或吸收瓶）中。采样后，测定吸收液中待测物质的量，根据采样体积计算大气中污染物的浓度。

溶液吸收法的吸收效率主要取决于吸收速度和样气与吸收液的接触面积。要提高吸收速度，必须根据被吸收污染物的性质选择效能好的吸收液。吸收液的选择原则是：吸收液与被测物质的化学反应快或对其溶解度大；吸收后有足够的稳定时间；所选吸收液要有利于下一步分析；吸收液毒性小、成本低且尽可能回收利用。选择结构适宜的吸收管（瓶）是增大被采气体与吸收液接触面积的有效措施。下面介绍几种常用的吸收管（瓶），如图 2-6 所示。

a. 气泡式吸收管，主要用于吸收气态或蒸气态物质，管内可装 5～10mL 吸收液。

b. 冲击式吸收管，主要用于采集气溶胶样品或易溶解的气体样品。这种吸收管有小型（装 5～10mL 吸收液，采样流量为 3.0L/min）和大型（装 50～100mL 吸收液，采样流量为 30.0L/min）两种。该管的进气管喷嘴孔径小，距瓶底又近，采样时，气样迅速从喷嘴喷出冲向管底，气溶胶颗粒因惯性作用冲击到管底被分散，从而易被吸收液吸收。冲击式吸收管

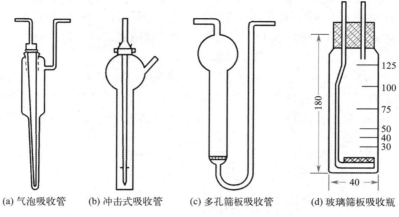

(a) 气泡吸收管　　(b) 冲击式吸收管　　(c) 多孔筛板吸收管　　(d) 玻璃筛板吸收瓶

图 2-6　气体吸收管（瓶）

不适用于采集气态或蒸气态物质。

　　c. 多孔筛板吸收管（瓶），可用于采集气态、蒸气态及雾态气溶胶物质。该吸收管可装 5～10mL 吸收液，采样流量为 0.1～1.0L/min。吸收瓶有小型（装 10～30mL 吸收液，采样流量为 0.5～2.0L/min）和大型（装 50～100mL 吸收液，采样流量为 30.0L/min）两种。管（瓶）出气口处熔接一块多孔性的砂芯玻璃板，当气体通过时被分散成很小的气泡，而且阻留时间长，大大增加了气液接触面积，提高了吸收效率。

　　② 低温冷凝法　该法可提高低沸点气态污染物的采集效率。此法是将 U 形或蛇形采样管插入冷肼中，分别连接采样入口和泵，当大气流经采样管时，被测组分因冷凝而凝结在采样管底部，如图 2-7 所示。收集后，可送实验室移去冷阱进行分析测试，如测定烯烃类、醛类等。

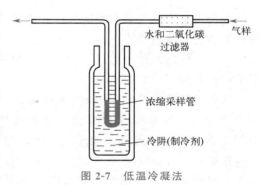

图 2-7　低温冷凝法

　　制冷方法有制冷剂法和半导体制冷器法。常用的制冷剂有冰-食盐（−4℃）、干冰-乙醇（−72℃）、干冰（−78.5℃）、液氧（−183℃）等。

　　采样过程中，为了防止气样中的微量水、二氧化碳在冷凝时同时被冷凝下来，产生分析误差，可在采样管的进气端装过滤器（内装氯化钙、碱石灰、高氯酸镁等）除去水分和二氧化碳。

　　③ 固体阻留法

　　a. 填充柱阻留法。用一根内径 3～5mm、长 6～10cm 的玻璃管或塑料管，内装颗粒状填充剂。采样时，气体以一定流速通过填充柱，被测组分因吸附、溶解或化学反应等作用而被阻留在填充剂上。采样后，通过解吸或溶剂洗脱使被测物从填充剂上分离释放出来，然后进行分析测试。根据填充剂作用原理的不同可将填充柱分为吸附型、分配型、反应型三种。

　　吸附型填充柱中的填充剂是固体颗粒状吸附剂，如硅胶、活性炭、分子筛、高分子多孔微球等。一般吸附能力越强，采样效率就越高，但解吸就越困难，所以在选择吸附剂时要同时考虑吸附效率和解吸能力。分配型填充柱内的填充剂是表面涂有高沸点的有机溶剂（如异十三烷）的惰性多孔颗粒物。采样时，气样通过填充柱，在有机溶剂（固定相）中分配系数大的组分保留在填充剂上从而被富集。反应型的填充剂是在一些惰性担体（如石英砂、滤纸、玻璃棉等）表面涂一层能与被测物质起反应的试剂制成的，也可用能与被测组分发生化学反应的纯金属（如 Cu、Au、Ag 等）微粒或丝毛作填充剂。

b. 滤料阻留法。将滤料（滤纸或滤膜）夹在采样夹上，用抽气泵抽气，则空气中的颗粒物被阻留在滤料上，称量滤料上富集的颗粒物质量，根据采样体积，即可计算出空气中颗粒物浓度，如图 2-8 所示。滤料的采集效率与滤料的性质、采集速度、颗粒物大小有关。

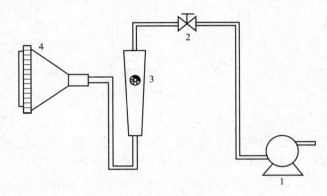

图 2-8　滤料阻留法

1—泵；2—流量调节阀；3—流量计；4—采样夹

滤料采集大气中颗粒物的机理有直接阻截、惯性碰撞、扩散沉降、静电引力和重力沉降等。滤料的采集效率除与自身性质有关外，还与采样速度、颗粒物的大小等因素有关。高速采样，以惯性碰撞作用为主，对较大颗粒物的采集效率高；低速采样，以扩散沉降为主，对细小颗粒物的采集效率高。

常用的颗粒物采样器如图 2-9 所示。

常用的滤料有筛孔状滤料，如微孔滤膜、核孔滤膜、银薄膜等；纤维状滤料，如滤纸、玻璃纤维滤膜、过氯乙烯滤膜等。滤纸的孔隙不规则且较少，适用于金属尘粒的采集。因滤纸吸水性较强，不宜用于重量法测定颗粒物浓度。微孔滤膜是由硝酸（或醋酸）纤维素制成的多孔性薄膜，孔径细小、均匀，重量轻，金属杂质含量极微，溶于多种有机溶剂，尤其适用于采集分析金属的气溶胶。核孔滤膜是将聚碳酸酯薄膜覆盖在铀箔上，用中子流轰击，使铀核分裂产生的碎片穿过薄膜形成微孔，再经化学腐蚀处理制成。这种膜薄而光滑，机械强度好，孔径均匀、不亲

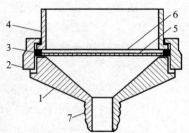

图 2-9　常用的颗粒物采样器

1—底座；2—紧固圈；

3—密封圈；4—接座圈；

5—支撑网；6—滤膜；7—抽气接口

水，适用于精密的质量分析，但因微孔呈圆柱状，采样效率较微孔滤膜低。银薄膜由微细的银粒烧结制成，具有与微孔滤膜相似的结构，能耐 400℃ 高温，抗化学腐蚀性强，适用于采集酸、碱气溶胶及含煤焦油、沥青等挥发性有机物的气样。

④ 自然积集法　是利用物质的自然重力、空气动力和浓差扩散作用采集大气中的被测物质，如大气中氟化物、自然降尘量、硫酸盐化速率等样品的采集。此方法不需动力设备，采样时间长，测定结果能较真实地反映空气污染情况。

采集大气中降尘的方法分湿法和干法两种，湿法使用得比较普遍。湿法采样是在一定大小的圆筒形玻璃（或塑料、瓷、不锈钢）缸中加入一定量的水，放置在距地面5～12m高，附近无高大建筑物及局部污染源的地方，采样口距基础面1～1.5m，以避免基础面扬尘的影响。我国集尘缸的尺寸为内径（15±0.5)cm、高30cm，一般加水100～300mL。冬季为防止冰冻保持缸底湿润，需加入适量乙二醇。夏季为抑制微生物及藻类的生长，需加入适量硫酸铜。采样时间为（30±2)d，多雨季节注意及时更换集尘缸，防止水满溢出。

干法采样一般使用标准集尘器，如图2-10所示。我国干法采样多用集尘缸，在缸底放入塑料圆环，圆环上再放置塑料筛板，如图2-11所示。

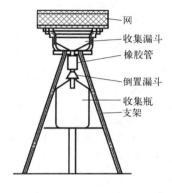

图 2-10　标准集尘器

网
收集漏斗
橡胶管
倒置漏斗
收集瓶
支架

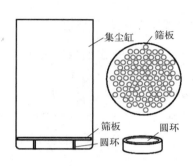

图 2-11　干法集尘缸

集尘缸　筛板
筛板
圆环

2. 采样仪器

直接采样法采样时用注射器、塑料袋、采气管等即可。富集采样法使用的采样仪器主要由收集器、流量计、抽气泵三部分组成。大气采样仪器的型号很多，按其用途可分为气态污染物采样器和颗粒物采样器等。

（1）气态污染物采样器　富集采样法要使用配套的采样仪器，分为便携式和固定式(恒温恒流)两种类型。便携式大气采样器有KB-6A、KB-B、KB-6C、DC-2、CH-4、TH-110B等型号，固定式恒温恒流采样器有HZL、HZ-2、TH-3000等型号。另外，还有KC-6120、TH-150型气态污染物和TSP（PM_{10}）综合采样器。

（2）总悬浮颗粒物采样器　一般用滤膜过滤法采样。按流量大小分为大流量采样器（1.1～1.7m^3/min，如图2-12所示）、中流量采样器（50～150L/min，如图2-13所示）和小流量采样器（20～30L/min）三种。环境空气采样一般用大流量采样器，室内空气采样则用中、小流量采样器。常见的大流量采样器有HVC-1000N、HVC-1000D、TH-1000C等型号；中流量采样器有KC-6120、TH-15B、TH-150C、ZC-120E等型号；小流量采样器有KC-8301等型号。

（3）可吸入颗粒物（PM_{10}）采样器　可使用大流量采样器或中、小流量采样器采样。但在装置的进气口和采样夹之间要加设一个切割器，使气流中大于10μm的粒子和小于等于10μm的粒子分别先后被切割器与采样夹所阻留，从采样夹中所得到的即是采集样品（PM_{10}）。常用的切割器有旋风式、向心式和撞击式等多种形式。它们又分为两段式和多段式，两段式是采集10μm以下的颗粒，多段式可分别采集不同粒径的颗粒物。

图 2-12　大流量 TSP/PM$_{10}$ 采样器

图 2-13　中流量 TSP/PM$_{10}$ 采样器

四、采样效率和评价方法

采样效率指在规定的采样条件下，所采集污染物的量占其总量的百分比。污染物存在的状态不同，评价方法也不同。

1. 采集气态和蒸气态污染物效率的评价方法

（1）绝对比较法　精确配制一个已知浓度 c_0 的标准气体，用所选用的采样方法采集标准气体，测定其浓度 c_1，则其采样效率 K 为：

$$K = \frac{c_0}{c_1} \times 100\% \tag{2-2}$$

用这种方法评价采样效率虽然比较理想，但由于配制已知浓度的标准气体有一定的困难，在实际中很少采用。

（2）相对比较法　配制一个恒定但不要求知道待测污染物准确浓度的气体样品，用 2～3 个采样管串联起来采集所配样品，分别测定各采样管中污染物的浓度，采样效率 K 为：

$$K = \frac{c_1}{c_1 + c_2 + c_3} \times 100\% \tag{2-3}$$

式中，c_1、c_2、c_3 分别为第一、第二、第三管中分析测得的浓度。

用这种方法评价采样效率，第二、第三管中污染物的浓度所占的比例越小，采样效率越高。一般要求 K 值为 90％以上。采样效率过低时，应更换采样管、吸收剂或降低抽气速度。

2. 采集颗粒物效率的评价方法

（1）颗粒数比较法　即所采集到的颗粒物数目占总颗粒数目的百分比。采样时，用一个灵敏度很高的颗粒计数器测量进入滤料前后空气中的颗粒数，则采样效率 K 为：

$$K = \frac{n_1 - n_2}{n_1} \times 100\% \tag{2-4}$$

式中　n_1——进入滤料前空气中的颗粒数，即总颗粒数，个；

n_2——进入滤料后空气中的颗粒数，个。

（2）质量比较法　即采集颗粒物的质量占总质量的百分比。采样效率 K 为：

$$K = \frac{m_1}{m_2} \times 100\% \tag{2-5}$$

式中　m_1——采集颗粒物的质量，g；

m_2——颗粒物的总质量，g。

当全部颗粒物的大小相同时，这两种采样效率在数值上才相等。但是，实际上这种情况是不存在的，而粒径几微米以下的小颗粒物的颗粒数总是占大部分，而按质量计算却占比很小，故质量采样效率总是大于颗粒数采样效率。在大气监测评价中，评价采集颗粒物方法的采样效率多用质量采样效率表示。

五、采样记录

采样记录与实验室记录同等重要，在实际工作中，若不重视采样记录，不认真、及时填写采样记录，会导致由于记录不完整而使一大批监测数据无法统计从而作废，因此，必须给予高度重视。现场采样记录见表 2-3 和表 2-4。

表 2-3 气态污染物现场采样记录

采样地点＿＿＿＿＿＿＿＿　　污染物名称＿＿＿＿＿＿＿＿

采样方法＿＿＿＿＿＿＿＿　　采样仪器型号＿＿＿＿＿＿＿＿

采样日期	样品编号	采样时间		气温/℃	气压/kPa	流量/(L/min)			采集空气			天气状况
		开始	结束			开始后	结束前	平均值	时间/min	体积/L	标准体积/L	

采样者＿＿＿＿＿　　审核者＿＿＿＿＿

表 2-4 TSP（PM$_{10}$）现场采样记录

采样地点＿＿＿＿＿＿＿　　＿＿＿＿＿年＿＿月＿＿日

采样器编号	滤膜编号	采样时间		累计采样时间/min	气温/℃	气压/kPa	流量/(m³/min)	天气
		开始	结束					

采样者＿＿＿＿＿　　审核者＿＿＿＿＿

六、大气污染物浓度的表示及体积换算

1. 污染物浓度的表示方法

（1）单位体积内污染物的含量　单位体积内所含污染物的质量，单位常用 mg/m³ 或 μg/m³。这种表示方法对任何状态下的污染物都适用。我国大气质量标准中日平均、时平均及任何一次污染物浓度所用单位为 mg/m³（标），系指标准状态下单位空气体积中污染物的质量。

（2）污染物体积与气样总体积的比值　污染物体积与气样总体积比值的单位为 μL/L 或 nL/L。nL/L 是 μL/L 的 1/1000。显然这种表示方法仅适用于气态或蒸气态物质。

两种单位可以相互换算，其换算公式如下。

$$c_p = 22.4c/M \tag{2-6}$$

式中　c_p——以 μL/L 表示的气体浓度；

　　　c——以 mg/m³ 表示的气体浓度；

　　　M——污染物质的摩尔质量，g/mol；

　　22.4——标准状态（0℃，101.325kPa）下气体的摩尔体积，L/mol。

对于大气悬浮颗粒物中的组分，可用单位质量悬浮颗粒物中所含某组分的质量表示，即μg/g 或 ng/g。

2. 气体体积换算

气体体积受温度和大气压的影响，为使计算出的浓度具有可比性，需要将现场状态下的体积换算成标准状态下的体积，根据气体状态方程，换算公式如下。

$$V_0 = V_t \times \frac{273}{273+t} \times \frac{p}{101.325} \tag{2-7}$$

式中 V_0——标准状态下的采样体积，L 或 m^3；

$\quad\quad V_t$——现场状态下的采样体积，L 或 m^3；

$\quad\quad t$——采样时的温度，℃；

$\quad\quad p$——采样时的大气压力，kPa。

美国、日本和世界卫生组织开展的全球环境监测系统采用的是参比状态（25℃，101.325kPa），此状态下的气体摩尔体积为 24.5L/mol，进行数据比较时应注意。

【例 2-1】测定某采样点大气中的 NO_x 时，用装有 10mL 吸收液的筛板式吸收管采样，采样流量为 0.50L/min，采样时间为 1h，采样后用分光光度法测定并计算得知全部吸收液中含 2.0μg NO_x。已知采样点温度为 14℃，大气压力为 100kPa，求气样中 NO_x 的含量。

解：（1）求采样体积 V_t 和 V_0

$$V_t = 0.50 \times 60 = 30(L)$$

$$V_0 = V_t \times \frac{273}{273+t} \times \frac{p}{101.325} = 30 \times \frac{273}{273+14} \times \frac{100}{101.325} = 28.16(L)$$

（2）求 NO_x 的含量（以 NO_2 计）

用 mg/m^3 表示时：

$$NO_2 = 2.0 \times 10^{-3}/(28.16 \times 10^{-3}) = 0.07(mg/m^3)$$

用 μL/L 表示时：

$$NO_2 = \frac{\frac{2.0 \times 10^{-3}}{28.16 \times 10^{-3}} \times 22.4}{46} = 0.035(μL/L)$$

式中，46 为 NO_2 的摩尔质量，g/mol。

→ 任务训练

1. 简述大气采样点的布设原则。

2. 大气采样点的布设方法有哪几种？各适用于什么情况？不同的布点方法是否可以同时使用？

3. 直接采样法和富集采样法各适用于什么情况？怎样提高溶液吸收法的富集效率？

4. 吸收液的选择原则是什么？

5. 简述大气采样仪器有哪些？

6. 自然积集法是如何操作的？

7. 简述采样效率的评价方法。

8. 已知某采样点的温度为27℃，大气压力为100kPa。现用溶液吸收法采样测定 SO_2 的日平均浓度，每隔4h采样一次，共采集6次，每次采样30min，采样流量为0.5L/min。将6次气样的吸收液定容至50.00mL，取10.00mL用分光光度法测知含 SO_2 2.5μg，求该采样点大气在标准状态下 SO_2 的日平均浓度（以 mg/m³ 和 μL/L 表示）。

● 任务三　标准气体的配制 ●

在大气和废气监测中，标准气体如同标准物质、标准溶液一样，是检验监测方法、分析仪器、监测技术及进行质量控制的重要依据。

一、标准气体的制取

由于各种物质的物理、化学性质不同，存在形式各异，因而制取标准气体的方法也不尽相同，常见有害气体的制取方法见表2-5。将制取的标准气体通常收集到钢瓶、玻璃容器或塑料袋等容器中保存，因其浓度比较大，称为原料气，使用时通过适当的方法稀释成所需浓度。

表 2-5　常见有害气体的制取方法

气体	制取方法	杂质	杂质去除方法
NO_2	①浓 H_2SO_4 滴入 $NaNO_2$ 溶液中； ②$Pb(NO_3)_2$ 加热分解（360～370℃）	NO	①与 O_2 混合，氧化成 NO_2； ②$Pb(NO_3)_2$ 在 O_2 中加热
NO	滴 40% $NaNO_2$ 溶液于 30% $FeSO_4$ 的 1:7 的 H_2SO_4 溶液中	NO_2	用 20% NaOH 溶液洗
CO_2	Na_2CO_3 中滴加 HCl 溶液	HCl	用水洗
CO	HCOOH 滴入浓 H_2SO_4 中，加热	H_2SO_4 HCOOH	用 NaOH 溶液洗，再用水洗
SO_2	浓 H_2SO_4 滴入 Na_2SO_3 溶液中	SO_3	用浓硫酸洗
H_2S	加 20% HCl 于 Na_2S 或 FeS 中	HCl	用水洗
HCl	浓盐酸蒸发或 1+1 HCl 通气	—	—
HF	滴数滴 HF 于塑料容器中，放置数日蒸发	—	—
Cl_2	$KMnO_4$ 加浓 HCl	HCl	用水洗
Br_2	纯溴溶液挥发或饱和溴水通气挥发	—	—
NH_3	氨水挥发	—	—
甲醛	福尔马林溶液挥发	—	—

二、标准气体的配制方法

用原料气配制低浓度标准气的方法有静态配气法和动态配气法两种。

1. 静态配气法

静态配气法是把一定量的原料气加入已知容积的容器中，再充入稀释气体，混匀制得。标准气的浓度根据加入原料气量和稀释气量及容器容积计算得到。常用的静态配气方法有注射器配气法、配气瓶配气法、塑料袋配气法等。

（1）注射器配气法　配制少量标准气时，用100mL注射器取10mL原料气，用净化空气稀释至100mL。如果一次稀释达不到要求，可进行数次连续稀释。进行再次稀释时，只要将配好的气体推出去一部分（一般推出90mL），然后再吸入净化空气至100mL，即可得浓度更低的标准气。

（2）配气瓶配气法　将20L玻璃瓶洗净、烘干，精确标定容积后，将瓶内抽成负压，用净化空气冲洗几次，再排净抽成负压，注入原料气或原料液，充入净化空气至大气压力，充分摇动混匀。装置如图2-14所示。

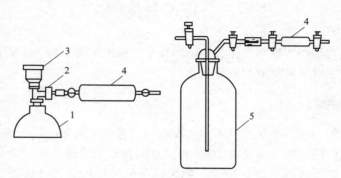

图 2-14　配气瓶配气装置

1—钢瓶；2—钢瓶嘴；3—阀门；4—定量管；5—配气瓶

标准气体浓度用式（2-8）计算。

$$c = \frac{Vb}{V_c} \times 10^3 \tag{2-8}$$

式中　c——配得标准气体浓度，$\mu L/L$；

V——加入原料的体积，mL；

b——原料气纯度，%；

V_c——配气瓶容积，L。

当用挥发性液体配气时，应取一支带细长毛细管的薄壁玻璃小安瓿瓶，洗净、烘干、称重。再稍加热，立即将安瓿瓶毛细管插入挥发液体中，则挥发液体被吸入安瓿瓶，取出并迅速熔封毛细管口，冷却，称重后放入配气瓶内，将配气瓶抽成负压，摇动打破安瓿瓶，则液体挥发，向配气瓶内充入净化空气至大气压力，混匀。装置如图2-15所示。

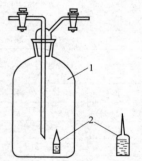

图 2-15　挥发性液体
配气装置

1—配气瓶；2—安瓿瓶

标准气体浓度按式（2-9）计算。

$$c = \frac{22.4 \times \left(1 + \dfrac{t}{273}\right) \times \dfrac{m_2 - m_1}{M} b \times 10^6}{V_c} \tag{2-9}$$

式中　c——配得标准气体浓度，$\mu L/L$；

m_1，m_2——空安瓿瓶和加挥发性液体后的安瓿瓶质量，g；

b——挥发性液体纯度，%；

M——挥发性液体摩尔质量，g/mol；

V_c——配气瓶容积，L；

t——配气时气体的温度，℃。

如果已知易挥发性液体的密度，可用注射器取定量液体注入抽成真空的配气瓶中，待液体挥发后，再充入净化空气至大气压力，混匀，按式(2-10)计算标准气体的浓度。

$$c=\dfrac{22.4\times\left(1+\dfrac{t}{273}\right)\times\dfrac{\rho V_1}{M}b\times10^6}{V_c} \tag{2-10}$$

式中 ρ——挥发性液体密度，g/L；

V_1——所取挥发性液体体积，L。

其他符号含义同式(2-9)。

使用配气瓶进行配气的主要问题是在标准气使用过程中，空气将由进气口进入瓶中，使原气体被稀释从而导致浓度降低。当进入的空气与原气体能迅速混合时，则用掉10%标准气，剩余标准气的浓度约降低5%，故常压配气取气量不能太大。为减小标准气在使用过程中的浓度变化，可将几个同浓度气体的配气瓶串联使用。

2. 动态配气法

使已知浓度的原料气与稀释气按恒定比例连续不断地进入混合器混合，从而可以连续不断地配制并供给一定浓度的标准气的方法为动态配气法。两股气流的流量比即稀释倍数，根据稀释倍数计算出标准气的浓度。此法尤其适用于配制低浓度的标准气。

常用的动态配气法有负压喷射法、连续稀释法、渗透管法。

(1) 负压喷射法 负压喷射法配气原理如图2-16所示。当稀释气流 F 以 Q_0(L/min)的速度进入固定喷管 A，再从狭窄的喷口处向外放空时，导致毛细管 B 的左端压力 p' 低于 p_0，此时 B 管处于负压状态。容器 D 内压力为大气压，装有已知浓度 c_0 的原料气，它通过毛细管 R 与 B 相连。B 管两端有压力差，使原料气以 Q_0(mL/min)的速度从容器 D 经毛细管 R 由 B 管左端喷出，经充分混合，配成一定浓度的标准气体，其浓度按式(2-11)计算：

$$c=\dfrac{Q_0 c_0}{Q}\times10^3 \tag{2-11}$$

式中 c_0——原料气浓度，μL/L；

Q_0——原料气流量，L/min；

Q——稀释气流量，mL/min。

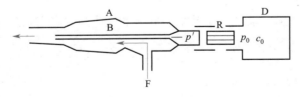

图 2-16 负压喷射法配气原理

(2) 连续稀释法 装置如图2-17所示。将原料气以恒定小流量送入混合器，被较大量的净化空气稀释，用流量计准确测量两种气体的流量，所配标准气体浓度按式(2-12)计算：

$$c=c_0\dfrac{Q_0}{Q+Q_0} \tag{2-12}$$

式(2-12) 中各项含义同式(2-11)。

（3）渗透管法　渗透管是动态配气法用的一种原料气气源，主要由装有原料液的小容器和渗透膜组成。小容器由耐腐蚀、耐压的惰性材料制成，渗透膜由聚四氟乙烯塑料制成帽状，套在小容器的颈部，其厚度小于 1mm。图 2-18 为 SO_2 渗透管的结构。它的塑料帽薄壁部分是渗透面，气体分子在其蒸气压力作用下，通过渗透面向外扩散，单位时间内的渗透量称为渗透率（q），即：

$$q = -\frac{DAp}{L} \tag{2-13}$$

式中　D——气体分子渗透系数；

　　　A——渗透面面积，mm^2；

　　　p——原料液饱和蒸气压，Pa；

　　　L——渗透膜厚度，mm。

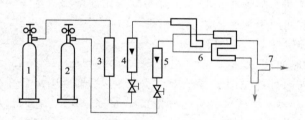

图 2-17　钢瓶连续稀释配气装置

1—空气钢瓶；2—原料气钢瓶；3—净化器；
4，5—流量计；6—混合器；7—取气口

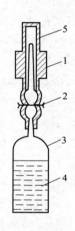

图 2-18　SO_2 渗透管

1—聚四氟乙烯塑料帽；2—加固环；3—玻璃
小安瓿瓶；4—SO_2 液体；5—薄壁渗透面

负号表示气体分压从管内到管外是减小的。对特定渗透管而言，D、A、L 为固定值，故渗透率仅与原料液的饱和蒸气压有关。当温度一定时，原料液的饱和蒸气压也是一定的，因此渗透率不变。改变原料液温度，即改变饱和蒸气压，或者改变稀释气体的流量，可以配制不同浓度的标准气体。

图 2-19 为渗透管法配气装置，用其配制的标准气体的浓度用式(2-14) 计算。

$$c = \frac{q}{Q_1 + Q_2} \tag{2-14}$$

式中　c——标准气体的浓度，mg/m^3；

　　　q——渗透率，$\mu g/min$；

Q_1，Q_2——A 气路和 B 气路中的气体流量，L/min。

渗透管对于配制低浓度的标准气体来说是一种较精确的方法，凡是易挥发的液体和能被冷冻或压缩成液态的气体都可以用此方法配制标准气体，还可以将互不反应的不同组分的渗透管放在同一气体发生器中配制多组分混合标准气体。

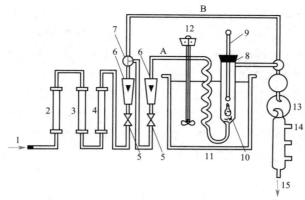

图 2-19　渗透管法配气装置

1—稀释气入口；2—硅胶管；3—活性炭管；4—分子筛管；5—流量调节阀；6—流量计；7—分流阀；8—气体发生瓶；
9—精密温度计；10—渗透管；11—恒温水浴；12—搅拌器；13—气体混合室；14—标准气出口；15—放空口

任务训练

1. 在环境监测中，标准气体有何作用？

2. 简述静态配气法和动态配气法的原理。

3. 简要说明连续稀释法和渗透管配气法进行动态配气的原理。

4. 简述 NO_2、SO_2、CO_2 气体的制取方法。

5. 用容积为 20L 的配气瓶进行常压配气，如果二氧化硫原料气的纯度为 50%（体积分数），欲配制 $50mg/m^3$ 的 SO_2 标准气，需加入多少原料气？

● 任务四　大气污染物的监测 ●

大气污染监测车

一、二氧化硫

二氧化硫是大气中主要污染物之一，它来源于煤和石油等燃料的燃烧、含硫矿物的冶炼、硫酸等化工产品生产排放的废气等。二氧化硫对呼吸道黏膜有强烈的刺激性，是诱发支气管炎疾病的原因之一，特别是当它与烟尘等气溶胶共存时，可加重对呼吸道黏膜的损害。

测定二氧化硫常用的方法有分光光度法、紫外荧光法、电导法、库仑滴定法、火焰光度法等。国家规定的标准分析方法是四氯汞钾溶液吸收-盐酸副玫瑰苯胺分光光度法和甲醛吸收-副玫瑰苯胺分光光度法。

1. 四氯汞钾溶液吸收-盐酸副玫瑰苯胺分光光度法

四氯汞钾溶液吸收-盐酸副玫瑰苯胺分光光度法的原理是用氯化钾和氯化汞配制成四氯汞钾吸收液，气样中的二氧化硫经该溶液吸收生成稳定的二氯亚硫酸盐配合物，此配合物再与甲醛和盐酸副玫瑰苯胺作用，生成紫色配合物，其颜色深浅与二氧化硫含量成正比，用分光光度法测定。该方法测定灵敏度高，选择性好，但吸收液毒性较大。

2. 甲醛吸收-副玫瑰苯胺分光光度法

二氧化硫被甲醛缓冲溶液吸收后，生成稳定的羟甲基磺酸加成化合物。在样品溶液中加入氢氧化钠使加成化合物分解，释放出二氧化硫与副玫瑰苯胺、甲醛作用，生成紫红色化合物，于波长 577nm 处测定吸光度。

此法适用于环境空气中二氧化硫的测定。当用 10mL 吸收液采样 30L 时，测定下限为 0.007mg/m³；当用 50mL 吸收液连续 24h 采样 300L 时，测定下限为 0.003mg/m³。

用二氧化硫标准溶液配制标准色列，以蒸馏水为参比测其吸光度，计算标准曲线的回归方程，以同样方法测定显色后的样品溶液，经试剂空白校正后，按式（2-15）计算样气中 SO_2 的含量：

$$\rho(SO_2) = \frac{(A - A_0)B_s}{V_s} \times \frac{V_t}{V_a} \tag{2-15}$$

式中　A——样品溶液的吸光度；

　　　A_0——试剂空白溶液的吸光度；

　　　B_s——校正因子，μg；

　　　V_t——样品溶液的总体积，mL；

　　　V_a——测定时所取样品溶液的体积，mL；

　　　V_s——换算成标准状态（0℃，101.325kPa）下的采样体积，L。

【注意】掌握显色温度和显色时间，严格控制反应条件是实验的关键；配制二氧化硫溶液时加入 EDTA 溶液可使亚硫酸根稳定；显色剂的加入方式要正确，否则精密度差。

用此法测定二氧化硫，避免了使用毒性大的四氯汞钾吸收液，其灵敏度、准确度相同，且样品采集后相当稳定，但操作条件要求严格。

3. 二氧化硫的测定

【测定目的】

① 掌握二氧化硫测定的基本方法。

② 熟练大气采样器和分光光度计的使用。

【仪器和试剂】

① 分光光度计　可见光波长 380~780nm。

② 多孔玻板吸收管　10mL，用于短时间采样。

③ 恒温水浴器　广口冷藏瓶内放置圆形比色管架，插一支长约 150mm、量程 0~40℃的酒精温度计，其误差应不大于 0.5℃。

④ 具塞比色管　10mL。

⑤ 空气采样器　用于短时间采样的普通空气采样器，流量范围 0~1mL/min。

⑥ 氢氧化钠溶液　1.5mol/L。

⑦ 环己二胺四乙酸二钠溶液　$c(CDTA-2Na) = 0.05mol/L$。称取 1.82g 反式-1,2-环己二胺四乙酸（简称 CDTA），加入氢氧化钠溶液 6.5mL，用水稀释至 100mL。

⑧ 甲醛缓冲吸收储备液　吸取 36%~38% 的甲醛溶液 5.5mL、CDTA-2Na 溶液 20.00mL；称取 2.04g 邻苯二甲酸氢钾，溶于少量水中。将三种溶液合并，再用水稀释至 100mL，储于冰箱可保存一年。

⑨ 甲醛缓冲吸收液　用水将甲醛缓冲吸收储备液稀释 100 倍而成。使用时现配。

⑩ 氨磺酸钠溶液 （0.60g/100mL） 称取 0.60g 氨磺酸（H_2NSO_3H）置于 100mL 容量瓶中，加入 4.0mL 氢氧化钠溶液，用水稀释至标线，摇匀。此溶液密封保存可用 10 天。

⑪ 碘储备液 $c\left(\dfrac{1}{2}I_2\right)=0.1mol/L$。称取 12.7g 碘（$I_2$）于烧杯中，加入 40g 碘化钾和 25mL 水，搅拌至完全溶解，用水稀释至 1000mL，储存于棕色细口瓶中。

⑫ 碘溶液 $c\left(\dfrac{1}{2}I_2\right)=0.05mol/L$。量取碘储备液 250mL，用水稀释至 500mL，储存于棕色细口瓶中。

⑬ 淀粉溶液 （0.5g/100mL） 称取 0.5g 可溶性淀粉，用少量的水调成糊状，慢慢倒入 100mL 沸水中，继续煮沸至溶液澄清，冷却后储于试剂瓶中。临用现配。

⑭ 碘酸钾标准溶液 $c\left(\dfrac{1}{6}KIO_3\right)=0.1000mol/L$。称取 3.5667g 碘酸钾（$KIO_3$，优级纯，经 110℃下干燥 2h）溶于水，移入 1000mL 容量瓶中，用水稀释至标线，摇匀。

⑮ （1+9）盐酸溶液。

⑯ 硫代硫酸钠储备液 $c(Na_2S_2O_3)=0.10mol/L$。称取 25.0g 硫代硫酸钠（$Na_2S_2O_3\cdot5H_2O$），溶于 1000mL 新煮沸但已冷却的水中，加入 0.2g 无水碳酸钠，储存于棕色细口瓶中，放置一周后使用，若溶液浑浊，必须过滤。

⑰ 硫代硫酸钠标准溶液 $c(Na_2S_2O_3)=0.05mol/L$。取 250mL 硫代硫酸钠储备液置于 500mL 容量瓶中，用新煮沸但已冷却的水稀释至标线，摇匀。

标定方法：吸取三份 10.00mL 碘酸钾标准溶液分别置于 250mL 碘量瓶中，加 70mL 新煮沸但已冷却的水，加 1g 碘化钾，振摇至完全溶解后，加 10mL 盐酸溶液，立即盖好瓶塞，摇匀。于暗处放置 5min 后，用硫代硫酸钠标准溶液滴定至浅黄色，加 2mL 淀粉溶液，继续滴定溶液至蓝色刚好褪去为终点。硫代硫酸钠标准溶液的浓度按式(2-16)计算：

$$c=\frac{0.1000\times10.00}{V} \qquad (2\text{-}16)$$

式中 c——硫代硫酸钠标准溶液的浓度，mol/L；

V——滴定所耗硫代硫酸钠标准溶液的体积，mL。

⑱ EDTA 溶液 （0.05g/100mL） 称取 0.25g EDTA 溶于 500mL 新煮沸但已冷却的水中。使用时现配。

⑲ 二氧化硫标准溶液 称取 0.200g 亚硫酸钠（Na_2SO_3），溶于 200mL EDTA-2Na 溶液中，缓缓摇匀以防充氧，使其溶解。放置 2～3h 后标定。此溶液每毫升相当于 320～400μg 二氧化硫。

标定方法：吸取三份 20.00mL 的二氧化硫标准溶液，分别置于 250mL 碘量瓶中，加入 50mL 新煮沸但已冷却的水、20.00mL 碘溶液及 1mL 冰醋酸，盖塞，摇匀。于暗处放置 5min 后，用硫代硫酸钠标准溶液滴定至浅黄色，加入 2mL 淀粉溶液，继续滴定至溶液蓝色刚好褪去为终点。记录滴定消耗的硫代硫酸钠标准溶液的体积 V(mL)。

另取三份 EDTA-2Na 溶液 20mL，用同法进行空白试验。记录滴定消耗的硫代硫酸钠标准溶液的体积 V(mL)。

平行样滴定所耗硫代硫酸钠标准溶液的体积之差应不大于 0.04mL。取其平均值。二氧化硫标准溶液浓度按式(2-17)计算：

$$\rho=\frac{(V_0-V)\times c(Na_2S_2O_3)\times 32.02}{20.00}\times 1000 \qquad (2\text{-}17)$$

式中　　　ρ——二氧化硫标准溶液的浓度，$\mu g/mL$；

　　　　　V_0——空白滴定消耗硫代硫酸钠溶液的体积，mL；

　　　　　V——二氧化硫标准溶液滴定消耗硫代硫酸钠标准溶液的体积，mL；

$c(Na_2S_2O_3)$——硫代硫酸钠标准溶液的浓度，mol/L；

　　　32.02——二氧化硫$\left(\dfrac{1}{2}SO_2\right)$的摩尔质量，$g/mol$。

　　标定出准确浓度后，立即用吸收液稀释为 $10.00\mu g/mL$ 的二氧化硫标准储备液，临用时再用吸收液稀释为 $1.00\mu g/mL$ 的二氧化硫标准溶液。在冰箱中 $5℃$ 下保存。$10.00\mu g/mL$ 的二氧化硫标准储备液可稳定 6 个月；$1.00\mu g/mL$ 的二氧化硫标准溶液可稳定 1 个月。

　　⑳ 副玫瑰苯胺（PRA，即副品红、对品红）储备液　$0.20g/100mL$，其纯度应达到质量检验的指标。

　　㉑ PRA 溶液（$0.05g/100mL$）　吸取 $25.00mL$ PRA 储备液于 $100mL$ 容量瓶中，加 $30mL$ 85% 的浓磷酸、$12mL$ 浓盐酸，用水稀释至标线，摇匀，放置过夜后使用。避光密封保存。

【测定步骤】

　　(1) 采样　根据空气中二氧化硫浓度的高低，采用内装 $10mL$ 吸收液的 U 形多孔玻板吸收管，以 $0.5L/min$ 的流量采样。采样时吸收液温度的最佳范围在 $23\sim29℃$。样品运输和储存过程中，应注意避光保存。

　　(2) 标准曲线的绘制　取 14 支 $10mL$ 具塞比色管，分 A、B 两组，每组 7 支，分别对应编号。A 组按表 2-6 配制标准溶液系列。

表 2-6　标准溶液系列的配制

项目	管号						
	1	2	3	4	5	6	7
二氧化硫标准溶液/mL	0	0.50	1.00	2.00	5.00	8.00	10.00
甲醛缓冲吸收液/mL	10.00	9.50	9.00	8.00	5.00	2.00	0
二氧化硫含量/μg	0	0.50	1.00	2.00	5.00	8.00	10.00

　　B 组各管加入 $1.00mL$ PRA 溶液，A 组各管分别加入 $0.5mL$ 氨磺酸钠溶液和 $0.5mL$ 氢氧化钠溶液，混匀。再逐管迅速将溶液全部倒入对应编号并盛有 PRA 溶液的 B 管中，立即具塞混匀后放入恒温水浴中显色。显色温度与室温之差应不超过 $3℃$，根据不同季节和环境条件按表 2-7 选择显色温度与显色时间。

表 2-7　显色温度与显色时间

项目	显色温度/℃				
	10	15	20	25	30
显色时间/min	40	25	20	15	5
稳定时间/min	35	25	20	15	10
试剂空白吸光度 A	0.03	0.035	0.04	0.05	0.06

　　在波长 $577nm$ 处，用 $1cm$ 的比色皿，以水为参比溶液测量吸光度，并用最小二乘法计

算标准曲线的回归方程。

（3）样品测定 样品放置 20min，以使臭氧分解，然后将吸收管中样品溶液全部移入 10mL 比色管中，用吸收液稀释至标线，加 0.5mL 氨磺酸钠溶液，混匀，放置 10min 以除去氮氧化物的干扰，以下步骤同标准曲线的绘制。如样品吸光度超过标准曲线上限，则可以用试剂空白溶液稀释，在数分钟内再测量其吸光度，但稀释倍数不要大于 6 倍。

【测定结果】

见前面"2. 甲醛吸收-副玫瑰苯胺分光光度法"。

【问题思考】

① 配制标准色列溶液时应注意什么？实验成败的关键是什么？

② 二氧化硫标准溶液的浓度如果偏高，是否会使实验结果产生偏差？

二、氮氧化物

1. 氮氧化物的测定

氮的氧化物有 NO、NO_2、N_2O、N_2O_3、N_2O_4、N_2O_5 等多种形式。大气中的氮氧化物主要以 NO、NO_2 的形式存在，它们主要来源于石化燃料高温燃烧和硝酸、化肥等生产排放的废气，以及汽车排气等。

常用的测定方法有盐酸萘乙二胺分光光度法、化学发光法、恒电流库仑滴定法等。

盐酸萘乙二胺分光光度法的原理是用冰醋酸、对氨基苯磺酸和盐酸萘乙二胺配成吸收液。空气中的二氧化氮与吸收液中的对氨基苯磺酸进行重氮化反应，再与 N-(1-萘基)乙二胺盐酸盐作用，生成粉红色的偶氮染料，于波长 540～545nm 之间测定吸光度。

NO 不与吸收液发生反应，测定 NO_x 总量时，必须先使气样通过三氧化二铬-砂子氧化管，将 NO 氧化成 NO_2 后，再通入吸收液进行吸收和显色。因此，气样不通过氧化管测的是 NO_2 含量，通过氧化管测的是 $NO_2 + NO$ 的总量，二者之差为 NO 的含量。

用亚硝酸钠标准溶液配制成标准色列，于波长 540nm 处测其吸光度及试剂空白溶液的吸光度，以经试剂空白修正后的标准色列的吸光度对亚硝酸根含量绘制出标准曲线，并用最小二乘法计算标准曲线的回归方程。采样后，同标准曲线制作方法一样，测定样品吸光度，计算空气中二氧化氮的浓度。

用亚硝酸盐溶液绘制标准曲线时，空气中二氧化氮的浓度 $\rho(NO_2)$ 用式（2-18）计算：

$$\rho(NO_2) = \frac{(A - A_0 - a)VD}{bfV_0} \tag{2-18}$$

式中 A——样品溶液的吸光度；

A_0——空白试验溶液的吸光度；

b——标准曲线的斜率，$mL/\mu g$；

a——标准曲线的截距；

V——采样用吸收液体积，mL；

D——样品的稀释倍数；

V_0——换算为标准状态（273K，101.3kPa）下的采样体积，L；

f——Saltzman 实验系数，0.88（当空气中二氧化氮的浓度高于 $0.720mg/m^3$ 时，f 值为 0.77）。

【注意】 吸收液应避光，并不能长时间暴露在空气中，以防止光照使吸收液显色或吸收空气中的氮氧化物而使试剂空白液吸光度增高；亚硝酸钠应妥善保存，防止在空气中氧化成硝酸钠；氧化管颜色变化，及时更换。

2. 二氧化氮的测定

【测定目的】

① 掌握大气中二氧化氮测定的基本原理和方法。

② 熟悉各种仪器的使用。

【仪器和试剂】

① 吸收瓶　内装 10mL、25mL 或 50mL 吸收液的多孔玻板吸收瓶。

② 便携式空气采样器　流量范围 0～1L/min。采气流量为 0.4L/min 时，误差小于 ±5%。

③ 分光光度计。

④ 硅胶管　内径约 6mm。

⑤ N-(1-萘基)乙二胺盐酸盐储备液　称取 0.50g N-(1-萘基)乙二胺盐酸盐于 500mL 容量瓶中，用水溶解稀释至刻度。此溶液储于密封的棕色瓶中，在冰箱中冷藏，可以稳定三个月。

⑥ 显色液　称取 5.0g 对氨基苯磺酸（$NH_2C_6H_4SO_3H$）溶于约 200mL 热水中，将溶液冷却至室温，全部移入 1000mL 容量瓶中，加入 50mL 冰醋酸和 50.0mL N-(1-萘基)乙二胺盐酸盐储备液，用水稀释至刻度。此溶液于密闭的棕色瓶中在 25℃ 以下暗处存放，可稳定三个月。

⑦ 吸收液　使用时将显色液和水按 4:1（体积比）比例混合，即为吸收液。此溶液于密闭的棕色瓶中在 25℃ 以下暗处存放，可稳定三个月。若呈淡红色，应弃之重配。

⑧ 亚硝酸盐标准储备溶液（250mg/L）　准确称取 0.3750g 亚硝酸钠（$NaNO_2$，优级纯，预先在干燥器内放置 24h），移入 1000mL 容量瓶中，用水稀释至标线。此溶液储于密闭瓶中于暗处存放，可稳定三个月。

⑨ 亚硝酸盐标准工作溶液（2.50mg/L）　用亚硝酸盐标准储备溶液稀释，临用前现配。

【测定步骤】

（1）采样　取一支多孔玻板吸收瓶，装入 10.0mL 吸收液，以 0.4L/min 流量采气 6～24L。采样、样品运输及存放过程应避免阳光照射。

（2）标准曲线的绘制　取 6 支 10mL 具塞比色管，制备标准色列，见表 2-8。

表 2-8　标准色列的配制

项目	管号					
	0	1	2	3	4	5
标准工作溶液体积/mL	0	0.40	0.80	1.20	1.60	2.00
水体积/mL	2.00	1.60	1.20	0.80	0.40	0
显色液体积/mL	8.00	8.00	8.00	8.00	8.00	8.00
NO_2 浓度/(μg/mL)	0	0.10	0.20	0.30	0.40	0.50

各管混匀，于暗处放置 20min（室温低于 20℃ 时，应适当延长显色时间。如室温为 15℃ 时，显色 40min），用 10mm 比色皿，以水为参比，在波长 540～545nm 处测量吸光度。

扣除空白试验的吸光度后，对应 NO_2 的浓度（$\mu g/mL$），用最小二乘法计算标准曲线的回归方程。

（3）样品测定　采样后放置 20min（气温低时，适当延长显色时间。如室温为 15℃时，显色 40min），用水将采样瓶中吸收液的体积补至标线，混匀，以水为参比，在 540～545nm 处测量其吸光度和空白试验样品的吸光度。

若样品的吸光度超过标准曲线的上限，应用空白试验溶液稀释，再测其吸光度。

【测定结果】

见前面"1. 氮氧化物的测定"。

【注意事项】

① 采样后应尽快测量样品的吸光度，若不能及时分析，应将样品于低温暗处存放。样品于 30℃暗处存放，可稳定 8h；于 20℃暗处存放，可稳定 24h；于 0～4℃冷藏，至少可稳定 3 天。

② 空白试验与样品使用的吸收液应为同一批配制的吸收液。

③ 空气中臭氧浓度超过 $0.25mg/m^3$ 时，使吸收液略显红色，对二氧化氮的测定产生干扰。采样时在吸收瓶入口端串接一段 15～20cm 长的硅胶管，即可将臭氧浓度降低到不干扰二氧化氮测定的水平。

【问题思考】

① 臭氧会对二氧化氮的测定产生什么样的干扰？如何消除？

② 如果吸收液长期放置已变色还继续使用，会使实验结果产生什么样的偏差？

三、一氧化碳

一氧化碳是大气主要污染物之一，它易与人体血液中的血红蛋白结合，形成碳氧血红蛋白，使血液输送氧的能力降低，造成机体缺氧，严重时会使人因窒息而死亡。它主要来源于化石燃料的不完全燃烧和汽车尾气，森林火灾、火山爆发等自然灾害也是其来源之一。

测定大气中一氧化碳的方法有非分散红外吸收法、气相色谱法、间接冷原子吸收法、汞置换法等。在此主要介绍国家规定的标准分析方法——非分散红外吸收法。此方法广泛用于 CO、CO_2、CH_4、SO_2、NH_3 等气态污染物的监测，测定简便、快速，能不破坏被测物质，适用于连续自动监测。

CO、CO_2 等气态分子受到红外辐射（1～25μm）时吸收各自特征波长的红外线，引起分子振动和转动能级的跃迁，形成红外吸收光谱。在一定浓度范围内，吸收光谱的峰值（吸光度）与气态物质浓度之间的关系符合朗伯-比尔定律，因此，测其吸光度即可确定气态物质的浓度。

非分散红外吸收法 CO 监测仪的工作原理如图 2-20 所示。从红外光源发射出能量相同的两束平行光，被同步电机 M 带动的切光片交替切断，然后一束光作为参比光通过滤波室、参比室射入检测室，其 CO 特征吸收波长的光强度不变。另一束光作为测量光束，通过滤波室、测量室射入检测室。由于测量室内有气样通过，气样中的 CO 吸收了部分特征波长的红外线，使射入检测室的光束强度减弱，而且 CO 含量越高，光强减弱越多。检测室用一金属薄膜（厚 5～10μm）分隔为上、下两室，均充等浓度的 CO 气体，在金属薄膜一侧还固定一圆形金属片，距薄膜 0.05～0.08mm，二者组成一个电容器，故这种检测器称为电容检测器或薄膜微音器。由于射入检测室的参比光束强度比测量光束强度大，两室中气体温度产生差异，致使下室中的气体膨胀压力大于上室，使金属薄膜偏向固定金属片一方，改变了电容器两极间的距离，故改变了电容量，根据其变化值即可得知气样中CO的浓度。

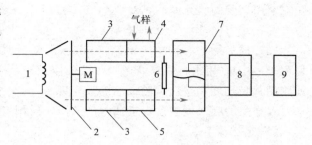

图2-20　非分散红外吸收法CO监测仪的工作原理
1—红外光源；2—切光片；3—滤波室；4—测量室；
5—参比室；6—调零挡板；7—检测室；8—放大及
信号处理系统；9—指示表及记录仪

测量时，先通入纯氮气进行零点校正，再用标准的CO气体校正，然后通入气样，便可直接显示记录气样中CO的浓度，以$\mu L/L$计。

按式（2-19）换算为标准状态下的质量浓度（mg/m^3）：

$$\rho(CO) = 1.25c \tag{2-19}$$

式中　1.25——标准状态下由$\mu L/L$换算成mg/m^3的换算系数。

【注意】 CO的红外吸收峰在$4.5\mu m$附近，CO_2在$4.3\mu m$附近，水蒸气在$6\mu m$和$3\mu m$附近，而大气中CO_2和水蒸气的浓度又远大于CO的浓度，所以干扰CO的测定。在测定前用制冷剂或通过干燥剂的方法可以除去水蒸气，用窄带光学滤光片或气体滤波室将红外辐射限制在CO吸收的范围内，可消除CO_2的干扰。

四、臭氧

臭氧是一种强氧化性气体，主要集中在大气平流层中，臭氧层能够吸收99%以上来自太阳的紫外辐射，从而保护地球上的生物不受其伤害。空气中的臭氧一方面来自平流层，另一方面由人类生产和生活活动排放的碳氢化合物及氮氧化物经一系列光化学反应而产生。臭氧具有强烈的刺激性，易损伤人体呼吸道和肺。

臭氧的测定方法有分光光度法、化学发光法、紫外线吸收法等。国家规定的标准分析方法是靛蓝二磺酸钠分光光度法和紫外分光光度法。

1. 靛蓝二磺酸钠分光光度法

空气中的臭氧在磷酸盐缓冲剂存在下，与吸收液中黄色的靛蓝二磺酸钠等物质反应后，褪色生成靛红二磺酸钠，在610nm处测量吸光度。本法适用于测量高含量环境空气中的臭氧，当采样体积为5～30L时，测定范围为0.030～$1.200mg/m^3$。

2. 紫外分光光度法

空气样品以恒定流速进入紫外臭氧分析仪的气路系统，样品空气直接或交替地进入吸收池，或经过臭氧涤去器再进入吸收池。臭氧对254nm波长的紫外线有特征吸收，规定零空气（不含能使臭氧分析仪产生可检测响应的空气，也不含与臭氧发生反应的一氧化碳、乙烯等物质）样品通过吸收池时被光检测器检测的光强度为I_0，臭氧样品通过吸收池时被检测的光强度为I，I/I_0为透光率。每经过一个循环周期，仪器的微处理系统就求出臭氧的浓度。用本法测定环境空气中的臭氧，测定条件在25℃和101.325kPa时，臭氧的测定范围为$2.14\mu g/m^3$～$2mg/m^3$。

测定时用臭氧发生器制备不同浓度的臭氧，将一级紫外臭氧校准仪和臭氧分析仪连在输出支管上同时进行测定。将臭氧分析仪与记录仪、数据处理器、计算机等连接，记录臭氧浓度。

在仪器运转期间，至少每周检查一次仪器的零点、跨度和操作参数，三个月校准一次。

五、总烃和非甲烷烃

1. 总烃和非甲烷烃概述

总碳氢化合物有两种表示方法：一种是包括甲烷在内的碳氢化合物，称为总烃（THC）；另一种是除甲烷以外的碳氢化合物，称为非甲烷烃（NMHC）。大气中的碳氢化合物主要是甲烷，当大气污染严重时，空气中大量增加甲烷以外的碳氢化合物，它们是形成光化学烟雾的主要物质之一，主要来自炼焦、化工等生产过程排放的气体及汽车尾气等。

测定总烃和非甲烷烃的主要方法有气相色谱法、光电离检测法等。

气相色谱法的原理是以氢火焰离子化检测器分别测定气样总烃和甲烷含量，两者之差即为非甲烷烃含量。以氮气为载气测定总烃和非甲烷烃的流程如图 2-21 所示。气相色谱仪中并联了两根色谱柱；一根是不锈钢螺旋空柱，用于测定总烃；另一根是填充 GDX-502 担体的不锈钢柱，用于测定甲烷。除烃净化装置如图 2-22 所示。

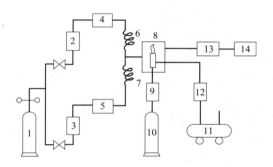

图 2-21　色谱法测定总烃流程

1—氮气瓶；2，3，9，12—净化器；4，5—六通阀；
6—GDX-502 柱；7—空柱；8—FID；10—氢气瓶；
11—空气压缩机；13—放大器；14—记录仪

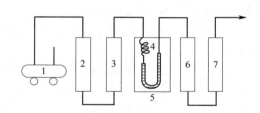

图 2-22　除烃净化装置

1—空压机；2，6—硅胶及 5A 分子筛管；3—活性炭管；
4—预热管；5—高温管式炉（U 形管内装钯-6201
催化剂，炉温 450～500℃）；7—碱石棉管

测定时在选定色谱条件下，将大气试样、甲烷标准气及除烃净化空气依次分别经定量管和六通阀注入，通过色谱仪空柱到达检测器，可分别得到三种气样的色谱峰。设大气试样总烃峰高（包括氧峰）为 h_t；甲烷标准气样峰高为 h_s；除烃净化空气峰高为 h_a。

在相同色谱条件下，将大气试样、甲烷标准气样通过定量管和六通阀分别注入仪器，经 GDX-502 柱分离到达检测器，依次得到气样中甲烷的峰高（h_m）和甲烷标准气样中甲烷的峰高（h_s'）。

按式(2-20)～式(2-22)计算总烃、甲烷和非甲烷烃的含量：

$$总烃含量（以 CH_4 计，mg/m^3）=\frac{h_t-h_a}{h_s}c_s \tag{2-20}$$

$$甲烷含量（mg/m^3）=\frac{h_m}{h_s'}c_s \tag{2-21}$$

$$非甲烷烃浓度＝总烃浓度－甲烷浓度 \tag{2-22}$$

式中 c_s——甲烷标准气浓度，mg/m^3。

载气、标准气及样品气中氧含量是否一致，是影响本方法准确度的重要因素，配气时要特别注意。

2. 总烃及非甲烷烃的测定

【测定目的】

① 掌握气相色谱法测定环境空气中总烃、非甲烷烃的原理和操作技术；

② 能对环境空气中的总烃、非甲烷烃作出定性或定量的判断。

【测定原理】

测定总烃及非甲烷烃的方法为气相色谱法，检测器有氢火焰检测器、光电离检测器等。色谱柱有不锈钢空柱和毛细管柱。

用双柱双氢火焰离子化检测器气相色谱仪，注射器直接进样，分别测定样品中的总烃和甲烷含量，以两者之差得非甲烷烃含量。同时以除烃空气求氧的空白值，以扣除总烃色谱峰中的氧峰干扰。

【仪器和试剂】

① 配有双氢火焰离子化检测器（FID）的气相色谱仪、配色谱工作站。

② 进样器   仪器自带毛细管进样口或六通阀，1mL 定量管。

③ 注射器及密封帽   全玻璃质 1mL、5mL、20mL、50mL、100mL 注射器若干个，配聚四氟乙烯薄膜的硅橡胶胶帽。

④ 甲烷柱   长 2m、内径 3mm 的不锈钢柱，管内填充 GDX-104 高分子多孔微球载体 60～80 目。

⑤ 总烃柱   不装任何填料（空柱），长 1m、内径 3mm 的不锈钢柱。

⑥ 高纯氢气≥99.999%，高纯空气≥99.999%，高纯氮气≥99.999%，高纯氧气≥99.999%，除烃空气≥99.999%，以上高纯氮气与高纯氧气之比为 4∶1。

⑦ 甲烷标准气体 $7.14mg/m^3$（10ppm），以氮气为底气的甲烷标准气体。

⑧ 色谱柱老化   色谱柱的一端接到仪器进样口上，另一端不接检测器，用低流速（约 10mL/min）载气通入，柱温升至 110℃ 老化 24h，然后将色谱柱接入色谱系统，待基线走平直为止。

⑨ 温度   柱温 70～80℃，检测器温度 130～150℃，进样口温度 100～110℃。

⑩ 气体流量   氢气流量 25mL/min，空气流量 400mL/min，根据仪器的具体情况可作适当调整。载气（N_2）流量，甲烷柱约为 20mL/min，总烃柱为 40～50mL/min。根据色谱柱的阻力调节柱前压。

【测定步骤】

（1）采样   用 100mL 注射器在人的呼吸带高度处抽取待测空气反复抽洗 3～4 次后，采集气样 100mL，用衬有聚四氟乙烯薄膜的硅橡胶胶帽密封注射器进气口，避光带回实验室。

（2）绘制标准曲线

① 标准系列的配制   用 100mL 注射器稀释。

a. $7.14mg/m^3$ 的甲烷标准气体。取甲烷标准气 100mL，用衬有聚四氟乙烯薄膜的硅橡胶胶帽密封注射器口。

b. $3.57mg/m^3$ 的甲烷标准气体。取甲烷标准气 50mL，再抽入 50mL 高纯氮气，密封、混匀。

　　c. 用高纯氮气逐级稀释刚配制的标准气体，制备甲烷 0.625ppm（0.44mg/m³）、1.25ppm（0.89mg/m³）、2.50ppm（1.78mg/m³）、5.00ppm（3.57mg/m³）、10.0ppm（7.14mg/m³）的标准气体系列。

　　② 标准系列的测定　仪器稳定后准确抽取 1.0mL 标准系列的气体样品（由低浓度到高浓度），分别在总烃柱和甲烷柱中进样，每个浓度重复 3 次，取峰高的平均值，即得系列标准气体的峰面积 A_{TCO_2}、$A_{CH_4O_2}$。

　　以甲烷浓度（mg/m³）为纵坐标，分别以相对应标准气体的峰面积 A_{TCO_2}、$A_{CH_4O_2}$ 为横坐标，绘制总烃、甲烷的标准曲线。计算总烃、甲烷标准曲线线性回归方程的相关参数。

　　（3）样品及氧峰测定

　　① 总烃浓度测定　取下样品进气口的密封塞后连接到色谱仪的气体进样口，经 1mL 定量管定量进样，通过总烃柱按标准系列测定条件分析，重复 3 次，获得样品总色谱峰平均面积 A_{TC}。

　　用相同方法测定除烃空气，获得氧色谱峰平均面积 A_{O_2}。

　　② 甲烷浓度测定　在与上述相同条件下操作，将样品通过甲烷柱获得样品甲烷色谱峰平均面积 A_{CH_4}。

【测定结果】

　　样品中总烃浓度 ρ_{TC}（mg/m³）按式（2-23）计算：

$$\rho_{TC}=a_{TC}(A_{TC}-A_{O_2})+b_{TC} \tag{2-23}$$

式中　ρ_{TC}——样品中的总烃浓度（以甲烷计），mg/m³；

　　　　A_{TC}——样品的总色谱峰平均面积；

　　　　A_{O_2}——除烃空气色谱峰平均面积；

　　　　a_{TC}——总烃回归方程中的斜率；

　　　　b_{TC}——总烃回归方程中的截距。

　　样品中甲烷浓度 $\rho(CH_4)$，（mg/m³）按式（2-24）计算：

$$\rho(CH_4)=a_{CH_4}A_{CH_4}+b_{CH_4} \tag{2-24}$$

式中　A_{CH_4}——样品的甲烷色谱峰平均面积；

　　　　a_{CH_4}——甲烷回归方程中的斜率；

　　　　b_{CH_4}——甲烷回归方程中的截距。

　　样品中非甲烷烃浓度 $\rho(NMHC)$ 按式（2-25）计算：

$$\rho(NMHC)=\rho_{TC}-\rho_{CH_4} \tag{2-25}$$

【注意事项】

　　① 样品要当天分析完。

　　② 样品应尽可能由低浓度至高浓度测定。如先测高浓度样品，则用除烃空气清洗定量管后再进行测定。

【问题思考】

　　① 气相色谱分析的原理是什么？选用何种检测器？为什么？

② 影响色谱峰稳定性的因素有哪些?

六、氟化物

大气中的气态氟化物主要是氟化氢及少量的氟化硅和氟化碳,颗粒态氟化物主要是冰晶石、氟化钠、氟化铝、氟化钙(萤石)等。氟化物污染主要来源于含氟矿石及以燃煤为能源的工业过程。测定大气中氟化物的方法有滤膜采样-氟离子选择电极法、石灰滤纸采样-氟离子选择电极法、分光光度法等。

1. 滤膜采样-氟离子选择电极法

用磷酸氢二钾溶液浸渍的玻璃纤维滤膜或碳酸氢钠-甘油溶液浸渍的玻璃纤维滤膜采样,则大气中的气态氟化物被吸收固定,颗粒态氟化物同时被阻留在滤膜上。采样后的滤膜用水或酸浸取后,用氟离子选择电极法测定。

分别测定气态、颗粒态氟化物时,采样时需用三层膜,第一层采样膜用孔径 $0.8\mu m$ 经柠檬酸溶液浸渍的纤维素酯微孔膜先阻留颗粒态氟化物,第二、三层用磷酸氢二钾浸渍过的玻璃纤维滤膜采集气态氟化物。用水浸取滤膜,可测定水溶性氟化物;用盐酸溶液浸取,可测定酸溶性氟化物;用水蒸气热解法处理滤膜,可测定总氟化物。采样滤膜应分别处理和测定。另取未采样的浸取吸收液的滤膜 3~4 张,按照采样滤膜的测定方法测定空白值(取平均值)。按式(2-26)计算氟化物的含量:

$$\rho(F) = (m_1 + m_2 - 2m_0)/V_n \tag{2-26}$$

式中　m_1——上层浸渍膜样品中的氟含量,μg;

　　　m_2——下层浸渍膜样品中的氟含量,μg;

　　　m_0——空白浸渍膜平均氟含量,μg/张;

　　　V_n——标准状态下的采样体积,L。

颗粒态氟化物浓度的测定:将第一层采样膜经酸浸取后,用氟离子选择电极即可测得。计算公式如下:

$$\rho = (m_3 - m_0)/V_n \tag{2-27}$$

式中　ρ——酸溶性颗粒态氟化物浓度,mg/m^3;

　　　m_3——第一层膜样品中的氟含量,μg;

　　　m_0——采样空白膜中平均氟含量,μg;

　　　V_n——标准状态下的采样体积,L。

【注意】测定样品时的温度与制作标准曲线时的温差不得超过 $\pm 2℃$;正确配制好氟离子标准溶液;高浓度盐类会干扰并减慢响应速率,可加入大量的钠盐或钾盐(恒量)消除;注意氟离子电极的保管、预处理和使用。

2. 石灰滤纸采样-氟离子选择电极法

空气中的氟化物与浸渍在滤纸上的氢氧化钙反应从而被固定,用总离子强度调节缓冲液提取后,以氟离子选择电极法测定。该方法不需要抽气动力,操作简便,而且采样时间长,得出的石灰滤纸上氟化物的含量反映在放置期间空气中氟化物的平均污染水平。

七、硫酸盐化速率

硫酸盐化速率是指大气中含硫污染物变为硫酸雾和硫酸盐雾的速度。测定方法有二氧化铅-重量法、碱片-重量法、碱片-铬酸钡分光光度法、碱片-离子色谱法等。

1. 二氧化铅-重量法

大气中的二氧化硫、硫酸雾、硫化氢等与二氧化铅反应生成硫酸铅，用碳酸钠溶液与之反应，使硫酸铅转化为碳酸铅，释放出硫酸根离子，再加入氯化钡溶液，生成硫酸钡沉淀，用重量法测定，结果以每日在 $100cm^2$ 的二氧化铅面积上所含 SO_3 的质量（mg）表示。反应式如下。

$$SO_2 + PbO_2 \longrightarrow PbSO_4$$
$$H_2S + PbO_2 \longrightarrow PbO + H_2O + S$$
$$PbO_2 + S + O_2 \longrightarrow PbSO_4$$

PbO_2 采样管的制备是在素瓷管上涂一层黄蓍胶乙醇溶液，将适当大小的湿纱布平整地绕贴在素瓷管上，再均匀地刷上一层黄蓍胶乙醇溶液，除去气泡，自然晾至近干后，将 PbO_2 与黄蓍胶乙醇溶液研磨制成的糊状物均匀地涂在纱布上，涂布面积约为 $100cm^2$，晾干，移入干燥器存放。采样时将 PbO_2 采样管固定在百叶箱中，在采样点上放置（30±2）d，注意不要靠近烟囱等污染源；收样时，将 PbO_2 采样管放入密闭容器中。准确测量 PbO_2 涂层的面积，将采样管放入烧杯中，用碳酸钠溶液淋湿涂层，用镊子取下纱布，并用碳酸钠溶液冲洗瓷管，取出。搅拌洗涤液，盖好，放置 2～3h 或过夜。将烧杯在沸水浴上加热近沸，保持 30min，稍冷，倾斜过滤并洗涤，获得样品滤液。在滤液中加甲基橙指示剂，滴加盐酸至红色并稍过量。在沸水浴上加热，赶除 CO_2，滴加 $BaCl_2$ 溶液至沉淀完全，再加热 30min，冷却，放置 2h 后，用恒重的 G_4 玻璃砂芯坩埚抽气过滤，洗涤至滤液中无氯离子。将坩埚于 105～110℃烘箱中烘至恒重。同时，将保存在干燥器内的两支空白采样管按同法操作，测其空白值。按式（2-28）计算测定结果。

$$硫酸盐化速率[mg\ SO_3/(100cm^2\ PbO_2 \cdot d)] = \frac{m_s - m_0}{Sn} \times \frac{M(SO_3)}{M(BaSO_4)} \times 100 \quad (2\text{-}28)$$

式中　　　m_s——样品管测得 $BaSO_4$ 的质量，mg；

　　　　　m_0——空白管测得 $BaSO_4$ 的质量，mg；

　　　　　S——采样管上 PbO_2 涂层面积，cm^2；

　　　　　n——采样天数，准确至 0.1d；

$\dfrac{M(SO_3)}{M(BaSO_4)}$——$SO_3$ 与 $BaSO_4$ 分子量之比值（0.343）。

【注意】PbO_2 的粒度、纯度、表面活度，PbO_2 涂层厚度和表面湿度,含硫污染物的浓度及种类,采样期间的风速、风向及空气温度、湿度等因素均会影响测定。用过的玻璃砂芯坩埚应及时用水冲出其中的沉淀,用温热的 EDTA（乙二胺四乙酸）-氨溶液浸洗后,再用 （1＋4）盐酸溶液浸洗,最后用水抽滤,仔细洗净,烘干备用。

2. 碱片-重量法

将用碳酸钾溶液浸渍的玻璃纤维滤膜暴露于大气中，碳酸钾与空气中的二氧化硫等反应生成硫酸盐，加入氯化钡溶液将其转化为硫酸钡沉淀，用重量法测定，结果以每日在 $100cm^2$ 碱片上所含 SO_3 的质量（mg）表示。

测定时先制备碱片并烘干，放入塑料皿（滤膜毛面向上，用塑料垫圈压好边缘），至现场采样点，固定在特制的塑料皿支架上，采样（30±2）d。将采样后的碱片置于烧杯中，加入盐酸使二氧化碳逸出，捣碎碱片并加热近沸，用定量滤纸过滤，得到样品溶液，加入

$BaCl_2$ 溶液，得到 $BaSO_4$ 沉淀，将沉淀烘干、称重。同时，将一个没有采样的烘干的碱片放入烧杯中，按同样方法操作，并测其空白值。

按式(2-29)计算测定结果。

$$硫酸盐化速率[mg\ SO_3/(100cm^2\ 碱片 \cdot d)] = \frac{m_s - m_0}{Sn} \times \frac{M(SO_3)}{M(BaSO_4)} \times 100$$

$$= \frac{m_s - m_0}{Sn} \times 34.3 \qquad (2\text{-}29)$$

式中　m_s——样品碱片中测得的硫酸钡质量，mg；

　　　m_0——空白碱片中测得的硫酸钡质量，mg；

　　　S——样品碱片有效采样面积，cm^2；

　　　n——碱片采样放置天数，准确至 0.1d。

3. 硫酸盐化速率的测定

【测定目的】

① 掌握硫酸盐化速率测定的基本原理。

② 掌握碱片法的操作步骤和测定方法。

【仪器和试剂】

① G_4 玻璃砂芯坩埚。

② 塑料皿　内径 72mm，高 10mm。

③ 塑料垫圈　厚 1~2mm，内径 50mm，外径 72mm，能与塑料皿紧密配合。

④ 塑料皿支架　其结构如图 2-23 所示。

⑤ 分析天平　感量 0.1mg。

⑥ 盐酸溶液（0.40mol/L）　量取浓盐酸 33mL，用水稀释至 1000mL。

⑦ 碳酸钾溶液　30%（质量/体积）　称取 75g 无水碳酸钾，溶解于水，加甘油 7.0mL，用水稀释至 250mL，储于具橡胶塞的细口瓶中。

⑧ （1+4）盐酸溶液。

⑨ 氯化钡溶液　10%（质量/体积）　称取 10g 氯化钡，溶解于水，稀释至 100mL。

⑩ 硝酸银溶液　1.0%（质量/体积）　称取 1.0g 硝酸银，溶解于水，稀释至 100mL。

⑪ EDTA-氨溶液　称取 7.0g EDTA-2Na，溶解于水，加浓氨水 5.0mL，稀释至 1000mL。

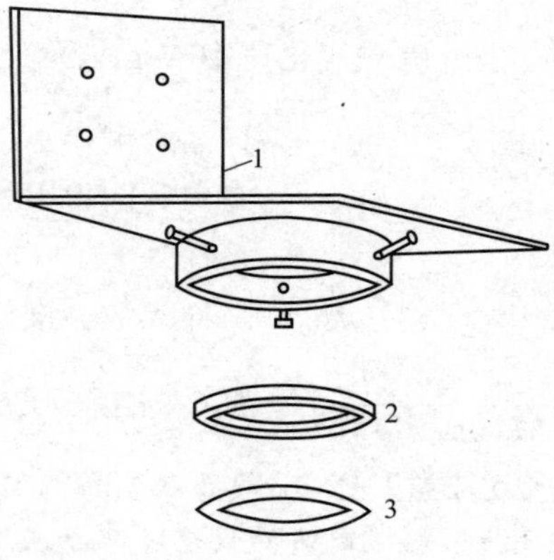

图 2-23　塑料皿支架结构
1—塑料皿支架；2—塑料皿；
3—塑料垫圈

【测定步骤】

(1) 采样　将玻璃纤维滤膜剪成直径 7.0cm 的圆片，毛面向上，平放在 150mL 烧杯口上。用刻度吸管均匀滴加 30%碳酸钾溶液 1.0mL 于每片滤膜上，使溶液在滤膜上扩散直径为 5cm。滤膜在 60℃下烘干，储于干燥器内备用。将碱片毛面向外放入塑料皿，用塑料垫圈压好边缘，装在塑料袋中携带至采样现场，使滤膜面向下固定在塑料皿支架上。

(2) 处理

① 沿塑料垫圈内缘，用锋利小刀刻下直径为 5.0cm 的样品膜，置于 150mL 烧杯中，斜靠在玻璃棒上，盖上表面皿，小心地从烧杯嘴处滴加 0.40mol/L 盐酸溶液约 20mL。待二氧化碳完全逸出后，将碱片捣碎，加热至近沸 2～3min。

② 用少量水冲洗表面皿，用中速定量滤纸将样品溶液滤入 150mL 烧杯中。过滤时只倾出上层清液，尽量不让碎碱片进入漏斗。用温水以倾注法洗涤碱片残渣数次。滤液和洗涤液共 60～100mL。将滤液加热（不得沸腾）浓缩至 40mL（采暖期二氧化硫浓度高时体积可为 60～80mL）。

③ 在加热条件下，搅拌并逐滴加入 10％氯化钡溶液 1mL（18～20 滴），开始时要快搅慢滴，以获得颗粒粗大的硫酸钡沉淀。待硫酸钡沉降后，在上层清液中加 1～2 滴氯化钡溶液，检查沉淀是否完全。加热陈化 30min，搅拌数次，冷却，放置 2h（或过夜）后过滤。

（3）测定

① 将硫酸钡沉淀滤入已恒重的 G_4 玻璃砂芯坩埚中，抽气过滤，用温水洗涤并将沉淀转入坩埚，最后用淀帚擦下杯壁上的沉淀并洗入坩埚。用温水洗涤坩埚中的沉淀直至滤液中不含氯离子为止（用 1.0％硝酸银溶液检查）。洗涤液总体积控制在 60～80mL，避免沉淀溶解损失。

② 坩埚放在 105～110℃烘箱中烘 1.5h，在干燥器中冷却 40min，称重，再烘 0.5h，冷却，称量至恒重（两次质量之差不超过 0.4mg）。将 2～3 片保存在干燥器中的空白碱片按同法操作，测出空白值（mg）。

【测定结果】

见前面 2. 碱片-重量法。

【注意事项】

① 制备碱片时滴加碳酸钾溶液应保证滤膜浸渍均匀，不得出现空白。

② 坩埚恒重时各次称量、冷却时间及坩埚排列顺序要保持一致，避免条件不同造成误差。

③ 用过的玻璃砂芯坩埚应及时用水冲出其中的沉淀，用温热的 EDTA-氨溶液浸洗后，再用（1+4）盐酸溶液浸洗，用水抽滤，仔细洗净，烘干备用。

【问题思考】

① 硫酸盐化速率测定的原理是什么？在实验过程中应注意哪些事项？

② 如果滤膜安放错误（毛面向下），会对实验结果产生什么影响？

八、总悬浮颗粒物

1. 总悬浮颗粒物概述

空气质量指数（AQI）

大气中总悬浮颗粒物是指能悬浮在空气中，空气动力学当量直径为 100μm 以下的颗粒物，以 TSP 表示。常用的测定方法是重量法，适合于大流量或中流量总悬浮颗粒物采样器进行空气中总悬浮颗粒物的测定，检测极限为 0.001mg/m³。

用抽气动力抽取一定体积的空气通过已恒重的滤膜，则空气中的总悬浮颗粒物被阻留在滤膜上，根据采样前后滤膜的质量之差及采样体积，即可计算总悬浮颗粒物的质量浓度。滤膜经处理后，可进行化学组分分析。

把滤膜放入恒温恒湿箱内平衡 24h，平衡温度取 15～30℃ 中任一点，并记录温度和湿度，平衡称量滤膜，精确至 0.1mg。将滤膜放入滤膜夹，使之不漏气，安装采样头顶盖和设置采样时间后即可启动采样。采样后，打开采样头，取出滤膜。若无损坏，在平衡条件下即可计量测定；若有损坏，本次实验作废。按式（2-30）计算：

$$\text{TSP}(\mu g/m^3)=\frac{K(m_1-m_0)}{Q_n t} \tag{2-30}$$

式中　m_1——采样后滤膜质量，g；

　　　m_0——采样前滤膜质量，g；

　　　t——累计采样时间，min；

　　　Q_n——采样器平均抽气流量，m^3/min；

　　　K——常数（大流量采样器 $K=1\times10^6$，中流量采样器 $K=1\times10^9$）。

每张滤膜要经 X 射线看片器检查，不得有针孔或缺陷。两台采样器放在不大于 4m、不小于 2m 的距离内，同时采样测定总悬浮颗粒物含量，相对偏差应不大于 15%。

2. 总悬浮颗粒物的测定

【测定目的】

① 掌握大气中悬浮颗粒物的测定原理及测定方法。

② 学会使用大流量采样器采集总悬浮颗粒物并能够进行相应的记录分析。

【仪器和试剂】

（1）大流量采样器　流量范围 1.1～1.7m^3/min，采集颗粒物粒径范围 50～100μm。它由以下 6 个部件组装而成。

① 铝质的采样器外壳　能防雨，并保护整个采样器的各个部件。

② 滤料夹　可安装面积为 200mm×250mm 的采样滤料（滤纸或滤膜）。

③ 采样动力　一个装在圆筒中的大容量涡流风机，可长时间（24h 以上）稳定工作。

④ 工作计时器和程序控制器　计时误差小于 1min。

⑤ 恒流量控制器　恒流控制误差小于 0.01m^3/min。

⑥ 流量记录器　空气流量测量误差小于 0.01m^3/min。

（2）U 形水柱压差计　如采样器不附带流量自动记录器，可用它测量流量，手工记录。其规格为 40cm 的 U 形玻璃管，内装着色的蒸馏水（冬季应灌注乙醇以防冻裂压差计）。

（3）气压计　最小分度值为 2kPa。

（4）电子天平（或分析天平）　装有能容纳 200mm×250mm 滤料的称量盘，感量为 0.1mg。

（5）X 射线看片器　用于检查滤料有无缺损或异物。

（6）打号机　用于在滤料上打印编号。

（7）干燥器　容器能平展放置 200mm×250mm 滤料的玻璃干燥器，底层放变色硅胶，滤料在采样前和采样后均放在其中，平衡后再称量。

（8）天平室　室温应在 20～25℃ 之间，温差变化小于 ±3℃。相对湿度应小于 50%，相对湿度变化小于 5%。

（9）竹质或骨质的镊子　用于夹取滤料。

（10）滤料储存盒　滤料储存盒内有能平置滤料用的塑料托板，使滤料在采样前一直处于平展无折状态。

（11）标准孔口流量校准器　　标准孔口流量校准器又称二级标准卢茨流量计，流量范围 $0\sim2m^3/min$，流量校准偏差应小于 $\pm4\%$。校准器限流孔板的孔口内缘在使用过程中应防止划毛或损伤，其精确度应每 $1\sim2$ 年用一级流量标准器进行定期校准。

（12）滤料　　本法所用滤料有两种，规格均为 $200mm\times250mm$。其一为"49"型超细玻璃纤维滤纸（简称滤纸），对直径 $0.3\mu m$ 的悬浮粒子的阻留率大于 99.99%；其二为孔径 $0.4\sim0.65\mu m$ 和 $0.8\mu m$ 有机微孔滤膜（简称滤膜）。

（13）变色硅胶　　作干燥剂用。

【测定步骤】

（1）滤料的准备

① 采样用的每张滤纸或滤膜均需用 X 射线看片器对着光仔细检查。不可使用有针孔或任何缺陷的滤料采样。然后，将滤料打印编号，号码打印在滤料两个对角上。

② 清洁的玻璃纤维滤纸或滤膜在称重前应放在天平室的干燥器中平衡 24h。滤纸或滤膜平衡和称量时，天平室温度在 $20\sim25℃$ 之间，温差变化小于 $\pm3℃$；相对湿度小于 50%，相对湿度的变化小于 5%。

③ 称量前，要用 $2\sim5g$ 标准砝码检验分析天平的准确度，砝码的标准值与称量值的差不应大于 $\pm0.5mg$。

④ 在规定的平衡条件下称量滤纸或滤膜，准确到 $0.1mg$。称量要快，每张滤料从平衡的干燥器中取出，30s 内称完，记下滤料的质量和编号，将称过的滤料每张平展地放在洁净的托板上，置于样品滤料储存盒内备用。在采样前不能弯曲和对折滤纸与滤膜。

（2）采样

① 打开采样器外壳的顶盖，拧出采样器固定滤料夹的 4 个元宝螺钉，取出滤料夹及长方形密封垫。用清洁的布擦去外壳盖、内表面、滤料夹、密封垫、滤料支持网周围和表面上的灰尘。

② 将滤料平放在支持网上，若用玻璃纤维滤纸，应将滤纸的"绒毛"面向上。并放正，使滤料夹放上后，密封垫正好压在滤料四周的边沿上，起密封作用。如装得合适，滤料的边缘与后面支持网的边缘以及上面滤料夹密封垫都是平行的；如果装得不当，滤料四周边沿呈现不均匀的白边。

③ 放正滤料，并放上滤料夹，拧紧 4 个元宝螺钉，以不漏气为宜。太紧会导致滤料纤维黏在密封垫上，使滤料失重。

④ 用橡胶管将电机测压孔与 40cm 水柱压差计连接好，将采样器的供电电压调节在 $180\sim200V$ 之间（一般在 190V），开机采样。如采样器装有流量自动记录控制器，应将采样流量调节在 $1.13m^3/min$，即可直接记录流量。

⑤ 采样开始 5min 和采样结束前 5min 各记一次水柱压差计读数。如长时间采样，采样从 8：00 开始至第二天 8：00 结束，即连续采样 24h 于一张滤料上。中间每小时再记一次，压差读数准确到 1mm。求其平均值。并将采样时的气温、气压和水柱压差计读数等情况记录在总悬浮颗粒物现场采样记录表中。若现场污染严重，可用几张滤料分段采样，合并计算日平均浓度。

⑥ 采样后，取下滤料夹，用镊子轻轻夹住滤料的边，但不能夹角，将滤料取下。以长边中线对折滤料，使采样面向内。如果采集的样品在滤料上的位置不居中，即滤料四周的白

边不一致。这时，只能以采到样品的痕迹为准。若样品折得不合适，沉积物的痕迹可能扩展到另一侧的白边上，这样，若要将样品分成几等份分析时，会使测定值减小。

⑦ 将采过样的滤料放在与它编号相同的滤料盒内，并应注意检查滤料在采样过程中有无漏气迹象，漏气常由面板密封垫用旧或安装不当所致。另外，还应检查橡胶密封垫表面，是否因滤料夹面板 4 个元宝螺钉拧得过紧，滤料上纤维物黏附在表面上，以及滤料是否出现物理性损坏。检查时若发现样品有漏气现象或物理性损坏，则将此样品报废。

⑧ 采样完毕，将总悬浮颗粒物现场采样记录表中的数据转填入总悬浮颗粒物浓度分析记录表中，并与相应的采过样的滤料一起放入滤料盒内，送交实验室，见表 2-9。

表 2-9　总悬浮颗粒物浓度分析记录

采样地点＿＿＿＿＿＿＿　采样编号＿＿＿＿＿＿＿　＿＿＿＿年＿＿月＿＿日

滤膜编号	采样流量(标准状况)/(m^3/min)	累积采样时间/min	累计采样体积/m^3	滤膜称量结果/g			总悬浮颗粒物浓度/(mg/m^3)
				采样前 (W_0)	采样后 (W_1)	差值 (ΔW)	

＿＿＿＿＿＿＿分析者＿＿＿＿＿＿＿审核者

⑨ 所用采样器涡流风机中的电刷，一般工作 30h 以后应检查或更换。

（3）测定　采样后的滤料放在天平室内的干燥器中，按采样前空白滤料控制的条件平衡24h，对于很潮湿的滤料应延长平衡时间至 48h，称量要快，30s 内称完。将称量结果记在总悬浮颗粒物浓度分析记录表中。为了对总悬浮颗粒物中其他化学成分进行分析，可再将滤料很好地放回原袋盒中，低温保存备用。

【测定结果】

总悬浮颗粒物的质量浓度按式(2-31) 计算：

$$\text{TSP}(mg/m^3) = \frac{m_1 - m_0}{V_s} \tag{2-31}$$

式中　TSP——总悬浮颗粒物的质量浓度，mg/m^3；

　　　m_1——采样后滤料质量，mg；

　　　m_0——采样前滤料质量，mg；

　　　V_s——换算成标准状况下的采样体积，m^3。

【注意事项】

① 采样进气口必须向下，空气气流垂直向上进入采样口，采样口抽气速度规定为0.30m/s。

② 滤料装入采样夹应平行于地面，气流自上而下通过滤料，单位面积滤料在 24h 内滤过的气体量 Q 应满足下式要求：

$$2m^3/(cm^2 \cdot 24h) < Q < 4.5m^3/(cm^2 \cdot 24h)$$

③ 烟尘、油状颗粒物及光化学烟雾等可使滤料阻塞，使采样流量下降。因此，采样时应随时调节并保持规定采样流量，或减少采样时间，使滤料增加的阻力能被采样器动力所克服。浓雾或高湿度环境中采样，可造成悬浮颗粒物样品过分吸湿，样品在称量前应在干燥器中平衡 48h 以上。

④ 选用何种滤料采样，要根据目的来决定。通常使用超细玻璃纤维滤纸，适用于称量法测定 TSP 质量浓度，经有机溶剂提取可分析 TSP 中的有机成分（如多环芳烃中苯并 [a] 芘）；有机微孔滤膜适用于观察 TSP 的形态，样品消解后用于分析 TSP 中某些金属；聚氯乙烯纤维滤膜除适用称量法测定 TSP 质量浓度外，样品消解后的溶液还可分析 TSP 中某些不受滤膜干扰的污染元素，如锰、铍等。

⑤ 正常使用的大流量采样器应每月定期用标准孔口流量校准器进行校准，校准的误差在 ±5％ 以内方可使用。

【问题思考】

① 在滤料准备过程中应注意哪些事项？

② 采集总悬浮颗粒物样品时应注意什么？

九、可吸入颗粒物

能悬浮在空气中，空气动力学当量直径小于 $10\mu m$ 的颗粒物称为可吸入颗粒物（PM_{10} 或 IP），又称作飘尘。常用的测定方法有重量法、压电晶体振荡法、β 射线吸收法及光散射法等。国家规定的测定方法是重量法。

根据采样流量不同，分为大流量采样重量法和小流量采样重量法，即使一定体积的空气进入切割器，将 $10\mu m$ 以上粒径的微粒分离，小于这一粒径的微粒随气流经分离器的出口被阻留在已恒重的滤膜上，根据采样前后滤膜的质量差及采样体积，计算飘尘浓度（mg/m^3）。

测定时选用合格的超细玻璃纤维滤膜，在干燥器内干燥 24h，用感量为 0.1mg 的分析天平称量，放入干燥器中 1h 后再称量，两次质量差不得大于 0.4mg（为恒重）。将恒重滤膜放在采样夹滤网上，牢固压紧至不漏气，每测定一次浓度都需更换滤膜。测日平均浓度，只需采集到一张滤膜上，采样结束，用镊子将有尘面的滤膜对折放入纸袋，做好记录，放入干燥器内 24h 恒重，称量结果。测定平均浓度，间断采样时间不得少于 4 次，采样口距离地面 1.5m，采样不能在雨雪天进行，风速不大于 8m/s。

按式(2-32) 计算大气中可吸入颗粒物浓度：

$$\rho(g/m^3)=\frac{m_2-m_1}{V_t} \tag{2-32}$$

式中　m_2——采样后滤膜质量，g；

m_1——采样前滤膜质量，g；

V_t——换算成标准状态下的采样体积，m^3。

应注意选好切割器并校准；采样系统变异系数小于 15％，流量变化在额定流量的 ±10％内；选好滤膜，处理好滤膜；选择合适的采样点。

十、细颗粒物的测定

2013 年 2 月，中国科学技术名词审定委员会将 $PM_{2.5}$ 的中文名称命名为细颗粒物，细颗粒物的化学成分主要包括有机碳（OC）、元素碳（EC）、硝酸盐、硫酸盐、铵盐、钠盐（Na^+）等。细颗粒物指环境空气中空气动力学

全国城市空气
质量实时
发布平台

当量直径小于等于 $2.5\mu m$ 的颗粒物，也称为可入肺颗粒物。科学家用 $PM_{2.5}$ 表示每立方米空气中这种颗粒的含量，这个值越高，就代表空气污染越严重。

$PM_{2.5}$ 常见的监测方法包括重量法、β射线吸收法、微量振荡天平法等，手工监测方法常采用重量法，连续自动监测常采用β射线吸收法和微量振荡天平法。

1. 重量法

将空气通过大气切割器，将 $PM_{2.5}$ 直接截留到滤膜上，然后用天平称重，这就是重量法。重量法测量 $PM_{2.5}$ 浓度普遍采用大流量采样器，原理为采样泵抽取一定体积的空气进入切割器，将空气动力学直径小于 $3.0\mu m$ 的颗粒物切割分离，$PM_{2.5}$ 颗粒随着气流经切割器的出口被阻留在已称重的滤膜上。根据采样前后滤膜的质量差及采样体积，计算出 $PM_{2.5}$ 的浓度。

重量法是最直接、最可靠的方法，是验证其他方法是否准确的标杆。然而重量法需人工称重，程序烦琐费时。如果要实现自动监测，就需要用到另外两种方法。

2. β射线吸收法

β射线吸收法的原理是原子核在发生β衰变时，放出β粒子。β粒子实际上是一种快速带电粒子，它的穿透能力较强，当它穿过一定厚度的吸收物质时，其强度随吸收层厚度增加而逐渐减弱的现象叫作β吸收。

将 $PM_{2.5}$ 收集到滤纸上，然后照射一束β射线，射线穿过滤纸和颗粒物时由于被散射而衰减，衰减的程度和 $PM_{2.5}$ 的质量成正比。根据射线的衰减就可以计算出 $PM_{2.5}$ 的质量。

β射线吸收法测量 $PM_{2.5}$ 普遍采用国际上流行的β射线吸收原理自动监测仪，仪器利用抽气泵对大气进行恒流采样，经 $PM_{2.5}$ 切割器切割后，大气中的 $PM_{2.5}$ 颗粒物吸附在β源和盖革计数管之间的滤纸表面，采样前后盖革计数管计数值的变化反映了滤纸上吸附灰尘的质量变化，由此可以得到采样空气中 $PM_{2.5}$ 的浓度。

3. 微量振荡天平法

一头粗一头细的空心玻璃管，粗头固定，细头装有滤芯。空气从粗头进，细头出，$PM_{2.5}$ 就被截留在滤芯上。在电场的作用下，细头以一定频率振荡，该频率和细头质量的平方根成反比。于是，根据振荡频率的变化，就可以算出收集到的 $PM_{2.5}$ 的质量。

十一、自然降尘

自然降尘简称降尘，指大气中自然降落在地面上的颗粒物，其粒径多在 $10\mu m$ 以上。国家规定的标准分析方法是：采用乙二醇水溶液作收集液的湿法采样，用重量法测环境空气中降尘。此方法适用于测定环境空气中可沉降颗粒物，方法的检测限为 $0.2t/(km^2 \cdot 3d)$。

空气中可沉降颗粒物沉降在装有乙二醇水溶液作收集液的集尘缸内，经蒸发、干燥、称量后，计算降尘量。

1. 降尘总量的测定

采样后，用淀帚把缸壁擦洗干净，将缸内溶液和尘粒全部转入烧杯中，蒸发，浓缩，冷却后用水冲洗杯壁，并用淀帚把杯壁上的尘粒擦洗干净，在电热板上小心蒸发至干（溶液少时注意不要迸溅），然后放入烘箱于 $(105\pm5)℃$ 下烘干，称量至恒重，此值为 m_1。

降尘总量按式(2-33)计算：

$$M = \frac{m_1 - m_0 - m_c}{Sn} \times 30 \times 10^4 \tag{2-33}$$

式中　　M——降尘总量，$t/(km^2 \cdot 30d)$；

　　　　m_1——降尘、瓷坩埚和乙二醇水溶液蒸发至干并在 $(105 \pm 5)℃$ 下恒重后的质量，g；

　　　　m_0——在 $(105 \pm 5)℃$ 下烘干的瓷坩埚质量，g；

　　　　m_c——与采样操作等量的乙二醇水溶液蒸发至干并在 $(105 \pm 5)℃$ 下恒重后的质量，g；

　　　　S——集尘缸口面积，cm^2；

　　　　n——采样天数，准确到 $0.1d$。

　　2. 降尘总量中可燃物的测定

　　将上述已测降尘总量的瓷坩埚放入马弗炉中，在 $600℃$ 下灼烧，待炉内温度降至 $300℃$ 下时取出，放入干燥器中，冷却，称重。再在 $600℃$ 下灼烧 $1h$，冷却，称量，直至恒重，此值为 m_2。将与采样操作等量的乙二醇水溶液放入烧杯中，与降尘总量测定步骤相同操作，灼烧后，称量至恒重，减去瓷坩埚的质量 m_0，即为 m_d。降尘中可燃物量按式(2-34) 计算：

$$M = \frac{(m_1 - m_0 - m_c) - (m_2 - m_b - m_d)}{Sn} \times 30 \times 10^4 \qquad (2\text{-}34)$$

式中　　M——可燃物量，$t/(km^2 \cdot 30d)$；

　　　　m_b——瓷坩埚于 $600℃$ 下灼烧后的质量，g；

　　　　m_2——降尘、瓷坩埚及乙二醇水溶液蒸发残渣于 $600℃$ 下灼烧后的质量，g；

　　　　m_d——与采样操作等量的乙二醇水溶液蒸发残渣于 $600℃$ 下灼烧后的质量，g；

　　　　其余符号含义同上。

　　【注意】大气降尘系指可沉降的颗粒物，故应除去树叶、枯枝、鸟粪、昆虫、花絮等干扰物；当浓缩至 $20mL$ 以内时应降低温度并不断摇动，使降尘黏附在瓷坩埚壁上，避免样品溅出。测定 m_c、m_d 时所用乙二醇水溶液与加入集尘缸的乙二醇水溶液应是同一批溶液。

十二、总悬浮颗粒物中的主要成分

　　1. 金属元素

　　颗粒物中常需要测定的金属元素有铍、铅、铜、铁、锌、铬、镉等。它们多数含量很低，需选择灵敏度高的方法测定。

　　(1) 样品预处理　　预处理的方法因组分不同而异，常用的方法有两种：湿式分解法，即用酸溶解样品或将二者共热消解样品，一般都使用混合酸；干式灰化法，即将样品放在坩埚中，置于马弗炉内，在 $400 \sim 800℃$ 下分解样品，然后用酸溶解灰分，测定金属或非金属元素。

　　(2) 测定

　　① 铍　　可用原子吸收光谱法或桑色素荧光光度法测定。

　　② 铁　　用过氯乙烯滤膜采样，经干式灰化法或酸消解后制备成样品溶液，在酸性介质中将高价铁还原成亚铁离子，用邻菲啰啉分光光度法测定。还可用原子吸收光谱法测定。

　　③ 砷　　常用氨基甲酸银分光光度法、新银盐分光光度法、原子吸收光谱法测定。

　　④ 铅　　用原子吸收光谱法、双硫腙分光光度法测定。

　　⑤ 铜、锌、铬、镉、锰　　经预处理后，用火焰原子化法或石墨炉原子化法测定各元素浓度。

2. 有机化合物

颗粒物中的有机组分很复杂，但受到普遍重视的是多环芳烃如蒽、菲、芘等，其中许多有致癌作用。例如，目前颗粒物中主要测定的有机物 3,4-苯并芘（简称苯并［a］芘或 B［a］P）就是环境中普遍存在的强致癌物，在此主要介绍。

多环芳烃的测定一般都要经过采样、提取、分离、测定四个步骤。

（1）多环芳烃的提取

① 索氏溶剂提取法　采集在滤纸或滤膜上的颗粒物，用适当的溶剂将有机物提取（溶解）出来。提取苯并［a］芘选用环己烷作提取剂，将提取器置于（98±1）℃的水浴锅中连续回流 8h。根据提取液颜色深浅，取全部或将其定容后取适量于 KD 浓缩器（如图 2-24 所示）中，在 70～75℃的水浴上减压浓缩至近干。浓缩管用苯洗两次，每次 3～4 滴，继续浓缩至 0.05mL，供分离使用。

② 真空充氮升华法　装置如图 2-25 所示，将采样后的滤纸或滤膜放在烧瓶内，连接好各部件，将系统内抽成真空后充入氮气，并反复几次，除去残留的氧。用包着冰的纱布冷却升华管，然后加热到 300℃，保持 0.5h，则多环芳烃升华并在升华管中冷凝，冷却后用溶剂洗出升华物，供分离使用。

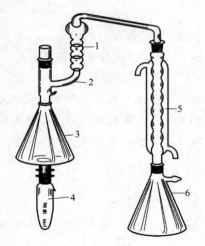

图 2-24　KD 浓缩器

1—Synder 柱；2—接管；3—锥形瓶；
4—受热管；5—冷凝管；6—抽滤瓶

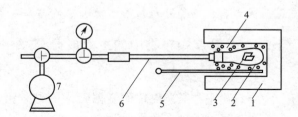

图 2-25　真空充氮升华法提取装置

1—电炉；2—烧瓶；3—采尘滤膜；4—玻璃棉；
5—温度计；6—升华管；7—真空泵

（2）多环芳烃的分离　多环芳烃的提取液中包括它们的各种同系物，要测定某一组分或各组分，必须进行分离，常用的分离方法有纸色谱法、薄层色谱法等。

（3）苯并［a］芘的测定　测定苯并［a］芘的主要方法有荧光分光光度法、紫外分光光度法、高压液相色谱法等。在此主要介绍高压液相色谱法。

典型高压液相色谱流程如图 2-26 所示。流动相储槽中的载液经脱气、混合后，用高压泵打入色谱柱。试液从进样口注入载液系统，再进入色谱柱进行分离。分离后的各组分依次进入检测器，将质量信号转换成电信号，再经放大送入记录仪记录各组分的色谱峰。

测定颗粒物中苯并［a］芘的方法是将采集在玻璃纤维滤膜上的颗粒物中的苯并［a］芘于索氏提取器内用环己烷连续加热提取，提取液应呈淡黄色。若为无色，则应进行浓缩；

若呈深黄或棕黄色，表示浓度过高，应用环己烷稀释后再注入高压液相色谱仪测定。色谱柱将试液中的苯并 $[a]$ 芘与其他有机组分分离后，进入荧光检测器测定。荧光检测器使用激发光波长 340nm（或 363nm），发射光波长 452nm（或 435nm）。根据样品溶液中苯并 $[a]$ 芘峰面积、苯并 $[a]$ 芘标准峰面积及其浓度、标准状态下的采样体积计算大气颗粒物中苯并 $[a]$ 芘的含量。当采气体积为 40m³，提取浓缩液为 0.5mL 时，此方法最低检出浓度可达 $2.5 \times 10^{-5} \mu g/m^3$。

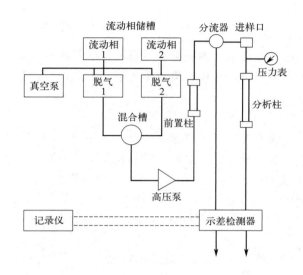

图 2-26　典型高压液相色谱流程

任务训练

1. 简述四氯汞钾溶液吸收-盐酸副玫瑰苯胺分光光度法与甲醛缓冲溶液吸收-盐酸副玫瑰苯胺分光光度法测定 SO_2 原理的异同之处。

2. 怎样用重量法测定大气中总悬浮颗粒物和飘尘？为提高测定准确度，应该注意控制哪些因素？

3. 说明紫外荧光法测定大气中 SO_2 的原理。

4. 简要说明盐酸萘乙二胺分光光度法测定大气中 NO_x 的原理和测定过程，分析影响测定准确度的因素。

5. 说明非色散红外吸收 CO 分析仪的基本组成部分及用于测定大气中 CO 的原理。

6. 怎样用气相色谱法测定大气中的总烃和非甲烷烃？分别测定它们有何意义？

7. 什么是硫酸盐化速率？简述其测定原理。

8. 简述臭氧的测定方法及测定原理。

9. 简述细颗粒物的测定方法。

10. 总悬浮颗粒物中含有的主要成分有哪些？

● 任务五 大气降水的监测 ●

大气降水监测的目的是观察降雨（雪）过程中从大气中沉降到地球表面的沉降物的主要组成和性质，分析大气污染状况，提出控制途径，提供基础数据和资料。

一、采样点的布设

1. 大气降水采样点布设原则

根据本地区气象、水文、植被、地貌等自然条件，以及城市、工业布局、大气污染源位置与排污强度等布设；污染严重区布设密集，非污染区稀疏；与现有雨量观测站相结合进行规划。

2. 采样点布设要求

① 在采样点四周（25m×25m）无遮挡雨、雪、风的高大树木或建筑物，并考虑风向（顺风、背风）、地形等因素，避开大气中酸碱物质和粉尘等主要污染源及主要交通污染源。

② 在本地区盛行风上风向一侧，设置一个背景对照采样点。

③ 55 万以上人口的城市，按区各设一个采样点；55 万以下人口的城市设两个采样点。

④ 库容在 1 亿立方米以上或水面面积在 $50km^2$ 以上的水库、湖、泊，根据水面大小，设置 1～3 个采样点。

⑤ 尽量与现有雨量站相结合，按现有雨量站的 1%～3%进行布设。

3. 采样点布设方法

（1）网格法 网格大小应根据当地自然环境条件、待测区域污染状况等确定。

（2）放射式法 以掌握污染状况、分布范围的变化规律为重点，按布设方式可分为同心圆布点法和扇形布点法。

二、采样

1. 采样器

采样器可分为降雨和降雪两种类型，容器由聚乙烯、搪瓷和玻璃材质制成。聚乙烯适用于无机项目监测分析，搪瓷和玻璃适用于有机项目。其中降雨采样器按采样方式又可分为人工采样器和自动采样器。前者为上口直径 40cm 的聚乙烯桶；后者带有湿度传感器，降水时自动打开，降水停后自动关闭，如图 2-27 所示。降雪采样器可使用上口直径大于 60cm 的聚乙烯桶或洁净聚乙烯塑料布平铺在水泥地或桌面上进行。用塑料布取样时，只取中间 15cm×15cm 范围内雪样，装入采样桶内，在室温下融化。采样器具在使用前，用10%（体积分数）HCl 溶液浸泡 24h 后，再用纯水洗净。

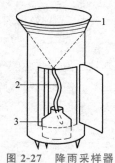

图 2-27　降雨采样器
1—受水漏斗；2—导水管；
3—水样瓶

2. 采样要求

① 降水出现有其偶然性，而且降水水质随降水随时变化，应特别注意采样代表性。

② 降雨采样时，采样器应距地面相对高度 1.2m 以上，以免样品沾污。

③ 样品量应满足监测项目与采用的分析方法所需水样量以及备用量的要求。

④ 每次降雨（雪）开始，立即将备用的采样器放置在预定采样点的支架上，打开盖子开始采样，并记录开始采样时间。不得在降水前打开盖子采样，以防干沉降的影响。

⑤ 取每次降水的全过程样（降水开始至结束）。若一天中有几次降水过程，可合并为一个样品测定。若遇连续几天降雨，可收集上午 8：00 至次日上午 8：00 的 24h 降水样品作为一个样品进行测定。

⑥ 采样时应记录降水类型、降水量、气温、风向、风速、风力、降水起止时间等。

⑦ 样品采集后，尽快过滤（0.45μm 滤膜），并妥善保存。

⑧ 测试电导率、pH 值的样品不需要过滤；应先进行电导率测定，然后再测定 pH 值。

3. 采样时间和频率

（1）采样时间　降水水样在降水初期采集，特别是干旱后的第一次降水；不同季节盛行风向不同时，需在不同季节采样；当降水量在非汛期大于 5mm、汛期大于 10mm，降雪期大于 2mm 时采样。

（2）采样频率　全国重点基本站每年采样 4 次，每季度各一次；大气污染严重地区每年12 次，每月一次。

三、监测项目与监测方法

1. 监测项目的选择原则

① 全国重点基本站监测项目要求见表 2-10。

② 选测项目根据本地区降水水质特征选择。

表 2-10　全国重点基本站监测项目要求

测定项目	容器	保存方法	保存期限	分析方法
电导率	p	3~5℃,冷藏	24h	电极法(GB 13580)
pH 值	p	3~5℃,冷藏	24h	电极法(GB 13580)
NO_2^-	p	3~5℃,冷藏	24h	离子色谱法、盐酸萘乙二胺比色法(GB 13580)
NO_3^-	p	3~5℃,冷藏	24h	离子色谱法、紫外比色法(GB 13580)
NH_4^+	p	3~5℃,冷藏	24h	离子色谱法、纳氏比色法(GB 13580)
F^-	p	3~5℃,冷藏	24h	离子色谱法、氟试剂比色法(GB 13580)
Cl^-	p	3~5℃,冷藏	一个月	离子色谱法、硫氰酸汞比色法(GB 13580)
SO_4^{2-}	p	3~5℃,冷藏	一个月	离子色谱法(GB 13580)
K^+	p	3~5℃,冷藏	一个月	原子吸收分光光度法(GB 13580)
Na^+	p	3~5℃,冷藏	一个月	原子吸收分光光度法(GB 13580)
Ca^{2+}	p	3~5℃,冷藏	一个月	原子吸收分光光度法(GB 13580)
Mg^{2+}	p	3~5℃,冷藏	一个月	原子吸收分光光度法(GB 13580)

注：p 指塑料。

2. 分析方法

分析方法应符合国家、行业现行有关标准或相关国际标准要求。

⊡→ **任务训练**

1. 为什么要进行降水监测？
2. 大气降水的测定项目有哪些？
3. 大气降水监测的布点要求是什么？
4. 进行大气降水监测时对采样有哪些要求？

● 任务六　大气污染源的监测 ●

一、大气污染源

1. 污染源类型

污染源包括固定污染源和流动污染源。固定污染源指烟道、烟囱、排气筒等。它们排放的废气中包含烟尘、粉尘和气态及气溶胶态等多种有害物。流动污染源指汽车等交通运输工具，其排放的废气中含有的烟尘及某些有害物质。这两种污染源都是大气污染物的主要来源。

2. 监测目的、内容、要求和项目

（1）监测目的　检查污染源排放的烟尘及有害物质是否符合排放标准的规定，以及烟尘、烟气治理的效果，为大气质量管理与评价提供依据。

（2）监测内容　排放废气中有害物质的浓度（mg/m^3）；有害物质的排放量（kg/h）；废气排放量（m^3/h）。

（3）监测要求　进行监测时生产设备应处于正常运转状态下，因生产过程而引起排放情况变化的污染源，应根据其变化特点和周期进行系统监测；当测定工业锅炉烟尘浓度时，锅炉应在稳定的负荷下运转，不能低于额定负荷的 85％；对于手烧炉，测定时间不得少于两个加煤周期。

（4）监测项目　《固定污染源排气中颗粒物测定与气态污染物采样方法》（GB/T 16157—1996）规定了各种锅炉、工业炉窑及其他固定污染源排气中颗粒物的测定方法和气态污染物的采样方法。该标准还规定：排气参数（温度、压力、水分含量、成分）的测定；排气密度和气体分子量的计算；排气流速和流量的测定；排气中颗粒物的测定和排放浓度、排放率的计算；排气中气态污染物的采样和排放浓度、排放率的测定。常见工业废气监测项目见表 2-11。

表 2-11　常见工业废气监测项目

类别	监测项目	类别	监测项目
有机化工	SO_2、NO_x、氟化物、总烃、H_2S、苯类、酚、粉尘、CO、Cl_2、HCl	硫酸	SO_2、NO_x、氟化物、硫酸雾、粉尘
		染料	SO_2、H_2S、Cl_2、HCl、光气、汞等
氮肥	SO_2、NO_x、H_2S、CO、氨、酸雾、粉尘	橡胶	SO_2、H_2S、苯类、粉尘等
磷肥	SO_2、氟化物、酸雾、粉尘	农药	H_2S、Cl_2、HCl、苯类、硫醇、光气、汞、粉尘
氯碱	SO_2、NO_x、Cl_2、HCl、氯乙烯、汞	涂料	苯类、酚、粉尘
纯碱	SO_2、NO_x、氨、粉尘	焦化	SO_2、H_2S、CO、烟尘、苯类、氨、酚、苯并[a]芘

二、污染源样品的采集

1. 采样点的布设

（1）采样位置的选择　采样位置应选在气流分布均匀稳定的平直管道上，避开弯头、变径管、三通管及阀门等易产生涡流的阻力构件。一般是按照废气流向，将采样断面设在阻力构件下游方向大于 6 倍管道直径处或上游方向大于 3 倍管道直径处。即使客观条件不能满足要求，采样断面与阻力构件的距离也不应小于管道直径的 1.5 倍，并适当增加测点数目。采样断面气流流速最好在 5m/s 以下。此外，水平管道中气流流速和污染物的浓度分布不如垂直管道中均匀，故应优先考虑垂直管道。

（2）采样点数目的确定　因烟道内同一断面上各点的气流流速和烟尘浓度分布通常是不均匀的，所以，必须按一定原则进行多点采样。采样点的数目和位置主要根据烟道断面的形状、尺寸大小和流速分布情况确定。

① 矩形（或方形）烟道　将烟道断面分成一定数目的等面积矩形小块，各小块中心为采样点的位置，如图 2-28 所示。小矩形的数目可根据烟道断面的面积确定，小矩形面积一般不超过 $0.6m^2$。

② 圆形烟道　在选定的采样断面上设两个相互垂直的采样孔。如图 2-29 所示，将烟道断面分成一定数量的同心等面积圆环，沿两个采样孔中心线设四个采样点。若采样断面上气流流速均匀，可设一个采样孔，采样点数目减半。当烟道直径小于 0.3m 且流速均匀时，可在烟道中心设一个采样点。不同直径圆形烟道的等面积环数、采样点数及采样点与烟道内壁的距离见表 2-12。

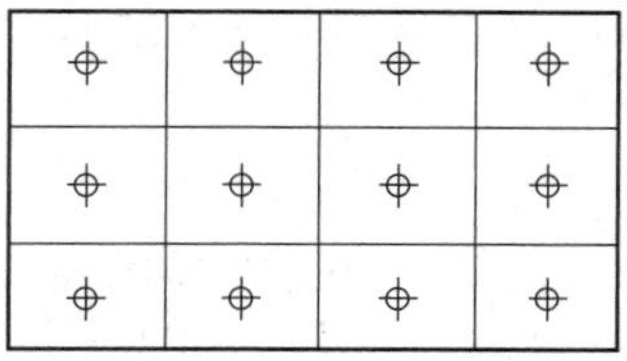

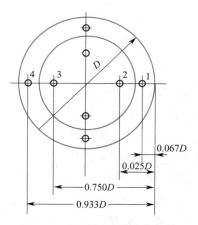

图 2-28　矩形烟道采样点布设

图 2-29　圆形烟道采样点布设

表 2-12　圆形烟道的分环和各测点与烟道内壁的距离

烟道直径 /m	分环数 /个	各测点与烟道内壁的距离（以烟道直径为单位）									
		1	2	3	4	5	6	7	8	9	10
<0.5	1	0.146	0.853								
0.5~1	2	0.067	0.250	0.750	0.933						
1~2	3	0.044	0.146	0.294	0.706	0.853	0.956				
2~3	4	0.033	0.105	0.195	0.321	0.679	0.805	0.895	0.967		
3~5	5	0.022	0.082	0.145	0.227	0.344	0.656	0.773	0.855	0.918	0.978

③ 拱形烟道 这种烟道的上部为半圆形,下部为矩形,因此可分别按圆形和矩形烟道的布点方法确定采样点的位置与数目,如图 2-30 所示。

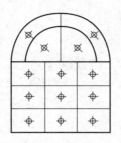

图 2-30 拱形烟道采样点布设

在能满足测压管和采样管到达各采样点位置的情况下,要尽可能少开采样孔,一般开两个相互垂直的孔,最多开四个。采样孔的直径应不小于 75mm。当采集有毒或高温烟气且采样点处烟气呈正压时,采样孔应设防喷装置。采样孔如图 2-31 所示。

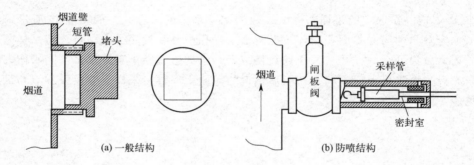

图 2-31 污染源采样孔

2. 烟气样品的采集

应在生产设备处于正常运行状态下进行,或根据有关污染物排放标准的要求,在所规定的工作条件下测定。采样位置的确定如前所述,在选定的测定位置上开设采样孔,采样孔内径应不小于 80mm,采样孔管长应不大于 50mm。

3. 烟尘样品的采集

① 采用等速采样法,即将烟尘采样管由采样孔插入烟道中,使采样嘴置于测点上,正对气流,在采样嘴的吸气速度与测点处气流速度相等时抽取气样,方法如图 2-32(b)所示。

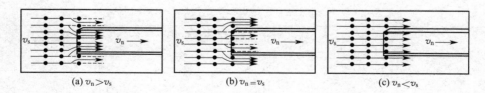

图 2-32 不同采样速度时烟尘运动状况

不同等速采样法的适用条件见表 2-13,可根据不同测量情况,选用其中的一种方法。

表 2-13　不同等速采样法的适用条件

采样方法	适用条件
普通型采样管法 （预测流速法）	适用于工况比较稳定的污染源采样。尤其是在烟道气流速度低、高温、高湿、高粉尘浓度的情况下，均有较好的适应性
皮托管平行测速采样法	当工况发生变化时，可根据所测得的流速等参数值，及时调节采样流量，保证颗粒物的等速采样条件
动压平衡型等速采样管法	工况发生变化时，它通过双联斜管微压计的指示，可及时调整采样流量，保证等速采样的条件
静压平衡型等速采样管法	用于测量低含尘浓度的排放源，操作简单方便

②　采样装置和仪器（普通型采样管法）。采样装置由采样管、捕集器、流量计、抽气泵等组成。常见的采样管有超细玻璃纤维滤筒采样管和刚玉滤筒采样管，如图 2-33 所示。超细玻璃纤维滤筒适用于 500℃ 以下的烟气，对 0.5μm 以上粒子的捕集效率应不低于 99.9%，失重应不大于 2mg。刚玉滤筒由氧化铝粉制成，适用于 850℃ 以下，对 0.5μm 以上粒子的捕集效率应不低于 99%，失重应不大于 2mg，流量为 40L/min 时其抽气能力应能克服烟道及采样系统阻力。

(a) 超细玻璃纤维滤筒　　　　　(b) 刚玉滤筒

图 2-33　烟尘采样管

1—滤筒；2—采样嘴；3—密封垫；4—刚玉滤筒；5—顶紧弹簧

三、基本状态参数的测定

1. 温度的测量

（1）仪器

①　热电偶毫伏计　测温原理如图 2-34 所示，其示值误差应不大于 ±3℃。适用于直径大、温度高的烟道。

②　水银玻璃温度计　精确度应不低于 2.5%，最小分度值应不大于 2℃。适用于直径小、温度不高的烟道。

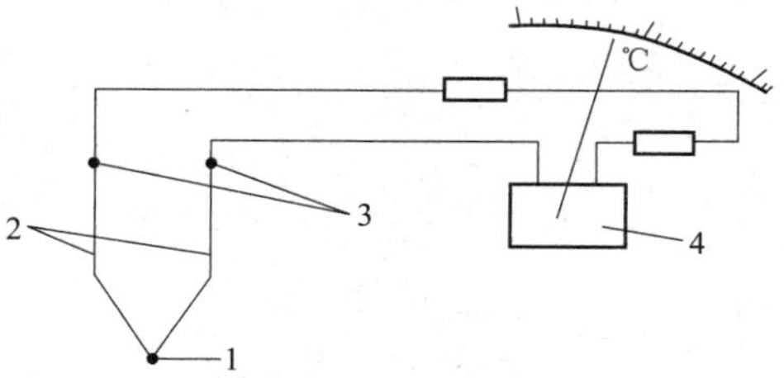

图 2-34　热电偶测温原理

1—工作端；2—热电偶；

3—自由端；4—测温毫伏计

（2）测定　将温度测量元件插入烟道测点处，封闭测孔，待温度稳定（5min）后读数；使用玻璃温度计时，不能抽出烟道外读数。

2. 压力的测量

（1）测量装置及仪器

①　标准皮托管　如图 2-35(a) 所示。

②　S 形皮托管　其正、反方向的修正系数相差应不大于 0.01，如图 2-35(b) 所示。

③　斜管微压计　用于测定排气的动压，其精确度应不低于 2%，最小分度值应不大于 2Pa，如图 2-36 所示。

④　U 形压力计　用于测定排气的全压和静压，其最小分度值应不大于 10Pa。

（2）测量步骤　在各测点上，使皮托管的全压测孔正对着气流方向，其偏差不得超过

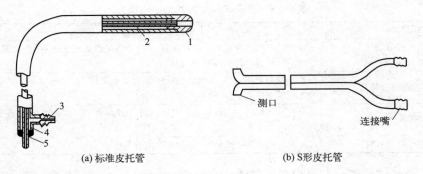

(a) 标准皮托管　　　　　　　　　(b) S形皮托管

图 2-35　皮托管

1—全压测孔；2—静压测孔；3—静压管接口；4—全压测孔；5—全压管接口

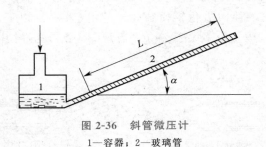

图 2-36　斜管微压计

1—容器；2—玻璃管

10°，测出各点的动压，分别记录在表中。测定次数为 2～3 次，取平均值。测定完毕后，检查微压计的液面是否回到原点。

3. 流速和流量的计算

（1）烟气流速的计算　在测出烟气的温度、压力等参数后，按式（2-35）计算各测点的烟气流速（v_s）：

$$v_s = K_p \sqrt{2p_V/\rho} \tag{2-35}$$

或 $v_s = K_p \sqrt{2p_V} \sqrt{R_s T_s / B_s}$

式中　V_s——烟气流速，m/s；

　　　K_p——皮托管校正系数；

　　　p_V——烟气动压，Pa；

　　　ρ——烟气密度，kg/m³；

　　　R_s——烟气气体常数，J/（kg·K）；

　　　T_s——烟气热力学温度，K；

　　　B_s——烟气绝对压力，Pa。

（2）烟气流量的计算　烟道断面上各采样点烟气平均流速公式：

$$\overline{v}_s = \frac{(v_1 + v_2 + \cdots + v_n)}{n} \tag{2-36}$$

式中　$\overline{v}_s$——烟气平均流速，m/s；

$v_1, v_2, \cdots, v_n$——断面上各测点烟气流速，m/s；

　　　n——测点数。

测量状态下烟气流量公式如下：

$$Q_s = 3600\overline{v}_s S \tag{2-37}$$

式中　Q_s——烟气流量，m^3/h；

　　　S——测点烟道横截面面积，m^2。

标准状态下干烟气流量按式(2-38)计算：

$$Q_{nd} = Q_s(1-\varphi_{sw})\frac{(B_s+p_s)}{101325} \times \frac{273}{273+t_s} \tag{2-38}$$

式中　Q_{nd}——标准状态下干烟气流量，m^3/h；

　　　p_s——烟气静压，Pa；

　　　B_s——大气压力，Pa；

　　　φ_{sw}——湿烟气中水蒸气的体积分数；

　　　t_s——烟气温度，℃；

其余符号含义同上。

烟气的体积由采样流量和采样时间的乘积求得。

四、含湿量的测定

与大气相比，烟气中的水蒸气含量较高，变化范围较大，为了便于比较，监测方法规定以除去水蒸气后标准状态下的干烟气表示。含湿量的测定方法有冷凝法、重量法和干湿球温度计法。

1. 冷凝法

抽取一定体积的烟气，通过冷凝器，根据冷凝出的水量及从冷凝器排出的烟气中的饱和水蒸气量计算烟气的含湿量。装置如图2-37所示。

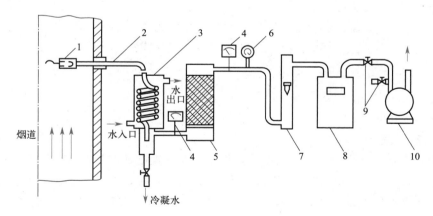

图 2-37　冷凝法测定烟气含湿量装置

1—滤筒；2—采样管；3—冷凝器；4—温度计；5—干燥器；6—真空压力表；
7—转子流量计；8—累积流量计；9—调节阀；10—抽气泵

含湿量按式(2-39)计算：

$$\varphi_V = \frac{1.24m + V_s \times \dfrac{p_z}{p_A+p_r} \times \dfrac{273}{273+t_r} \times \dfrac{p_A+p_r}{101.3}}{1.24m + V_s \times \dfrac{273}{273+t_r} \times \dfrac{p_A+p_r}{101.3}} \times 100\% \tag{2-39}$$

式中　φ_V——烟气中水蒸气的体积分数;

　　　m——冷凝器中的冷凝水量,g;

　　　V_s——测量状态下抽取烟气体积,L;

　　　p_z——冷凝器出口烟气的饱和蒸气压,kPa;

　　　p_A——大气压力,kPa;

　　　p_r——流量计前烟气表压,kPa;

　　　t_r——流量计前烟气温度,℃;

　　1.24——标准状态下1g水蒸气的体积,L。

2. 重量法

从烟道中抽取一定体积的烟气,使之通过装有吸收剂的吸收管,则烟气中的水蒸气被吸收剂吸收,吸收管的增重即为所采烟气中的水蒸气重量。该方法的测定装置如图2-38所示。

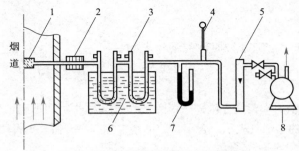

图 2-38　重量法测定烟气含湿量装置

1—过滤器;2—加热器;3—吸湿管;4—温度计;5—流量计;6—冷却器;7—压力计;8—抽气泵

烟气中的含湿量按式(2-40)计算:

$$\varphi_V = \frac{1.24m}{V_d \times \dfrac{273}{273+t_r} \times \dfrac{p_A+p_r}{101.3} + 1.24m} \times 100\% \qquad (2\text{-}40)$$

式中　m——吸湿管采样后增加的质量,g;

　　　V_d——测量状态下抽取干烟气体积,L;

其他符号含义同上。

3. 干湿球温度计法

气体在一定流速下流经干湿球温度计,根据干湿球温度计读数及有关压力,计算烟气中含湿量。测定时要检查湿球温度计的湿球表面纱布是否包好,然后将水注入盛水容器中。当排气温度较低或水分含量较高时,采样管应保温或加热数分钟后,再开动抽气泵,以15L/min流量抽气;当干、湿球温度计温度稳定后,记录干球和湿球温度。

五、烟气组分的测定

烟气组分包括主要气体组分和微量有害气体组分。

1. 烟气主要组分的测定

烟气中的主要组分为N_2、O_2、CO_2和水蒸气等,可采用奥氏气体分析器吸收法和仪器分析法测定。

奥式气体分析器如图2-39所示。吸收法的测定原理是用适当的吸收液吸收烟气中的欲测组分，通过测定前后气体体积的变化计算欲测组分的含量。例如，用 KOH 溶液吸收 CO_2；用焦性没食子酸溶液吸收 O_2；用氨性氯化亚铜溶液吸收 CO 等；还有的带有燃烧法测 H_2 装置。依次吸收 CO_2、O_2 和 CO 后，剩余气体主要是 N_2。

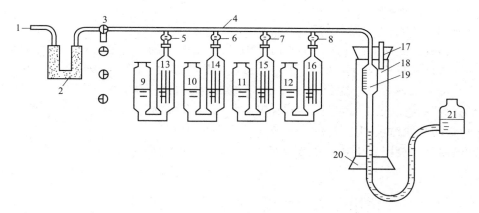

图 2-39 奥氏气体分析器

1—进气管；2—干燥器；3—三通旋塞；4—梳形管；5～8—旋塞；9～12—缓冲瓶；13～16—吸收瓶；
17—温度计；18—水套管；19—量气管；20—胶塞；21—水准瓶

用仪器分析法可以分别测定烟气中的组分，其准确度比奥式气体分析器吸收法高。

2. 烟气中有害组分的测定

烟气中的有害组分为 CO、NO_x、SO_2、H_2S、氟化物及挥发酚等有机化合物。测定方法视烟气中有害组分的含量而定。表 2-14 列出《空气和废气监测分析方法》中推荐的部分有害组分的测定方法。

表 2-14   烟气中部分有害组分的测定方法

组分	测定方法	测定范围
CO	红外线气体分析法	$0\sim1000\mu L/L$
SO_2	甲醛吸收-盐酸副玫瑰苯胺分光光度法	$2.5\sim500mg/m^3$
NO_x	二磺酸酚分光光度法	$20\sim2000mg/m^3$
	盐酸萘乙二胺分光光度法	$2\sim500mg/m^3$
H_2S	亚甲基蓝分光光度法	$0.01\sim10mg/m^3$
氟化物	硝酸钍容量法	$>1\%$
	离子选择电极法	$1\sim1000mg/m^3$
	氟试剂分光光度法	$0.01\sim50mg/m^3$
挥发酚	4-氨基安替比林分光光度法	$0.5\sim50mg/m^3$
苯(苯系物)	气相色谱法	$4\sim1000mg/m^3$
光气	碘量法	$50\sim2500mg/m^3$
	紫外分光光度法	$0.5\sim50mg/m^3$
铬酸雾	二苯碳酰二肼分光光度法	$2\sim100mg/m^3$

3. 烟气含尘浓度的测定

（1）**过滤称重法**   抽取一定体积烟气通过已知质量的捕尘装置，根据捕尘装置采样前后的质量差和采样体积计算烟尘的浓度。将采样体积转化为标准状态下的采样体积，按式(2-41)计算烟尘浓度：

$$c = \frac{m}{V_{nd}} \times 10^6 \qquad (2\text{-}41)$$

式中　c——烟气中烟尘浓度，mg/m³；

　　　m——测得烟尘质量，g；

　　　V_{nd}——标准状态下干烟气体积，L。

（2）林格曼黑度法　黑度法是林格曼在 19 世纪末提出的，它是将排放源出口烟尘浓度与某一标准浓度进行比较，凭视觉判断烟尘浓度的测定方法。较为普及的标准浓度规格为林格曼烟尘浓度表，该表一般是在横 14cm、纵 21cm 的白纸上描述一定比例的方格黑线图。白纸上黑条格在整个矩形面积上所占面积的百分数大致为 0、20%、40%、60%、80%、100%，由此将烟尘浓度相应分为 0～5 级，如图 2-40 所示。

观测时将林格曼图置于观察者与烟囱之间，如图 2-41 所示。

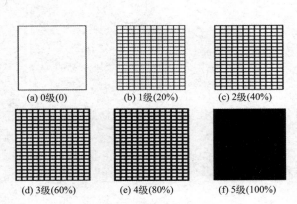

(a) 0级(0)　　(b) 1级(20%)　　(c) 2级(40%)

(d) 3级(60%)　　(e) 4级(80%)　　(f) 5级(100%)

图 2-40　林格曼烟气黑度

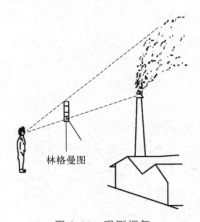

林格曼图

图 2-41　观测烟气

观察者距烟囱约 40m，距林格曼图约 15m，将观测到的烟囱出口处的烟气黑度与林格曼图比较，可读出烟尘的浓度。烟尘浓度与林格曼图之间的关系见表 2-15。

表 2-15　烟尘浓度与林格曼图关系

黑色条面积占总面积百分数/%	林格曼黑度/级	烟气外观特点	相当烟气中含尘量/(g/m³)
0	0	全白	0
20	1	微灰	0.25
40	2	灰	0.70
60	3	深灰	1.20
80	4	灰黑	2.30
100	5	全黑	4.0～5.0

由于烟气的视觉黑度受反射光作用，它不仅取决于烟气本身的黑度，同时还与天空的均匀性和亮度、风速、烟囱的直径大小和形状及观察时照射光线的角度有关，而且视觉黑度与尘粒中有害物质含量之间的关系很难找到精确的对应关系，因此这种方法不能取代其他的测定方法。但由于这一方法简单易行，成本低廉，故在许多国家被列为常用的烟尘浓度监测方法之一，我国也将其列为固定污染源烟气监测内容之一。

4. 烟尘中有害组分的测定

烟尘中有害组分主要有沥青烟、硫酸雾和铬酸雾、铅、铍等。测定硫酸雾和铬酸雾时，先将其采集在玻璃纤维滤筒上，再用水浸取后测定；测定铅、铍等烟尘时，捕集后用酸浸取出来再进行测定；测定烟气中氟化物总量时，将烟尘和吸收液于酸溶液中加热蒸馏分离后测定；测定沥青烟时，用玻璃纤维滤筒和冲击式吸收瓶串联采集气溶胶态与蒸气态沥青烟，用有机溶剂提取后测定。有关组分的测定方法见表 2-14。

六、流动污染源

污染大气环境的主要流动污染源是汽车，汽车排气是石油体系燃料在内燃机内燃烧后的产物，含有氮氧化物、碳氢化合物、CO 等有害组分。

汽车排气中污染物的含量与其行驶状态有关，空转、加速、减速、匀速等行驶状态下排气中污染物的含量都应测定。尾气监测项目见表 2-16。

表 2-16　尾气监测项目

检测项目	测定方法	监测范围	分析方法来源
一氧化碳	非分散红外分光光度法	≥8%	HJ/T 3—93
碳氢化合物	非分散红外分光光度法	四冲程 800～14000μL/L 二冲程 10000～14000μL/L	HJ/T 3—93
二氧化硫	紫外荧光分析	0～0.5μL/L	《环境空气质量监测质量保证 方法手册》
烟度	滤纸式分析法	0～10FSN	HJ/T 4—93
氮氧化物	化学发光法	0～0.5μL/L	国家《环境监测技术规范》《环境空气质量监测质量保证 方法手册》
飘尘	β 射线测试法	0～6mg/m^3	国家《环境监测技术规范》《环境空气质量监测质量保证 方法手册》
温度	环境自动监测	−40.0～+40.0℃	国家《环境监测技术规范》《环境空气质量监测质量保证 方法手册》
露点	环境自动监测	−40.0～+40.0℃	国家《环境监测技术规范》《环境空气质量监测质量保证 方法手册》
风向	环境自动监测	16 个方位	国家《环境监测技术规范》《环境空气质量监测质量保证 方法手册》

1. 汽车排气中 NO 的测定

在汽车尾气排气管处用取样管将废气引出（用采样泵），经冰浴（冷凝除水）、玻璃棉过滤器（除油尘），抽取到 100mL 注射器中，然后经氧化管注入冰醋酸-对氨基苯磺酸-盐酸萘乙二胺吸收液显色，显色后用分光光度法测定。

2. 汽车怠速 CO、碳氢化合物的测定

该项用于新型、新生产、正在使用及进口汽车在怠速工况下由排气管排出的废气中 CO 和碳氢化合物浓度的测定。

（1）怠速工况的条件　发动机旋转；离合器处于结合位置；油门踏板与手油门处于松开位置；安装机械式或半自动式变速器时，变速杆位于空挡位置；安装自动变速器时，选择器应在停车或空挡位置；阻风门全开。

（2）测定　一般采用非色散红外气体分析仪进行测定。专用分析仪有国产 MEXA-324F 型汽车排气分析仪，可直接显示测定结果。测定时，先将汽车发动机由怠速加速至中等转速，保持 5s 以上，再降至怠速状态，插入采样管（深度不少于 500mm）测定，读取最大值。若为多个排气管，应取各排气管测定值的算术平均值。

3. 柴油车尾气烟度的测定

柴油车排出的黑烟组分复杂，主要是炭的聚合体，还有少量氧、氢、灰分和多环芳烃，其污染状况常用烟度来表征。烟度是指使一定体积烟气透过一定面积的滤纸后滤纸被染黑的程度，单位用波许（Rb）或滤纸烟度（FSN）表示。柴油机车排气烟度常用滤纸式烟度计法测定。

（1）滤纸式烟度计法原理　用一支活塞式抽气泵在规定的时间内从柴油机排气管中抽取一定体积的尾气，让其通过一定面积的白色滤纸，则尾气中的炭粒被阻留附着在滤纸上，将滤纸染黑，尾气烟度与滤纸被染黑的程度正相关。用光电测量装置测定等强度入射光在空白滤纸和染黑滤纸上的反射光强度，根据滤纸式烟度计烟度计算公式计算尾气烟度值（以波许烟度单位表示）。规定空白滤纸的烟度为 0，全黑滤纸的烟度为 10，滤纸式烟度计烟度按式（2-42）计算：

$$S_F = 10 \times \left(1 - \frac{I}{I_0}\right) \tag{2-42}$$

式中　S_F——波许烟度，Rb；

I——被测烟样滤纸反射光强度；

I_0——洁白滤纸反射光强度。

由于滤纸质量会直接影响烟度测定结果，所以要求空白滤纸色泽洁白，纤维及微孔均匀，机械强度和通气性良好，以保证烟气炭粒能均匀地分布在滤纸上，提高测定精确度。

（2）滤纸式烟度计　滤纸式烟度计由取样探头、抽气装置和光电检测系统组成。当抽气泵活塞上行时，排气管的排气依次通过取样探头、取样软管及一定面积的滤纸被抽入抽气泵，排气中的黑烟被阻留在滤纸上，然后用步进电机将已抽取黑烟的滤纸送到光电检测系统测量，由仪表直接指示烟度值。

 任务训练

1. 在烟道气监测中，怎样选择采样位置和确定采样点的数目？
2. 测定烟气中烟尘的采样方法和测定气态、蒸气态组分的采样方法有何不同？为什么？
3. 烟气的主要组分是什么？如何测定？
4. 烟尘中的主要有害组分是什么？如何进行测定？
5. 简述污染源样品采样点的布设方法。
6. 简述含湿量的测定方法。
7. 简述奥式气体分析仪的测定原理。
8. 流动污染源测定的项目有哪些？

● 任务七　大气污染生物监测 ●

一、大气污染生物监测方法

1. 生物监测法

生物监测法是通过生物（动物、植物及微生物）在环境中的分布、生长、发育状况及生理生化指标和生态系统的变化来研究环境污染情况，测定污染物毒性的一种监测方法。

采用生物监测方法直接测量污染状态的优点是可以直接表现出生态系统已经发生了变化，即便还没有开始显示出不良的效应，也可以作为进一步研究的引发信号。生物监测能使人们更清楚地认识环境质量及环境质量改变后的实际效应，并且生物监测方法不需要提供引起变化的介质资料，因此生物监测通常作为环境监测的补充手段，与其他环境监测方法具有互补的性质。此方法也有一定的局限性，例如生物体对污染因子的敏感性会随生活在污染环境中时间的增长而降低，专一性差，定量测定困难、费时等。

2. 指示植物及选择

大气污染的生物监测包括动物监测和植物监测。由于动物的管理比较困难，目前还未形成比较完整的监测方法，而植物分布广泛，管理容易，当受到污染物侵蚀时，有很多植物表现出明显的受害症状，所以广泛应用于大气污染生物监测中。

植物在受到污染物侵袭后，表现出明显的伤害症状，如生长形态发生变化、果实或种子变化，以及生产力或产量变化，这种植物就是指示植物。指示植物可选择一年生草本植物、多年生木本植物及地衣、苔藓等，见表 2-17。

表 2-17　常见大气污染物指示植物

大气污染物	指示植物
二氧化硫	紫花苜蓿、棉株、元麦、大麦、小麦、大豆、芝麻、荞麦、辣椒、菠菜、胡萝卜、烟草、白杨等
二氧化氮	烟草、番茄、秋海棠、菠菜、向日葵等
氟化物	唐菖蒲、金荞麦、葡萄、杏梅、榆树叶、郁金香、山桃树、池柏、南洋楹等
臭氧	烟草、矮牵牛花、花生、马铃薯、洋葱、萝卜、丁香、牡丹等
氯气	白菜、菠菜、韭菜、番茄、菜豆、葱、向日葵、木棉、落叶松等
氨气	紫藤、杨树、杜仲、枫树、刺槐、棉株、芥菜等
过氧乙酰硝酸酯	繁缕、早熟禾、矮牵牛花等

二、植物在污染环境中的受害症状和特点

1. 二氧化硫污染

当植物受到 SO_2 污染时，一般其叶脉间叶肉最先出现淡棕红色斑点，经过一系列的颜色变化，最后出现漂白斑点，危害严重时叶片边缘及叶肉全部枯黄，仅留叶脉仍为绿色。空气中的 SO_2 浓度较高时，就会使一些植物的叶脉产生不整齐的变色斑块（俗称烟斑）。在叶片外部观察时，可以看到烟斑部分逐渐枯萎变薄，最后枯死。

硫酸雾是以细雾状水滴附着在叶片上，故危害症状为叶片边缘光滑，呈现分散的浅黄色透明斑点，危害重时则成孔洞，斑点或孔洞大小不一，直径多在 1mm 左右。

2. 氮氧化物污染

NO_x 对植物构成危害的浓度要大于 SO_2 等污染物。一般很少出现 NO_x 浓度达到能直接伤害植物的程度，但它能与 O_3 或 SO_2 混合在一起显示危害症状，首先在叶片上出现密集的深绿色水侵蚀斑痕，随后这种斑痕逐渐变成淡黄色或青铜色。损伤部位主要出现在较大的叶脉之间，但也会沿叶缘发展。

3. 氟化物污染

一般植物对氟化物气体很敏感，其危害症状是先在植物的叶尖或叶缘呈现伤斑，开始时这些部位发生萎黄，然后逐渐形成棕色斑块，在萎黄组织和正常组织之间有一条明显的分界

线，随着受害程度的加重，黄斑向叶片中部及靠近叶柄部分发展，最后叶片大部分枯黄，仅叶片主脉下部及叶柄附近仍保持绿色。

4. 臭氧污染

植物的成熟叶片对 O_3 的危害最敏感，所以总是在老龄叶片上发现危害症状。首先，栅栏组织细胞受害，然后是叶片受害。如果出现细小斑点，则是急性伤害的标志，是栅栏细胞坏死所致。这种烟斑呈银灰色或褐色，并随叶龄增长逐渐脱色，甚至连成一片，变成大块色斑，使叶子褪绿脱落。

5. 过氧乙酰硝酸酯污染

过氧乙酰硝酸酯是大气中的二次污染物，对植物的伤害经常发生在幼龄叶片的尖部及敏感老龄叶片的基部，并随所处环境温度的增高而加重。

6. 大气污染对植物造成危害的特点

① 在污染源下风向的植物受害程度比上风向的植物重，并且受害植株往往呈带状或扇形分布。

② 植物受害程度随与污染源距离的增大而减轻，即使在同一植株上，面向污染源一侧的枝叶比背向的一侧受害明显。无建筑物等屏障阻挡的植物比有阻挡处的植物受害程度重。

③ 对大多数植物而言，成熟叶片及老龄叶片比新长出的嫩叶容易受伤害。

④ 植物受到两种或两种以上有害气体作用时，受害程度可能产生相加、相减或相乘等协同作用。

三、监测方法

1. 盆栽植物监测法

先将指示植物在没有污染的环境中盆栽培植，待生长到适宜大小，移至监测点，观测它们的受害症状和程度。例如，用唐菖蒲监测大气中的氟化物，先在非污染区将其球茎栽培在直径 20cm、高 10cm 的花盆中，待长出 3～4 片叶子后，移至污染区，放在污染源的主导风向下风侧不同距离（如 5m、10m、50m、500m、1000m、1150m、1350m）处，定期观察受害情况。几天之后，如发现部分监测点上的唐菖蒲叶片尖端和边缘产生淡棕黄色片状伤斑，而且伤斑部位与正常组织之间有一条明显界线，说明这些地方已受到严重污染。根据预先试验获得的氟化物浓度与伤害程度关系，即可估计出大气中氟化物浓度。如果一周后，除最远的监测点外，都发现了唐菖蒲不同程度的受害症状，说明该地区的污染范围至少达 1150m。

可以用植物监测器进行大气污染监测。植物监测器如图 2-42 所示。该监测器由 A、B 两室组成，A 室为测量室，B 室为对照室。将同样大小的指示植物分别放入两室，用气泵将污染空气以相同流量分别打入 A、B 室的导管，并在通往 B 室的管路中串接一个活性炭净化器，以获得净化空气。待通入足够量的污染空气后，即可根据 A 室内指示植物出现的症状和预先确

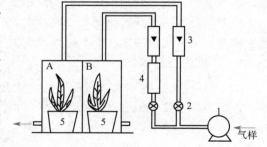

图 2-42　植物监测器

1—气泵；2—针形阀；3—流量计；

4—活性炭净化器；5—盆栽指示植物

定的与污染物浓度的相关关系或变色色阶估算空气中的污染物浓度。

2. 现场调查法

现场调查法是选择监测区域现有植物作为大气污染的指示植物。该方法需先通过调查和试验，确定现场生长的植物对有害气体的抗性等级，将其分为敏感植物、抗性中等植物和抗性较强植物三类。如果敏感植物叶片出现受害症状，表明大气已受到轻度污染；如果抗性中等植物出现明显受害症状，有些抗性较强的植物也出现部分受害症状，则表明大气已受到严重污染。同时，根据植物叶片呈现的受害面积症状和受害百分数，可以判断主要污染物和污染程度。

(1) 植物群落调查法　调查现场植物群落中各种植物的受害症状，估测大气污染情况。排放 SO_2 的某化工厂附近植物群落受害情况的调查结果见表 2-18。对 SO_2 抗性强的植物如枸树、马齿苋等也受到伤害，表明该厂附近的大气已受到严重污染。

表 2-18　排放 SO_2 的某化工厂附近植物群落受害情况

植物	受害情况
悬铃木、加拿大白杨	80%～100%叶片受害,甚至脱落
桧柏、丝瓜	叶片有明显伤斑,部分植株枯死
向日葵、葱、玉米、菊、牵牛花	50%左右面积受害,叶片脉间有点、块状伤斑
月季、蔷薇、枸杞、香椿、乌桕	30%左右叶面积受害,叶片脉间有轻度点、块状伤斑
葡萄、金银花、枸树、马齿苋	10%左右叶面积受害,叶片上有轻度点状斑
广玉兰、大叶黄杨、栀子花、腊梅	无明显症状

(2) 地衣、苔藓调查法　地衣和苔藓是低等植物，分布广泛，对某些污染物反应敏感。调查树干上的地衣和苔藓的种类、数量可以估计大气污染的程度。在工业城市，通常距市中心越近，地衣的种类越少，重污染区内一般仅有少数壳状地衣分布，随着污染程度的减轻，就出现枝状地衣，在轻污染区，叶状地衣数目最多。对于没有适当的树木和石壁观察地衣、苔藓的地方，可以进行人工栽培并放在苔藓监测器中进行监测。苔藓监测器的组成和测定原理与前面介绍的指示植物监测器相同，只是可以更小型化。

(3) 树木年轮调查法　剖析树木的年轮，可以了解到所在地区大气污染的历史。在气候正常、未遭受污染的年份树木的年轮宽，大气污染严重或气候恶劣的年份树木的年轮窄。还可以用 X 射线对年轮材质进行测定，判断其污染情况，污染严重的年份木质密度小，正常年份的年轮木质密度大，它们对 X 射线的吸收程度不同。

3. 其他监测法

还可以用生产力测定法、理化监测法等来监测大气污染。生产力测定法是通过测定指示植物在污染的大气环境中进行光合作用等生理指标的变化来反映污染状况，如植物进行光合作用产生氧能力的测定、叶绿素的测定等。利用理化监测方法可以测定植物中污染物的含量，根据植物吸收积累的污染物量来判断污染情况。

 任务训练

1. 指示植物监测大气污染的依据是什么？
2. 简述盆栽植物法测定大气污染物的步骤。
3. 怎样用现场调查法监测大气污染物？
4. 什么是植物监测器？

● 任务八　室内环境污染物监测 ●

一、室内样品的采集

1. 采样点

(1) 布点原则

① 代表性　这种代表性应根据检测日与对象来确定，以不同的目的来选择各自典型的代表，如可按居住类型分类、燃料结构分类、净化措施分类。

② 可比性　为了便于对监测结果进行比较，各个采样点的各种条件应尽可能选择相类似的；所用的采样器及采样方法，应做具体规定，采样点一旦选定后，一般不要轻易改动。

③ 可行性　由于采样的器材较多，需占用一定的场地，故选点时应尽量选有一定空间可供利用的地方，切忌影响居住者的日常生活。因此，应选用低噪声、有足够电源的小型采样器材。

(2) 采样点数量　室内监测采样点的数量应根据监测室内面积大小和现场情况确定，以保证能正确反映室内空气污染物的水平。公共场所原则上小于 $50m^2$ 的房间应设 1～3 个点；$50～100m^2$ 设 3～5 个点；$100m^2$ 以上至少设 5 个点。采用对角线或梅花形布点方式设点。居室面积小于 $10m^2$ 设 1 个点，$10～25m^2$ 设 2 个点，$25～50m^2$ 设 3～4 个点。两点之间的距离相距 5m 左右。

(3) 采样点位置　采样点应设在室内通风率最低的地方。为避免室壁的吸附作用或逸出干扰，采样点离墙壁距离应大于 0.5m。采样点应避开通风口，离开门窗一定的距离。采样点不能设在走廊、厨房、浴室、厕所内，避免风对采样数据的影响。

采样点的高度原则上与人的呼吸带高度相一致，一般距地面 0.15～1.5m。

在进行室内污染监测的同时，为了掌握室内外污染的相互影响，应以室外的污染物浓度为对照，在同一区域的室外设置 1～2 个对照点。也可用原来的室外固定大气监测点做对比，这时室内采样点的分布应在固定监测点的 500m 半径范围内。

(4) 室内采样条件　采样应在密封条件下进行，首先门窗必须关闭；在采样期间室内通风系统（包括空调、吊扇、窗户上的换气扇）应停止运行；如果是早晨采样，应提前一天晚上关闭门窗，直至采样结束后再打开；若采样前 12h 或采样期间出现大风，则应停止采样。

2. 采样时间和频率

① 评价室内空气质量对人体健康的影响时，在人们正常活动情况下采样，至少监测一日，每日早晨和傍晚各采样一次。每次平行采样，平行样品的相对偏差不超过 20%。

② 对建筑物的室内空气质量进行评价时，应选择在无人活动时进行采样。至少监测一日，每日早晨和傍晚各采样一次。每次平行采样，平行样品的相对偏差不超过 20%。

3. 采样方法和采样仪器

根据被测物质在空气中存在状态和浓度以及所用分析方法的灵敏度，选用合适的采样方法和仪器。

(1) 直接采样法　当室内空气中被测组分浓度较高，或者所用分析方法很灵敏时，直接采取少量样品就可满足监测需要。这种方法测定的结果是瞬时浓度或短时间内的平均浓度。

常用的采样容器有注射器、塑料袋、真空瓶等。

（2）浓缩采样法　室内空气中的污染物质浓度一般都比较低，虽然目前的测试技术有很大的进展，出现了许多高灵敏度的自动测定仪器，但是对许多污染物质来说，直接采样法远远不能满足分析要求，故需要用富集采样法对室内空气中的污染物进行浓缩，使之满足分析方法灵敏度的要求。另外，富集采样时间一般比较长，测得结果代表采样时段的平均浓度，更能反映室内空气污染的真实情况。这种采样方法有液体吸收法、固体吸附法、滤膜采样法。

二、室内污染物监测

1. 甲醛

甲醛是一种无色、具有刺激性且易溶于水的气体。主要来源于建筑材料、装修物品及生活用品等在室内的使用。甲醛对人体健康的影响主要表现在嗅觉异常、刺激、过敏、肺功能异常、免疫功能下降等方面。当室内空气中甲醛含量为 $0.1mg/m^3$ 时就有异味和不适感；$0.5mg/m^3$ 时可刺激眼睛引起流泪；$0.6mg/m^3$ 时引起咽喉不适或疼痛；浓度再高可引起恶心、呕吐、咳嗽、胸闷、气喘甚至肺气肿。

测定甲醛常用的方法有分光光度法、气相色谱法等。国家规定的标准分析方法有酚试剂分光光度法、乙酰丙酮分光光度法和气相色谱法。

（1）酚试剂分光光度法　空气中的甲醛与酚试剂反应生成嗪，嗪在酸性溶液中被高铁离子氧化形成蓝绿色化合物，用分光光度计在 $630nm$ 处测定。该方法的检出下限是 $0.056\mu g/5mL$。此方法适用于公共场所和室内空气中甲醛含量的测定。

测定时用甲醛标准溶液配制标准色列，以蒸馏水为参比测定其吸光度，绘制标准曲线，计算回归方程，以同样方法测定样品溶液，经试剂空白校正后，计算空气中甲醛含量。

空气中甲醛浓度按式（2-43）计算：

$$\rho = \frac{(A-A_0)B_g}{V_0} \tag{2-43}$$

式中　ρ——空气中甲醛浓度，mg/m^3；

　　A——样品溶液的吸光度；

　　A_0——空白溶液的吸光度；

　　B_g——计算因子，即标准曲线斜率的倒数，μg；

　　V_0——换算成标准状态下的采样体积，L。

（2）乙酰丙酮分光光度法　甲醛气体经水吸收后，在 $pH=6$ 的乙酸-乙酸铵缓冲溶液中与乙酰丙酮作用，在沸水浴条件下迅速生成稳定的黄色化合物，在波长 $413nm$ 处测定。此方法适用于树脂制造、涂料、人造纤维、塑料、橡胶、染料等行业的排放废气，以及做医药消毒、防腐、熏蒸时产生的甲醛蒸气的测定。当采样体积为 $0.5\sim10.0L$ 时，测定范围为 $0.5\sim800mg/m^3$。

测定时用甲醛标准溶液配制标准色列，加 0.25% 的乙酰丙酮溶液 $2.0mL$，混匀，于沸水浴中加热 $3min$，取出冷却至室温，用蒸馏水作参比测定其吸光度，扣除空白值后绘制标准曲线，计算回归方程。以同样方法测定样品溶液，经试剂空白校正后，计算甲醛含量。

试样中甲醛的吸光度 A 用式（2-44）计算：

$$A = A_x - A_0 \tag{2-44}$$

室内微生物污染源

式中　A_x——样品测定的吸光度；

　　　A_0——空白试验的吸光度。

试样中甲醛含量 $W(\mu g)$ 用式（2-45）计算：

$$W=\frac{A-a}{b}\times\frac{V_1}{V_2} \tag{2-45}$$

式中　V_1——定容体积，mL；

　　　V_2——测定取样体积，mL；

其余符号含义同前。

废气或环境空气中甲醛浓度 $\rho(mg/m^3)$ 用式（2-46）计算：

$$\rho=W/V_{nd} \tag{2-46}$$

式中　V_{nd}——标准状态（0℃，101.325kPa）下所采气样体积，L。

（3）气相色谱法　空气中甲醛在酸性条件下吸附在涂有 2,4-二硝基苯肼6201 的担体上，生成稳定的甲醛腙。用二硫化碳洗脱后，经 OV-色谱柱分离，用氢火焰离子检测器测定，以保留时间定性、峰高定量。此方法的检出下限为 0.2μg/mL（进样品洗脱液 5μL）。

（4）甲醛的测定（酚试剂分光光度法）

【测定目的】

① 掌握甲醛测定的基本方法。

② 熟练使用大气采样器和分光光度计。

【仪器和试剂】

① 大型气泡吸收管　出气口内径为 1mm，出气口至管底距离等于或小于 5mm。

② 恒流采样器　流量范围 0～1L/min。流量稳定可调，恒流误差小于 2%，采样前和采样后应用皂沫流量计校准采样系列流量，误差小于 5%。

③ 具塞比色管　10mL。

④ 分光光度计　可见光波长 380～780nm。

⑤ 吸收液原液　称量 0.10g 酚试剂（3-甲基-2-苯并噻唑酮腙，简称 MBTH），加水溶解，倾于 100mL 具塞量筒中，加水到刻度，放冰箱中保存，可稳定 3d。

⑥ 吸收液　量取吸收液原液 5mL，加 95mL 水，即为吸收液。采样时，现用现配。

⑦ 硫酸铁铵溶液（1%）　称量 1.0g 硫酸铁铵 $[NH_4Fe(SO_4)_2\cdot12H_2O]$ 用 0.1mol/L 盐酸溶解，并稀释至 100mL。

⑧ 碘溶液　$c\left(\frac{1}{2}I_2\right)=0.1000mol/L$。称量 30g 碘化钾，溶于 25mL 水中，加入 127g 碘。待碘完全溶解后，用水定容至 1000mL，移入棕色瓶中，于暗处储存。

⑨ 氢氧化钠溶液（1mol/L）　称量 40g 氢氧化钠，溶于水中，并稀释至 1000mL。

⑩ 硫酸溶液（0.5mol/L）　取 28mL 浓硫酸缓慢加入水中，冷却后，稀释至 1000mL。

⑪ 硫代硫酸钠标准溶液　$c(Na_2S_2O_3)=0.1000mol/L$。

⑫ 淀粉溶液（0.5%）　将 0.5g 可溶性淀粉用少量水调成糊状后，再加入 100mL 沸水中，并煮沸 2～3min 至溶液透明，冷却后，加入 0.1g 水杨酸或 0.4g 氯化锌保存。

⑬ 甲醛标准储备液　取 2.8mL 含量为 36%～38% 的甲醛溶液，放入 1L 容量瓶中，加水稀释至刻度。此溶液 1mL 约相当于 1mg 甲醛。其准确浓度用下述碘量法标定。

甲醛标准储备液的标定：精确量取 20.00mL 待标定的甲醛标准储备液，置于 250mL 碘量瓶中。加入 $20.00mL \left[c \left(\frac{1}{2} I_2 \right) = 0.1000 mol/L \right]$ 碘溶液和 $15mL$ $1mol/L$ 的氢氧化钠溶液，放置 $15min$，加入 $20mL$ $0.5mol/L$ 的硫酸溶液，再放置 $15min$，用 $\left[c \left(Na_2S_2O_3 \right) = 0.1000mol/L \right]$ 硫代硫酸钠溶液滴定，至溶液呈现淡黄色时加入 $1mL$ 0.5% 的淀粉溶液继续滴定至恰使蓝色褪去为止，记录所用硫代硫酸钠溶液的体积（V_2，mL）。同时用水做试剂空白滴定，记录空白滴定所用硫代硫酸钠标准溶液的体积（V_1，mL）。甲醛溶液的浓度用式(2-47) 计算：

$$甲醛溶液浓度（mg/mL）= \frac{(V_1 - V_2)c \times 15}{20} \tag{2-47}$$

式中　V_1——试剂空白消耗硫代硫酸钠溶液的体积，mL；

　　　V_2——甲醛标准储备液消耗硫代硫酸钠溶液的体积，mL；

　　　c——硫代硫酸钠溶液的准确的物质的量浓度，mol/L；

　　　15——甲醛 $\left(\frac{1}{2} HCHO \right)$ 的摩尔质量，g/mol；

　　　20——所取甲醛标准储备液的体积，mL。

二次平行滴定，误差应小于 $0.05mL$，否则重新标定。

⑭ 甲醛标准溶液　临用时，将甲醛标准储备液用水稀释成 $1.00mL$ 含 $10\mu g$ 甲醛的溶液，立即再取此溶液 $10.00mL$，加入 $100mL$ 容量瓶中，加入 $5mL$ 吸收原液，用水定容至 $100mL$，此液 $1.00mL$ 含 $1.00\mu g$ 甲醛，放置 $30min$ 后，用于配制标准色列。此标准溶液可稳定 $24h$。

【测定步骤】

① 采样　用一个内装 $5mL$ 吸收液的大型气泡吸收管，以 $0.5L/min$ 流量，采气 $10L$。并记录采样点的温度和大气压力。采样后样品在室温下应在 $24h$ 内分析。

② 标准曲线的绘制　取 $10mL$ 具塞比色管，用甲醛标准溶液按表 2-19 制备标准色列。

表 2-19　甲醛标准色列的配制

项目	管号								
	0	1	2	3	4	5	6	7	8
标准溶液体积/mL	0	0.10	0.20	0.40	0.60	0.80	1.00	1.50	2.00
吸收液体积/mL	5.0	4.9	4.8	4.6	4.4	4.2	4.0	3.5	3.0
甲醛含量/μg	0	0.1	0.2	0.4	0.6	0.8	1.0	1.5	2.0

各管中，加入 $0.4mL$ 1% 的硫酸铁铵溶液，摇匀，放置 $15min$。用 $1cm$ 比色皿，在波长 $630nm$ 处，以蒸馏水作参比，测定各管溶液的吸光度。以甲醛含量为横坐标、吸光度为纵坐标，绘制曲线，并计算回归线斜率，以斜率倒数作为样品测定的计算因子 $B_g（\mu g）$。

③ 样品测定　采样后，将样品溶液全部转入比色管中，用少量吸收液洗吸收管，合并使总体积为 $5mL$。按绘制标准曲线的操作步骤测定吸光度（A）；在每批样品测定的同时，用 $5mL$ 未采样的吸收液作试剂空白，测定试剂空白的吸光度（A_0）。

【测定结果】

见前面"（1）酚试剂分光光度法"。

【注意事项】

当空气中有二氧化硫共存时会使测定结果偏低，因此可将气样先通过硫酸锰滤纸过滤器，予以排除。

注：硫酸锰滤纸的制备。取 10mL 浓度为 100mg/mL 的硫酸锰水溶液，滴加到 250cm² 玻璃纤维滤纸上，风干后切成碎片，装入 1.5m×150mm 的 U 形玻璃管中。采样时，将此管接在甲醛吸收管之前。此法制成的硫酸锰滤纸有吸收二氧化硫的功效，受大气湿度影响很大，当相对湿度大于 88%、采气速度为 1L/min、二氧化硫浓度为 1mg/m³ 时，能消除 95% 以上的二氧化硫，此滤纸可维持 50h 有效。当相对湿度为 15%～35% 时，吸收二氧化硫的效能逐渐降低。所以相对湿度很低时，应换新制的硫酸锰滤纸。

【问题思考】

① 二氧化硫会对甲醛的测定产生什么样的干扰？如何消除？

② 硫酸铁铵的作用是什么？

2. 苯

（1）气相色谱法　苯是一种具有特殊芳香气味的无色液体，主要来源于燃烧烟草的烟雾、溶剂、油漆、染色剂、图文传真机、电脑终端机和打印机、黏合剂、墙纸、地毯、合成纤维和清洁剂等。

测定苯常用的方法是气相色谱法，此方法适用于居住区大气和室内空气中苯、甲苯、二甲苯浓度的测定。

空气中苯、甲苯和二甲苯用活性炭管采集，然后经热解吸或用二硫化碳提取出来，再经聚乙二醇 6000 色谱柱分离，用氢火焰离子检测器检测，以保留时间定性、峰高定量。

根据所用气相色谱仪的型号和性能，制订分析苯、甲苯和二甲苯的最佳色谱分析条件，用标准溶液或混合标准气体绘制标准曲线，并计算回归直线的斜率，以斜率的倒数作样品测定的计算因子。用热解吸法或二硫化碳提取法进样，用保留时间定性、峰高定量，求峰高的平均值，并做空白试验，测量空白管的平均峰高。

将采样体积按式（2-48）换算成标准状态下的体积：

$$V_0 = V_t \times \frac{T_0}{273+t} \times \frac{p}{p_0} \tag{2-48}$$

式中　V_0——换算成标准状态下的采样体积，L；

V_t——采样体积，L；

T_0——标准状态下的热力学温度，273K；

t——采样时采样点的温度，℃；

p_0——标准状态的大气压力，101.3kPa；

p——采样时采样点的大气压力，kPa。

用热解吸法时，空气中苯、甲苯和二甲苯浓度按式（2-49）计算：

$$\rho = \frac{(h-h_0)B_g}{V_0 E_g} \tag{2-49}$$

式中　ρ——空气中苯、甲苯和二甲苯的浓度，mg/m³；

h——样品峰高的平均值，mm；

h_0——空白管的峰高，mm；

B_g——计算因子，即标准曲线斜率的倒数，$\mu g/mm$；

E_g——由实验确定的热解吸效率；

其余符号含义同上。

用二硫化碳提取法时，空气中苯、甲苯和二甲苯浓度按式(2-50) 计算：

$$\rho = \frac{(h-h_0)B_s}{V_0 E_s} \tag{2-50}$$

式中　ρ——空气中苯、甲苯和二甲苯的浓度，mg/m^3；

B_s——计算因子，即标准曲线斜率的倒数，$\mu g/mm$；

E_s——由实验确定的二硫化碳提取效率；

其余符号含义同上。

当用活性炭管采气或水雾量太大，以致在炭管中凝结时，会严重影响活性炭管的穿透容量及采样效率。若空气湿度在90%，活性炭管的采样效率仍然符合要求，空气中的其他污染物的干扰由于采用了气相色谱分离技术，选择合适的色谱分离条件就可予以消除。

（2）苯系物的测定

【测定目的】

① 掌握气相色谱法测定苯系物的原理。

② 学会采样和样品的解吸，掌握气相色谱仪的使用。

【测定原理】

高浓度苯系化合物可选择热导检测器（TCD）；低浓度苯系化合物广泛采用氢火焰离子化检测器（FID）。色谱柱有玻璃填充柱或毛细管柱。

空气中的苯系物用吸附剂富集后，进入色谱仪前需要进行解吸。常见解吸方法有二硫化碳溶剂解吸法和热解吸法。由于二硫化碳毒性大，不利于分析人员的健康，应慎用。热解吸法对多数采样管来说可反复使用。

常用玻璃和不锈钢两种采样管，常用的吸附剂有 Tenax-GC 和椰子壳活性炭。在常温条件下，用空气采样器抽取一定体积的空气通过充填有 Tenax-GC 的采样管，使空气中甲苯、二甲苯等富集后，在热解吸仪上通载气，30s 内升温至 200℃进行解吸，由载气将解吸的有机物全量导入具有氢火焰离子化检测器的气相色谱仪气化室，在一定温度下经色谱柱分离后，各组分依时间顺序（保留时间）进入氢火焰检测器，被测组分电离产生信号经放大后被记录（峰面积或峰高），利用在一定浓度范围内有机物含量与峰面积（或峰高）成正比对苯系物进行定性和定量分析。

【仪器和试剂】

① 配有氢火焰离子化检测器（FID）的气相色谱仪、配色谱工作站，配套的热解吸装置。

② 采样仪器　采样流量调节范围在 0～1.5L 的空气采样器。

③ 流量校正仪器　皂膜流量计、计时秒表、空盒压力表。

④ 气体　载气为 99.99% 的高纯氮，用装有 5A 分子筛和活性炭的净化管净化；燃烧气为 99.99% 的氢气；助燃气为空气。

⑤ 色谱柱　不锈钢管柱，长 3m，内径 3～4mm。柱内填装 3.0% 有机皂土－34（Bentane）/101 担体、2.5% 邻苯二甲酸二壬酯（DNP）/101 担体。前者占填装总质量的 35%，

后者占 65%。101 担体均为 80～100 目。

⑥ 采样管　硬质玻璃，长 15cm，内径 1mm，壁厚 0.5mm，一侧为可与注射器针头相接的磨口，填充 0.5g Tenax-GC 吸附剂，用石英棉固定，用不锈钢注射器针头和硅橡胶塞密封。

⑦ 二硫化碳　用前必须纯化，并经色谱检验无干扰峰方可使用。

⑧ 甲苯、对二甲苯、间二甲苯、邻二甲苯和苯乙烯均为色谱纯。

⑨ 标准化合物储备液　分别取甲苯、对二甲苯、间二甲苯、邻二甲苯和苯乙烯 1.0mL 和 0.3mL 于 2 只装有 90mL 经纯化的二硫化碳的 100mL 容量瓶中，用二硫化碳定容至标线，浓度见表 2-20。此溶液在 4℃时可保存一个月。

表 2-20　系列标准溶液浓度

序号		0	1	2	3	4	5	6	储备液 1	储备液 2
成分与浓度 /(μg/mL)	甲苯	0	2.61	8.70	26.1	87.0	261	870	2610	8700
	对二甲苯	0	2.58	8.60	25.8	86.0	258	860	2580	8600
	间二甲苯	0	2.61	8.70	26.1	87.0	261	870	2610	8700
	邻二甲苯	0	2.64	8.80	26.4	88.0	264	880	2640	8800
	苯乙烯	0	2.73	9.10	27.3	91.0	273	910	2730	9100

【测定步骤】

① 采样　新充填的采样管需在 200℃条件下以流量 100mL/min 通氮气老化 30min。每次采样前需对采样管加热通氮气处理，并经色谱检验无残留杂质。每次处理后，采样前后避光保存，总计存放时间不超过 2 天。用皂膜流量计校准空气采样器的流量。

将经加热预处理后的采样管去掉两侧的硅橡胶塞和封闭针头，A 端与空气采样器连接，并使 D 端垂直放置，如图 2-43 所示，以 0.2～0.6L/min 的流量采集空气 10～20min（采集工业尾气时将采样时间控制在 5min 以内）。样品采集后，取下样品采样管仍以硅橡胶塞和封闭针头将两端密封，做好编号标签，避光保存，尽快分析。采样时记录采样管编号、采样起止时间、实际流量、气温、气压、采样时间及地点。

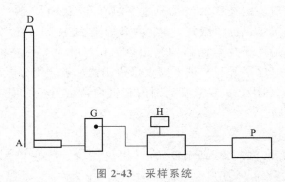

图 2-43　采样系统
A—采样管 A 端；D—采样管 D 端；G—采样器流量计；H—流量调节阀；P—采样泵

② 仪器准备　按仪器操作规程开机。色谱柱进样端与色谱仪进样口相连并通氮气，流量为 20～30mL/min，在 150℃下连续老化 24h，老化结束待柱箱温度下降至接近室温时，将色谱柱出口端与检测器相连（老化前杜绝将色谱柱出口与检测器相连）。

遵循操作规程按照以下条件调试色谱仪，仪器稳定后方可进行分析测试（一个试样或标准工作溶液连续注射进样两次，其峰高相对偏差不大于 7%，即认为仪器处于稳定状态）。

柱温 75℃，检测器 150℃，气化室 150℃；氮气 85～95mL/min，空气 500mL/min，氢气 60mL/min。

③ 苯系物系列标准溶液配制　将两个浓度的储备液分别以纯化的二硫化碳按 10 倍逐级稀释，配制系列标准溶液。

④ 实际样品的解吸测定　如图 2-44 所示，将采样管装于热解吸分析装置中，连接好气路，调节载气切换转向阀 I，使载气从采样管 A 端通过吸附层进入色谱仪进样口 L，待柱前压力恢复正常后，开始启动解吸仪加热控制装置和色谱分析程序，待管内吸附成分全部流出分析完毕，停止对样品管的加热，切换载气转向阀 I 使载气通向内气路进入色谱柱，同时更换采样管，准备下一个样品的分析。

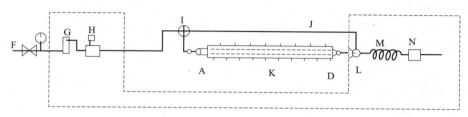

图 2-44　热解吸分析装置与色谱仪连接

A—采样管 A 端；D—采样管 D 端；F—载气源；G—流量计；H—流量调节阀；

I—转向阀；J—内气路；K—加热管；L—色谱仪进样口；M—色谱柱；N—检测器

⑤ 标准样品分析　将经预处理过的采样管按图 2-44 装到热解吸分析装置中，将采样管 D 端与色谱进样口 L 连接，用微量注射器抽取适量浓度适宜的标准溶液（其污染物量与实际样品相当），从采样管 A 端的硅橡胶塞处注入后迅速连通载气，按实际样品的方式进行分析。

【测定结果】

① 定性分析　采用保留时间定性。甲苯的保留时间为 3.7min，对二甲苯、间二甲苯、邻二甲苯的保留时间分别为 6.1min、6.9min、7.6min，苯乙烯的保留时间为 11.1min。

② 定量分析　气体样品中 i 组分浓度按式（2-51）计算：

$$\rho_i = \frac{m_s h_i}{h_s V_{nd}} \times 10^{-3} \qquad (2\text{-}51)$$

式中　ρ_i——样品 i 组分浓度，mg/m³；

　　　h_i——扣除空白后样品 i 组分峰高（或峰面积）；

　　　m_s——标准样品 i 组分加入量，ng；

　　　h_s——标准样品 i 组分峰高（或峰面积）；

　　　V_{nd}——换算成标准状态下的采样体积，L。

【注意事项】

① 二硫化碳和苯系物属有毒、易燃物质，保管和利用其配制标准样品时要注意安全。

② 为缩短解吸分析后采样管的冷却时间，可对采样管采取风冷措施。

③ 为保证采样后采样管的密封良好，采样时应注意对卸下的后塞和前侧密封帽清洁保管，严防污染。

④ 采样管连入系统后，必须通过柱压观察和进行各连接部位试漏，确保无漏气后方可加热解吸。针头与采样管连接处容易漏气，可以缠小块市售聚四氟乙烯薄膜防止漏气。

【问题思考】

① 为什么应注意取样和进样的准确性？

② 在测定苯系化合物时，是否还有其他的采样方法？它们各有哪些缺点？

3. 氨

室内氨气主要来源于混凝土防冻剂、室内装饰材料、木质板材、烫发用中和剂等。氨是无色气体，人对氨的嗅阈值为 $0.5\sim1.0\text{mg/m}^3$。

测定氨常用的方法是靛酚蓝分光光度法、纳氏试剂分光光度法、次氯酸钠-水杨酸分光光度法、离子选择电极法。

靛酚蓝分光光度法的原理是空气中氨吸收在稀硫酸中，在亚硝基铁氰化钠及次氯酸钠存在下，与水杨酸生成蓝绿色的靛酚蓝染料，根据着色深浅，在波长 697.5nm 处测定其吸光度。

测定时在各管中依次加入水杨酸溶液、亚硝基铁氰化钠溶液和次氯酸钠溶液，混匀，室温下放置 1h，于波长 697.5nm 处，以蒸馏水作参比，测定各管溶液的吸光度。绘制标准曲线，并用最小二乘法计算校准曲线的斜率、截距及回归方程。以同样方法测定样品溶液，经试剂空白校正后，计算氨的含量。

空气中氨浓度按式(2-52) 计算：

$$\rho=\frac{(A-A_0)B_s}{V_0} \tag{2-52}$$

式中　ρ——空气中氨浓度，mg/m^3；

$\quad A$——样品溶液的吸光度；

$\quad A_0$——空白溶液的吸光度；

$\quad B_s$——计算因子，即标准曲线斜率的倒数，μg；

$\quad V_0$——标准状态下的采样体积，L。

如果样品溶液吸光度超过标准曲线范围，则可用试剂空白稀释样品显色液后再分析。计算样品浓度时，要考虑样品溶液的稀释倍数。

4. 总挥发性有机物

(1) 总挥发性有机物　从广义上说，任何液体或固体在常温常压下自然挥发出来的有机化合物就是总挥发性有机物 (TVOC)。室内环境中 TVOC 主要是由建筑材料、清洁剂、油漆、含水涂料、黏合剂、化妆品和洗涤剂等释放出来的，此外吸烟和烹饪过程中也会产生。

空气中挥发性有机物品种繁多，不可能一一定性，所以根据目前建筑材料和装修材料中最有可能出现的，以及室内空气浓度普遍较高的污染物中选择了甲醛、苯、甲苯、二甲苯、苯乙烯、乙烯、乙酸丁酯、十一烷为应识别组分，采用气相色谱法进行测定，对未识别的组分均以甲苯计。

待测的样品空气被连续引入吸附管，根据取样的化合物或混合物来确定合适的吸附剂。选择合适的吸附剂后，挥发性成分保留在吸附管中。将吸附管加热，解吸收集到的蒸气（挥发性有机物），待测样品随惰性载气进入配备火焰离子化检测器或其他合适检测器的毛细管气相色谱仪中进行分析。用加液体或气体到吸附管中的方法得到分析校正曲线。

（2）总挥发性有机化合物的测定（气相色谱法）

【测定目的】

① 掌握气相色谱法测定总挥发性有机物的方法原理。

② 学会采样和样品的解吸，熟悉气相色谱仪的使用。

【测定原理】

热解吸/毛细管气相色谱法，以 Tenax-GC 或 Tenax-TA 作吸附剂，用吸附管采集一定体积的空气样品，空气流中的挥发性有机化合物保留在吸附管中。采样后，将吸附管加热，解吸挥发性有机化合物，待测样品随惰性载气进入毛细管气相色谱仪。用保留时间定性，用峰高或峰面积定量。

采样前处理和活化采样管中吸附剂，可使干扰减到最小；选择合适的色谱柱和分析条件能将多种挥发性有机物分离，使共存物干扰问题得以解决。

本法适用于浓度范围为 $0.5\mu g/m^3 \sim 100mg/m^3$ 之间的空气中 VOCs 的测定。

【仪器和试剂】

① 吸附管　用长 90mm、内径 5mm、外径 6.3mm 的内壁抛光的不锈钢管，吸附管的采样入口一端有标记，吸附管可以装填一种或多种吸附剂，应使吸附层处于解吸仪的加热区。吸附管中可填装 200～1000mg 的吸附剂，两端用少量玻璃棉固定。如果在一支吸附管中使用多种吸附剂，吸附剂应按照吸附能力增加的顺序排列，并用玻璃纤维毛隔开，吸附能力最弱的装填在吸附管的采样入口端。

② 空气采样泵　恒流空气个体采样泵，流量范围 0.02～0.5L/min，流量稳定。用皂膜流量计校准采样系列在采样前和采样后的流量，流量误差应小于 5%。

③ 注射器　1mL 气体注射器，10μL 气体注射器，10μL 液体注射器。

④ 气相色谱仪　附氢火焰离子化检测器、质谱仪检测器或其他合适的检测器；非极性（极性指数小于 10）石英毛细管柱。

⑤ 热解吸仪　能对吸附管进行二次热解吸，并将解吸气用惰性气体载带进入气相色谱仪，解吸温度、解吸时间和载气流速是可调的，冷阱可将解吸样品进行浓缩。

⑥ 液体外标法制备标准系列的注射装置　常规气相色谱进样口，可以在线使用也可以独立装配，保留进样口载气连线，进样口出口可与吸附管相连。

⑦ VOCs　为了校正浓度，需将 VOCs 作为试剂，可以采用液体外标法或气体外标法将其注入吸附管中。

⑧ 稀释溶剂　液体外标法所用的稀释溶剂应为色谱纯级，在色谱流出曲线中应与待测化合物分离。

⑨ 吸附剂　使用的吸附剂粒径为 0.18～0.25mm（60～80 目），吸附剂在装管前都应在其最高使用温度下，用惰性气流加热活化处理 20h。为了防止二次污染，吸附剂应在清洁空气中冷却至室温，储存和装管。解吸温度应低于活化温度。由制造商装好的吸附管使用前也需要进行活化处理。

⑩ 高纯氮（质量分数为 99.99%）　分析过程中使用的试剂应为色谱纯级；如果为分析纯级，需经纯化处理，保证色谱分析无杂峰。

【测定步骤】

① 采样　将吸附管与采样泵用硅橡胶管连接。个体采样时，采样管垂直安装在呼吸带；固定位置采样时，选择合适的采样位置，打开采样泵，调节流量，以保证在适当的时间内获

得所需的采样体积（1～10L）。如果总样品量超过 1mg，采样体积应相应减少。记录采样开始和结束时的时间、采样流量、温度和大气压力。

采样后将管取下，密封管的两端或将其放入可密封的玻璃管中。样品应尽快分析，样品可保存 14d。

② 解吸和浓缩　将吸附管安装在热解吸仪上，加热，使挥发性有机物从吸附剂上解吸下来，并被载气流带入冷阱，进行预浓缩，载气流的方向与采样时的方向相反。然后再以低流速快速从冷阱上解吸，经传输线进入毛细管气相色谱仪。传输线的温度应足够高，以防止待测成分凝结。由于热解吸条件常因实验条件不同而有差异，因此，应根据所用热解吸仪的型号和性能，制订出最佳解吸条件。解吸条件可选择的参数见表 2-21。

表 2-21　解吸条件可选择的参数

项目	参数
解吸温度/℃	250～325
解吸时间/min	5～15
解吸气流量/(mL/min)	30～50
冷阱的制冷温度/℃	−180～+20
冷阱的加热温度/℃	250～350
冷阱的吸附剂量/mg	40～100(如果使用,应与吸附管相同)
载气	氮气或高纯氮气
分流比	样品管和二级冷阱之间以及二级冷阱和分析柱之间的分流比应根据空气中的浓度来选择

③ 色谱条件　选择非极性或弱极性色谱柱，可选用膜厚度为 1～5μm、50m×0.22mm 的石英毛细管柱，固定相可以是二甲基硅氧烷或 7% 的氰基丙烷、7% 的苯基、86% 的甲基硅氧烷。柱操作条件为程序升温，初始温度 50℃ 保持 10min，以 5℃/min 的速率升温至 250℃。

④ 标准曲线的绘制

a. 气体外标法。用泵准确抽取 $100\mu g/m^3$ 的标准气体 100mL、200mL、400mL、1L、2L、4L、10L 通过吸附管，制备标准系列。

b. 液体外标法。取 1～5μL 含液体组分 $100\mu g/mL$ 和 $10\mu g/mL$ 的标准溶液注入吸附管，同时以 100mL/min 的速率使惰性气体通过吸附管，5min 后取下吸附管密封，制备标准系列。

用热解吸气相色谱法分析吸附管标准系列，以扣除空白后峰面积的对数为纵坐标，以单一组分量的对数为横坐标，绘制标准曲线。

⑤ 样品分析　每支样品吸附管按绘制标准曲线的操作步骤（即相同的解吸和浓缩条件及色谱分析条件）进行分析，用保留时间定性、峰面积定量。

【测定结果】

将采样体积按式(2-7)换算成标准状态下的采样体积。

① 样品中待测组分的浓度按式(2-53)计算：

$$c = \frac{F - B}{V_0} \times 1000 \qquad (2-53)$$

式中　c——样品中单一组分的浓度，$\mu g/m^3$；

　　　　F——样品管中组分的质量，μg；

　　　　B——空白管中组分的质量，μg；

　　　V_0——换算成标准状态下的采样体积，L。

　② TVOC 的计算

　　a. 应对保留时间在正己烷和正十六烷之间的所有化合物进行分析。

　　b. 计算 TVOC，包括色谱图中从正己烷到正十六烷之间的所有化合物。

　　c. 根据单一的校正曲线，对尽可能多的 VOCs 定量，至少应对十个最高峰进行定量，最后与 TVOC 一起列出这些化合物的名称和浓度。

　　d. 计算已鉴定和定量的挥发性有机化合物的浓度 Sid。

　　e. 用甲苯的响应系数计算未鉴定的挥发性有机化合物的浓度 Sun。

　　f. Sid 与 Sun 之和为 TVOC 的浓度或 TVOC 的值。

　　g. 如果检测到的化合物超出了 TVOC 定义的范围，那么这些信息应该添加到 TVOC 值中。

　【问题思考】

　① 简述本实验的取样方法以及进样的注意事项。

　② 影响测定结果准确度的因素有哪些？

　5. 氡

　氡是一种放射性气体，氡及其子体通过内照射给人类造成损害。氡存在于建筑水泥、矿渣砖和装饰石材以及土壤中。我国制定氡含量的国家标准，Ⅰ类民用建筑工程小于 200Bq/m^3，Ⅱ类民用建筑工程小于 400Bq/m^3。

　测量环境空气中氡及其子体的常用方法有径迹蚀刻法、活性炭盒法、双滤膜法和气球法。

　（1）活性炭盒法　活性炭盒法是被动式采样。采样盒用塑料或金属制成，直径 6~10cm，高 3~5cm，内装 25~100g 活性炭。盒的敞开面用滤膜封住，固定活性炭且允许氡进入采样器。空气扩散进炭床内，其中的氡被活性炭吸附，同时衰变，新生的子体便沉积在活性炭内。用 γ 谱仪测量活性炭盒的氡子体特征 γ 射线峰强度，根据特征峰面积可计算出氡浓度。此法能测量出采样期间内平均氡浓度，暴露 3 天，探测下限可达到 6Bq/m^3。

　（2）双滤膜法　双滤膜法是主动式采样，采样系统装置如图 2-45 所示。抽气泵开动后含氡空气经过滤膜进入衰变筒，被滤掉子体的纯氡在通过衰变筒的过程中又生成新子体，新子体的一部分为出口滤膜所收集。测量出口滤膜上的放射性就可换算出氡浓度。此法能测量采样瞬间的氡浓度，探测下限可达到 3.3Bq/m^3。

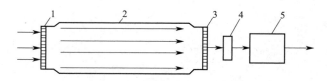

图 2-45　双滤膜法采样系统装置

1—入口滤膜；2—衰变筒；3—出口滤膜；4—流量计；5—抽气泵

⏩ 任务训练

1. 简述室内采样点的布设原则、采样点数量及采样点位置。
2. 室内采样时间和频率如何确定？
3. 室内采样方法和采样仪器有哪些？
4. 酚试剂分光光度法测定甲醛的原理是什么？测定时应注意什么？
5. 测定氨常用的方法有哪些？
6. 什么是总挥发性有机物？用什么方法测定？
7. 测量环境空气中氡的常用方法有哪些？

【项目概要】

一、基本概念

大气、大气污染、大气污染物、大气污染源。

二、大气采样点的布设

1. 功能区布点法
2. 网格区布点法
3. 同心区布点法
4. 扇形布点法

三、采样方法和采样仪器

四、大气污染物的监测

SO_2、NO_x、CO、O_3、总烃和非甲烷烃、氟化物、硫酸盐化速率。TSP、IP、自然降尘及 TSP 中主要组分。

五、大气降水监测的基础知识及测定项目

电导率、pH 值、NO_3^-、NH_4^+、Cl^-、SO_4^{2-}、K^+、Ca^{2+}、Na^+、Mg^{2+}。

六、大气污染源及大气污染物的监测

项目三

噪声监测

知识目标

　　掌握噪声监测的相关概念，噪声的来源、危害；熟悉噪声的物理量度和噪声的测量，以及噪声的叠加、噪声的评价和现场测量。通过项目和任务的学习，学会数据记录和处理，以及声级计的正确使用。到噪声监测机构或现场进行参观、调查和实测，学习噪声的监测技术。

能力目标

　　能够根据环境噪声情况，设置采样点；能正确地选用仪器和操作仪器；能使用噪声测定仪对各类环境噪声进行监测，得出准确的监测结果；具有仪器使用、维护、保养能力；能处理声级计出现的简单异常问题；具有对各种环境噪声进行监测的能力。

素质目标

　　具有获取准确的监测结果，报出合格的噪声污染监测报告的能力；培养诚实守信的职业道德；树立安全意识；监测仪器设备规范使用，节约为本。

● 任务一　认识噪声监测 ●

一、基本概念

　　1. 声音和噪声

　　物体的振动产生声音，凡能发生振动的物体统称为声源，声源可分为固体声源、液体声源和气体声源等。当声源的振动通过空气介质作用于人耳鼓膜时产生的感觉称为声音。从生理学上讲，凡是使人烦恼、讨厌、刺激的声音，即人们不需要的声音就称为噪声。从物理学上看，无规律、不协调的声音，即频率和强度都不相同的声波无规律的杂乱组合就称为噪声。噪声不单纯根据声音的客观物理性质来定义，还应根据人们的主观感觉、当时的心理状态和生活环境等因素来决定。例如音乐声对正在欣赏音乐的人来说，是一种美的享受，是需要的声音，而对正在思考或睡眠的人来说，则是不需要的声音，即噪声。

2. 频率、波长、声速

声源振动一次所经历的时间间隔称为周期，用 T 表示，单位是 s。声源在每秒内振动的次数称为频率，用 f 表示，单位是 Hz，$1Hz=1s^{-1}$，$T=1/f$。人耳可听声音的频率范围为 $20\sim20000Hz$，故噪声监测的是这个范围内的声波。

产生噪声的声源振动大都是按一定的时间间隔重复进行的，也就是说振动是具有周期性的，那么就会在声源周围媒质中产生周期性的疏密变化。在同一时刻，从某一最稠密（或最稀疏）的地点到相邻的另一个最稠密（或最稀疏）的地点之间的距离称为声波的波长，用 λ 表示，单位是 m，如图 3-1 所示。

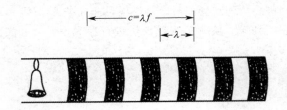

图 3-1　空气中噪声的波长

声源每秒在介质中传播的距离称为声速，用 c 表示，单位 m/s。

频率 f、波长 λ 和声速 c 是噪声的三个重要的物理量，它们之间的关系为：

$$\lambda=c/f \tag{3-1}$$

声速同传播噪声的介质及温度有关，在室温 20℃时，空气中声速约为 344m/s，一般常温时声速都取这个值；当温度升高时，由于介质密度减小，声速增高。对于空气而言，温度每升高 1℃，其声速增加 0.607m/s，因此，空气中有如下关系式：

$$c=331.4+0.607t \tag{3-2}$$

式中　t——摄氏温度。

噪声在空气、固体和液体中传播，但不能在真空中传播，因为在真空中不存在能够产生振动的弹性介质（如空气分子）。根据传播介质的不同，可以将噪声分为空气噪声、水噪声和固体（结构）噪声等类型。在噪声监测中主要涉及空气介质中的空气噪声。

3. 声压、声强、声功率

（1）声压　噪声能引起空气质点（分子）的振动，使周围空气质点发生疏密交替变化从而产生的压强变化称为声压，即噪声场中单位面积上由声波引起的压力增量为声压，用 p 表示，单位为 Pa。人们通常生活的环境压强是一个大气压 p_0，当噪声这个疏密波传来时，环境压强就会发生改变，疏部的压强稍稍低于 p_0，密部的压强稍稍高于 p_0，这种在大气压上起伏的部分就是声压。

以敲锣为例，锣面敲得越重，锣面上下振动越剧烈，声压就越大，听起来声就越响。反之，振动小，声压小，听起来声就弱。这就是说，声压的大小反映了声的强弱，所以通常都用声压来衡量声的强弱。声压分为瞬时声压和有效声压。

　　声波在空气中传播时形成压缩和疏密交替变化，所以压力的增减值是正负交替的。噪声场中某一瞬时的声压值称为瞬时声压。瞬时声压在随时间变化，而人耳感觉到的是瞬时声压在某一时间的平均结果，叫有效声压。有效声压是瞬时声压对时间取的均方根值，故实际上总是正值。

　　正常人耳刚能听到的最微弱声音的声压是 2×10^{-5} Pa，称为人耳听阈声压，如人耳刚刚听到的蚊子飞过的声音的声压。使人耳产生疼痛感觉的声压是 20Pa，称为人耳痛阈声压，如飞机发动机噪声的声压。通常噪声测量仪器所指示的数值就是声压值。

　　（2）声强　声波作为一种波动形式，将噪声源的能量向空间辐射，人们可用能量来表示它的强弱。在单位时间内（每秒），通过垂直声波传播方向的单位面积上的声能叫作声强。用 I 表示，单位为 W/m²。

　　声强的大小与离噪声源的距离远近有关。这是因为单位时间内噪声源发出的噪声能量是一定的，离噪声源的距离越远，噪声能量分布的面积就越宽，通过单位面积的噪声能量就越小，声强就越小。

　　在自由声场（离声源很远且没有任何反射的声场）中，声压与声强有密切的关系：

$$I = p^2 / (\rho c) \tag{3-3}$$

式中　　p——声压，N/m²；

　　　　ρ——空气的密度，kg/m³；

　　　　c——声速，m/s。

　　（3）声功率　噪声源在单位时间内向外辐射的总声能叫声功率，通常用 W 表示，单位是 W，$1W = 1N \cdot m/s$。

　　在自由声场中，若有一个向四周均匀辐射噪声的点噪声源，则在 r 处的声功率与声强有如下关系：

$$I = W / (4\pi r^2) \tag{3-4}$$

式中　　I——离噪声源 r 处的声强，W/m²；

　　　　W——声源辐射的声功率，W；

　　　　r——离声源的距离，m。

　　声强与声功率之间的关系为：

$$I = W / S \tag{3-5}$$

式中　　S——垂直传播方向的面积。

　　声压、声强和声功率三个物理量中，声强和声功率是不容易直接测定的，所以在噪声监测中一般都是测定声压，只要测出声压，就可算出声强，并进而算得声功率。

　　4. 分贝、声压级、声强级、声功率级

　　能够引起人们听觉的噪声不仅要有一定的频率范围（20～20000Hz），而且还要有一定的声压范围（2×10^{-5}～20Pa）。声压太小，不能引起听觉；声压太大，只能引起痛觉，而不能引起听觉。从听阈声压 2×10^{-5}Pa 到痛阈声压 20Pa，声压的绝对值数量级相差 100 万倍，声强之比则达 1 万亿倍，因此，在实践中使用声压的绝对值描述噪声的强弱是很不方便的。另外，人耳对声音强度的感觉并不正比于强度（如声压）的绝对值，而更接近正比于其对数值。由于这两个原因，在声学中普遍采用对数标度。

　　（1）分贝的定义　由于对数的自变量是无量纲的，因此用对数标度时必须先选定基准量（或称参考量），然后对被量度量与基准量的比值求对数，这个对数称为被量度量的"级"，如果所取对数是以 10 为底，则级的单位为贝尔（B）。由于 B 的单位过大，故常将 1B 分为 10 档，每一档的单位称为分贝（dB）。如果所取对数是以 e＝2.71828 为底，则级的单位称为奈培（Np）。Np 与 dB 的相互关系：

$$1Np = 8.686dB \tag{3-6}$$

（2）声压级　当用"级"来衡量声压大小时，就称为声压级。这与人们常用级来表示风力大小、地震强度的意义是一样的。声压级用 L_p 表示，单位是 dB。其定义式为：

$$L_p = 10\lg(p^2/p_0^2) = 20\lg(p/p_0) \tag{3-7}$$

式中　p——被度量的声压的有效值，Pa；

　　　p_0——基准声压，$p_0 = 2 \times 10^{-5}$ Pa。

显然，采用 dB 标度的声压级后，将动态范围 $2 \times 10^{-5} \sim 2 \times 10$ Pa 声压转变为动态范围为 0～120dB 的声压级，因而使用方便，也符合人的听觉的实际情况，一般人耳对声音强弱的分辨能力约为 0.5dB。

分贝标度法不仅用于声压，同样用于声强和声功率的标度，当用分贝标度声强或声功率的大小时，就是声强级或声功率级。

（3）声强级　声强级常用 L_I 表示，单位是 dB，定义式为：

$$L_I = 10\lg(I/I_0) \tag{3-8}$$

式中　I——被度量的声强，W/m²；

　　　I_0——基准声强，$I_0 = 10^{-12}$ W/m²。

对于空气中的点声源的平面声波，由 $I = p^2/(\rho c)$ 知：

$$L_I = 10\lg(I/I_0) = 10\lg[p^2(\rho c)^{-1}/I_0] = 10\lg(p^2/p_0^2) + 10\lg[p_0^2/(\rho c I_0)]$$
$$= L_p + 10\lg(400/\rho c) = L_p + \Delta L_p \tag{3-9}$$

在一个大气压下，38.9℃空气的 $\rho c = 400$ Pa·s/m，此时对于空气中传播的噪声则有 $L_I = L_p$。一般情况下，ΔL_p 的值是很小的，例如，在一个大气压下，0℃空气的 $\rho c = 428$ Pa·s/m，$\Delta L_p = -0.29$ dB，20℃空气的 $\rho c = 415$ Pa·s/m，$\Delta L_p = -0.16$ dB，因此，对于空气中传播的声波，一般可以认为 $L_I \approx L_p$。

（4）声功率级　声功率级用 L_W 表示，单位是 dB，定义式为：

$$L_W = 10\lg(W/W_0) \tag{3-10}$$

式中　W——被度量的声功率，W；

　　　W_0——基准声功率，$W_0 = 10^{-12}$ W。

考虑到声强与声功率之间的关系 $I = W/S$，则有：

$$L_I = 10\lg[W/(SI_0)] = 10\lg[WW_0/(I_0W_0S)]$$

将 $I_0 = 10^{-12}$ W/m²，$W_0 = 10^{-12}$ W 代入便得到：

$$L_I = L_W - 10\lg S \tag{3-11}$$

对于确定的声源，其声功率是不变的。但是，空间各处的声压级和声强级是会变化的。例如，由点声源发出的球面波，在离点源 r 处，球面面积 $S = 4\pi r^2$，所以有：$I = W/(4\pi r^2)$，$L_I = L_W - 10\lg S = L_W - 20\lg r - 11$，当距离足够远时，可将球面波近似看成平面波，这时 $L_p \approx L_I$。

为了直观，将声压、声强和声功率与对应的级的换算列出，如图 3-2 所示。

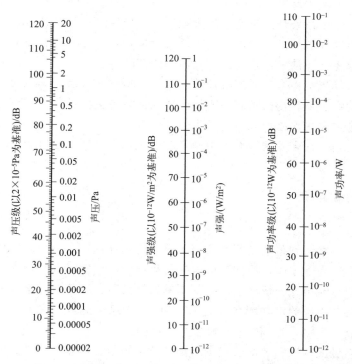

图 3-2　声压、声强和声功率与对应的级的换算列线图

二、噪声的分类、危害与特征

1. 噪声的分类

噪声的种类很多，因其产生的条件不同而异。噪声主要来源于自然界的噪声和人为活动产生的噪声。这里所研究的噪声主要是指人为活动所产生的空气噪声。

产生噪声的声源称为噪声源。若按噪声产生的机理来划分，人为活动产生的噪声可分为空气动力性噪声、机械性噪声和电磁性噪声三大类。

若按其随时间的变化来划分，可分成稳态噪声和非稳态噪声两大类。

与人们生活密切相关的是城市噪声，它的来源大致可分为工业生产噪声、交通运输噪声、建筑施工噪声和社会生活噪声。

在影响城市环境的各种噪声源中，工业噪声占 8%～10%，建筑施工噪声约占 5%，交通噪声约占 30%，社会生活噪声约占 47%。

2. 噪声的危害

噪声会损伤听力，影响睡眠及人体的生理，还会干扰语言交谈和通信联络。特强噪声还会危害仪器设备和建筑结构。

3. 噪声的特征

噪声污染和空气污染、水污染、固体废物污染一样是当代主要的环境污染之一。但噪声与后者不同，它是物理污染（或称能量污染），具有以下几个特征。

（1）可感受性　与无感觉公害如放射性污染和某些有毒化学品的污染相比，噪声是通过感觉对人产生危害的，是一种感觉公害。噪声公害取决于受污染者心理和生理因素，不同的人对相同的噪声有不同的反应，因而在评价噪声时，应考虑不同人群的影响。

（2）即时性　噪声污染是由空气中的物理变化而产生的一种能量污染。噪声作为能量污染，其能量是由声源提供的，一旦声源停止辐射能量，噪声污染将立即消失，不存在任何残存物质，污染现象将立即消失，这就是噪声污染的即时性。

（3）局部性　除飞机噪声这样的特殊情况外，一般情况下噪声源离受害者的距离很近，噪声源辐射出来的噪声随着传播距离的增加，或受到障碍物的吸收，噪声能量被很快地减弱掉，因而噪声污染主要局限在声源附近不大的区域内。

此外，噪声污染又是多发的，城市中噪声源分布既多又散，使得噪声的测量和治理工作很困难。

三、噪声的叠加和相减

1. 噪声的叠加

在实际工作中，常遇到某些场所有几个噪声源同时存在，人们可以单独测量每一个噪声源的声压级，那么，当多个噪声源同时向外辐射噪声时，则区域内总噪声对应的物理量度又是多少呢？在说明总噪声物理量度前，必须明确这样两点：一是声能量是可以进行代数相加的物理量度，设两个声源的声功率分别是 W_1 和 W_2，那么总声功率 $W_{总}=W_1+W_2$，同样两个声源在同一点的声强为 I_1 和 I_2，则它的总声强 $I_{总}=I_1+I_2$；二是声压是不能直接进行代数相加的物理量度，根据前面公式可以推导总声压与各声压的关系式如下。

$$I_1=\frac{p_1^2}{(\rho c)}\qquad I_2=\frac{p_2^2}{(\rho c)}\qquad\qquad(3\text{-}12)$$

由 $I_{总}=p_{总}^2/(\rho c)$ 知，得总声压：

$$p_{总}^2=p_1^2+p_2^2\qquad\qquad(3\text{-}13)$$

（1）相同噪声级的叠加　噪声级是噪声物理量度的统称，它可代表的是噪声的声压级、声强级或声功率级。

如果某场所有 N 个噪声级相同的噪声源叠加到一起，那么它们所产生的总的噪声级可用式（3-14）表示：

$$L_c=L+10\lg N\qquad\qquad(3\text{-}14)$$

式中　L_c——总噪声级，dB；

　　　L——1 个噪声源的噪声级，dB；

　　　N——噪声源的数目。

有时人们把 $10\lg N$ 叫噪声级增值，若 L 分别用 L_p、L_I、L_W 表示时，则 L_c 分别代表的是总声压级、总声强级、总声功率级。由于每个噪声源的噪声级多数以该噪声源的声压级来表示，因此，在噪声合成中总噪声级多以总声压级来表示。

如有 10 个相同的噪声源，每个噪声源的声压级均为 100dB，那么它们的总声压级为多少？

$$L_c=100+10\lg 10=110(\text{dB})$$

（2）不同噪声级的叠加　如果有两个噪声级不同的噪声源（如 L_1 和 L_2，且 $L_1>L_2$）叠加在一起，这时它们产生的总噪声级可按下式计算：

$$L_c=L_1+\Delta L\qquad\qquad(3\text{-}15)$$

式中 L_c——总噪声级，dB；

　　L_1——两个相叠加的噪声级中数值较大的一个，dB；

　　ΔL——增加值，dB，其数值可由表 3-1 查出。

表 3-1　分贝和的增加值表　　　　　单位：dB

声压级差	0	1	2	3	4	5	6	7	8	9	10	11	12	13	14	15
增加值	3	2.5	2.1	1.8	1.5	1.2	1	0.8	0.6	0.5	0.4	0.3	0.3	0.2	0.1	0.1

由表 3-1 可看出，当噪声级相同时，叠加后总噪声级增加 3dB；当噪声级相差 15dB 时，叠加后的总噪声级增加 0.1dB。因此，两个噪声级叠加，若两者相差 15dB 以上，其中较小的噪声级对总噪声级的影响可以忽略。

同样，当 L_1 分别用声压级、声强级、声功率级表示时，则 L_c 分别代表的是总声压级、总声强级、总声功率级。某车间两台车床，在同一个测点，当开其中一台时测得的声压级为 90dB，当开另一台时测得的声压级为 85dB，总声压级的求解方法是：

$L_1 - L_2 = 90 - 85 = 5$（dB），由表 3-1 查出 $\Delta L = 1.2$dB，则 L_c（总声压级）$= 90 + 1.2 = 91.2$（dB）。

对于多个不同声压级的噪声源，则依然仿照 $(L_1 - L_2)$ 的方法，依次计算出差值，再两个两个地相叠加，最后求出总的噪声级。如某车间有五台机器，在某位置测得这五台机器的声压级分别为 95dB、90dB、92dB、86dB、80dB，这五台机器在这一位置的总声压级的求解方法是：先按声压级的大小依次排列，每两个一组，由差值查得增加值求其和，然后逐个相加，求得总声压级。如 95dB 和 92dB 相加，两声压级相差 3dB，由表 3-1 查得增加值 $\Delta L = 1.8$dB，所以，95dB 和 92dB 的总声压级为 $95 + 1.8 = 96.8$（dB），然后将 96.8dB 与 90dB 相加，它们的差值为 6.8dB，四舍五入为 7dB，由表 3-1 查得 $\Delta L = 0.8$dB，因此，它们相加的总声压级为 $96.8 + 0.8 = 97.6$（dB），其他依次相加，最后得到五台机器噪声的总声压级为 97.9dB。

多个噪声源的叠加与叠加次序无关，叠加时，一般选择两个噪声级相近的依次进行，因为两个噪声级数值相差较大，则增加值 ΔL 很小（有时忽略），影响准确性；当两个噪声级相差很大时，即 $L_1 - L_2 > 15$dB，总的噪声级的增加值 ΔL 可以忽略，因此，在噪声控制中，抓住噪声源中主要的、有影响的，将这些主要噪声源降下来，才能取得良好的降噪效果。

2. 噪声的相减

在某些实际工作中，常遇到从总的被测噪声级中减去背景或环境噪声级，来确定由单独噪声源产生的噪声级。如某加工车间内的一台机床，在它开动时，辐射的噪声级是不能单独测量的，但是，机床未开动前的背景或环境噪声是可以测量的，机床开动后，机床噪声与背景或环境噪声的总噪声级也是可以测量的，那么，机床本身的噪声级就必须采用噪声级的减法。其推导与上面叠加计算一样，可用式(3-16)表示：

$$L_1 = L_c - \Delta L \tag{3-16}$$

式中 L_1——机器本身的噪声级，dB；

　　L_c——总噪声级，dB；

　　ΔL——增加值，dB，其值由图 3-3 查得。

某车间有一台空压机，当空压机开动时，测得噪声源声压级为 90dB；当空压机停止转动时，测得噪声源声压级为83dB。该空压机的声压级的求解方法是：空压机开动与不开动时的噪声声压级差值是 $L_c - L_{背景} = 90 - 83 = 7 (dB)$，由图3-3查得 $\Delta L = 1.0 dB$，空压机的声压级为 $L_1 = L_c - \Delta L = 90 - 1.0 = 89 (dB)$。

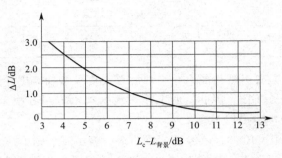

图3-3　声压级分贝差值曲线

 任务训练

1. 真空中能否传播声波？为什么？
2. 在空气中离点声源2m距离处测得声压 $p = 0.6 Pa$，求此处的声强 I、声功率 W。
3. 噪声的声压分别为2.97Pa、0.332Pa、0.07Pa、$2.7 \times 10^{-5} Pa$，计算它们的声压级各为多少分贝。
4. 三个声音各自在空间某点的声压级为70dB、75dB、65dB，求该点的总声压级。
5. 在车间内测量某机器的噪声，在机器运转时测得声压级为87dB，该机停止运转时的背景噪声为79dB，求被测机器的噪声级。

● 任务二　噪声评价 ●

噪声评价是为了有效地提出适合于人们对噪声反应的主观评价量。由于噪声变化特性的差异以及人们对噪声主观反应的复杂性，对噪声的评价较为复杂。多年来各国学者对噪声的危害和影响程度进行了大量研究，提出了各种评价指标和方法，期望得出与主观性响应相对应的评价量和计算方法，以及所允许的数值和范围。本节主要介绍一些已经被广泛认可和使用比较频繁的一些评价量及相应的噪声标准。

一、响度、响度级

1. 响度

在噪声的物理量度中，声压和声压级是评价噪声强弱的常用物理量度。人耳对噪声强弱的主观感觉，不仅与声压级的大小有关，而且还与噪声频率的高低、持续时间的长短等因素有关。人耳对高频率噪声较敏感，对低频率噪声较迟钝。对两个具有同样声压级但频率不同的噪声源，高频声音给人的感觉就比低频的声音更响。比如毛纺厂的纺纱车间的噪声和小汽车内的噪声，声压级均为90dB，可前者是高频，后者是低频，听起来会感觉前者比后者响得多。

为了用一个量来反映人耳对噪声的这一特点，人们引出了响度概念。响度是人耳判别噪声由轻到响的强度概念，它不仅取决于噪声的强度（如声压级），还与它的频率和波形有关。响度用 N 表示，单位是宋（sone），定义声压级为 40dB、频率为 1000Hz 的纯音为 1sone。如果另一个噪声听起来比 1sone 的声音大 n 倍，即该噪声的响度为 $n$sone。

2. 响度级

为了定量地确定声音的轻或响的程度，通常采用响度级这一参量。响度级是建立在两个声音主观比较的基础上，选择 1000Hz 的纯音作基准声音，若某一噪声听起来与该纯音一样响，则该噪声的响度级在数值上就等于这个纯音的声压级（dB）。响度级用 L_N 表示，单位是方（phon）。例如某噪声听起来与声压级为 80dB、频率为 1000Hz 的纯音一样响，则该噪声的响度级就是 80phon。响度级是一个表示声音响度的主观量，它把声压级和频率用一个概念统一起来，既考虑声音的物理效应，又考虑声音对人耳的生理效应。

3. 等响曲线

利用与基准声音相比较的方法，通过大量的试验，得到一般人对不同频率的纯音感觉为同样响的响度级与频率的关系曲线，即等响曲线，如图 3-4 所示。图中最下面的是听阈曲线，上面 120phon 的曲线是痛阈曲线，听阈和痛阈之间是正常人耳可以听到的全部声音。从图上可以看出，不同声压级，不同频率的声音可产生相同响度的噪声。比如 1000Hz60dB、4000Hz52dB、100Hz67dB、30Hz88dB 的声音听起来一样响，同为 60phon 的响度级。

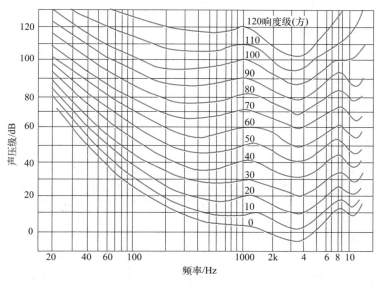

图 3-4 等响曲线

4. 响度和响度级的关系

响度和响度级都是对噪声的主观评价，经实验得出，响度级每增加 10phon，响度为原来的 2 倍。例如响度级为 50phon 的响度为 2sone，60phon 为 4sone。两者之间的关系为：

$$L_N = 40 + 33.3 \lg N \quad \text{(phon)} \tag{3-17}$$

$$N = 2^{\left(\dfrac{L_N - 40}{10}\right)} \quad \text{(sone)} \tag{3-18}$$

二、计权声级

由于用响度级来反映人耳的主观感觉太复杂，而且人耳对低频声不敏感，对高频声较敏感。为了模拟人耳的听觉特征，人们在等响曲线中选出三条曲线，即 40phon、70phon、100phon 的曲线，分别代表低声级、中强声级和高强声级时的响度，并按这三条曲线的形状，设计出 A、B、C 三档计权网络，在噪声测量仪器上安装相应的滤波器，对不同频率的声音进行一定的衰减和放大，这样便可从噪声测量仪器上直接读出 A 声级、B 声级、C 声级，这些声级统称 L_A、L_B、L_C 计权声级，分别记为 dB(A)、dB(B)、dB(C)。图 3-5 所示的是国际电工委员会（IEC）规定的四种计权网络频率响应的相对声压级曲线。其中 A 计权网络相当于40phon 等响曲线的倒置；B 计权网络相当于 70phon 等响曲线的倒置；C 计权网络相当于100phon 等响曲线的倒置；D 计权声级是对噪声参量的模拟，专用于飞机噪声的测量。

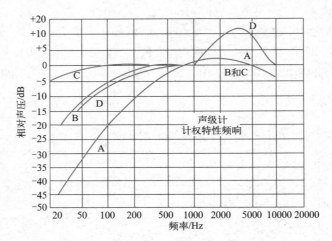

图 3-5　计权网络频率响应的相对声压级曲线

近年来研究表明，不论噪声强度是多少，利用 A 声级都能较好地反映人对噪声的主观感觉和人耳听力损伤程度。因此，现在常用 A 声级作为噪声测量和评价的基本量。今后如果不作说明均指的是 A 声级。A 声级通常用符号 L_A 表示，单位是 dB(A)。常见声源的 A声级见表 3-2。

表 3-2　常见声源的 A 声级

声源	主观感受	A 声级/dB	声源	主观感受	A 声级/dB
轻声耳语	安静	20～30	很吵的马路,载重汽车,推土机,压路机	很吵	90～100
静夜,图书馆	安静	30～40			
普通房间,吹风机	较静	40～60	织布机,大型鼓风机,电锯	很吵	100～110
普通谈话声,小空调机	较静	60～70	柴油发动机,球磨机,凿岩机	痛阈	110～120
大声说话,较吵街道,缝纫机	较吵	70～80	风铆,螺旋桨飞机,高射机枪	痛阈	120～130
			风洞,喷气式飞机,大炮	无法忍受	130～140
吵闹的街道,公共汽车,空压机站	较吵	80～90	火箭,导弹	无法忍受	150～160

三、等效连续声级

A 声级主要适用于连续稳态噪声的测量和评价，它的数值可由噪声测量仪器的表头直接读出。但人们所处的环境中大都是随时间而变化的非稳态噪声，如果用 A 声级来测量和评价就显得不合适了。比如一个人在 90dB（A）的噪声环境中工作 8h，而另一个人在 90dB（A）的噪声环境下工作 2h，他们所受的噪声影响显然是不一样的。但是，如果一个人在 90dB（A）噪声环境下连续工作 8h，而另一个人在 85dB（A）噪声环境下工作 2h，在 90dB（A）下工作 3h，在 95dB（A）下工作 2h，在 100dB（A）下工作 1h，这就不易比较两者中谁受噪声影响大。于是人们提出用噪声能量平均值的方法来评价噪声对人的影响，这就是等效连续声级，它反映人实际接受的噪声能量的大小，对应于 A 声级来说就是等效连续 A 声级。国际标准化组织（ISO）对等效连续 A 声级的定义是：在声场中某个位置、某一时间内，对间歇暴露的几个不同 A 声级，以能量平均的方法，用一个 A 声级来表示该时间内噪声的大小，这个声级就为等效连续 A 声级，用 L_{eq} 表示，单位是 dB（A）。其数学表达式为

$$L_{eq} = 10\lg\left[\frac{1}{t_2 - t_1}\int_{t_1}^{t_2}\left(\frac{p_i}{p_o}\right)^2 dt\right] = 10\lg\left(\frac{1}{t_2 - t_1}\int_{t_1}^{t_2}10^{0.1L_A}dt\right) \tag{3-19}$$

式中　L_{eq}——等效连续 A 声级，dB（A）；

　　$t_2 - t_1$——测量时段 T 的间隔，s；

　　L_A——噪声瞬时 A 计权声压级，dB（A）。

如果测量是在同样的采样时间间隔下，测试得到一系列 A 声级数据，则测量时段内的等效连续 A 声级可通过式（3-20）计算：

$$L_{eq} = 10\lg(\sum 10^{0.1L_i}t_i/T) \tag{3-20}$$

或

$$L_{eq} = 10\lg(\sum 10^{0.1L_i}/n)$$

式中　L_{eq}——等效连续 A 声级，dB（A）；

　　L_i——等间隔时间 t 秒内读出的声级 dB（A），一般每 5s 读一个；

　　t_i——采样间隔时间，s；

　　T——总的测量时间，s；

　　n——读得的声级总个数，一般为 100 个或 200 个。

从等效连续 A 声级的定义中不难看出，对于连续的稳态噪声，等效连续 A 声级等于所测得的 A 计权声级。等效连续 A 声级由于较为简单，易于理解，而且又与人的主观反应有较好的相关性，因而已成为许多国际国内标准所采用的评价量。

四、累积百分数声级

在现实生活中经常碰到的是非稳态噪声，可采用等效连续 A 声级来反映对人影响的大小，但噪声的随机起伏程度却没有表达出来。这种起伏可以用噪声出现的时间概率或累积概率来表示，目前采用的评价量为累积百分数声级，用 L_n 表示。它表示在测量时间内高于 L_n 声级所占的时间为 $n\%$。例如，$L_{10} = 70$dB（A），表示在整个测量时间内，噪声级高于 70dB（A）的时间占 10%，其余 90% 的时间内均低于 70dB（A）；同样，$L_{90} = 50$dB（A）表示在整个测量时间内，噪声级高于 50dB（A）的时间占 90%。对于同一测量时段内的噪声级，

按从大到小的顺序进行排列，就可以清楚地看出噪声涨落的变化程度。累积百分数声级一般用 L_{10}、L_{50}、L_{90} 表示。

L_{10} 表示在测量时间内 10％的时间超过的噪声级，相当于峰值噪声级。

L_{50} 表示在测量时间内 50％的时间超过的噪声级，相当于中值噪声级。

L_{90} 表示在测量时间内 90％的时间超过的噪声级，相当于本底噪声级。

其计算方法是将测得的 100 个或 200 个数据按由大到小的顺序排列，第 10 个数据或总数为 200 个的第 20 个数据即为 L_{10}，第 50 个数据或总数为 200 个的第 100 个数据即为 L_{50}，第 90 个数据或总数为 200 个的第 180 个数据即为 L_{90}。

如果测量的数据符合正态分布，则等效连续 A 声级和统计声级有如下关系：

$$L_{eq} \approx L_{50} + d^2/60 \tag{3-21}$$

$$d = L_{10} - L_{90} \tag{3-22}$$

在对累积百分数声级和人的主观反应所作的相关性调查中，发现 L_{10} 用于评价涨落较大的噪声时相关性较好。因此，L_{10} 已被美国联邦公路局作为公路设计噪声限值的评价量。总的来讲，累积百分数声级一般只用于有较好正态分布的噪声评价。

五、昼夜等效声级

由于同样的噪声在白天和夜间对人的影响是不一样的，而等效连续 A 声级评价量并不能反映人对噪声主观反应的这一特点。为了考虑噪声在夜间对人们烦恼的增加，规定在夜间测得的所有声级均加上 10dB(A) 作为修正值，再计算昼夜噪声能量的加权平均，由此构成昼夜等效声级这一评价参量，用符号 L_{dn} 表示。昼夜等效声级主要预计人们昼夜长期暴露在噪声环境下所受的影响。由上述规定昼夜等效声级 L_{dn} 可表示为：

$$L_{dn} = 10\lg\{[t_d 10^{0.1L_d} + t_n 10^{0.1(L_n + 10)}]/24\} \tag{3-23}$$

式中　　L_d——昼间 t_d 个小时的等效声级，dB(A)；

t_d——一般取 16h，时间从 6：00～22：00；

L_n——夜间 t_n 个小时的等效声级，dB(A)；

t_n——一般取 8h，时间从 22：00～6：00。

昼间和夜间的时段可以根据当地的情况做适当的调整，或遵从当地政府的规定。

昼夜等效声级可用来作为几乎包含各种噪声的城市噪声全天候的单值评价量。自美国环境保护署 1974 年 6 月发布以来，等效连续 A 声级和昼夜等效声级逐步代替了以前一些其他评价参量，成为各国普遍采用的环境噪声评价量。

六、噪声污染级

噪声污染级也是用以评价噪声对人的烦恼程度的一种评价量，它既包含了对噪声能量的评价，同时也包含了噪声涨落的影响。噪声污染级用标准偏差来反映噪声的涨落，标准偏差越大，表示噪声的离散程度越大，以及噪声的起伏越大。噪声污染级用符号 L_{NP} 表示，单位是 dB(A)，其表达式为：

$$L_{NP} = L_{eq} + K\sigma \tag{3-24}$$

$$\sigma = \sqrt{\frac{1}{n-1}\sum_{i=1}^{n}(L_i - \overline{L})^2}$$

式中 σ——规定时间内噪声瞬时声级的标准偏差，dB(A)；

  L_i——测得的第 i 个声级，dB(A)；

  $\overline{L}$——所测声级的算术平均值，dB(A)，即 $\overline{L}=(\sum L_i)/n$；

  n——测得声级的总个数；

  K——常量，一般取 2.56。

如果测量数据符合正态分布 $\sigma \approx (L_{16}-L_{84})/2$，其中 L_{16} 和 L_{84} 分别表示测得的 100 数据按由大到小排列后，第 16 个数据和第 84 个数据。

从噪声污染级 L_{NP} 的表达式中可以看出：式中第一项取决于干扰噪声能量，累积了各个噪声在总的噪声暴露中所占的分量；第二项取决于噪声事件持续时间，平均能量中难以反映噪声起伏，起伏大的噪声 $K\sigma$ 项也大，对噪声污染级的影响也大，也即更易引起人的烦恼。

对于随机分布的噪声，噪声污染级和等效连续声级或累积百分数声级之间有如下关系：

$$L_{NP}=L_{eq}+(L_{10}-L_{90}) \tag{3-25}$$

或

$$L_{NP}=L_{50}+(L_{10}-L_{90})+(L_{10}-L_{90})^2/60$$

从以上关系中可以看出，L_{NP} 不但和 L_{eq} 有关，而且和噪声的起伏值 $(L_{10}-L_{90})$ 有关，当 $(L_{10}-L_{90})$ 增大时 L_{NP} 明显增加，说明 L_{NP} 比 L_{eq} 能更显著地反映出噪声的起伏作用。

七、倍频程

因声音有不同的频率，所以有低沉的声音和高亢的声音，频率低的声音音调低，频率高的声音音调高。研究噪声时，必须研究它的频率。人耳可以听到的声音频率为 20～20000Hz，有 1000 倍的变化范围，如果一一进行分析是不现实的也是不需要的。为方便起见，可将大的频率范围划分为若干个小段，每一小段就叫频程或频带。频程上限频率用 $f_上$ 表示，下限频率用 $f_下$ 表示，当频程上限频率与下限频率之比为 2 时的频程就叫倍频程，上限频率与下限频率之比为 $2^{1/3}$ 的频程叫 1/3 倍频程。在实际应用时每个频程都是用它的中心频率 $(f_中)$ 来表示的，中心频率与上下限频率的关系为：

$$f_中=f_上 f_下 \tag{3-26}$$

在测量和研究噪声时，常常采用的是倍频程，其频率范围见表 3-3。

表 3-3 倍频程中心及频率范围

名称	下限频率/Hz									
	22	44	88	177	355	710	1240	2840	5680	11360
中心频率/Hz	31.5	63	125	250	500	1000	2000	4000	8000	16000
上限频率/Hz	44	888	177	355	710	1240	2840	5680	11360	22720

▶ 任务训练

1. 什么是响度、响度级和等响曲线？

2. 噪声评价方法有哪些？

3. 简述用累积百分数声级评价噪声的方法。

4. 某发动机房工人一个工作日暴露于 A 声级 92dB 噪声中 4h，98dB 噪声中 24min，其余时间均在噪声为 75dB 的环境中。试求该工人一个工作日所受噪声的等效连续 A 声级。

5. 为考核某车间内 8h 的等效连续 A 声级。8h 中按等时间间隔测量车间内噪声的 A 计权声级，共测试得到 96 个数据。经统计，A 声级在 85dB 段（包括 83～87dB）的共 12 次，在 90dB 段（包括 88～92dB）的共 12 次，在 95dB 段（包括 93～97dB）的共 48 次，在 100dB 段（包括 98～102dB）的共 24 次。试求该车间的等效连续 A 声级。

6. 甲地区白天的等效 A 声级为 64dB，夜间为 45dB；乙地区的白天等效 A 声级为 60dB，夜间为 50dB。请问哪一地区的环境对人们的影响更大？

任务三　噪声监测

一、噪声监测仪器

在噪声测量中，人们可根据不同的测量与分析目的，选用不同的仪器，采用相应的测量方法。常用的测量仪器有声级计、声级频谱仪、自动记录仪、磁带录音机、噪声级分析仪。

1. 声级计

（1）原理　声级计主要由传声器、放大器、衰减器、计权网络、电表电路及电源等部分组成，如图 3-6 所示。

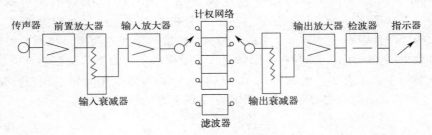

图 3-6　声级计的组成

声级计的工作原理是声压由传声膜片接受后，将声压信号转换成电压信号，由于表头指示范围一般只有 20dB，而声音范围变化可高达 140dB，甚至更高，所以，此信号经前置放大器做阻抗变换后要送入输入衰减器，经输入衰减器衰减后的信号再由输入放大器进行定量放大，放大后的信号由计权网络进行计权。计权网络是模拟人耳对不同频率有不同灵敏度的听觉响应，在计权网络处可外接滤波器进行频谱分析。经计权后的信号由输出衰减器减到额定值，随即送到输出放大器放大，使信号达到相应的功率输出，输出信号经检波后送出有效电压，推动电表显示所测的声压级数值。

① 传声器　也称话筒或麦克风，它是将声能转换成电能的元件。声压由传声器膜片接收后，将声压信号转换成电信号。传声器的质量是影响声级计性能和测量准确度的关键部分。优质的传声器应满足以下要求：灵敏度高、工作稳定；频率范围宽、频率响应特性平直、失真小；受外界环境（如温度、湿度、振动、电磁波等）影响小；动态范围大。

在噪声测量中，根据换能原理和结构的不同，常用的传声器分为晶体传声器、电动式传声器、电容传声器和驻极体传声器。晶体和电动式传声器一般用于普通声级计；电容和驻极体传声器多用于精密声级计。

电容传声器灵敏度高，一般为 $10\sim50\,mV/Pa$；在很宽的频率范围（$10\sim20000\,Hz$）内频率响应平直；稳定性良好，可在 $50\sim150\,℃$、相对湿度 $0\sim100\,\%$ 的范围内使用。所以电容传声器是目前较理想的传声器。

② 放大器和衰减器　是声级计与频谱分析仪内部放大及衰减电信号的电子线路。因为传声器把声音信号变成电信号，此电信号一般很微弱，既达不到计权网络分离信号所需的能量，也不能在电表上直接显示，所以需要将信号加以放大，这个工作由前置放大器来完成；当输入信号较强时，为避免表头过载，需对信号加以衰减，这就需要用输入衰减器进行衰减。经过前边处理后的信号必须再由输入放大器进行定量的放大才能进入计权网络。用于声级测量的放大器和衰减器应满足下面几个条件：要有足够大的增益而且稳定；频率响应特性要平直；在声频范围 $20\sim20000\,Hz$ 内要有足够的动态范围；放大器和衰减器的固有噪声要低；耗电量小。

③ 计权网络：计权网络是由电阻和电容组成的、具有特定频率响应的滤波器，它能使欲测定的频带顺利地通过，而把其他频率的波尽可能地除去。为了使声级计测出的声压级的大小接近人耳对声音的响应，用于声级计的计权网络是根据等响曲线设计的，即 A、B、C 三种计权网络。

④ 电表、电路和电源　经过计权网络后的信号由输出衰减器衰减到额定值，随即送到输出放大器放大，使信号达到相应的功率输出，输出的信号被送到电表电路进行有效值检波（RMS检波），送出有效电压，推动电表显示所测的声压级分贝值。声级计上有阻尼开关能反映人耳听觉动态特性，"F"表示表头为"快"的阻尼状态，它表示信号输入 $0.2\,s$ 后，表头上就迅速达到其最大读数，一般用于测量起伏不大的稳定噪声。如果噪声起伏变化超过 $4\,dB$，应使用慢挡"S"，它表示信号输入 $0.5\,s$ 后，表头指针就达到它的最大读数。

为了适用野外测量，声级计电源一般要求电池供电。为了保证测量精度，仪器应进行校准。声级计类型不同其性能也不一样，普通声级计的测量误差约为 $\pm3\,dB$，精密声级计的误差约为 $\pm1\,dB$。

（2）种类　声级计按其用途可分为一般声级计、车辆声级计、脉冲声级计、积分声级计和噪声计量计等。按其精度可分为四种类型：O 型声级计，是实验用的标准声级计；Ⅰ型声级计，相当于精密声级计；Ⅱ型声级计和Ⅲ型声级计作为一般用途的普通声级计。按其体积大小可分为便携式声级计和袖珍式声级计。国产声级计有 ND-2 型精密声级计和 PSJ-2 普通声级计。国际标准化组织（ISO）及国际电工委员会（IEC）规定普通声级计的频率范围是 $20\sim8000\,Hz$，精密声级计的频率范围为 $20\sim12500\,Hz$。

2. 声级频谱仪

频谱仪是测量噪声频谱的仪器，它的基本组成大致与声级计相似。但是频谱分析仪中设置了完整的计权网络（滤波器）。借助于滤波器的作用，可以将声频范围内的频率分成不同的频带进行测量。例如做倍频程划分时，若将滤波器置于中心频率 $500\,Hz$，通过频谱分析仪的则是 $355\sim710\,Hz$ 的噪声，其他频率就不能通过，因此在频谱分析仪上所显示的就是频率为 $355\sim710\,Hz$ 噪声的声压级，其他类推。由于频谱分析仪能分别测量噪声中所包含的各种频带的声压级，所以它是进行噪声频谱分析不可缺少的仪器。一般情况下，进行频谱分析时，都采用倍频程划分频带。如果对噪声要进行更详细的频谱分析，就要用窄频带分析仪，例如用 1/3 频程划分频带。在没有专用的频谱分析仪时，也可以把适当的滤波器接在声级计上进行频谱测定。

3. 自动记录仪

记录仪是将测量的噪声声频信号随时间变化记录下来，从而对环境噪声做出准确评价。记录仪能将交变的声谱电信号做对数转换，整流后将噪声的峰值、均方根值（有效值）和平均值表示出来。

4. 磁带录音机（磁带记录仪）

在现场测量中有时受到测试场地或供电条件的限制，不可能携带复杂的测试分析系统。磁带记录仪具有携带方便、直流供电等优点，能将现场信号连续不断地记录在磁带上，带回实验室中分析。测量使用的磁带记录仪除要求畸变小、抖动少、动态范围大外，还要求在 20～20000Hz 频率范围内有平直的频率响应。

5. 噪声级分析仪

在声级计的基础上配以自动信号存储、处理系统和打印系统，便成为噪声级分析仪。噪声级分析仪的工作原理是噪声信号经传声器转换为交变的电压信号，经放大、计权、检波后，利用微机和单板机存储并处理，处理后的结果由数字显示，测量结束后，由打印机打出计算结果，微机和单板机还将控制仪器的取样间隔、取样时间和量程进行切换。一般噪声级分析仪均可测量声压级、A 计权声级、累积百分声级、等效声级、标准偏差、概率分布和累积分布。更进一步可测量 L_d、L_n、声暴露级 L_{AET}、车流量、脉冲噪声等，外接滤波器可做频谱分析。噪声级分析仪与声级计相比，显著优点：一是完成取样和数据处理的自动化；二是高密度取样，提高了测量精度。

二、噪声监测程序

1. 概述

噪声监测的一般程序包括现场调查和资料收集、布点和监测技术、数据处理和监测报告。

环境噪声来源于工业、建筑施工、道路交通和社会生活，监测前应调查有关工程的建设规模、生产方式、设备类型及数量，工程所在地区的占地面积、地形和总平面布局图、职工人数、噪声源设备布置图及其声学参数；调查道路、交通运输方式以及机动车流量等；调查地理环境、气象条件、绿化装潢以及社会经济结构和人口分布等。

环境噪声的监测范围不一定是越宽越好，也不能说掌握了几个主要噪声源周围几百米内的噪声就可以了，而应该是区域内噪声所影响的范围。监测点的选择、监测实践和监测方法因不同的噪声监测内容而异。测点一般要覆盖整个评价范围，重点要布置在现有噪声源对敏感区有影响的点上。其中，点声源周围布点密度应高一些。对于线声源，应根据敏感区分布状况和工程特点，确定若干测量断面，每一断面上设置一组测点。为便于绘制等声级线图，一般采用网格测量法和定点测量法。

环境噪声监测应根据评价工作需要分别给出各种噪声的评价量：等效连续 A 声级、累积百分数声级、昼夜等效声级等，并按相应公式进行处理。根据监测的有关数据和调查资料写出监测报告。

环境噪声监测
技术规范 噪声
测量值修正

2. 测量时间

测量时间根据不同的监测内容要求不同，具体见表3-4。

表3-4　测量时间

项目名称	测量时间
区域环境噪声	白天8:00~12:00,14:00~18:00。夜间时间一般选在22:00~5:00
道路交通噪声	白天正常工作时间内
厂界噪声	工业企业的正常生产时间内进行,分昼间和夜间两部分
功能区噪声	24h,每小时测量20min,或24h全时段监测
扰民噪声	白天6:00~22:00,夜间时间一般选在22:00~6:00
建筑施工厂界噪声	在各种施工机械正常运行时间内进行,分昼间和夜间两部分
机动车辆噪声	白天时间一般选在8:00~12:00,14:00~18:00。夜间时间一般选在22:00~5:00

3. 测量气象条件选择

监测气象条件一般为无雨、无雪天气，风力小于4级（风速小于5.5m/s）。

4. 噪声干扰因素消除

传声器位置要准确，指向要对准监测要求的方向，有风罩。同时保证仪器供电，仪器使用前后均应校准，监测时间避免近距离人为噪声干扰。24h监测应注意传声器防潮。

5. 数据处理

根据监测所要求的噪声评价量，确定对应的公式进行处理。

6. 评价方法

由监测到的数据，根据不同的监测项目要求，用数据平均法或图示法进行评价。

三、噪声监测方法

1. 城市区域环境噪声

（1）布点　将要监测的城市划分为500m×500m的网格，测量点选择在每个网格的中心，若中心点的位置不易测量，如房顶、污沟、禁区等，可移到旁边能够测量的位置。测量的网格数目不应少于100个格。若城市较小，可按250m×250m的网格划分。

环境噪声自
动监测系统
技术要求

（2）测量　测量时应选在无雨、无雪天气，白天时间一般选在8:00~12:00，14:00~18:00。夜间时间一般选在22:00~5:00。根据南北方地区的不同、季节的不同，时间可稍有变化。声级计可手持或安装在三脚架上，传声器离地面高度为1.2m，手持声级计时，应使人体与传声器相距0.5m以上。选用A计权，调试好后置于慢挡，每隔5s读取一个瞬时A声级数值，每个测点连续读取100个数据（当噪声涨落较大时，应读取200个数据）作为该点的白天或夜间噪声分布情况。在规定时间内每个测点测量10min，白天和夜间分别测量，测量的同时要判断测点附近的主要噪声源（如交通噪声、工厂噪声、施工噪声、居民噪声或其他噪声源等），并记录下周围的声学环境。测量数据记录在声级等时记录表中，见表3-5。

表3-5　声级等时记录

年　　月　　日	时　　分至　　时　　分
星期	测量人
天气	仪器
地点	计权网络
主要噪声源	快慢挡
取样间隔	取样总数

$L_{10}=$　dB(A)	$L_{50}=$　dB(A)	$L_{90}=$　dB(A)	$L_{eq}=$　dB(A)

（3）数据处理　由于城市环境噪声是随时间而起伏变化的非稳态噪声，因此测量结果一般用统计噪声级或等效连续 A 声级进行处理，即测定数据按本章第二节有关公式计算出 L_{10}、L_{50}、L_{90}、L_{eq} 和标准偏差 s 数值，确定城市区域环境噪声污染情况。如果测量数据符合正态分布，则可用下述两个近似公式来计算 L_{eq} 和 s。

$$L_{eq} \approx \frac{L_{50} + d^2}{60} \quad (d = L_{10} - L_{90}) \tag{3-27}$$

$$s \approx \frac{(L_{16} - L_{84})}{2} \tag{3-28}$$

所测数据均按由大到小的顺序排列，第 10 个数据即为 L_{10}，第 16 个数据即为 L_{16}，其他依次类推。

（4）评价方法

① 数据平均法　将全部网格中心测点测得的连续等效 A 声级做算术平均运算，所得到的算术平均值就代表某一区域或全市的总噪声水平。

② 图示法　城市区域环境噪声的测量结果，除了用上面有关的数据表示外，还可用城市噪声污染图表示。为了便于绘图，将全市各测点的测量结果以 5dB 为一等级，划分为若干等级（如 56～60，61～65，66～70……分别为一个等级），然后用不同的颜色或阴影线表示每一等级，绘制在城市区域的网格上，用于表示城市区域的噪声污染分布。由于一般环境噪声标准多以 L_{eq} 来表示，为便于同标准相比较，因此建议以 L_{eq} 作为环境噪声评价量来绘制噪声污染图。等级的颜色和阴影线规定见表 3-6。

表 3-6　等级颜色和阴影线表示方式

噪声带/dB(A)	颜色	阴影线	噪声带/dB(A)	颜色	阴影线
35 以下	浅绿色	小点，低密度	61～65	朱红色	交叉线，低密度
36～40	绿色	中点，中密度	66～70	洋红色	交叉线，中密度
41～45	深绿色	大点，大密度	71～75	紫红色	交叉线，高密度
46～50	黄色	垂直线，低密度	76～80	蓝色	宽条垂直线
51～55	褐色	垂直线，中密度	81～85	深蓝色	全黑
56～60	橙色	垂直线，高密度			

（5）区域环境噪声监测

【测定目的】

① 了解区域环境噪声的监测方法。

② 掌握声级计的使用方法。

③ 学会噪声污染图的绘制方法。

④ 能正确分析噪声对人类生产、生活产生的不良影响，写出评价报告。

【仪器和试剂】

PSJ-2 型普通声级计。

【测定步骤】

将学校的平面图按比例划分为 25m×25m 的网格（若学校面积大可将网格放大），测点选在每个网格的中心。若中心点的位置不宜测量，可移到旁边能够测量的位置。

每组 4 位同学配置一台声级计，按顺序到各网点测量，时间以 8～17h 为宜，每个网格至少测量四次，每次连续读 200 个数据。

读数方式用慢挡，每隔 5s 读一个瞬时 A 声级，连续读取 200 个数据。同时还要判断和记录附近主要噪声源（如交通噪声、施工噪声、工厂噪声）及天气条件。

【测定结果】

环境噪声是随着时间而起伏的无规律噪声，因此测量结果一般用等效声级来表示。

将各网点每一次的测量数据（200 个）按顺序排列，找出 L_{10}、L_{50}、L_{90}，求出等效声级 L_{eq}，再求出该网点一整天的各次 L_{eq} 值的算术平均值，作为该网点的环境噪声评价量。

以 5dB（A）为一等级，用不同颜色或记号绘制学校噪声污染图。

【注意事项】

① 使用电池供电的监测仪器，必须检查电池电压，电压不足应予以更换。

② 每次测量要仔细核准仪器，可用仪器上的 "Cal" 和 "A"（或 "C"）挡按键以及灵敏度调节孔进行校准。

③ 为了防止风噪声对仪器的影响，在户外测量时要在传声器上装风罩。风力在四级以上要停止测量。

④ 当测量的声压级与背景噪声相差不到 10dB 时，应扣除背景噪声的影响，才是真正的声源声压级，按表 3-7 修正。实际测得噪声级减去修正值即为测量声源的噪声级。

表 3-7　背景噪声修正值

测量声级减去背景声级/dB	1,2	3	4,5	6,7,8,9
修正值/dB	5	3	2	1

⑤ 注意反射声对测量的影响，一般要使传声器远离反射面 2～3m。手持声级计，尽量使身体离开话筒，最好将声级计安装在三脚架上，传声器离地面 1.2m，人体距话筒至少 50cm。

⑥ 计权网络的选择，一般都采用 A 声级来评价噪声。

⑦ 快慢挡的选择，快挡用于起伏很小的稳态噪声，如果表头指针摆动超过 4dB，则用慢挡读数。在读数不稳时，可读表头指针摆动的中值。

⑧ 测点的选择是随着不同的噪声测量内容而有不同的布置方法。

⑨ 测量记录应标明测点位置、仪器名称和型号、气候条件、测量时间及噪声源。

⑩ 所有声级的计算结果保留到小数点后一位。

【问题思考】

① 简述声级计的使用方法。

② 如何绘制噪声污染图？

2. 城市交通噪声

（1）布点　在每两个交通路口之间的交通线上选一个测点，测点设在马路旁的人行道上，一般距马路边缘 20cm，这样选点的好处是该点的噪声可以代表两个路口之间的该段马路的交通噪声。

（2）测量　测量时应选在无雨、无雪的天气进行，以减免气候条件的影响，因风力大小等都直接影响噪声测量结果。测量时间同城市区域环境噪声要求一样，一般在白天正常工作时间内进行测量。选用 A 计权，将声级计置于慢挡，安装调试好仪器，每隔 5s 读取一个瞬时 A 声级，连续读取 200 个数据，同时记录车流量（辆/h）。测量的数据记录在声级等时记录表（表3-5）中。

（3）数据处理　测量结果一般用统计噪声级和等效连续A声级来表示。将每个测点所测得的200个数据按从大到小的顺序排列，第20个数即为L_{10}，第100个数即为L_{50}，第180个数即为L_{90}。经验证明城市交通噪声测量值基本符合正态分布，因此，可直接用近似公式计算等效连续A声级和标准偏差值。

$$L_{eq} \approx \frac{L_{50}+d^2}{60}(d=L_{10}-L_{90}) \tag{3-29}$$

$$s \approx \frac{(L_{16}-L_{84})}{2} \tag{3-30}$$

L_{16}和L_{84}分别是测量的200数据按由大到小的顺序排列后，第32个数和第168个数对应的声级值。

（4）评价方法

① 数据平均法　若要对全市交通干线的噪声进行比较和评价，必须把全市各干线测点对应的L_{10}、L_{50}、L_{90}、L_{eq}的各自平均值、最大值和标准偏差列出。平均值的计算公式为：

$$\overline{L}(平均值)=\frac{(\sum L_i l_i)}{l} \tag{3-31}$$

式中　l——全市干线总长度，$l=\sum l_i$，km；

　　　L_i——所测i段干线的等效连续A声级L_{eq}或累积百分声级L_{10}，dB(A)；

　　　l_i——所测第i段干线的长度，km。

② 图示法　城市交通噪声测量结果除了可用上面的数值表示外，还可用噪声污染图表示。当用噪声污染图表示时，评价量为L_{eq}或L_{10}，将每个测点的L_{eq}或L_{10}按5dB一等级（划分方法同城市区域环境噪声），以不同颜色或不同阴影线画出每段马路的噪声值，即得到全市交通噪声污染分布图。

在城市区域环境总噪声评价中使用的是算术平均值，而在城市交通总噪声评价中使用的是平均值，这是交通噪声监测与区域环境噪声监测的主要区别。

（5）城市交通噪声监测

【测定目的】

① 了解城市交通噪声监测方法。

② 掌握声级计的使用方法。

③ 学会噪声污染图的绘制方法。

④ 能正确分析噪声对人类生产、生活产生的不良影响，写出评价报告。

【仪器和试剂】

PSJ-2型普通声级计。

【测定步骤】

在每个交叉路口之间的交通线上选择一个测点。测点在马路边人行道上，离马路20cm。读数方式用慢挡，测量时每隔5s记一个瞬时A声级，连读取200个数据，测量的同时记录机动车流量。

【测定结果】

交通噪声符合正态分布，可用前面方法计算各个测点的L_{eq}。

将每个测点按 5dB（A）一级分级，用不同的颜色或不同记号绘制一段马路的噪声值，即得到某一地区一段马路交通噪声污染图。噪声分级图例如图 3-7 所示。

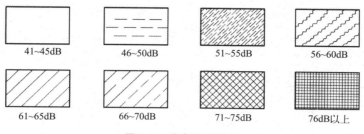

图 3-7　噪声分级图例

【注意事项】

同区域环境噪声监测。

【问题思考】

① 监测地点如何选择？
② 简述噪声的计算方法。

3. 工业企业噪声

（1）布点　测量工业企业外环境噪声，应在工业企业边界线外 1m、高度 1.2m 以上的噪声敏感处进行。围绕厂界布点，布点数目及时间间距视实际情况而定，一般根据初测结果中声级每涨落 3dB 布一个测点。如边界模糊，以城建部门划定的建筑红线为准。如与居民住宅毗邻时，应以该室内中心点的测量数据为准，此时标准值应比室外标准值低 10dB（A）。如边界设有围墙、房屋等建筑物时，应避免建筑物的屏障作用对测量的影响。监测点的选择如图 3-8 所示。

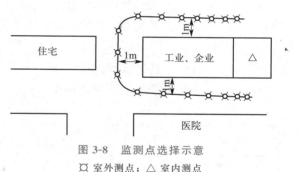

图 3-8　监测点选择示意
¤ 室外测点；△ 室内测点

测量车间内噪声时，若车间内部各点声级分布变化小于 3dB，只需要在车间内选择 1～3 个测点；若声级分布差异大于 3dB，则应按声级大小将车间分成若干区域，使每个区域内的声级差异小于 3dB，相邻两个区域的声级差异应大于或等于 3dB，并在每个区选取 1～3 个测点。这些区域必须包括所有工人观察和管理生产过程中经常工作活动的地点与范围。

（2）测量　测量应在工业企业的正常生产时间内进行，分昼间和夜间两部分。传声器应置于工作人员的耳朵附近，测量时工作人员应从岗位上暂时离开，以避免声波在工作人员头部引起的散射声使测量产生误差，必要时适当增加测量次数。计权特性选择 A 声级，动态特性选择慢响应。稳态噪声，只测量 A 声级。非稳态噪声，则在足够长时间（能代表 8h 内起伏状况的部分时间）内测量，若声级涨落在 3～10dB 范围，每隔 5s 连续读取 100 个数据；声级涨落在 10dB 以上，连续读取 200 个数据。测量的数据记录在声级等时记录表（表 3-5）中。由于工业企业噪声多属于间断性噪声，因此，在实际监测中可通过测量不同 A 声级下的暴露时间，测量的数据记录在表 3-8 中。

表 3-8 工业企业噪声记录

年 月 日				厂 车间					
厂址				测量人员					
仪器				计权网络 快慢挡					
车间设备名称			型号	功率 开（台） 停（台）					

车间区域测点示意图		中心声级/dB(A)									
	区域	80	85	90	95	100	105	110	115	120	125
暴露时 间/min	1										
	2										
	3										
	4										

（3）数据处理 稳态噪声，测得的声级就是该车间的等效连续 A 声级。如某车间内的噪声始终是 90dB(A)，则该车间的等效连续 A 声级就是 90dB(A)。非稳态噪声，如表 3-5 中的数据，按区域环境噪声有关公式计算等效连续 A 声级 L_{eq}，表 3-8 中的数据，按测量的每一区域声级大小及持续时间进行处理，然后计算出等效连续 A 声级。具体方法是将每一区域声级从小到大分成数段排列，每段相差 5dB(A)，每段均以中心声级表示，中心声级规定为以下数值：80dB(A)、85dB(A)、90dB(A)、95dB(A)、100dB(A)、105dB(A)、110dB(A)、115dB(A)、120dB(A)、125dB(A)。例如 80dB(A) 代表的是 78～82dB(A) 的声级范围，85dB(A) 代表的是 83～87dB(A) 的声级范围，其他以此类推。若每天按 8h 工作，根据要求低于 78dB(A) 的噪声不予考虑，则工业企业一天的等效连续 A 声级的计算公式为：

$$L_{eq}=80+10\lg\{\sum[10^{(n-1)/2}T_n]/480\} \tag{3-32}$$

式中 n——段数，具体数值查表 3-9；

　　　　T_n——第 n 段声级一天暴露时间，min。

表 3-9 中心声级对应段数

项目	中心声级/dB(A)									
	80	85	90	95	100	105	110	115	120	125
段数 n	1	2	3	4	5	6	7	8	9	10
暴露时间/min	T_1	T_2	T_3	T_4	T_5	T_6	T_7	T_8	T_9	T_{10}

【例 3-1】 经测量某车间一天 8h 内的噪声为 100dB(A) 的暴露时间为 4h，90dB(A) 的暴露时间为 2h，80dB(A) 的暴露时间为 2h，试求一天内的等效连续 A 声级为多少？

解：由表 3-9 查得 100dB(A)、90dB(A)、80dB(A) 所对应的 n 值分别为 5、3、1，将 n、T_n 代入式（3-32），该车间一天内的等效连续 A 声级为

$$L_{eq}=80+10\lg\{\sum[10^{(n-1)/2}T_n]/480\}=80+10\lg\{[10^{(5-1)/2}\times240+10^{(3-1)/2}\times120+$$
$$10^{(1-1)/2}\times120]/480\}=80+10\lg[(24000+1200+120)/480]=97[dB(A)]$$

上述所接触噪声的声级恰好都是表 3-9 中给出的中心声级，但有时人们接触噪声的声级并不都是中心声级，这时就要根据已知的声级找出对应的中心声级，然后代入公式计算。

【例 3-2】 某工人一天工作 8h，8h 内有 2h 接触噪声为 82dB(A)，3h 接触噪声为 86dB(A)，2h 接触噪声为 94dB(A)，1h 接触噪声为 102dB(A)，试求一天 8h 内的等效连续 A 声级为多少？

解：因为 82dB(A)、86dB(A)、94dB(A)、102dB(A) 对应的中心声级分别为 80、85、95、100dB(A)，所以它们的段数分别为 1、2、4、5。由式(3-32)计算为

$$L_{eq}=80+10\lg\{[10^{(1-1)/2}\times120+10^{(2-1)/2}\times180+10^{(4-1)/2}\times120+10^{(5-1)/2}\times60]/480\}=80+10\lg[(120+569.2+3794.7+6000)/480]=93.4[dB(A)]$$

(4) 工业企业噪声监测

【测定目的】

① 了解工业企业噪声监测方法。

② 掌握声级计的使用方法。

③ 学会噪声污染图的绘制方法。

④ 能正确分析噪声对人类生产、生活产生的不良影响，写出评价报告。

【仪器和试剂】

PSJ-2 型普通声级计。

【测定步骤】

测点选择应根据车间声级不同而定。若车间内各处声级波动小于 3dB(A)，则只需在车间内选择 1～3 个测点。若车间内各处声级波动大于 3dB(A)，则应按声级大小将车间分成若干区域。两区域的声级波动应大于或等于 3dB(A)，而每个区域内的声级波动必须小于 3dB(A)。测量区域必须包括所有工人为观察或管理生产过程而经常工作、活动的地点和范围。每个区域应取 1～3 个测点。

读数方式用慢挡，测量时每隔 5s 记一个瞬时 A 声级，共 200 个数据。

测量时同时记下车间内机器名称、型号、功率、运行情况以及这些机器设备和测点的分布情况。

【测定结果】

计算 L_{eq} 的方法同区域环境噪声。若车间内各处声级波动小于 3dB(A)，可先求出各测点的 L_{eq} 值，再得出各测点 L_{eq} 的算术平均值作为车间内噪声评价量。若车间内各处声级波动大于 3dB(A)，则各个区域的噪声值可用该区域内各测点 L_{eq} 的算术平均值来表示，然后以 5dB(A) 为一级分级，用不同颜色或记号画出车间内噪声污染图。

【注意事项】

同区域环境噪声监测。

【问题思考】

① 测定时如何防止风噪声的影响？

② 测点如何选择？

4. 机动车辆噪声

(1) 布点　与城市声环境密切相关的是车辆行驶的车外噪声。车外噪声测量需要平坦开阔的场地。在测试中心周围 25m 半径范围内不应有大的反射物。测试跑道应有 20m 以上平直、干燥的沥青路面或混凝土路面，路面坡度不超过 0.5%。测点应选在 20m 跑道中心 O 点两侧，距中线 7.5m，距地面 1.2m，如图 3-9 所示。

(2) 测量　测量时应选在无雨、无雪天气，白天时间一般选在 8：00～12：00，14：00～

18：00。夜间时间一般选在 22：00～
5：00。根据南北方地区的不同、季节的不
同，时间可稍有变化。声级计用三脚架固
定，传声器平行于路面，其轴线垂直于车
辆行驶方向。本底噪声至少应比所测车辆
噪声低 10dB（A），为了避免风噪声干扰，
可采用防风罩。声级计用 A 计权，"快"挡
读取车辆驶过时的最大读数。测量时要避
免测试人员对读数的影响。各类车辆按测
试方法所规定的行驶挡位分别以加速和匀

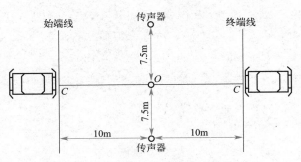

图 3-9　车外噪声测试场地示意

速状态驶入测试跑道。同样的测量往返进行一次。车辆同侧两次测量结果之差不应大于 3dB
（A）。若只用一个声级计测量，同样的测量应进行四次，即每侧测量两次。测量数据记录在表
3-10 中。

表 3-10　车外噪声数值记录

日期		年	月		日	测量地点		路面状况	
天气			风速		m/s	受试车型号		发动机型号	
车架型号				设计最高车速　m/s		匀速行驶车速　　m/s			
声级计型号						声级计鉴定日期			
车速测定装置型号						转速表型号			
挡位	测量位置	次数	驶入始端线时转速/(r/min)			驶入终端线时转速/(r/min)	是否超速	噪声级/dB(A)	
								测量值	平均值
	左	1							
		2							
	右	1							
		2							
	左	1							
		2							
	右	1							
		2							

（3）数据处理　车外噪声一般用最大值来表示。取受试车辆同侧两次测量声级的平均值
中最大值作为被测车辆加速行驶或匀速行驶时的最大噪声级。

5. 功能区噪声

（1）布点　当需要了解市环境噪声随时间的变化时，应选择具有代表性的测点，进行
长期监测。测点的选择，可根据可能的条件决定，交通干线道路两侧设两点，其余功能区各
设一点，多设不限，但一般不少于 6 个点。另外也可这样设点：0 类区、1 类区、2 类区、3
类区各一点；4 类区两点。

（2）测量　测量时应选在无雨、无雪天气，风力小于 4 级（风速小于 5.5m/s），声级计
安装在三脚架上，传声器离地面高度≥1.2m，距最近的反射体 1m 以上，传声器指向较大
的声源或垂直向上，带风罩，选用 A 计权快挡。功能区 24h 测量，每小时取一段，每段测
20min。在此时间内每隔 5s 读一瞬时声级，连续取 100 个数据〔当声级涨落大于 10dB（A）
时，应读取 200 个数据〕，代表该小时的噪声分布。测量时段可任意选择，但两次测量的时
间间隔必须为 1h。测量时，读取的数据记到环境噪声测量数据表中。读数时还应判断影响

该测点的主要噪声来源（如交通噪声、生活噪声、工业噪声、施工噪声等），并记录周围的环境特征，如地形地貌、建筑布局、绿化状况等。测点若落在交通干线旁，还应同时记录车流量。

采用噪声分析仪进行测量时，取样间隔为秒，测量时间不得少于 10min。

（3）数据处理　数据处理与区域环境噪声相同。评价参数选用各个测点每小时的 L_{10}、L_{50}、L_{90}、L_{eq} 来表示。将全部测点测得的连续等效 A 声级做算术平均运算，所得到的算术平均值就代表该工业企业区域总噪声水平。

6. 扰民噪声

（1）布点　在受外来噪声影响的居住或办公建筑物外 1m（如窗外 1m）设点，不得不在室内测量时，距墙面和其他反射面不小于 1m，距窗户约 1.5m，开窗状态。

（2）测量　测量时应选在无雨、无雪天气，风力小于 4 级（风速小于 5.5m/s）。白天时间一般选在 6：00～22：00，夜间时间一般选在 22：00～6：00。声级计安装在三脚架上，传声器在离地面高度为 1.2m 以上的噪声影响敏感处且指向声源，传声器带风罩。选用 A 计权快挡，每隔 5s 读一瞬时声级，连续取 100 个数据［当声级涨落大于 10dB(A) 时，应读取 200 个数据］。

（3）数据处理　按区域环境噪声有关公式计算等效连续 A 声级 L_{eq}。将全部测点测得的连续等效 A 声级做算术平均运算，所得到的算术平均值就代表区域的扰民噪声水平。

（4）扰民噪声监测

【测定目的】

① 了解扰民噪声监测方法。

② 掌握声级计的使用方法。

③ 能够正确分析噪声对人类生产、生活产生的不良影响，写出评价报告。

【仪器和试剂】

PSJ-2 型普通声级计。

【测定步骤】

在受外来噪声影响的居住或办公建筑物外 1m（如窗外 1m）设点，不得不在室内测量时，距墙面和其他反射面不小于 1m，距窗户约 1.5m，开窗状态。

测量时应选在无雨、无雪天气，风力小于 4 级（风速小于 5.5m/s）。白天时间一般选在 6：00～22：00，夜间时间一般选在 22：00～6：00。声级计安装在三脚架上，传声器在离地面高度为 1.2m 以上的噪声影响敏感处且指向声源，传声器带风罩。选用 A 计权快挡，每隔 5s 读一瞬时声级，连续取 100 个数据［当声级涨落大于 10dB(A) 时，应读取 200 个数据］。

【测定结果】

按区域环境噪声有关公式计算等效连续 A 声级 L_{eq}。将全部测点测得的连续等效 A 声级做算术平均运算，所得到的算术平均值就代表区域的扰民噪声水平。

【问题思考】

① 简述扰民噪声监测过程。

② 测定时的基本要求有哪些？

（5）建筑施工场界噪声监测

【测定目的】

① 巩固声级计或噪声自动监测仪器的使用方法。

② 掌握建筑施工噪声监测的方法。

③ 熟悉建筑施工噪声的排放标准及限值要求。

【仪器和试剂】

声级计或噪声自动监测仪。

【测定步骤】

① 测点选择   根据城市建设部门提供的建筑方案和其他与施工现场情况有关的数据，确定建筑施工场地边界线，并在测量表中标出边界线与噪声敏感区域之间的距离。

根据被测建筑施工场地的建筑作业方位和活动形式，确定噪声敏感建筑或区域的方位，并在建筑施工场地边界线上选择离敏感建筑物或区域最近的点作为测点。由于敏感建筑物方位不同，对于一个建筑施工场地可同时有多个测点。

② 现场监测   昼间以 20min 的等效声级表示昼间噪声级，夜间以 8h 的等效声级表示夜间噪声级。测量期间，各施工机械应处于正常运行状态，并应包括不断进入或离开场地的车辆，如卡车、施工机械车辆、搅拌机（车）等，以及在施工场地上运转的车辆，都属于施工场地范围以内的建筑施工活动。

③ 背景噪声测量   当声环境不受被测声源影响，而且其他声环境条件与测量被测声源时保持一致时，进行背景噪声的测量，注意与被测声源测量的时段相同。

【测定结果】

现场记录测量值，并画出噪声源、测点、场界以及噪声敏感建筑物的分布图。测量结果数据记录表格见表 3-11。

表 3-11   测量结果数据记录表

娱乐场所等	地点	测量时间	测点编号	仪器型号	测量结果	气象条件
娱乐场所等示意图							

背景噪声应比测量噪声低 10dB(A) 以上，若测量值与背景噪声值相差小于 10dB(A)，按表 3-12 修正。

表 3-12   测量结果修正表   单位：dB(A)

差值	3	4~5	6~10
修正值	−3	−2	−1

【问题思考】

① 建筑施工场界噪声测量中测点应如何布设？

② 如何使背景噪声监测数据准确可靠？

7. 社会生活噪声

（1）社会生活环境噪声   社会生活环境噪声是指营业性文化娱乐场所和商业经营活动中使用的设备、设施产生的噪声。社会生活环境噪声首次被确定，其监测方法参照 GB 22337—2008《社会生活环境噪声排放标准》。本标准规定了营业性文化娱乐场所和商业经营活动中可能产生环境噪声污染的设备、设施边界噪声排放限值和测量方法。本标准适用于对营业性文化娱乐场所、商业经营活动中使用的向环境排放噪声的设备、设施的管理、评价与控制。

（2）社会生活噪声监测

【测定目的】

① 巩固声级计或噪声自动监测仪器的使用方法。

② 掌握社会生活噪声监测的方法。

③ 熟悉社会生活噪声的排放标准及限值要求。

【仪器和试剂】

声级计或噪声自动监测仪。

【测定步骤】

社会生活噪声指营业性文化娱乐场所和商业经营活动中使用的设备、设施产生的噪声。

① 测点选择　根据社会生活噪声排放源情况、周围噪声敏感建筑物的布局以及毗邻的功能区类别，在社会生活噪声排放源边界布设测点，重点布设在距离噪声敏感建筑物较近以及受被测声源影响大的位置。

一般情况下，测点选在社会生活噪声排放源边界外 1m、高度 1.2m 以上、距任一反射面距离不小于 1m 的位置。

测量室内噪声时，测点应设在距任一反射面距离 0.5m 以上、距地面 1.2m 高度处，在受噪声影响方向的窗户全部开启状态下测量。

② 现场监测　分别在昼间、夜间两个时段测量，夜间有频发、偶发噪声影响时测量最大声级 L_{max}。

被测声源是稳态噪声，测量 1min 的等效声级；被测声源是非稳态噪声，测量一个周期或有代表性时段内的等效声级以及最大声级，必要时测量其整个时段的等效声级。

【测定结果】

现场记录测量值，并画出噪声源、测点、场界以及噪声敏感建筑物的分布图。数据记录表格见表 3-13。

表 3-13　数据记录表

娱乐场所等	地点	测量时间	测点编号	仪器型号	测量结果	气象条件
娱乐场所等示意图						

① 测量值与背景噪声值相差大于 10dB（A）时，测量值不做修正。

② 测量值与背景噪声值相差 3～10dB（A）时，二者差值取整后，按表 3-14 进行修正。

表 3-14　测量结果修正表　　　　　　　　　单位：dB（A）

差值	3	4～5	6～10
修正值	−3	−2	−1

③ 测量值与背景噪声值相差小于 3dB（A）时，应采取措施降低背景噪声，重新按照上述方法修正。

【问题思考】

① 社会生活噪声监测应注意哪些问题？

② 如何绘制噪声污染分布图？

→ 任务训练

1. 试述声级计的构造、工作原理及使用方法。
2. 根据所学内容，自己设计道路交通监测方案，并写出监测报告。
3. 简述噪声监测程序。
4. 简述城市区域环境噪声监测方法。
5. 简述机动车辆噪声监测方法。
6. 测得某地交通噪声数据如下所示，求 L_{10}、L_{50}、L_{90}、L_{eq}。

58	62	65	76	80	67	61	69	70	64
60	55	68	68	69	69	66	68	65	65
66	70	62	66	65	70	72	70	73	65
71	67	68	62	70	59	57	55	60	62
68	66	60	58	60	68	63	66	61	62
64	67	64	66	66	58	61	70	70	67
65	66	57	65	58	71	66	67	55	60
62	62	70	60	62	68	68	70	70	70
68	69	71	74	66	67	68	71	65	66
64	70	69	63	68	69	65	68	68	66

【项目概要】

一、基本概念

噪声、声压、声强、声功率、分贝、声压级、声强级和声功率级等。

二、噪声评价

1. 响度、响度级；2. 计权声级；3. 等效连续声级；4. 累积百分声级；5. 昼夜等效声级；6. 噪声污染级；7. 倍频程。

三、噪声的特征及危害

可感受性、即时性、局部性。

四、噪声的叠加和相减

1. 两个相同噪声叠加 $L_c = L + 10\lg N$；2. 两个不相同噪声叠加 $L_c = L_1 + \Delta L$；3. 噪声的相减 $L_1 = L_c - \Delta L$。

五、监测仪器

声级计、声级频谱仪、自动记录仪、磁带录音机、实时分析仪。

六、噪声监测

1. 布点；2. 测量；3. 数据处理；4. 噪声评价。

土壤污染监测

📚 知识目标

掌握土壤污染物的来源、特点、危害；熟悉试样的采集、制备和保存，以及对主要污染物进行监测。学习土壤主要污染物监测的基本原理、监测方法，通过任务的学习更好地理解、熟悉土壤监测，写出完整的监测报告。

📝 能力目标

具有根据土壤现状采集、保存、预处理土样的能力；能正确地选用仪器、试剂及相关监测备品；具有仪器使用、维护、保养能力；能对土壤中常规测定项目进行监测，得出准确的监测结果；具有评价土壤污染情况的能力。

👥 素质目标

具有获取准确的监测结果，报出合格的土壤污染监测报告的能力；培养团队协作的团队精神；树立安全意识；树立绿水青山就是金山银山的生态文明理念，增强环境保护意识和责任意识。

● 任务一　认识土壤污染监测 ●

土壤是环境的重要组成部分，是人类生存的基础和活动的场所。人类的生活活动与生产活动造成了土壤的污染，污染的结果又影响到人类的生活和健康。防止土壤污染，及时进行土壤污染监测是环境监测中的重要内容。

土壤酸碱度划分

一、土壤污染

1. 土壤组成

土壤是覆盖于地球表面岩石圈上面薄薄的一层特殊的物质。它是由地球表面的岩石在自然条件下经过长时期的风化作用而形成的，土壤的组成十分复杂。

① 从相态分土壤中有固相、液相和气相。土壤固相包括土壤矿物质和土壤有机质，土壤矿物质占土壤的绝大部分，约占土壤固体总质量的 90% 以上。土壤有机质约占固体总质量的 1%～10%，一般在可耕性土壤中约占 5%，且绝大部分在土壤表层。土壤液相是指土壤中水分及其水溶物。土壤中有无数空隙充满空气，即土壤气相，典型土壤约有 35% 的体积是充满空气的空隙。所以土壤具有疏松的结构，如图 4-1 所示。

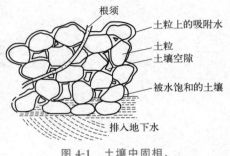

图 4-1　土壤中固相、液相、气相结构

② 从土壤的化学组成上看，土壤中含有的常量元素有碳、氢、硅、氮、硫、磷、钾、铝、铁、钙、镁等；含有的微量元素有硼、氯、铜、锰、钼、钠、锌等。

③ 从环境污染角度看，土壤又是藏纳污垢的场所，常含有各种生物的残体、排泄物、腐烂物，以及来自大气、水和固体废物中的各种污染物、农药、肥料残留物等。

2. 土壤污染源

土壤污染是指人类活动所产生的污染物质通过各种途径进入土壤，其数量超过了土壤的容纳和同化能力，使土壤的性质、组成及性状等发生变化，并导致土壤的自然功能失调，土壤质量恶化的现象。土壤污染的明显标志是土壤生产能力的降低，即农产品的产量和质量的下降。土壤污染源同水、大气一样，可分为天然污染源和人为污染源两大类。天然污染源（自然污染源）是由于自然矿床中某些元素和化合物的富集超出了一般土壤含量时造成的地区性土壤污染。某些气象因素造成的土壤淹没、冲刷流失、风蚀，地震造成的"冒沙、冒黑水"，火山爆发的岩浆和降落的火山灰等，都可不同程度地污染土壤。这里所研究的土壤污染主要是由人类活动所造成的污染，其主要来自工业（城市）污水灌溉和固体废物（工业废物和城市垃圾）、农药和化肥、牲畜排泄物（寄生虫、病原体和病毒）以及大气沉降物（SO_2、NO_x、核试验和颗粒物）等。

3. 土壤污染物

凡是进入土壤并影响到土壤的理化性质和组成，导致土壤的自然功能失调、土壤质量恶化的物质，统称为土壤污染物。土壤污染物的种类繁多，按污染物的性质一般可分为有机污染物、重金属、放射性元素和病原微生物四类。

土壤有机污染物主要是化学农药，主要包括有机磷农药、有机氯农药、氨基甲酸酯类、苯氧羧酸类、苯酰胺类等。还包括石油、多环芳烃、多氯联苯、甲烷、有害微生物等。

重金属主要有 Hg、Cd、Cu、Zn、Cr、Pb、As、Ni、Co、Se 等。重金属不能被微生物分解，而且可为生物富集，自然净化过程和人工治理非常困难。

放射性元素主要来源于大气层核试验的沉降物，以及核能和平利用过程中所排放的各种废气、污水和废渣。放射性元素主要有 Sr、Cs、U 等。放射性物质污染难以自行消除，只能靠其自然衰变为稳定元素。放射性元素也可通过食物链进入人体。

土壤中的病原微生物主要包括病原菌和病毒，如肠细菌、寄生虫、霍乱病菌、破伤风杆菌、结核杆菌等，主要来源于人畜的粪便及用于灌溉的污水（未经处理的生活污水，特别是医院污水）。

此外，某些非金属无机物如砷、氰化物、氟化物、硫化物等进入土壤后也能影响土壤的正常功能，降低农产品的产量和质量。

二、土壤污染特点和类型

1. 土壤污染特点

（1）土壤污染比较隐蔽　土壤的污染不直观且人的感觉器官不能发现，其是通过农作物，如粮食、蔬菜、水果以及家畜、家禽等食物污染，再通过人食用后以身体的健康情况来反映。从开始污染到导致后果，有一段很长的间接、逐步、积累的隐蔽过程。

（2）土壤被污染和破坏以后很难恢复　土壤的污染和净化过程需要相当长的时间，而且重金属的污染是不可逆的过程，土壤一旦被污染很难恢复，有时被迫改变用途或放弃。

（3）污染后果严重　严重的污染通过食物链危害动物和人体，甚至使人畜失去赖以生存的基础。

（4）土壤污染的判定比较复杂　国内外尚未定出类似于水和大气的判定标准。因为土壤中污染物质的含量与农作物生长发育之间的因果关系十分复杂，有时污染物质的含量超过土壤背景值很高，并未影响植物的正常生长；有时植物生长已受影响，但植物内未见污染物的积累。

2. 土壤污染类型

（1）水体污染型　污染源是受污染的地表水体（工业废水和城市污水），被污染的水体所含的污染物十分复杂，必须追溯调查水体污染源。污染物质大多以污水灌溉的形式从地面进入土壤，一般集中于土壤表层。但随着污水灌溉时间的延长，某些污染物质可能由上部向下部扩散和迁移，一直到达地下水。这是土壤污染最重要的发生类型。它的特点是沿河流或干渠呈树枝状或片状分布。

（2）大气污染型　土壤污染物质来自被污染的大气。其特点是以大气污染为中心呈椭圆状或条状分布，长轴沿主风向伸长。其污染面积和扩散距离取决于污染物质的性质、排放量及形式。如西欧和中欧工业区采用高烟囱排放，二氧化碳、二氧化硫等酸性物质可扩散到北欧，使北欧地区土壤酸化，除酸性物质外，大气污染物主要是重金属及放射性元素。大气污染土壤的污染物质主要集中于土壤表层 $0 \sim 5cm$ 位置。

（3）农业污染型　污染物质主要来自城市垃圾、厩肥、污泥、化肥、农药等。污染物的种类和污染的轻重与土壤的作用方式和耕作制度有关，主要污染物是农药和重金属，污染物质主要集中于表层耕作层 $0 \sim 21cm$，它的分布比较广泛。

（4）生物污染型　由于污水灌溉，尤其是城市污水（在城市污水中尤其是医院污水），使用垃圾和厩肥等，土壤受生物污染，成为某些病菌的发源地。

（5）固体废物污染型　土壤表面堆放或处理固体废物和废渣，通过大气扩散或降雨淋滤，使周围地区的土壤受到污染。

➡️ 任务训练

1. 简述土壤、土壤的组成。
2. 土壤污染有何特点？
3. 简述土壤污染对人的影响和危害。
4. 土壤污染的类型有哪些？
5. 调查居住区附近土壤污染源有哪些？并分析出各污染源中含有的污染物，根据污染物说明对土壤可能产生的主要危害。

● 任务二 土壤样品的采集、制备及预处理 ●

一、土壤样品的采集

1. 污染土壤样品的采集

（1）收集资料与调查研究 土壤是由固、液、气三相组成的，其主体是固体。污染物进入土壤后流动、迁移、混合都比较困难，因而污染土壤的均匀性更差。实践表明，土壤污染监测中采样误差往往超过分析误差对结果的影响。土壤污染采集地点、层次、方法、数量和时间等依据监测的目的决定。采样前要对监测地区进行调查研究，调查评价区域的自然条件（包括地质、地貌、植被、水文、气候等）、土壤性状（包括土壤类型、剖面特征、分布及物理化学特征等）、农业生产情况（包括土地利用、农作物生长情况与产量、耕作制度、水利、肥料和农药的施用等）以及污染历史与现状（通过水、气、农药、肥料等途径及矿床的影响）。

（2）采样点布设

根据土壤自然条件、类型及污染情况的不同，常用的布点采样方法有如下几种，如图4-2所示。

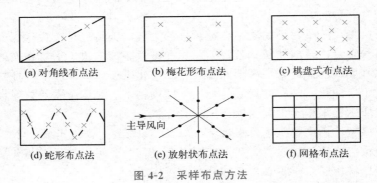

图 4-2 采样布点方法

① 对角线布点法 如图4-2(a)所示，该法适用于面积小、地势平坦的污水灌溉或受污染的水灌溉的田块。布点方法是由田块进水口向对角引一斜线，将此对角线分为三等份，以每等份的中央点作为采样点。每一田块虽只有三个点，但可根据调查监测的目的、田块面积的大小和地形等条件作适当的变动。

② 梅花形布点法 如图4-2(b)所示，该法适用于面积较小、地势平坦、土壤较均匀的田块，中心点设在两对角线相交处，一般设5～10个采样点。

③ 棋盘式布点法 如图4-2(c)所示，该法适用于中等面积、地势平坦、地形完整开阔、但土壤较不均匀的田块，一般采样点在10个以上。此法也适用于受固体废物污染的土壤，因固体废物分布不均匀，采样点需设20个以上。

④ 蛇形布点法 如图4-2(d)所示，该法适用于面积较大、地势不太平坦、土壤不够均匀的田块。采样点数目较多。

⑤ 放射状布点法 如图4-2(e)所示，该法适用于大气污染型土壤。以大气污染源为中心，向周围画放射线，在放射线上布设采样点。在主导风向的下风向适当增加布点之间的距

离和布点数量。

⑥ 网格布点法 如图 4-2(f) 所示，该法适用于地形平缓的地块。将地块划分成若干均匀的网状方格，采样布点设在两条直线的交点处或方格的中心。农业污染型土壤、土壤背景值调查常用这种方法。

为全面客观地评价土壤污染情况，在布点的同时要做到与土壤生长作物监测同步进行布点、采样、监测，以利于对比和分析。

(3) 采样深度 如果只是简单地了解土壤污染情况，采样深度只需取由地面垂直向下 15cm 左右的耕层土壤或由地面垂直向下在 15～20cm 范围内的土样。如果要了解土壤污染深度，则应按土壤剖面层分层取样，如图 4-3 所示。土壤剖面指地面向下的垂直土体的切面，其采样次序是由下而上逐层采集，然后集中混合均匀。用于重金属项目分析的土样，应将和金属采样器接触部分弃去。

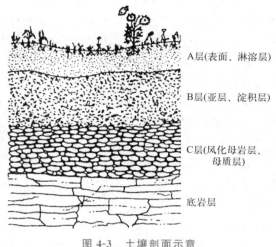

A层(表面、淋溶层)

B层(亚层、淀积层)

C层(风化母岩层、母质层)

底岩层

图 4-3 土壤剖面示意

(4) 采样时间 应根据监测的目的和污染特点而定。为了解土壤污染状况，可随时采集土样测定。如果测定土壤的物理、化学性质，可不考虑季节的变化；如果调查土壤对植物生长的影响，应在植物的不同生长期和收获期同时采集土壤与植物样品；如果调查气型污染，至少应每年取样一次；如果调查水型污染，可在灌溉前和灌溉后分别取样测定；如果观察农药污染，可在用药前及植物生长的不同阶段或者作物收获期与植物样品同时采样测定。

(5) 采样方法 采样前应根据调查目的和内容准备好必要的采样工具与器材。如土壤钻、土壤铲、平板铁锹、不锈钢刀、磨口玻瓶、防雨布袋、塑料袋、镊子、竹夹子、有机玻璃棒、广口瓶等。

① 采样筒取样 适用于表层土样的采集。将长 10cm、直径 8cm 的金属或塑料的采样器的采样筒直接压入土层内，然后用铲子将其铲出，清除采样筒口多余的土壤，采样筒内的土壤即为所取样品。采样筒采集土样的过程如图 4-4 所示。

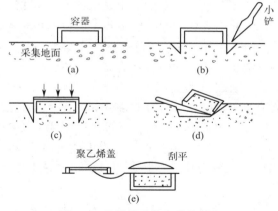

容器

小铲

采集地面

(a)

(b)

(c)

(d)

聚乙烯盖

刮平

(e)

图 4-4 采样筒采集土样的过程

② 土钻取样 是用土钻钻至所需深度后，将其提出，用挖土勺挖出土样。

③ 挖坑取样 适用于采集分层的土样。先用铁铲挖一截面 1.5m×1m、深 1.0m 的坑，平整一面坑壁，并用干净的取样小刀或小铲刮去坑壁表面 1～5cm 厚的土，然后在所需层次内采样 0.5～1kg，装入容器内。

④ 土壤气体取样 在土壤中存在多种有害污染气体如 CH_4、NH_3、H_2S、PH_3 等。一种专用的土壤气体采样器如图 4-5(a) 所示。使用这种采样器，应预知地下气体密集点在何

处，方能选准采样点。适用于石油、天然气等地下管路泄漏的事故性监测。另一种气体采样装置及其使用方法如图 4-5(b) 所示。在 20～30cm 土壤深处埋设如图所示的内装吸附剂的采样器，经历 2～3 周采样后取出，将各种气体分别加热，使气体脱附后，即可进入分析仪器进行分析。

(6) 采样量　由于测定所需的土样是多点混合而成的，取样量往往较大，而实际供分析的土样不需要太多。具体需要量视分析项目而定，一般要求 1kg。因此，对多点采集的土壤，可反复按四分法缩分，最后留下所需的土样量，装入布袋或塑料袋中，贴上标签，做好记录。

采样点不能选在田边、沟边、路边或肥堆旁。经过四分法后剩下的土样应装入布袋或塑料袋中，写好两张标签，一张在袋内，另一张扎在袋口上，标签上记载采样地点、深度、日期及采集人等。同时把有关该采样点的详细情况另作记录。

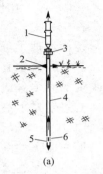
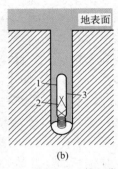

1—Synder柱；2—接管；
3—锥形瓶；4—受热管；
5—冷凝管；6—抽滤瓶

1—玻璃管；2—铁和磁
线圈；3—活性炭

图 4-5　土壤气体采样器

2. 土壤背景值样品的采集

土壤背景值又称土壤本底值。它代表一定环境单元中的一个统计量的特征值。在环境科学中，土壤背景值是指在未受或少受人类活动影响下，尚未受或少受污染和破坏的土壤中元素的含量。土壤中有害元素自然背景值是环境保护和土地开发利用的基础资料，是环境质量评价的重要依据。当今，由于人类活动的长期积累和现代工农业的高速发展，自然环境的化学成分和含量水平发生了明显的变化，要想寻找一个绝对未受污染的土壤环境是十分困难的，因此土壤环境背景值实际上是一个相对的概念。

(1) 采样点布设　采集这类土壤样品时，采样点的选择必须能反映开发建设项目所在区域土壤及环境条件的实际情况，必须能代表区域土壤总的特征且远离污染源。

① 采集土壤背景值样品时，应先确定采样单元。采样单元划分应根据研究目的、研究范围及实际工作所具有的条件等综合因素确定。中国采样单元以土类和成土母质类型为主进行划分，因不同类型的土类母质中元素种类和含量相差较大。

② 不在水土流失严重或表土被破坏处设置采样点。采样点远离铁路、公路 300m 以上。

③ 选择土壤类型特征明显的地点挖掘土壤剖面，要求剖面发育完整、层次清楚且无侵入体。

④ 在耕地上采样，应了解作物种植及农药使用情况，选择不施或少施农药、肥料的地块作为采样单元，以尽量减少人为活动的影响。

(2) 采样方法　与污染土壤采样的不同之处是同一样点并不强调采集多点混合样，而是选取植物发育典型、代表性强的土壤采样。每个采样点均需挖掘土壤剖面进行采样，剖面规格一般为长 1.5m、宽 0.8m、深 1.0m，每个剖面采集 A、B、C 三层土样。过渡层（AB、BC）一般不采样（如图 4-6 和图 4-7 所示）。现场记录实际采样深度，如 0～20cm、50～60cm、100～115cm。在各层次典型中心部位自下而上采样，切忌混淆层次、混合采样。对于植物发育完好的典型土壤，尤其应按层分别采样，以研究各元素在土壤中的分布。

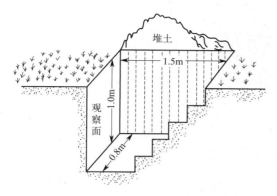

图 4-6　土壤剖面挖掘示意

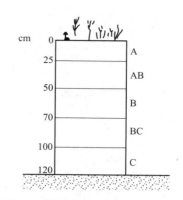

图 4-7　土壤剖面 A、B、C 层示意

（3）采样点数目　通常采样点的数目与所研究地区范围的大小、研究任务所设定的精密度等因素有关。为使布点更趋合理，采样点数依据统计学原则确定，即在所选定的置信水平下，与所测项目测量值的标准差、要求达到的精密度有关。每个采样单元采样点位数可按式（4-1）计算：

$$n=\frac{t^2 s^2}{d^2} \tag{4-1}$$

式中　n——每个采样单元中所设最少采样点位数；

　　　　t——置信因子（相当置信水平 95%，t 取值 1.96）；

　　　　s——样本相对标准差；

　　　　d——允许偏差（抽样精度不低于 80% 时，d 取 0.2）。

通常一般类型的土壤应有 3～5 个采样点，以便检验本底值的可靠性。土壤本底值采样要特别注意成土母质的作用，因为不同土壤母质常使土壤的组成和含量发生很大的差异。

二、土壤样品的制备

1. 土样的风干

除了测定游离挥发酚、硫化物等不稳定组分需要新鲜土样外，多数项目的样品需经风干后才能进行测定，风干后的样品容易混合均匀，分析结果的重复性、准确性都比较好。从野外采集的土壤样品运到实验室后，为避免受

土壤样品的制备

微生物的作用引起发霉变质，应立即将全部样品倒在洗刷干净、干燥的塑料薄膜上或瓷盘内进行自然风干。当达到半干状态时用有机玻璃棒把土块压碎，剔除碎石和动植物残体等杂物后铺成薄层，在室温下经常翻动，充分风干，要防止阳光直射和尘埃落入。

2. 磨碎与过筛

风干后的土样用有机玻璃棒或木棒碾碎后，过 2mm 孔径尼龙筛，除去筛上的砂砾和植物残体。筛下样品反复按四分法（如图 4-8 所示）缩分，留下足够供分析用的数量，再用玛瑙研钵磨细，全部通过 100 目尼龙筛，过筛后的样品充分搅拌均匀，然后放入预先清洗、烘干并冷却后的小磨口玻璃瓶中以备分析用。制备样品时，必须避免样品受污染。

3. 土样的保存

将风干土样或标准土样等储存于洁净玻璃瓶或聚乙烯容器内。在常温、阴凉、干燥、避

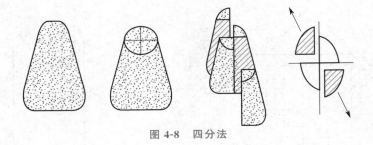

图 4-8 四分法

阳光、密封（石蜡涂封）条件下保存 30 个月是可行的。

三、土壤样品的预处理

土壤样品的组成是很复杂的，其存在形态往往不符合分析测定的要求，所以在样品分析之前，根据分析项目的不同，首先要对样品进行适当的预处理，以使被测组分满足测定方法要求的形态、浓度和消除共存组分干扰。常用的预处理方法有湿法消化、干法灰化、溶剂提取和碱熔法。

分析土壤样品中的痕量无机物时，通常将其所含的大量有机物加以破坏，溶解悬浮性固体，将各种价态的测定元素氧化成高一价态或转变成易于分离的无机化合物，然后进行测定。这样可以排除有机物的干扰，提高检测精度。破坏有机物的方法有湿法消化和干法灰化两种。

1. 湿法消化

湿法消化又称湿法氧化。它是将土壤样品与一种或两种以上的强酸（如硫酸、硝酸、高氯酸等）共同加热浓缩至一定体积，使有机物分解成二氧化碳和水除去。为了加快氧化速度，可加入过氧化氢、高锰酸钾、过硫酸钾和五氧化二钒等氧化剂与催化剂。

常用的消化方法有王水（盐酸-硝酸）消化、硝酸-硫酸消化、硝酸-高氯酸消化、硫酸-磷酸消化等，详见项目一任务三水样的运输、保存和预处理。

2. 干法灰化

干法灰化又称燃烧法或高温分解法。根据待测组分的性质，选用铂、石英、银、镍或瓷坩埚盛放样品，将其置于高温电炉中加热，控制温度 $450 \sim 550 ℃$，灼烧到残渣呈灰白色，使有机物完全分解，取出坩埚，冷却，用适量 2% 的硝酸或盐酸溶解样品灰分，过滤，滤液定容至标线备用。对于易挥发的元素，如汞、砷等，为避免高温灰化损失，可用氧瓶燃烧法进行灰化。此法是将样品包在无灰滤纸中，滤纸包钩挂在磨口瓶塞的铂丝上，如图 4-9 所示。瓶中预先充入氧气和吸收液，将滤纸引燃后，迅速

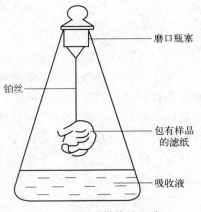

图 4-9 氧瓶燃烧法示意

盖紧瓶塞，让其燃烧灰化，摇动瓶子让燃烧产物溶解于吸收液中，溶液供分析用。

3. 溶剂提取

分析土壤样品中的有机氯、有机磷农药和其他有机污染物时，由于这些污染物质的含量多数是微量的，如果要得到正确的分析结果，就必须在两方面采取措施：一方面是尽量使用灵敏度较高的先进仪器及分析方法；另一方面是利用较简单的仪器设备，对环境分析样品进

行浓缩、富集和分离。常用的方法是溶剂提取法。用溶剂将待测组分从土壤样品中提取出来，提取液供分析用。

（1）振荡浸取法　将一定量经制备的土壤样品置于容器中，加入适当的溶剂，放置在振荡器上振荡一定时间，过滤，用溶剂淋洗样品，或再提取一次，合并提取液。此法用于土壤中酚、油类等的提取。

（2）索式提取法　索式提取器（如图4-10所示）是提取有机物的有效仪器，它主要用于提取土壤样品中苯并芘、有机氯农药、有机磷农药和油类等。将经过制备的土壤样品放入滤纸筒中或用滤纸包紧，置于回流提取器内。蒸发瓶中盛装适当有机溶剂，仪器组装好后，在水浴上加热。此时，溶剂蒸气经支管进入冷凝器内，凝结的溶剂滴入回流提取器，对样品进行浸泡提取，当溶剂液面达到虹吸管顶部时，含提取液的溶剂回流入蒸发瓶中，如此反复进行直到提取结束。选取什么样的溶剂，应根据分析对象来定。例如极性小的有机氯农药采用极性小的溶剂（如己烷、石油醚），对极性强的有机磷农药和含氧除草剂用极性强的溶剂（如二氯甲烷、三氯甲烷）。该法因样品都与纯溶剂接触，所以提取效果好，但较费时。

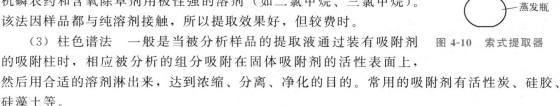

图4-10　索式提取器

（3）柱色谱法　一般是当被分析样品的提取液通过装有吸附剂的吸附柱时，相应被分析的组分吸附在固体吸附剂的活性表面上，然后用合适的溶剂淋出来，达到浓缩、分离、净化的目的。常用的吸附剂有活性炭、硅胶、硅藻土等。

4. 碱熔法

碱熔法常用氢氧化钠和碳酸钠作为碱熔剂与土壤试样在高温下熔融，然后加水溶解。该法一般用于土壤中氟化物的测定，因该法添加了大量可溶性的碱熔剂，易引进污染物质，另外有些重金属如Cd、Cr等在高温熔融时易损失。

 任务训练

1. 简述采样布点方法。
2. 土壤采样方法有哪些？
3. 土壤样品的制备和预处理方法有哪些？
4. 简述氧瓶燃烧法的操作方法。
5. 简述索式提取法的原理和操作。

任务三　实施土壤污染物监测

一、土壤污染监测目的

环境是一个整体，污染物进入哪一部分都会影响整个环境。因此，土壤监测必须与大气、水体和生物监测相结合才能全面客观地反映实际。土壤中优先监测物有以下两类。

① 汞、铅、镉、DDT 以及代谢产物与分解产物，多氯联苯（PBC）。

② 石油产品、DDT 以外的长效有机氯、四氯化碳、醋酸衍生物、氯化脂肪族、砷、锌、硒、镉、镍、锰、钒、有机磷化合物及其他活性物质（抗生素、激素、致畸性物质、催畸性物质和诱变物质）等。

土壤常规监测项目中，金属化合物有铜、铬、镉、汞、铅、锌等的化合物；非金属化合物有含砷化合物、氰化物、氟化物、硫化物等；有机化合物有苯并[a]芘、三氯乙醛、油类、有机氯农药、有机磷农药等。

二、土壤污染监测方法

土壤污染监测所用方法与水质、大气监测方法类同。常用方法（表 4-1）有：称量法，适用于测定土壤水分；滴定法，适用于浸出物中含量较高的成分的测定，如 Ca^{2+}、Mg^{2+}、Cl^-、SO_4^{2-} 等；分光光度法，适用于重金属如铜、镉、铬、铅、汞、锌等组分的测定；气相色谱法，适用于有机氯、有机磷及有机汞等农药的测定。

表 4-1　土壤中某些金属、非金属组分的溶解、测定方法

元素	溶解方法	测定方法	最低检出限/(μg/kg)
As	HNO_3-H_2SO_4 消化	比色法	0.5
Cd	HNO_3-HF-$HClO_4$ 消化	石墨炉原子吸收法	0.002
Cr	HNO_3-H_2SO_4-H_3PO_4 消化	比色法	0.25
Cr	HNO_3-HF-$HClO_4$ 消化	原子吸收法	2.5
Cu	HCl-HF-HNO_3-$HClO_4$ 消化	原子吸收法	1.0
Cu	HNO_3-HF-$HClO_4$ 消化	原子吸收法	1.0
Hg	H_2SO_4-$KMnO_4$ 消化	冷原子吸收法	0.007
Hg	HNO_3-H_2SO_4-V_2O_5 消化	冷原子吸收法	0.002
Mn	HNO_3-HF-$HClO_4$ 消化	原子吸收法	5.0
Pb	HCl-HF-HNO_3-$HClO_4$ 消化	原子吸收法	1.0
Pb	HNO_3-HF-$HClO_4$ 消化	石墨炉原子吸收法	1.0
氟化物	Na_2CO_3-Na_2O_2 熔融法	电极法	5.0
氰化物	$Zn(Ac)_2$-酒石酸蒸馏法	分光光度法	0.05
硫化物	盐酸蒸馏法	比色法	2.0
有机氯农药	石油醚-丙酮萃取法	气相色谱法	40
有机磷农药	三氯甲烷萃取法	气相色谱法	40

三、土壤监测

1. 土壤水分含量测定

水分含量是土壤污染监测中所必测的项目。水分含量一般是指样品在 105℃下干燥后所损失的质量。但是蒸气压与水的蒸气压相近或较高的物质，采用加热法不能进行分离。因此，用 105℃ 加热法所测的水分含量包括某些含氮化合物、有机化合物等。

农田土壤质量
监测分析法
（必测元素）

测定时先将带盖铝盒或玻璃称量瓶在 105℃ 下烘至恒重（m），然后在已恒重的铝盒或称量瓶中放入 20g 左右的土壤试样称量（m_1），把盛有试样的铝盒或称量瓶放入恒温鼓风干燥箱中，盒盖或瓶盖半盖在铝盒或称量瓶的上面，在 105℃ 下烘干 4～8h，取出在干燥器中冷却 0.5h 后称量（m_2），直至两次称量之差在 ±0.1g 左右为止。

$$H_2O\text{含量} = \frac{m_1 - m_2}{m_1 - m} \times 100\% \qquad (4\text{-}2)$$

式中　m——铝盒（称量瓶）质量，g；

　　　m_1——铝盒（称量瓶）质量加试样烘干前质量，g；

　　　m_2——铝盒（称量瓶）质量加试样烘干后质量，g。

测定土壤样品中的水分含量时，加热温度不能过高，否则会引起其他易挥发物质的损失，使结果偏高。

2. 有机磷农药测定

本法首先对样品采用柱提取操作，再用石油醚-乙腈溶剂净化，最后用火焰光度检测器气相色谱测定样品中的有机磷，如乐果、马拉硫磷、乙基对硫磷等。

测定时称取一定质量的样品于 200mL 烧杯中，加入 40～50g 无水硫酸钠，用玻璃棒搅拌至样品干而疏松，将样品转移至底部填有少量脱脂棉和 5g 无水硫酸钠并盛有 50mL 二氯甲烷的提取柱中，用玻璃棒将样品轻轻压紧，尽量排出气泡，样品上部盖以 1cm 厚的无水硫酸钠。浸泡 1h 后缓慢旋开柱下端的活塞，使洗提速度约 3～5mL/min，当二氯甲烷液面与上部无水硫酸钠层接近时，再加二氯甲烷洗提，直到二氯甲烷洗提总量 400mL 为止，收集全部洗提液于 500mL 磨口平底烧瓶中，置于 55℃恒温水浴上用全玻蒸馏装置（或 K-D 浓缩器）浓缩至 2～5mL，加入 1mL 甲苯，继续蒸发除去残留二氯甲烷。

用滴管将浓缩液自烧瓶内转入 50mL 具塞纳氏比色管中，再以 5mL 乙腈饱和的石油醚和 5mL 石油醚饱和的乙腈多次洗涤烧瓶，洗涤液转入比色管中，将比色管内溶液旋转充分混合 1～2min，静置分层。用 5mL 滴管将乙腈层吸移至具塞的 15mL 刻度离心管中，再以 5mL 石油醚饱和的乙腈按同样操作提取石油醚层一次。合并两次提取液，于 60～65℃水浴上浓缩至 5mL，供气相色谱分析用。

$$\text{有机磷含量}(\mu g/g) = \frac{c_\text{标} V_\text{标} h_\text{样}}{h_\text{标} V_\text{样}} \frac{V}{m} \qquad (4\text{-}3)$$

式中　$c_\text{标}$——标准溶液浓度，$\mu g/mL$；

　　　$V_\text{标}$——标准溶液色谱进样体积，μL；

　　　$h_\text{样}$——试样萃取液峰高，mm；

　　　V——萃取液浓缩后的体积，mL；

　　　$h_\text{标}$——标准溶液峰高，mm；

　　　$V_\text{样}$——试样萃取液色谱进样体积，μL；

　　　m——样品质量，g。

分析有机磷时，需在色谱柱老化后先注入高浓度的标液，除去载体表面活性作用点，才能正常出峰。标准曲线会随实验条件有所变化，因此每次测定样品时应同时测标准曲线。

3. 土壤中铜、锌、镉的测定——AAS 法

（1）标准储备液制备　制备各种重金属标准储备液推荐使用光谱纯试剂；用于溶解土壤的各种酸皆选用高纯或光谱纯级；稀释用水为蒸馏去离子水。使用浓度低于 0.1μg/mL 的标准溶液时，应于临用前配制或稀释。标准储备液在保存期间，若有浑浊或沉淀生成需重新配制。某些主要元素标准储备液的制备方法见表 4-2。

表 4-2   某些主要元素标准储备液的制备方法

元素	化合物	质量/g	制 备 方 法
As	As$_2$O$_3$	1.3203	溶于少量 20% 的 NaOH 溶液中,加 2mL 浓 H$_2$SO$_4$ 用水定容至 1L
Cu	Cu	1.0000	在微热条件下,溶于 50mL(1+1)HNO$_3$ 中,冷却后,用水定容至 1L
Cd	Cd	1.0000	溶于 50mL(1+1)HNO$_3$ 中,冷却后,用水定容至 1L
Zn	Zn	1.0000	溶于 40mL HCl 溶液中,用水定容至 1L
Hg	Hg(NO$_3$)$_2$	1.6631	用 0.05% K$_2$Cr$_2$O$_7$-5% HNO$_3$ 固定液溶解,并用该固定液稀释至 1L
Pb	Pb	1.0000	溶于 50mL(1+1)HNO$_3$ 中,冷却后,用水定容至 1L

(2) 土样预处理   称取 0.5~1g 土样于聚四氟乙烯坩埚中,用少许水润湿,加入 HCl,在电热板上加热消化,加入 HNO$_3$ 继续加热,再加入 HF 加热分解 SiO$_2$ 及胶态硅酸盐。最后加入 HClO$_4$ 加热(<200℃)蒸至尽干。冷却,用稀 HNO$_3$ 浸取残渣,定容至标线。同时做全程空白试验。

(3) 铜、锌、镉标准系列溶液的配制   标准操作溶液是通过逐次稀释标准储备液得到的。铜、锌、镉适宜测定的浓度范围是 0.2~10μg/mL。

(4) 用原子吸收分光光度法(AAS)测定   铜、锌、镉的工作参数见表 4-3。

表 4-3   铜、锌、镉的工作参数

工作参数	铜	锌	镉
浓度范围/(μg/mL)	0.2~10	0.05~2	0.02~2
灵敏度/(μg/mL)	0.1	0.02	0.025
检出限/(μg/mL)	0.01	0.005	0.002
波长/nm	324.7	219.3	228.8
空气-乙炔火焰条件	氧化型	氧化型	氧化型

(5) 计算

$$铜、锌、镉含量(mg/kg) = \frac{m_1}{m} \qquad (4\text{-}4)$$

式中 m_1——自标准曲线中查得的铜、锌、镉含量,μg;

m——称量土样的质量,g。

(6) 土壤中镉的测定

【测定目的】

① 了解仪器的工作条件,学会镉标准溶液的配制。

② 掌握镉原子吸收分光光度法的原理和测定方法。

【测定原理】

土壤样品消化液中成分比较复杂,原子吸收分光光度法(GB 7475—87)灵敏度高、选择性好,操作简单快速,对于易产生背景吸收的样品一般采取氘灯或塞曼效应扣除背景,可有效地消除干扰。火焰原子吸收分光光度法的检出下限远低于消化液中镉的最高允许浓度,因此,消化液一般可直接喷入空气-乙炔焰中进行测定。

火焰原子吸收分光光度法是将土壤样品用硝酸-氢氟酸-高氯酸或盐酸-硝酸-氢氟酸-高氯酸混酸体系消化后,将消化液直接喷入空气-乙炔火焰中,在一定的温度下消化液中被测元素由分子态离解或还原成基态原子蒸气,原子蒸气对锐线光源(空心阴极灯或无极放电灯)发射的特征电磁辐射谱线产生选择性吸收,在一定条件下试液的吸光度与试样中被测元素的浓度成正比,根据这种关系即可定量测得土壤中重金属元素镉的含量。

火焰原子吸收分光光度法适用于高背景土壤（必要时应消除基体元素干扰）和受污染土壤中重金属的测定。

镉的工作条件见表4-3。

【仪器和试剂】

① 原子吸收分光光度计 空气-乙炔火焰原子化器；镉空心阴极灯。

② 仪器工作条件 测定波长228.8nm；通带宽度1.3nm；灯电流7.5mA；火焰类型为空气-乙炔氧化型蓝色火焰；火焰高度7.5mm；乙炔和空气体积配比1∶4。

③ （1+5）硝酸溶液。

④ 镉标准储备液（1.00mg/mL） 准确称取0.5000g高纯度或光谱纯金属镉粉于100mL烧杯里，加入25mL（1+5）的硝酸溶液微热溶解，待溶液冷却后转移到500mL容量瓶中，用去离子水稀释并定容至标线。

⑤ 镉标准操作液 分别吸取10.00mL镉标准储备液于100mL容量瓶中，用去离子水稀释至标线，摇匀备用。吸取5.00mL稀释后的标准液于另一100mL容量瓶中，用去离子水稀释至标线即得每毫升含5μg镉的标准操作液。

⑥ 优级纯试剂 浓盐酸$\rho_{20}=1.19$g/mL；浓硝酸$\rho_{20}=1.42$g/mL；氢氟酸$\rho_{20}=1.13$g/mL；高氯酸$\rho_{20}=1.68$g/mL。

【测定步骤】

① 土样试液的制备 准确称取0.5000～1.0000g土样于25mL聚四氟乙烯坩埚中，用少许去离子水润湿，加入10mL浓盐酸，在电热板上加热消化2h，然后加入15mL浓硝酸，继续加热至溶解物剩余约5mL时，再加入5mL氢氟酸并加热分解除去硅化合物，最后加入5mL高氯酸，加热（<200℃）至消解物呈淡黄色时，打开瓶盖，蒸至近干。取下冷却，加入（1+5）硝酸1mL，微热溶解残渣，移入50mL容量瓶中，用去离子水定容至标线。同时进行全程序试剂空白试验。

② 标准曲线法

a. 标准曲线的绘制。吸取镉标准操作液0、0.50mL、1.00mL、2.00mL、3.00mL、4.00mL分别于6个50mL容量瓶中，用（1+499）硝酸溶液（取1mL优级纯硝酸于500mL容量瓶中，用去离子水稀释至标线的溶液）定容至标线、摇匀。此标准系列分别含镉0、0.05μg/mL、0.10μg/mL、0.20μg/mL、0.30μg/mL、0.40μg/mL。在选定的仪器工作条件下，以空白溶液调零后，将所配制的镉标准溶液由低浓度到高浓度依次喷入火焰，分别测出各溶液的吸光度，以镉标准系列溶液的浓度为横坐标，以吸光度为纵坐标，绘制吸光度-浓度标准工作曲线（如图4-11所示）。

$$\text{Cd 含量}(\text{mg/kg}) = \frac{c_1 V}{m} \tag{4-5}$$

式中 c_1——从标准曲线（如图4-11所示）上查得的镉的质量浓度，μg/mL；

m——称量土样质量，g；

V——土样试液的总体积，mL。

b. 土样试液的测定。在仪器和操作方法与绘制标准曲线相同的条件下，测定土样试液的吸光度，直接在标准曲线上查得土样试液中镉的浓度，然后求出镉元素的含量。土壤中污染物的监测结果规定用mg/kg表示。

③ 标准加入法 分别吸取5.00mL土壤试液于4个已编好号的10mL容量瓶中，然后

在这 4 个容量瓶中依次分别加入镉标准操作液 0、0.50mL、1.00mL、1.50mL，用（1＋499）硝酸溶液定容至标线，在相同的实验条件下依次测得各溶液的吸光度。以吸光度为纵坐标，以加入标准操作液的绝对含量（μg）为横坐标，绘出吸光度-加入量曲线图（如图 4-12 所示），外延曲线与横坐标相交于一点，此点与原点的距离，即为所测土样试液中镉的含量。

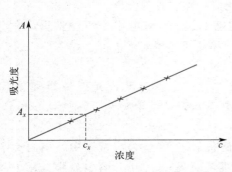

图 4-11　吸光度-浓度标准工作曲线

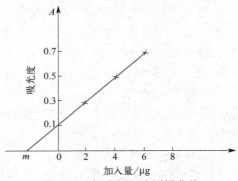

图 4-12　标准加入法测镉曲线

【测定结果】

$$Cd \text{ 含量}(mg/kg) = \frac{m_1 V_1}{V_2 m} \tag{4-6}$$

式中　m_1——从标准加入法曲线（如图 4-12 所示）上查得的 5.00mL 试液中镉的含量，μg；

　　　V_1——土样试液总体积，mL；

　　　V_2——测定时吸取的土样试液体积，mL；

　　　m——称量土样质量，g。

【注意事项】

① 标准曲线法适用于组成简单的试样，标准加入法适用于组成复杂且配制标准操作液困难的试样。

② 土样消化过程中，最后除 $HClO_4$ 时必须防止将溶液蒸干，不慎蒸干时 Fe、Al 盐可能形成难溶的氧化物而包藏镉，使结果偏低。注意无水时 $HClO_4$ 会爆炸。

③ 土壤用高氯酸消化并蒸至近干后，土样仍为灰色，说明有机物还未消化完全，应再加 3mL $HClO_4$ 重新消化到淡黄色为止。

④ 镉的测定波长为 228.8nm，该分析线处于紫外线区，易受光散射和分子吸收的干扰，另外，Ca、Mg 的分子吸收和光散射也十分强。这些因素皆可造成镉的表观吸光度增大。为消除基体干扰，可在测量体系中加入适量基体改进剂，如在标准系列溶液和试样中分别加入 0.5g $La(NO_3)_3 \cdot 6H_2O$。此法适用于测量土壤中含镉量较高和受污染土壤中的铜含量。

⑤ 高氯酸的纯度对空白值的影响很大，直接关系到测定结果的准确度，因此必须注意全过程空白值的扣除，并尽量减少加入量以降低空白值。

【问题思考】

① 有机物没有消化完应如何操作？

② 简述标准曲线法和标准加入法的操作方法。

4. 土壤中铬的测定——UV 法

称取土样 0.5~2g 于聚四氟乙烯坩埚中，加水润湿，加 HNO_3-H_2SO_4 消化，待剧烈反应停止后，置于电热板上加热至冒白烟。冷却，加入 HNO_3、HF 继续加热至冒浓白烟除尽 HF，加水浸取，定容至标线。同时进行全程试剂空白试验。

在酸性介质中加入 $KMnO_4$ 将 Cr^{3+} 氧化为 Cr^{6+}，并用 NaN_3 除去过量 $KMnO_4$。加二苯碳酰二肼显色剂（DPC），于波长 540nm 处比色测定。

$$铬含量(mg/kg) = \frac{m_1}{m} \tag{4-7}$$

式中　m_1——自标准曲线中查得的铬含量，μg；

　　　m——称量土样的质量，g。

5. 土壤中有机氯农药（PCB）的测定

【测定目的】

① 了解仪器的工作条件，学会标准溶液的配制。

② 掌握色谱法分析原理和测定方法。

【测定原理】

采用碱破坏有机氯农药，水蒸气蒸馏-液液萃取（必要时硫酸净化），再用电子捕获检测器气相色谱法测定。

【仪器和试剂】

① 水蒸气蒸馏-液液萃取装置，如图 4-13 所示。

② 带电子捕获检测器的气相色谱仪。

③ 电加热套。

④ 调压变压器。

⑤ 正己烷（或石油醚）全玻璃蒸馏器。

⑥ 硫酸　$\rho_{20}=1.42g/mL$，优级纯。

⑦ 氢氧化钾　优级纯。

⑧ 无水硫酸钠　取 100g 加入 50mL 正己烷，振摇过滤，风干，置 150℃ 恒温箱中烘 15h。

⑨ 脱脂棉　用丙酮处理后备用。

⑩ 有机氯农药标准溶液　p,p'-DDE，配制成浓度 $1.00\mu g/g$，其他有机氯农药配成适宜浓度。

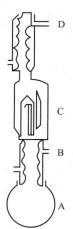

图 4-13　水蒸气蒸馏-液液萃取装置

⑪ 多氯联苯（PCB）标准溶液　三氯联苯（PCB_3）（中国科学院生态环境研究中心研制）配成 5mg/mL 储备液，或用 PCB_3 正己烷标准溶液（200×10^{-6}）（中国科学院生态环境研究中心研制）稀释成不同浓度的标准溶液。

⑫ 色谱条件　固定相为 5% SE-30/ChromosorbW（AWD，MCS），80~100 目；色谱柱为长 2m、内径 3mm 的玻璃柱；柱温 195℃；气化温度 250℃；监测温度 240℃；载气是高纯氧，流速为 70mL/min。

【测定步骤】

（1）碱解与蒸馏　准确称取 10~40g 风干土样（同时另称一份 20g 左右于 60℃ 下烘干

24h，测其水分含量)，放入 10mL 圆底烧瓶中，加入 250mL 浓度为 1mol/L 的氢氧化钾溶液，加少量沸石，按图 4-13 接好 A 与 B，加热回流 1h (用加热套加热，用调压变压器控制温度)。冷却至室温，取下 B 部，在 C 中加入 5mL 正己烷，将 A、C、D 部连接，加热蒸馏 90min，每分钟流速 80~100 滴 (加热和控温方法同上)，蒸馏完毕后冷至室温，将 C 中液体移入分液漏斗中，再将 A、C、D 部连接，从冷凝管上部加入 10mL 蒸馏水冲洗，再将 C 中的洗涤液并入分液漏斗中，充分振摇，弃去水层，加入少量正己烷洗涤 C 二次，合并正己烷层，将分液漏斗中的正己烷提取液经过底部塞有脱脂棉的 5cm 高的无水硫酸钠脱水柱，分液漏斗用少量正己烷洗涤 3 次，每次均通过脱水柱，收集于 10mL 容量瓶中定容至标线，供色谱分析。

杂质多时需要用硫酸净化，即加入与正己烷等体积的硫酸，振摇 1min，静置分层后，弃去硫酸层，净化次数视提取液中杂质多少而定，一般 1~3 次，然后加入与正己烷等体积的 0.1mol/L 氢氧化钾溶液，振摇 1min，静置分层后弃去下部水层。

(2) 定量测定　将 PCB 标准溶液稀释成不同浓度，定量进样以确定电子捕获检测器的线性范围。试样进样时，定量进样所得峰高 (应在线性范围内) 与相近浓度标准溶液的峰高比较，求出 PCB 含量。

【测定结果】

$$多氯联苯含量(\mu g/g) = \frac{c_标 V_标 h_样}{h_标 V_样} \frac{V}{m} \tag{4-8}$$

式中　$c_标$——标准液浓度，$\mu g/mL$；

　　　　$V_标$——标准溶液色谱进样体积，μL；

　　　　$h_样$——试样萃取液峰高，mm；

　　　　V——萃取液浓缩后的体积，mL；

　　　　$h_标$——标准溶液峰高，mm；

　　　　$V_样$——试样萃取液色谱进样体积，μL；

　　　　m——样品质量，g (以换算成 60℃ 烘干质量计算)。

【问题思考】

① 水蒸气蒸馏-溶液萃取如何操作？

② 简述色谱操作方法。

6. 土壤有机质的测定

Ⅰ. 重铬酸钾法

【测定目的】

① 掌握重铬酸钾法测定土壤中有机质的原理和方法。

② 掌握土壤采样、制样、预处理方法。

③ 熟悉数据的记录以及处理方法。

【测定原理】

用定量的重铬酸钾-硫酸溶液，在电砂浴加热 (170~180℃) 条件下，使土壤中的有机碳氧化，剩余的重铬酸钾用硫酸亚铁标准溶液滴定，并以二氧化硅为添加物做试剂空白标定，根据氧化前后氧化剂质量差值计算出有机碳量，再乘以系数 1.724，即为土壤有机质含量。

有机质的测定分为重铬酸钾法和称量法，有机质含量在 15% 以下的选择重铬酸钾法，有机质含量高的选择称量法。

【仪器和试剂】

① 计时器、电子天平、电砂浴、瓷研钵、滴定装置。

② 磨口锥形瓶　容积150mL。

③ 磨口简易空气冷凝管　直径0.9cm，长19cm。

④ 温度计　量程200~300℃。

⑤ 铜丝筛　孔径0.25mm。

⑥ 采样铲、样品袋、铁锹、镐头、米尺等。

⑦ 重铬酸钾　优级纯。

⑧ 浓硫酸　$\rho = 1.84g/mL$。

⑨ 硫酸亚铁　分析纯。

⑩ 硫酸亚铁溶液　取硫酸亚铁结晶0.700g，加新煮沸过的冷水100mL使其溶解，摇匀。临用时现配。

⑪ 硫酸银　研成粉末。

⑫ 二氧化硅　粉末状。

⑬ 邻菲啰啉指示剂　称取邻菲啰啉1.490g溶于含有0.700g硫酸亚铁的100mL水溶液中。密闭保存于棕色瓶中备用。

⑭ 重铬酸钾-硫酸溶液（0.4mol/L）　称取39.23g重铬酸钾，溶于600~800mL蒸馏水中，待完全溶解后加水稀释至1L，将溶液移入3L大烧杯中；另取1L浓硫酸，慢慢地倒入重铬酸钾水溶液内，不断搅动，为避免溶液急剧升温，每加约100mL硫酸后稍停片刻，并把大烧杯放在盛有冷水的盆内冷却，待溶液的温度降到不烫手时再加另一份硫酸，直到全部加完为止。

⑮ 重铬酸钾标准溶液 $\left[c\left(\dfrac{1}{6}K_2Cr_2O_7\right)=0.2000mol/L\right]$　称取130℃下烘干1.5h的优级纯重铬酸钾9.807g，先用少量水溶解，然后移入1L容量瓶内，加水定容至标线。

⑯ 硫酸亚铁标准溶液　称取硫酸亚铁56g，溶于600~800mL水中，加20mL浓硫酸，搅拌均匀，加水定容至1L（必要时过滤），贮于棕色瓶中保存。使用时必须标定。

【测定步骤】

（1）采样及制样　选取有代表性的风干土壤样品，用镊子挑除植物根、叶等有机残体，然后用木棍把土块压细，使之通过1mm筛。充分混匀后，从中取出试样10~20g，磨细，并全部通过0.25mm筛，装入磨口瓶中备用。

（2）预处理准备　按表4-4称取制备好的风干试样0.05~0.5g（精确到0.0001g），置入150mL磨口锥形瓶中，加粉末状的硫酸银0.1g，然后用滴定管准确加入0.4mol/L重铬酸钾-硫酸溶液10mL，摇匀。

表4-4　不同土壤有机质含量的称样量

有机质含量/%	试样质量/g
2以下	0.4~0.5
2~7	0.2~0.3
7~10	0.1
10~15	0.05

（3）预处理　将盛有试样的磨口锥形瓶装一简易空气冷凝管，移至已预热到185~

190℃的电砂浴锅中，放入后电砂浴锅温度下降至170～180℃，当简易空气冷凝管下端落下第一滴冷凝液时，开始计时，消煮5min。计时需要注意时间的准确性，时间过长会使测定结果偏高。

（4）标准溶液标定　吸取20mL重铬酸钾标准溶液，放入150mL锥形瓶中，加3mL浓硫酸和3～5滴邻菲啰啉指示剂，用硫酸亚铁标准溶液滴定，根据硫酸亚铁标准溶液的消耗量，按式(4-9)计算硫酸亚铁标准溶液浓度c_2。

$$c_2 = \frac{c_1 V_1}{V_2} \tag{4-9}$$

式中　c_2——硫酸亚铁标准溶液的浓度，mol/L；

　　　c_1——重铬酸钾标准溶液的浓度，mol/L；

　　　V_1——吸取的重铬酸钾标准溶液的体积，mL；

　　　V_2——滴定时消耗硫酸亚铁溶液的体积，mL。

（5）测定　消煮完毕后，将锥形瓶从电砂浴上取下，冷却片刻，用水冲洗冷凝管内壁及其底端外壁，使洗涤液流入原锥形瓶，瓶内溶液的总体积控制在60～80mL为宜，加3～5滴邻菲啰啉指示剂，用硫酸亚铁标准溶液滴定剩余的重铬酸钾。溶液的变色过程是先由橙黄变为蓝绿，再变为棕红，即达终点。如果试样滴定所用硫酸亚铁标准溶液的体积不到空白测定所耗硫酸亚铁标准溶液体积的1/3时，则应减少土壤称样量，重新测定。

（6）空白测定　每批试样测定必须同时做2～3个空白样品。取0.500g粉末状二氧化硅代替试样，其他步骤与试样测定相同，取其平均值。

【测定结果】

土壤有机质含量w（按烘干土计算）按式(4-10)计算：

$$w = \frac{(V_0 - V)c_2 \times 0.003 \times 1.724}{m} \times 100\% \tag{4-10}$$

式中　w——土壤有机质含量，%；

　　　V_0——空白滴定时消耗硫酸亚铁标准溶液的体积，mL；

　　　V——测定试样时消耗硫酸亚铁标准溶液的体积，mL；

　　　c_2——硫酸亚铁标准溶液的浓度，mol/L；

　　0.003——1/4碳原子的摩尔质量，g/mmol；

　　1.724——由有机碳换算为有机质的系数；

　　　m——烘干试样质量，g。

【注意事项】

① 称样量多少取决于土壤有机质的含量，每份分析样品中有机碳的含量应控制在8mg以内，有机质含量小于2%，称样量为0.4～0.5g，含量达8%时，称样量不应超过0.1g。

② 消煮温度必须严格控制在170～180℃的范围内，沸腾时间力求准确（5min）。

③ 消煮好的样品试液应为黄色或黄绿色。若以绿色为主，说明$K_2Cr_2O_7$用量不足；如果试液呈黄绿色但滴定时消耗的$FeSO_4$量小于空白测定用量的1/3时，有氧化不完全的危险。如有上述情况发生，应弃去，重新适当减少称样量再进行测定。

【问题思考】

① 样品预处理时为什么要准确加入0.4mol/L重铬酸钾-硫酸溶液？

② 本实验产生误差的原因有哪些？

Ⅱ. 称量法

【测定目的】

① 掌握称量法测定土壤中有机质的原理和方法。

② 掌握土壤采样、制样、预处理方法。

③ 熟悉数据的记录以及处理方法。

【测定原理】

将混合均匀的样品放在称至恒重的瓷坩埚内，先将水分大的样品放置于水浴锅上蒸干，然后放进烘箱内在 103～105℃下烘干至恒重（干燥样品直接放入恒温烘箱烘至恒重），再将样品放进马弗炉内在（550±50）℃下灼烧 1h。根据公式计算有机质含量。

【仪器和试剂】

① 瓷坩埚　体积 100mL。

② 电热板、烘箱、马弗炉以及电子天平。

【测定步骤】

（1）样品预处理　测定有机物含量的样品应剔除各类大型纤维杂质和大小碎石块等无机杂质，注意样品的代表性。采集的样品应尽快分析测定，如需放置，应密闭贮存在 4℃冷藏冰箱中，保存时间不能超过 24h。

（2）样品烘干　在已恒重为 m_1 的瓷坩埚中加入适量样品，放在沸水浴锅上，待样品中水分蒸发至近干，将瓷坩埚移入烘箱内在 103～105℃下烘干 2h，取出放入干燥器内，冷却后称重，反复几次，直至恒重为 m_2。

（3）样品灼烧　将盛有烘干样品的瓷坩埚放入马弗炉中，在（550±50）℃下灼烧 1h，关掉电源，待炉内温度降至 200℃左右时取出，放入干燥器，冷却后称重为 m_3。

【测定结果】

污泥中有机质含量 w 的数值，以%表示，按式（4-11）计算。

$$w = \frac{m_2 - m_3}{m_2 - m_1} \times 100\% \tag{4-11}$$

式中　m_1——恒重坩埚的质量，g；

　　　m_2——恒重坩埚和烘干后样品的质量，g；

　　　m_3——恒重坩埚和灼烧后样品的质量，g。

计算结果精确到小数点后两位。

【注意事项】

① 烘干恒重指每次烘干后称重相差不大于 0.001g。

② 在马弗炉中灼烧 1h 应根据样品灼烧的完全程度，时间可适当延长或缩短。

③ 高温操作要用坩埚钳移动坩埚，防止灼伤、烫伤。

【问题思考】

① 简述样品恒重的方法。

② 本实验产生误差的原因有哪些？

→] 任务训练

1. 如何布点采集污染土壤样品和背景值样品？用图示法解释说明。

2. 简述土壤监测方法。

3. 简述土壤水分测定的原理。

4. 简述有机磷农药的监测方法。

5. 分析比较土壤各种酸式消化法的特点，有哪些注意事项？消化过程中各种酸起何作用？

6. 为测定土壤试样中铜的含量，于三份 5mL 的土壤试液中分别加入 0.5mL、1mL、1.5mL 5μg/mL 的硝酸铜标准溶液，均用水稀释至 10mL，在原子吸收分光光度计上测得吸光度依次为 33.0、55.3、78.0。计算此土壤试液中铜的含量（mg/L）。

【项目概要】

一、基本概念

土壤、土壤矿物质、土壤有机物等。

二、土壤污染基本知识

1. 土壤组成；2. 土壤污染源；3. 土壤污染物；4. 土壤污染特点；5. 土壤污染类型。

三、土壤样品的采集

1. 布点原则　代表性和对照性；2. 对角线布点法、梅花布点法、棋盘布点法和蛇形布点法。

四、土壤样品的制备

采样、风干、破碎、过筛、保存。

五、土壤样品预处理方法

湿法消化、干法灰化、溶剂提取、柱色谱法、碱熔法。

六、土壤的监测

原理、测定、计算、注意事项。

固体废物监测

 知识目标

掌握固体废物的来源、种类、特性和危害，熟悉试样的采集、制备和保存方法，了解固体废物中有害物质的监测方法，以及相关的操作技能。

能力目标

具备采集、制备和保存各类固体废物样品的能力；能正确地选用仪器、试剂及相关监测备品；具有仪器使用、维护、保养能力；能对固体废物进行规定项目的监测，完成监测报告。

素质目标

能获取准确监测结果，报出合格的固体废物监测报告；培养合作、创新的团队精神；培养安全意识、开拓进取、不断创新。

● 任务一 认识固体废物监测 ●

目前，环境污染的主要问题是水污染和大气污染。但是，其他的环境污染问题如固体废物的污染亦是不可忽视的重要问题，并随着经济的发展和资源的枯竭越显迫切。了解固体废物的来源和危害，加强固体废物的监测和管理是环境保护工作的重要任务之一。

一、固体废物

1. 固体废物的概念

固体废物是在社会的生产、流通、消费等一系列活动中产生的，在一定时间和地点无法利用而被丢弃的污染环境的固体、半固体废物的总称。所谓废物则仅仅是相对于某一过程或某一方面失去了使用价值，但某一过程的废

固体废物鉴别标准 通则

物也可能是另一过程的原料，废与不废只是相对的，世界上只有暂时没有被认识和利用的物质，而没有不可认识的物质，废与不废具有很强的空间性和时间性。随着人类认识的逐步提高和科学技术的不断发展，被认识和利用的物质越来越多，昨天的废物有可能成为今天的资源，他处的废物在另外的空间或时间就是资源和财富，一个时空领域的废物在另一个时空领域也许就是宝贵的资源，因此固体废物又被称为"在时空上错位的资源"是有道理的。不能排入水体的液态废物和不能排入大气的置于容器中的气态废物，由于多具有较大的危害性，一般也归入固体废物管理体系。

2. 固体废物的来源

固体废物主要来自两个方面，即城市生活垃圾和工农业生产中所产生的废物，见表 5-1。

表 5-1　固体废物的主要来源

发生源	产生的主要固体废物
矿业	废石、尾矿、金属、废木、砖瓦和水泥、砂石等
建筑材料工业	金属、水泥、黏土、陶瓷、石膏、石棉、砂、石、纸和纤维等
冶金、交通机械等工业	金属、渣、砂石、模型、芯、陶瓷、涂料、管道、绝热和绝缘材料、胶黏剂、污垢、废木、塑料、橡胶、纸、各种建筑材料、烟尘等
食品加工业	肉、谷物、蔬菜、硬壳果、水果、烟草等
橡胶、皮革、塑料等工业	橡胶、塑料、皮革、布、线、纤维、染料、金属等
石油化学工业	化学药剂、金属、塑料、橡胶、陶瓷、沥青、污泥、油毡、石棉、涂料等
电器、仪器仪表等工业	金属、玻璃、木、橡胶、塑料、化学药剂、研磨料、陶瓷、绝缘材料等
纺织服装工业	布头、纤维、金属、橡胶、塑料等
造纸、木材、印刷等工业	刨花、锯末、碎木、化学药剂、金属填料、塑料等
居民生活	食物、垃圾、纸、木、布、庭院植物修剪物、金属、玻璃、塑料、陶瓷、燃料灰渣、脏土、碎砖瓦、废器具、粪便、杂品等
商业、机关	食物、垃圾、纸、木、布、庭院植物修剪物、金属、玻璃、塑料、陶瓷、燃料灰渣、脏土、碎砖瓦、废器具、粪便、杂品等，另有管道、碎砌体、沥青、其他建筑材料，含有易燃、易爆、腐蚀性、放射性的废物以及废汽车、废电器、废器具等
市政维护、管理部门	脏土、碎砖瓦、树叶、死禽畜、金属、锅炉灰渣、污泥等
农业、林业	秸秆、蔬菜、水果、果树枝杈、糠秕、人和禽畜粪便、农药等
核工业和放射性医疗单位	金属、含放射性废渣、粉尘、污泥、器具和建筑材料等
旅客列车	纸、果屑、残剩食品、塑料、泡沫盒、玻璃瓶、金属罐、粪便等

3. 固体废物的种类

固体废物的种类很多，按其组成成分可分为有机废物和无机废物；按其形态可分为固态的废物、半固态的废物；按其污染特性可分为有害废物与一般废物等。《中华人民共和国固体废物污染环境防治法》中将其分为城市固体废物、工业固体废物和有害废物。

（1）城市固体废物　城市固体废物是指居民生活、商业活动、市政建设与维护、机关办公等过程产生的固体废物，一般分为生活垃圾、城建渣土、商业固体废物、粪便。

（2）工业固体废物　工业固体废物是指在工业、交通等生产过程中产生的固体废物。工业固体废物主要包括冶金工业固体废物、能源工业固体废物、石油化学工业固体废物、矿业固体废物、轻工业固体废物、其他工业固体废物。

（3）有害废物　有害废物又称危险废物，泛指除放射性废物以外，具有毒性、易燃性、反应性、腐蚀性、爆炸性、传染性，因而可能对人类的生活环境产生危害的废物。

固体废物的类别，除以上三者之外，还有来自农业生产、畜禽饲养、农副产品加工以及农村居民生活所产生的废物，如农作物秸秆、人畜禽排泄物等。这些废物多产于城市外，一般多就地加以综合利用，或做沤肥处理，或做燃料焚化。

二、固体废物的特性

1. 资源和废物的相对性

固体废物具有鲜明的时间和空间特性，是在错误时间放在错误地点的资源。从时间方面讲，它仅仅是在目前的科学技术和经济条件下无法加以利用，但随着时间的推移，科学技术的发展，以及人们的要求变化，今天的废物可能变成明天的资源。从空间角度看，废物仅仅相对于某一过程或某一方面没有使用价值，而并非在一切过程或一切方面都没有使用价值。一种过程的废物，往往可以成为另一种过程的原料。固体废物一般具有某些工业原材料所具有的化学、物理特性，而且较污水、废气容易收集、运输、加工处理，因而可以回收利用。

2. 富集终态和污染源头的双重性

固体废物往往是许多污染成分的终极状态。例如，一些有害气体或飘尘，通过治理最终富集成固体废物；一些有害溶质和悬浮物，通过治理最终被分离出来成为污泥或残渣；一些含重金属的可燃固体废物，通过焚烧处理，有害金属浓集于灰烬中。但是，这些"终态"物质中的有害成分，在长期的自然因素作用下，又会转入大气、水体和土壤，故又成为大气、水体和土壤环境的污染"源头"。

3. 危害具有潜在性、长期性和灾难性

固体废物对环境的污染不同于污水、废气和噪声。固体废物呆滞性大、扩散性小。它对环境的影响主要是通过水、气和土壤进行的，其中污染成分的迁移转化，如浸出液在土壤中的迁移，是一个比较缓慢的过程，其危害可能在数年乃至数十年后才能发现。从某种意义上讲，固体废物，特别是有害废物对环境造成的危害可能要比水、气造成的危害严重得多。

三、固体废物的危害

随着经济的不断增长，生产规模的不断扩大，人类需求的不断增加，随之而来的固体废物排放量也就不断增长。如美国，1974 年总固体废物排放量为 44 亿吨，到 1980 年则达 60 亿吨，增长率达 5％以上，到 2000 年达 120 亿吨。表 5-2 列出了工业固体废物产量及其发展趋势。由此可见，20 世纪 80 年代以来，工业固体废物增长十分迅速，与经济发展是同步的。

表 5-2 工业固体废物产量及其发展趋势

年 份	1981	1985	1987	1995	2000	2010	2020
工业固体废物/10^4 t	37660	46150	52920	61420	69350	225093	36800

据统计，我国 200 万以上人口城市，人均日排生活垃圾 0.62～0.98kg，中小城市为 1.1～1.3kg。据此估算，1990 年全国城市垃圾已达 8000 万吨，2000 年已达 1 亿吨，而且每年还在以大约 10％的平均速度递增。固体废物排放量的增长给环境带来了一系列的问题，已成为世界性的一大公害。具体地说，其危害有侵占土地、污染土壤、污染水体、污染大气和影响市容环境卫生。

特别要强调的是，在运输与处理工业废渣和城市垃圾的过程中，产生的有害气体和粉尘是十分严重的。例如，当采用焚烧方法处理废旧塑料时，会排放出有毒的氯气、二噁英等气体，但这种处理方法在许多工厂和垃圾处理厂中还在采用。

总的来说，固体废物对环境的污染虽没有污水、废气那样严重，但从其对人类所造成的危害来看，也必须采取措施，进行合理的处理。

 任务训练

1. 什么是固体废物？固体废物的来源有哪些？
2. 简述固体废物的种类。
3. 固体废物的特性有哪些？
4. 举例说明固体废物的危害。

● 任务二　固体废物样品的采集、制备及保存 ●

一、样品的采集

工业固体废物采样制样技术规范

为使采集样品具有代表性，在采集之前首先要调查了解，对调查的工业废物的来源、生产工艺过程、废物类型、排放数量、堆积历史、危害程度和综合利用情况进行研究，在此基础上确定采样程序、采样方法、分样数目和分样量。如果采集有害废物则应根据其有害特性采取相应的安全措施。

1. 采样工具

常用的采样工具有尖头钢锹、钢尖镐（腰斧）、采样铲、具盖采样桶或内衬塑料的采样袋。

2. 采样程序

根据固体废物批量大小确定应采的份样（由一批废物中的一个点或一个部位，按规定量取出的样品）个数，根据固体废物的最大粒度（95％以上能通过的最小筛孔尺寸）确定份样量，根据采样方法，随机采集份样，组成总样，如图5-1所示，并认真填写采样记录表。

3. 采样数目

按表5-3确定应采份样数目。

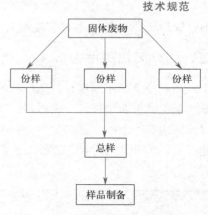

图5-1　采样示意

表5-3　批量大小与最少份样数

批量大小(液体为 m³,固体为 t)	最少份样数/个	批量大小(液体为 m³,固体为 t)	最少份样数/个
<5	5	500～1000	25
5～50	10	1000～5000	30
50～100	15	>5000	35
100～500	20		

4. 采样量

采样量应根据经验公式 $m_Q \geqslant kd^2$ 确定所需试验的最小质量 m_Q，单位 kg。该式为经验公式，试样均匀度越差，k 值越大；d 为试样的最大粒度直径，单位 mm。但通常按表 5-4 确定每个份样应采的最小质量。所采的每个份样量应大致相等，其相对误差不大于 20%。表 5-4 中要求的采样铲容量为保证一次在一个地点或部位能取到足够数量的份样量。液态的废物份样量以不小于 100mL 的采样瓶（或采样器）容积为宜。

表 5-4　份样量和采样铲容量

最大粒度/mm	最小份样量/kg	采样铲容量/mL	最大粒度/mm	最小份样量/kg	采样铲容量/mL
>150	30		20~40	2	800
100~150	15	16000	10~20	1	300
50~100	5	7000	<10	0.5	125
40~50	3	1700			

5. 采样方法

（1）现场法　在生产现场采样，首先确定样品的批量，然后按式（5-1）计算出采样间隔，进行流动间隔采样。

$$采样间隔数 \leqslant \frac{批量(t)}{规定的份样数} \tag{5-1}$$

【注意】采第一个份样时，不准在第一间隔的起点开始，可在第一间隔内任意确定。图 5-2 是用传送带传送废物的现场采样示意。

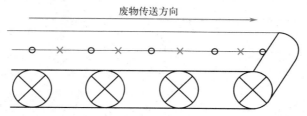

图 5-2　传送带传送废物的现场采样示意
○ 间隔点；× 采样点

（2）运输车及采样容器法　在运输一批固体废物时，当车数不多于该批废物规定的份样数时，每车应采份样数按式（5-2）计算。

$$每车应采份样数 = \frac{规定份样数}{车数} \tag{5-2}$$

当车数多于规定的份样数时，按表 5-5 选出所需最少的采样车数，然后从所选车中随机采集一个份样。

表 5-5　所需最少的采样车数

车数（容器）/辆（个）	所需最少采样车数/辆	车数（容器）/辆（个）	所需最少采样车数/辆
<10	5	50~100	30
10~25	10	>100	50
25~50	20		

在车中，采样点应均匀分布在车厢的对角线上，如图 5-3 所示。端点距车角应大于 0.5m，表层去掉 30cm。

对于一批若干容器盛装的废物，按表 5-5 选取最少容器数，并在每个容器中均随机采两个样品。

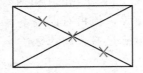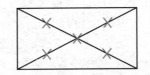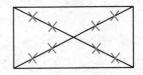

图 5-3　车厢中的采样布点

【**注意**】当把一个容器作为一个批量时，就按表 5-3 中规定的最少份样数的 1/2 确定；当把 **10** 个容器作为一个批量时，就按式 (5-3) 确定最少容器数。

$$最少容器数 = \frac{表\ 5\text{-}3\ 中规定的最少份样数}{容器数} \tag{5-3}$$

（3）废渣堆法　在废渣堆两侧距堆底 0.5m 处画第一条横线，再每隔 2m 画一条横线的垂线，其交点作为采样点。按表 5-3 确定的份样数，确定采样点数，在每点上 0.5～1.0m 深处各随机采样一份，如图 5-4 所示。

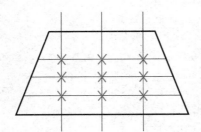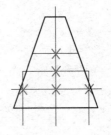

图 5-4　废渣堆中采样点的分布

二、样品的制备

1. 制样要求

在制样全过程中，应防止样品产生任何化学变化和污染。若制样过程中可能对样品的性质产生显著影响，则应尽量保持原来状态。

湿样品应在室温下自然干燥，使其达到适于破碎、筛分、缩分的程度。制备的样品应过筛（筛孔直径为 5mm），装瓶备用。

固体废物
有机物的提取
微波萃取法

2. 制样工具

制样工具包括粉碎机、药碾、钢锤、标准套筛、十字分样板、机械缩分器。

3. 制样程序

（1）粉碎　用机械或人工方法把全部样品逐级破碎，通过 5mm 筛孔。粉碎过程中，不可随意丢弃难以破碎的粗粒。

（2）缩分　将样品在清洁、平整、不吸水的板面上堆成圆锥形，每铲物料自圆锥顶端落下，使均匀地沿锥尖散落，不可使圆锥中心错位。反复转堆，至少三周，使其充分混合。然后将圆锥顶端轻轻压平，摊开物料后，用十字板自上压下，分成四等份，取两个对角的等份。重复操作数次，直至不少于 1kg 试样为止。

三、样品的保存

制备好的样品密封于容器中保存（容器应对样品不产生吸附，不使样品变质），贴上标签备用。标签上应注明标号、废物名称、采样地点、批量、采样人、制样人、时间。特殊样品可采取冷冻或充惰性气体等方法保存。

制备好的样品，一般有效保存期为三个月，易变质的试样不受此限制。最后填好采样记录表（见表 5-6），一式三份，分别存于有关部门。

表 5-6　采样记录

样品登记号		样品名称	
采样地点		采样数量	
采样时间		废物所属单位名称	
采样现场简述			
废物产生过程简述			
样品可能含有的主要有害成分			
样品保存方式及注意事项			
样品采集人及接收人			
备注		负责人签字	

任务训练

1. 固体废物的采样方法有哪些？
2. 简述固体废物采样数目和采样量。
3. 简述固体废物样品制备的一般程序。
4. 居住区周围固体废物的主要来源有哪些？这些固体废物是怎样处理的？
5. 选择一指定的固体废物放置地，用平面图画出采样图，采取 5 个试样分别记录在采样记录表中。

任务三　实施固体废物监测

固体废物样品的组成是相当复杂的，其存在形态往往不符合分析测定的要求，所以在分析测定之前，需要进行适当的预处理，以使被测组分满足测定方法要求的形态、浓度和消除共存组分干扰的试样体系。预处理的方法可参考土壤预处理内容，在此就不再一一叙述。

固体废物有害物质的监测项目（方法）包括水分测定（见土壤水分含量测定），pH 值测定（玻璃电极法），总汞测定（冷原子吸收分光光度法），总镉、砷的测定（原子吸收分光光度法），总铬的测定（二苯碳酰二肼分光光度法），铅的测定（双硫腙分光光度法），氰化物的测定（异烟酸-吡唑啉酮分光光度法）。

一、固体废物有害特性的监测

1. 急性毒性的监测

有害废物中往往含有多种有害成分，组分分析难度较大。急性毒性的初筛试验可以简便地鉴别并表达其综合急性毒性，方法如下。

以体重 18～24g 的小白鼠（或 200～300g 的大白鼠）作为实验动物，若是外购鼠，必须在本单位饲养条件下饲养 7～10d，仍活泼健康者方可使用。实验前 8～12h 和观察期间禁食。

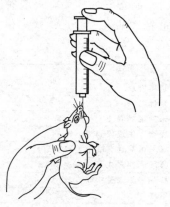

图 5-5　灌胃姿势示意

称取制备好的样品 100g，置于 500mL 具磨口玻璃塞的锥形瓶中，加入 100mL pH 值为 5.8～6.3 的水（固液体积比为 1∶1），振摇 3min 后于室温下静置浸泡 24h，用中速定量滤纸过滤，滤液留待灌胃用。

灌胃采用 1mL 或 5mL 注射器，注射针采用 9（或 12）号，去针头，磨光，弯曲成新月形。对 10 只小白鼠（或大白鼠）进行一次性灌胃，每只灌浸取液 0.50mL（或 4.40mL），灌胃时用左手捏住小白鼠，尽量使之成垂直体位，如图 5-5 所示，右手持已吸取浸出液的注射器，对准小白鼠口腔正中，推动注射器使浸出液徐徐流入小白鼠的胃内。对灌胃后的小白鼠（或大白鼠）进行中毒症状观察，记录 48h 内动物死亡数，确定固体废物的综合急性毒性。

2. 易燃性试验

鉴别易燃性即测定闪点，闪点较低的液态状废物和燃烧剧烈而持续的非液态状废物，由于摩擦、吸湿、点燃等自发的化学变化会发热、着火，或可能由于它的燃烧引起对人体或环境的危害。

仪器采用闭口闪点测定仪。温度计采用 1 号温度计（-30～170℃）或 2 号温度计（100～300℃）。防护屏采用镀锌铁皮制成，高度 550～650mm，宽度以适用为度，屏身内壁漆成黑色。

测定时按标准要求加热试样至一定温度，停止搅拌，每升高 1℃点火一次，至试样上方刚出现蓝色火焰时，立即读出温度计上的温度值，该值即为测定结果。

3. 腐蚀性试验

腐蚀性指通过接触能损伤生物细胞组织或腐蚀物体而引起危害。测定方法一种是测定 pH 值，另一种是指在 55.7℃ 以下对钢制品的腐蚀深度。当固体废物浸出液的 pH≤2 或 pH≥12.5 时，说明有腐蚀性；当在 55.7℃ 以下对钢制品的腐蚀深度大于 0.64cm/a 时，说明有腐蚀性。实际应用中一般使用 pH 值判断腐蚀性。

4. 反应性试验

测定方法包括撞击感度测定、摩擦感度测定、差热分析测定、爆炸点测定、火焰感度测定等五种方法，具体测定可查阅相关标准。

5. 浸出毒性试验

浸出试验采用规定方法浸出固体废物的水溶液，然后对浸出液进行分析。我国规定的分析项目主要有汞、镉、砷、铅、铜、锌、镍、锑、铍、氟化物、氰化物、硝基苯类化合物。

浸出方法是称取 100g 固体干试样，置于浸出容积为 2L（ϕ130mm×160mm）的具塞广口聚乙烯瓶中，加水 1L（先用氢氧化钠或盐酸调 pH 值至 5.8～6.3）。

将瓶子垂直固定在水平往复振荡器上，调节振荡频率为（110±10）次/min，振荡 40min，在室温下振荡 8h，静置 16h。

用 0.45μm 滤膜过滤。滤液按各种分析项目要求进行保护，于合适条件下储存备用。每个样品做两个平行浸出试验，每瓶浸出液对欲测项目平行测定两次，取算术平均值作为测定结果。

6. 固体废物遇水反应性试验

（1）原理　半导体点温计法（如图 5-6 所示）。固体废物与水发生反应放出热量，使体系的温度升高，用半导体点温计来测量固-液界面的温度变化，以确定温升值。

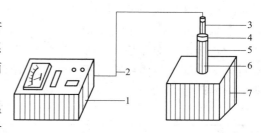

（2）测定　将点温计的探头输出端接在点温计接线柱上，开关置于"校"字样，调整点温计满刻度，使指针与满刻度线重合。将温升试验容器插入绝热泡沫块 12cm 深处，然后将一定量（1g、2g、5g、10g）的固体废物置于温升试验容器内，加入 20mL 蒸馏水，再将点温计探头插入

图 5-6　测定温升装置示意

1—半导体点温计；2—连接导线；3—玻璃套管；
4—橡胶塞；5—温升试验容器；6—点温
计探头；7—绝热泡沫块

固-液界面处，用橡胶塞盖紧（如图 5-6 所示），观察温升。将点温计开关转到"测"处，读取电表指针最大值，即是所测反应温度，此值减去室温即为温升测定值。

（3）计算

$$T = t_1 - t_2 \tag{5-4}$$

式中　T——温升值，℃；

　　　t_1——反应温度，℃；

　　　t_2——室温，℃。

【注意】测定过程中要避免热量的散失。至少测定两个平行样，报告算术平均值。反应剧烈的固体废物，宜从少量样品开始试验。半导体点温计外套玻璃套管后，可作为测温升的探头，要求玻璃套管壁薄且不渗水、气，以保证测温的准确性和防止探头损坏。

7. 固体废物渗漏模拟试验

（1）原理　雨水或蒸馏水浸取法。固体废物长期堆放可能通过渗漏污染地下水和周围土地，采用模拟试验的手段是研究固体废物渗漏污染的一种简便、有效的方法。在玻璃管内填装经 0.5mm 孔径筛的固体废物，以一定的流速滴加雨水或蒸馏水，从测定渗漏水中有害物质的流出时间和浓度的变化规律，推断固体废物在堆放时的渗漏情况和危害程度。

（2）测定　按图 5-7 装配好渗漏模拟试验装置。把通过 0.5mm 孔径筛的固体废物试样装入玻璃柱内，试样高约 20cm。试剂瓶中装入雨水或蒸馏水，以 4.5mL/min 的流速通过玻璃柱下端的玻璃棉流入锥形瓶内，待滤液收集至 400mL 时，关闭活塞，摇匀滤液，取适量滤液按水中重金属的分析方法，测定重金属离子的浓度。同时测定固体废物中重金属的含量。

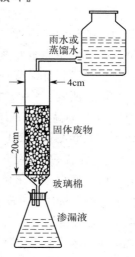

图 5-7　固体废物渗漏
模拟试验装置

根据测定结果推算，如果这种固体废物堆放在河边土地上，可能产生什么后果？这类固体废物应如何处置？

二、生活垃圾的特性分析

1. 粒度的测定

（1）原理　粒度的测定采用筛分法，按筛目排列，依次连续摇动 15min，转到下一号筛子中，然后计算每一粒度的微粒所占的质量分数。如果需要在试样干燥后称量，则需在70℃下烘24h，然后再在干燥的环境中冷却后筛分。

（2）测定　先称量样品的总质量，将样品按筛号大小（见表 5-7）过筛，筛下的样品按筛目分类，筛上的样品转到下一筛目的筛子上继续过筛，如此循环进行。最后分别称量筛下各组分的质量。

表 5-7　标准筛的筛号及孔径大小

筛号(网目)	3	6	10	20	40	60	80	100	120	140	200
筛孔直径/mm	6.72	3.36	2.00	0.83	0.42	0.25	0.177	0.149	0.125	0.105	0.074

（3）计算

$$x_{i湿}=\frac{m_i}{m}\times100\% \tag{5-5}$$

$$x_{i干}=x_{i湿}\frac{100-x_{i水}}{100-x_水} \tag{5-6}$$

式中　$x_{i湿}$——湿样品中某组分的质量分数，%；

m_i——某组分的质量，kg；

m——样品总质量，kg；

$x_{i干}$——干基某组分的质量分数，%；

$x_{i水}$——某组分中水的质量分数，%；

$x_水$——样品中水的质量分数，%。

2. 淀粉的测定

（1）原理　显色指示法。淀粉与碘可形成配合物，利用这种配合物的颜色变化来判断堆肥的降解程度。当堆肥降解尚未结束时，堆肥物料中的淀粉未完全分解，遇碘形成的配合物呈蓝色；堆肥完全腐熟时，物料中的淀粉已完全降解，加碘即呈黄色。堆肥过程中配合物的颜色变化过程是深蓝→浅蓝→灰→绿→黄。

（2）测定　将 1g 堆肥物置于 100mL 的烧杯中，滴入几滴酒精使其湿润，再加 20mL 浓度为 36% 的高氯酸；用纹网滤纸（90 号纸）过滤；向滤液中加入 20mL 的碘试剂并加以搅动；将几滴滤液滴到白色板上，观察其颜色变化。

3. 生物可降解度的测定

（1）原理　用化学手段估算生物可降解度的间接测定方法。根据生物可降解有机质比生物不可降解有机质更易于被氧化的特点，在原有"湿烧法"测定固体有机质的基础上，采用了常温反应，降低溶液的氧化程度，使之有选择性地氧化生物可降解物质。在强酸性条件下，用强氧化剂重铬酸钾在常温下氧化样品中的有机质，过量的重铬酸钾以硫酸亚铁铵回滴。根据所消耗的氧化剂的量，计算样品中有机质的量，再换算为生物可降解度。反应式如下。

$$2K_2Cr_2O_7+3C+8H_2SO_4\longrightarrow2K_2SO_4+2Cr_2(SO_4)_3+3CO_2+8H_2O$$

$$K_2Cr_2O_7+6FeSO_4+7H_2SO_4\longrightarrow K_2SO_4+Cr_2(SO_4)_3+3Fe_2(SO_4)_3+7H_2O$$

（2）测定　称取 0.5000g 风干并经磨碎的试样，置于 250mL 的容量瓶中；用移液管准确量取 15.0mL 的重铬酸钾溶液，加入瓶中；向瓶中加入 20mL 硫酸，摇匀；在室温下将容量瓶置于振荡器中，振荡 1h（振荡频率为 100 次/min 左右）；取下容量瓶，加水至标线；摇匀；从容量瓶中分取 25mL 置于锥形瓶中，加试亚铁灵指示液 3 滴，用硫酸亚铁铵标准溶液滴定，溶液的颜色由黄色经蓝绿色至刚出现红褐色不褪即为本次试验的终点，记录硫酸亚铁铵溶液的用量；用同样的方法在不放试样的情况下做空白试验。

（3）计算

$$生物可降解度（BDM）=\frac{(V_0-V_1)c\times6.383\times10^{-3}\times10}{W}\times100\%\qquad(5-7)$$

式中　V_0——空白试验所消耗的硫酸亚铁铵标准溶液的体积，mL；

　　　V_1——样品测定所消耗的硫酸亚铁铵标准溶液的体积，mL；

　　　c——硫酸亚铁铵标准溶液的浓度，mol/L；

　　　W——样品质量，g；

　6.383——换算系数。

4. 渗沥水分析

渗沥水是指从生活垃圾接触中渗出来的水溶液，它提取或溶出了垃圾组成中的物质。由于渗沥水中的水量主要来源于降水，所以在生活垃圾三大处理方法中，渗沥水是填埋处理中主要的污染源。合理的堆肥处理一般不会产生渗沥水，焚烧和气化也不产生渗沥水，只有露天堆肥、裸露堆场可能产生渗沥水。

渗沥水的特点有：成分的不稳定性，主要取决于垃圾的组成；浓度的可变性，主要取决于填埋时间；组成的特殊性，渗沥水是不同于生活污水的特殊污水，例如，一般生活污水中，有机质主要是蛋白质（40%～60%）、碳水化合物（25%～50%）以及脂肪、油类（10%），但在渗沥水中几乎不含油类，因为生活垃圾具有吸收和保持油类的能力，在数量上至少达到2.5g/kg干废物。此外，渗沥水中几乎没有氰化物、金属铬和金属汞等水质必测项目。

渗沥水分析项目各种资料上大体相近，典型的有pH值、COD、BOD、脂肪酸、氨氮、氯、钠、镁、钾、钙、铁和锌，没有细菌学项目的原因是在厌氧的填埋场不存在各类致病菌和肠道菌。

"渗沥水理化分析和细菌学检验方法"内容包括色度、总固体、总溶解性固体与总悬浮性固体、硫酸盐、氨态氮、凯式氮、氯化物、总磷、pH值、COD、BOD、钾、钠、细菌总数、总大肠菌群等。

 任务训练

1. 固体废物有害特性的监测项目有哪些？
2. 简述生物可降解度的测定原理。
3. 简述生活垃圾中淀粉的测定方法。
4. 测定固体废物pH值应注意哪些方面？
5. 根据你乘火车的经历，试分析中国铁路列车垃圾状况，并提出一套列车垃圾收集、监测的方案。
6. 查阅有关文献，设计出你所在生活区域中固体废物渗漏模拟试验中常见重金属离子的监测实验方法。

【项目概要】

一、基本概念

固体废物、生活垃圾等。

二、基本知识

1. 固体废物种类：城市固体废物、工业固体废物和有害废物；2. 特性：资源和废物的相对性，富集终态和污染源头的双重性，危害具有潜在性、长期性和灾难性；3. 危害：侵占土地、污染土壤、污染水体、污染大气、影响市容。

三、固体废物样品的采集和制备

1. 要求：采集样品具有代表性；2. 程序；3. 采样方法：现场法、运输车及采样容器法、废渣堆法；4. 样品制备：在制样全过程中，应防止样品产生任何化学变化和污染。若制样过程中可能对样品的性质产生显著影响，则应尽量保持原来状态。湿样品应在室温下自然干燥，使其达到适于破碎、筛分、缩分的程度。制备的样品应过筛（筛孔直径为 5mm），装瓶备用。

四、固体废物常规监测内容

1. 有害物质的监测；2. 有害特性监测；3. 生活垃圾的特性分析。

生物污染监测

📚 知识目标

掌握污染物在生物体内的分布、转移、积累和排泄；熟悉生物样品的采集、制备和预处理方法；掌握生物监测方法，学会食品中苯并[a]芘、氟的测定方法，粮食中六六六、滴滴涕残留量的测定，以及鱼中甲基汞的测定。

🖥 能力目标

能根据生物种类采集、制备、预处理生物试样；能正确地选用仪器、试剂及相关监测备品；具有对生物样品常规监测项目进行监测的能力，得出准确的监测结果；完成生物全监测内容。

👥 素质目标

具有获取准确监测结果，报出合格的生物污染监测报告的能力；培养团队协作的团队精神；树立安全意识；监测仪器设备规范使用，节约为本。

● 任务一 认识生物污染监测 ●

在经济发展、社会进步的同时，人们的生存环境却受到了污染与破坏。生物赖以生存的大气、水体、土壤都受到了污染，生物从这些环境中摄取营养和水分的同时，也摄入污染物质，并在体内积累，最终使生物受到不同程度的污染和危害，也直接威胁到人类自身的健康。

建立现代化
生态环境
监测体系

一、生物污染形式

生物受污染的途径主要有表面吸附、吸收和生物浓缩。

1. 表面吸附

表面吸附是指污染物附着在生物体表面的现象。例如大气中的各种有害气体、粉尘、降尘随着飘逸和尘降而散落在农作物的表面并被叶片吸附，最终造成农作物的污染和危害。水体中的污染物附着在鱼、虾等水生生物体表、口腔黏膜，使水生生物受到毒害。

2. 吸收

大气、水体和土壤中的污染物，可经生物体各器官的吸收而进入生物体。如植物可通过叶片吸收大气中的污染物，通过根系来吸收土壤或水体中的污染物；动物可以通过呼吸道、消化道和皮肤等途径从环境中吸收污染物。

3. 生物浓缩

生物浓缩也称生物富集，是指生物体从生活环境中不断吸收低剂量的有害物质，并逐渐在体内浓缩或积累的能力。大气、土壤、水体及其他环境中都存在着微生物，环境中的污染物可以通过生物代谢进入微生物体内，使其体内污染物的含量比环境高很多，这就是微生物浓缩。

另外，环境中的污染物还可以通过生物的食物链进行传递和富集。比如，美国旧金山的休养胜地——明湖，曾因使用滴滴涕使鱼类、鸟类大批死亡。其原因是滴滴涕通过湖水中"浮游生物—小鱼—大鱼—鸟类"食物链以惊人的速度在生物体内富集。如果将湖水中的滴滴涕浓度当作 1 倍，浮游生物体内的浓度就是 265 倍，吃浮游生物的小鱼体内的脂肪中是 500 倍，吃小鱼的大鱼脂肪中达到 8.5 万倍，吃鱼的鸟类体内脂肪中可达到 80 万～100 万倍。如果人吃了这种鱼和鸟，滴滴涕将在人体中富集，使人受到毒害。

二、污染物在生物体内的迁移

1. 污染物在动、植物体内的分布

进入生物体内的污染物，在生物体内各部分的分布是不均匀的，为了能够正确地采集样品，选择适宜的监测方法，使检测结果具有代表性和可比性，首先应了解污染物在生物体内的分布情况。

（1）污染物在动物体内的分布　人和其他动物通过多种途径将环境中的污染物吸收，吸收后的污染物大部分与血浆蛋白结合，随血液循环到各组织器官，这个过程称为分布。污染物的分布有明显的规律：一是先向血流量相对多的组织器官分布，然后向血流量相对少的组织器官转移，如肝脏、肺、肾这些血流丰富的器官，污染物分布就较多；二是污染物在体内的分布有明显的选择性，多数呈不均匀分布，如动物铅中毒后 2h，肝脏内约含 50% 的铅，一个月后，体内剩余铅的 90% 分布在与它亲和力强的骨骼中。

导致污染物在体内分布不均匀的另一原因是机体的特定部位对污染物具有明显的屏障作用。例如血-脑屏障可有效阻止有毒物质进入神经中枢系统；血-胎盘屏障可防止母体血液中一些有害物质通过胎盘从而保护胎儿。污染物在动物体内的分布规律见表 6-1。

表 6-1　污染物在动物体内的分布规律

污染物的性质	主要分布部位	污 染 物
能溶于体液	均匀分布于体内各组织	钾、钠、锂、氟、氯、溴等
水解后形成胶体	肝或其他网状内皮系统	镧、锑、钍等三价或四价阳离子
与骨骼亲和性较强	骨骼	铅、钙、钡、镭等二价阳离子
脂溶性物质	脂肪	六六六、滴滴涕、甲苯等
对某种器官有特殊亲和性	碘-甲状腺、甲基汞-脑	碘、甲基汞、铀等

（2）污染物在植物体内的分布　植物吸收污染物后，污染物在植物体内的分布与污染的途径、污染物的性质、植物的种类等因素有关。

当植物通过叶片从大气中吸收污染物后，由于这些污染物直接与叶片接触，并通过叶面气孔吸收，因此这些污染物在叶中分布最多。如在二氧化硫污染的环境中生长的植物，它的叶中硫含量高于本底值数倍至数十倍。

当植物从土壤和水中吸收污染物后，污染物在体内各部位分布的一般规律是：根＞茎＞叶＞穗＞壳＞种子。表 6-2 是某科研单位利用放射性同位素^{115}Cd 对水稻进行试验的结果。由表 6-2 可知，水稻根系部分的含镉量占整个植株含镉量的 84.8%。

表 6-2　成熟期水稻各部位中的含镉量

植株部位		放射性计数/[脉冲/(min·g 干样)]	含　镉　量		
			(μg/g 干样)	%	Σ%
地上部分	叶、叶鞘	148	0.67	3.5	15.2
	茎秆	375	1.70	9.0	
	穗轴	44	0.20	1.1	
	穗壳	37	0.16	0.8	
	糙米	35	0.15	0.8	
根系部分		3540	16.12	84.8	84.8

实验表明，作物的种类不同，污染物残留量的分布也有不符合上述规律的。如在被镉污染的土壤上种植的萝卜和马铃薯，其块根部分的含镉量低于顶叶部分。

残留分布情况也与污染物的性质有关。表 6-3 为水果中残留农药的分布。由实验可知，渗透性小的农药，95% 以上残留在果皮部分，向果肉内的渗透量很少。而渗透性大的农药如西维因等，向果肉的渗透量可达 78%。

表 6-3　水果中残留农药的分布

农　药	果　实	残 留 量/%	
		果　皮	果　肉
p,p'-DDT	苹果	97	3
西维因	苹果	22	78
敌菌丹	苹果	97	3
倍硫磷	桃子	70	30
异狄氏剂	柿子	96	4
杀螟松	葡萄	98	2
乐果	橘子	85	15

2. 污染物在动、植物体内的转移、积累、排泄

（1）污染物在动、植物体内的转移

① 污染物在动物体内的转移　该过程是一个极其复杂的过程，但是污染物无论通过哪种途径进入生物机体，都必须通过各种类型的细胞膜才能进入细胞，并选择性地对某些器官产生毒性作用。因此，首先应了解生物膜的基本构成和污染物通过细胞膜的方式。

生物膜包括细胞外膜、细胞核和细胞器上的膜。它是一种可塑的、具有流动性的、脂质与蛋白质镶嵌而成的双层结构，如图 6-1 所示。

a. 生物膜具有多孔性，在膜上分布着许多直径为 20～40nm 的微孔，它们是某些水溶性小分子化合物的通道。

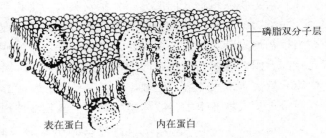

图 6-1　细胞膜脂质双层结构示意

b. 生物膜双层结构的主要成分是各种各样的脂质（磷脂、糖脂、胆固醇），其熔点低于正常体温，因而在正常情况下，生物膜维持在可流动的液体状态，这些成分对于水溶性化合物具有屏障作用，而对脂溶性物质则易于溶解与穿透。

c. 镶嵌在脂质中的球状蛋白可以起到载体和特殊通道的作用，从而使某些水溶性化合物得以通过生物膜。

污染物通过生物膜的生物转运方式有多种，最主要的是被动转运，其次是主动转运、胞饮和吞噬作用。

被动转运：指污染物由高浓度一侧向低浓度一侧进行的跨膜转运，包括简单扩散和过滤。转运的动力来自膜两侧的浓度差，差值越大转运动力越大，因此又称为顺浓度梯度转运。特点为：不需要载体；不消耗能量；转运无饱和现象；不同污染物同时转运无竞争性抑制现象；膜两侧浓度平衡时即停止转运。

主动转运：指污染物不依赖膜两侧浓度差的跨膜转运。污染物可以通过生物膜由低浓度的一侧向高浓度一侧转运，因此又称为逆浓度转运。此过程必须依赖机体提供的转运系统方能完成，包括载体和能量。其特点为：需要蛋白质的载体作用，载体对污染物有特异选择性；需消耗能量；受载体转运能力限制，当载体转运能力达到最大时有饱和现象；有竞争性；当膜一侧的污染物转运完毕后转运即停止。某些金属污染物，如铅、镉、砷和锰的化合物，可通过肝细胞的主动转运将其送入胆汁内，使胆汁内的浓度高于血浆中的浓度，有利于污染物随胆汁排出。

胞饮和吞噬作用：由于生物膜具有可塑性和流动性，因此对颗粒物和液粒这类污染物，细胞可通过细胞膜的变形移动和收缩，把它们包围起来最后摄入细胞内，这就是胞饮作用和吞噬作用。例如肺泡巨噬细胞可通过吞噬作用将烟和粉尘等转运进入细胞；血液中的白细胞能吞噬进入血液中的毒物和异物。

② 污染物在植物体内的转移　大气、土壤、水中的污染物只有进入植物体内才能对植物造成损害，植物一般是通过根系和叶片将污染物吸入体内的。

大气中的气体污染物或粉尘污染物可以通过叶面的气孔进入植物体内，经细胞间隙抵达导管，而后转运到其他部位，使植物组织遭受破坏，呈现受害症状，而危害主要表现在叶上，叶的受害程度很容易用眼睛观察到。例如气态氟化物通过植物的气孔进入叶片，溶解在细胞组织的水分里，一部分被叶肉细胞吸收，而大部分则沿纤维管束组织运输，在叶尖和叶缘中积累，使叶尖和叶缘组织坏死。

土壤、灌溉水中的污染物主要是通过植物根系吸收进入植物体内的，再经过细胞传递到达导管，随蒸腾流在植物体内转移、分布，最终使植物受到污染和危害。植物生长所需的物质元素也是通过这种方式转运的。

（2）污染物在动、植物体内的积累 任何机体在任何时刻内部某种污染物的浓度水平取决于摄取和消除两个相反过程的速率，当摄取量大于消除量时，就会发生生物积累。当生物积累达到一定程度时，就会引起生物浓缩。生物浓缩使污染物在生物体内的浓度超过在环境中的浓度，如水生生态系统中的藻类和凤眼莲等对污染物的积累、浓缩，使污水得到净化，同时也使藻类和凤眼莲体内的污染物浓度高于水体。由于生物具有积累、浓缩污染物的能力，因此进入环境中的毒物，即使是微量，也会使生物尤其是处于高营养级的生物受到危害，直接威胁人类的健康。例如1956年4月发生在日本熊本县的"水俣病"就是由于生物的积累、浓缩作用，最终使人受到毒害。

（3）污染物的排泄 排泄是污染物及其代谢产物向机体外的转运过程，是一种解毒方式。排泄器官有肾、肝胆、肠、肺、外分泌腺等，主要途径是经肾脏随尿排出，以及经肝胆通过肠道随粪便排出。污染物还可随各种分泌液如汗液、乳汁和唾液排出，挥发性物质还可经呼吸道排出。

① 肾脏排泄 肾脏是污染物及其代谢产物排泄的主要器官。汞、铅、铬、镉、砷以及苯的代谢产物等大多数随尿排出。

② 肝胆排泄 肝胆系统也是污染物自体内排出的重要途径之一。通常小分子物质经肾脏排泄，而大分子化合物经胆道排泄。因此，肝胆系统可视作肾脏的补偿性排泄途径，例如甲基汞主要通过胆汁从肠道排出。

③ 呼吸道排泄 许多经呼吸道进入机体的气态物质以及具有挥发性的污染物，如一氧化碳、乙醇、汽油等，以原形从呼吸道排出。

④ 其他排泄 有些污染物能通过简单扩散的方式经乳腺由乳汁排出，如铅、镉、亲脂性农药和多氯联苯就是由乳汁排出的。还有的能够经唾液腺和汗腺排出。

⇥ 任务训练

1. 生物体受污染的方式有哪几种？
2. 污染物进入生物体后，在动物体内的分布情况如何？在植物体内分布的一般规律是什么？
3. 污染物的生物转运主要有哪几种？主动转运和被动转运各有什么特点？
4. 进入人和动物体内的污染物排泄的途径有哪些？
5. 说明污染物是怎样通过食物链被浓缩从而危害人类的。

● 任务二 生物样品的采集、制备及预处理 ●

生物污染监测同其他环境样品的监测大同小异，一般都要经过样品的采集、制备、预处理和测定几个阶段。由于生物污染的含量一般较低，要使分析结果正确地反映被测对象中污染物的实际情况，除了选择灵敏度和准确度高的方法外，正确地采集和处理样品也是重要的环节之一。

一、植物样品的采集和制备

1. 样品采集原则

（1）**代表性**　指采集的样品应能代表一定范围的污染情况。这就要求对污染源的分布、污染的类型、植物的特征、灌溉情况等进行综合考虑，选择合适的采样区，采用适宜的方法布点，采集有代表性的植株。为使采集的样品具有代表性，不要在住宅、路旁、沟渠、粪堆及其附近设采样点。

（2）**典型性**　指所采集植株部位要能充分反映通过监测所要了解的情况。如要了解六六六、滴滴涕在植物根、茎、叶、果实中的分布情况，就必须根据要求采集植株的不同部位，不可将各部分随意混合。

（3）**适时性**　指根据监测的目的和具体要求，在植物不同生长发育阶段，施药、施肥前后，适时采样监测，以掌握不同时期植物的污染状况。

2. 采样点布设

根据现场调查与收集的资料，先选择好采样区，然后进行采样点位的布设。常用梅花形布点法或平行交叉布点法确定有代表性的植株，如图 6-2、图 6-3 所示。

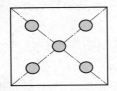

图 6-2　梅花形布点

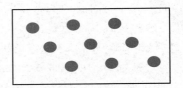

图 6-3　平行交叉布点

当农作物监测与土壤监测同时进行时，农作物样品的采集应与土壤样品同步采集，农作物采样点就是农田土壤采样点。

3. 采样工具和采样方法

（1）**采样工具**　包括不锈钢剪刀、切刀、镰刀、铁锹、样品袋、标签、采样记录本、采样登记表等，见表 6-4。

表 6-4　植物样品采样登记表

采样日期	采样地点	样品名称	编号	采样部位	物候期	土壤类别	灌溉情况			分析部位	分析项目	采样人
							成分	浓度	次数			

（2）**采样方法**　植物样品一般应采集混合样，除特殊研究项目外，不能以单株作为监测样品。采样时，在每个小区的采样点上采集 10～20 个以上的植株（小型果实作物）混合组成一个代表样；大型果实作物由 5～10 个以上的植株组成。采集样品时应注意以下问题。

① 采样时需注意样品的代表性。水果类样品的采集要注意树龄、株型、生长势、坐果数量以及果实着生部位和方位。

② 采样时间应在无风晴天时采集，雨后不宜采样。采样应避开病虫害和其他特殊的植株。如采集根部样品，在清除根上的泥土时，不要损伤根毛。

③ 同时采集植株根、茎、叶和果实时，应现场分类包装，避免混乱。

④ 新鲜样品采集后，应立即装入聚乙烯塑料袋，扎紧袋口，以防水分蒸发。

⑤ 对水生植物应采集全株。从污染严重的河、塘中捞取的样品，需用清水洗净，挑去水草、小螺等杂物。

⑥ 采好的样品应贴好标签，注明编号、采样地点、植物种类、分析项目，并填写采样登记表。

4. 采样量和保存

采样量一般为待测试样量的3～5倍。一般规定样品的采样量：谷物、油料、干果类为500g；水果、蔬菜为1kg；水生植物为500g；烟草和茶叶等可酌情采集。

样品带回实验室后，如测定新鲜样品，应立即处理和分析，当天不能分析完的样品，暂时放于冰箱中保存；如果测定干样品，则将鲜样放在干燥通风处晾干或在鼓风干燥箱中烘干，备用。

5. 鲜样制备

新鲜样品用干净纱布轻轻擦去样品上的泥沙等附着物后，直接用组织捣碎机捣碎，混合均匀成待测试样。含纤维较多的样品，如根、茎秆、叶子等不能用捣碎机捣碎，可用不锈钢剪刀剪成小碎片，混合均匀成待测样品。

6. 干样制备

粮食样品用干纱布擦净样品上的泥尘等附着物后直接磨碎；带皮粮食应用清水冲洗、晾干，去皮后磨碎；根、茎、叶、果、蔬菜等样品用不锈钢剪刀切剪成0.5～1cm大小的块状、条状，在晾干室内摊放于晾样盘中风干。为加快干燥，也可将切碎的样品在85～90℃的烘箱中鼓风烘干1h，破坏酶的作用，再在60～70℃下通风干燥24～48h成为风干样品。将上述两种风干样品置于玛瑙研钵或玛瑙碎样机、石磨、不锈钢磨中进行手工或机械研磨，使样品全部通过40～60目尼龙塑料筛，混合均匀成待测样品。

7. 植物样品测定结果表示

植物样品中污染物质的分析结果常以干质量为基础表示（mg/kg），以便比较各样品中某一成分含量的高低。因此，还需要测定样品的含水量，对分析结果进行换算。但对含水量高的蔬菜、水果等，以鲜重表示计算结果较好。

二、动物样品的采集和制备

1. 尿液

由于肾脏是进入体内污染物及代谢产物的主要排出途径，因此尿检在动物污染监测和临床上应用都比较广泛。采集尿液的采样器一般由玻璃、聚乙烯、陶瓷等材料制成。采样器使用前应用稀硝酸浸泡，再用自来水、蒸馏水洗净、烘干。另外，因尿液中的排泄物早晨浓度较高，定性检测尿液成分时，应采集晨尿。特殊情况，也可收集8h和24h的尿液。

2. 血液

血液是最常用的检验标本。采血液样品时，除急性中毒外，一般应禁食6h以上或在早餐前空腹采血。通常是采集静脉血或末梢血。实验室常将血液分为全血、血清及血浆三部分。当血液从身体抽出后，静置于管内让血液凝固，此时上清液部分称为血清；若在血液收集瓶中加入适当的抗凝剂以防止血液凝集，称为全血；全血经离心沉淀血细胞后，上清液部分称为血浆。血浆和血清的最大不同之处在于血浆中含有纤维蛋白原。

（1）全血的制备　取出动物的血液后，注入抗凝试管中，轻轻地转动试管，即可使之与抗凝剂均匀接触，制成抗凝全血样品。

抗凝试管：通常先将抗凝剂配成水溶液，按所取血量的需要加入试管或其他合适的容器中，转动试管或容器使其成一薄层，在100℃以下烘干即可。

（2）血浆的制备　将抗凝全血在室温下放置15～30min，于离心机中离心分离，上清液即为抗凝血浆样品。

（3）血清的制备　全血中不需要加入抗凝剂，在室温下使其自然凝固，30min内用离心机离心分离，吸取上层的清液，即为血清样品。

3. 毛发

用不锈钢剪刀在枕部紧贴头皮处采集距头皮2.5cm之内的发样。采样前两个月禁止染发和使用含有待测化学品的护发制品。采样后，先用中性洗涤剂洗涤，再用蒸馏水清洗，最后用乙醇洗净，在室温下干燥备用。

4. 指甲

剪取指甲，用热碱水洗去污垢，再用清水冲洗至净，干燥备用。

5. 内脏

肝、肾、心、肺等组织本身均匀性不佳，最好能取整个组织，否则应确定统一的采样部位。如采集肝脏样品时，应剥去被膜，取右叶的前上方表面下几厘米纤维组织丰富的部位作样品；采集肾脏样品时，剥去被膜，分别取皮质和髓质部分作为样品，避免在皮质和髓质结合处采样。

6. 鱼类

从对人体的直接影响角度考虑，一般只取水产品的可食部分进行检测。对于鱼类，先按种类和大小分类，取其代表性的尾数（大鱼3～5条，小鱼10～30条），洗净后沥去水分，去除鱼鳞、鳍、内脏、皮、骨等，分别取每条鱼的厚肉制成混合样，切碎、混匀，或用组织捣碎机捣碎成糊状，立即分析或储存于样品瓶中，置于冰箱内备用。

三、生物样品的预处理

采集、制备好的生物样品中，常含有大量的有机物，而所测的有害物质一般都在痕量和超痕量范围，因此测定前必须对样品进行预处理，包括对样品进行分解，对欲测组分进行富集和分离，对干扰组分进行掩蔽等。

1. 消解

消解法又称湿法氧化法或消化法。它是将生物样品与一种或两种以上的强酸共煮，将有机物分解成二氧化碳和水除去。为加快氧化速度，常常要加入双氧水、高锰酸钾或五氧化二钒等氧化剂、消化剂。常用的消解体系有硝酸-高氯酸、硝酸-硫酸、硫酸-高锰酸钾、硝酸-硫酸-五氧化二钒等。

2. 灰化

灰化法又称燃烧法或高温分解法。灰化分解生物样品不使用或少使用化学试剂，并可处理大量的样品，有利于提高测定微量元素的准确度。因灰化温度一般为450～550℃，不宜用来处理含挥发性组分（待测）的样品。对于易挥发的元素，如汞、砷等，用氧瓶燃烧法。

3. 提取

测定生物样品中的农药、甲基汞、酚等有机污染物时，需用溶剂将欲测组分从样品中提取出来。提取效果的好坏直接影响测定结果的准确度，常用的提取方法如下。

（1）振荡浸取法　蔬菜、水果、粮食等食品样品都可使用这种方法提取。将切碎的生物样品置于容器中，加入适当溶剂，放在振荡器上振荡浸取 10～30min，滤出溶剂后，再用溶剂洗涤样品滤渣或再浸取一次，合并浸取液，供分离或浓缩用。

（2）组织捣碎提取　取定量切碎的生物样品，放入组织捣碎杯中，加入适当的提取剂，快速捣碎，过滤，滤渣再重复提取一次，合并滤液备用。该方法提取效果较好，应用较多，特别是从动植物组织中提取有机污染物质比较方便。

（3）直接球磨提取　用己烷作提取剂，直接在球磨机中粉碎和提取小麦、大麦、燕麦等粮食样品中的有机氯及有机磷农药，是一种快速的提取方法。

（4）索式提取器提取　索式提取器又称脂肪提取器，常用于提取生物、土壤样品中的农药、石油、苯并芘等有机污染物质。

4. 分离

在提取样品中被测组分的同时，也把其他干扰组分同时提取出来，如用石油醚提取有机磷农药时，会将脂肪、色素等一同提取出来。因此在测定之前，还必须进行杂质的分离，也就是净化。常用的分离方法有萃取法、色谱法、低温冷冻法、磺化法和皂化法等。

（1）萃取法　萃取法利用物质在互不相溶的两种溶剂中的分配系数不同，达到分离净化的目的。如农药与脂肪、蜡质、色素等一起被提取后，加入一种极性溶剂（如乙腈）振摇，由于农药的极性比脂肪、蜡质、色素大，农药在乙腈中的分配系数大，故可被乙腈萃取，经数次萃取，农药几乎完全可以与脂肪等杂质分离，达到净化的目的。

（2）色谱法　色谱法分为柱色谱法、薄层色谱法、纸上色谱法，其中柱色谱法在处理生物样品中用得较多。如在测定粮食中苯并芘时，先用环己烷进行提取，然后将提取液倒入氧化铝-硅镁型吸附剂色谱柱中，则提取物被吸附在吸附剂上，再用苯进行洗脱，这样就可把苯并芘从杂质中分离出来。

（3）低温冷冻法　低温冷冻法利用不同物质在同一溶剂中的溶解度随温度不同而不同的原理进行分离。如在−70℃的低温下，用干冰-丙酮作制冷剂，可使生物组织中的脂肪和蜡质在丙酮中的溶解度大大降低，以沉淀形式析出，农药则残留在丙酮中，从而达到分离的目的。

（4）磺化法和皂化法　磺化法是利用脂肪、蜡质等与浓硫酸发生磺化反应的特性，在农药和杂质的提取液中加入浓硫酸、脂肪、蜡质等干扰物质与浓硫酸反应，生成极性很强的磺酸基化合物，随硫酸层分离，从而达到与农药分离的目的。

皂化法是利用油脂等能与强碱发生皂化反应，生成脂肪酸盐从而将其分离的方法。例如用石油醚提取粮食中的石油烃，同时也将油脂提取出来，如果在提取液中加入氢氧化钾-乙醇溶液，油脂就会与之反应生成脂肪酸钾盐进入水相，而石油烃仍留在石油醚中，这样就把石油烃和油脂分开了。

5. 浓缩

生物样品的提取液经过分离净化后，其中被测组分的浓度往往太低，达不到分析需要，这就要对样品进行浓缩，才能进行测定。常用的浓缩方法有蒸馏或减压蒸馏法、蒸发法、K-D 浓缩器浓缩法。

任务训练

1. 试述植物样品的采集原则。
2. 生物样品有哪些预处理方法？
3. 怎样进行干样和鲜样的制备？
4. 如何进行动物样品的采集和制备？
5. 简述植物样品采样点的布设方法。
6. 简述植物样品采样量和保存方法。

● 任务三　掌握生物监测方法 ●

一、生物监测方法

生物体中污染物的含量一般很低，常需要选用高灵敏度的现代分析仪器进行分析。常用的分析方法有光谱分析、色谱分析、电化学分析、放射性分析、多机联用分析。

"天空地一体化"监测环境监管模式

可见-紫外分光光度法用于测定多种农药（如有机氯、有机磷和有机硫农药）、汞、砷、铜和酚类杀虫剂，芳香烃、含共轭双键等不饱和烃，以及某些金属（铝、铅、镉）和非金属（汞、氟等）化合物等；红外分光光度法可鉴别有机污染物的结构，并可对污染物进行定量测定；荧光分析法适用于生物样品中铅、锡、铝、镉等金属及非金属砷（Ⅲ）、苯胺、芳香烃污染物的测定；原子吸收分光光度法适用于镉、汞、铅、铜、锌、镍、铬等有害金属元素的定量测定；薄层分析法适用于对多种农药进行定性和定量分析；气相色谱法用于粮食等生物样品中有机氯和有机磷农药、胺类、苯及其同系物、烃类、酚类等有机污染物的测定；高效液相色谱法用于粮食、水果、肉类中的氨基甲酸酯类、酚类、多环芳烃和苯氧乙酸类农药的测定；极谱分析法用于测定生物样品中的农药残留量和某些重金属；离子选择电极可用于测定某些金属和非金属污染物；中子活化法测含汞、锌、铜、砷、铅等农药残留量及某些有害金属。

此外，还有色谱-质谱联用、毛细管电泳-质谱联用、气相色谱-质谱联用、液相色谱-质谱联用、色谱-傅里叶变换红外光谱联用等。

二、实施生物监测

1. 食品中苯并[a]芘的测定方法　(GB/T 5009.27—2016)

采用荧光分光光度法。原理是样品先用有机溶剂提取，或经皂化后提取，

植物症状指示法监测二氧化硫

再将提取液经液-液分配或色谱柱净化，然后在乙酰化滤纸上分离苯并[a]芘，因苯并[a]芘在紫外线照射下呈蓝紫色荧光斑点，将分离后有苯并[a]芘的滤纸部分剪下，用溶剂浸出后，用荧光分光光度计测荧光强度，与标准比较定量。该法适用于蔬菜、粮食、油脂、鱼、肉、饮料、糕点类等食品中苯并芘的测定。

样品经提取、净化后，先在乙酰化滤纸上分离，然后在 365nm 或 254nm 紫外灯下观

察，找到标准苯并[a]芘及样品的蓝紫色斑点，剪下此斑点分别放入小比色管中，用苯浸取。

将样品及标准斑点的苯浸出液移入荧光分光光度计的石英皿中，以365nm为激发光波长，以365～460nm波长进行荧光扫描，所得荧光光谱与标准苯并[a]芘的荧光光谱比较定性。

与样品分析的同时做试剂空白，分别读取样品、标准及试剂空白于波长406nm、（406+5)nm、（406-5)nm处的荧光强度，按基线法由公式计算荧光强度。

【注意】 在食品苯并芘的提取过程中，需要用环己烷或石油醚少量多次进行提取；样品浓缩时，应注意不可蒸干。

2. 食品中氟的测定方法　(GB/T 5009.18—2003)

食品中氟的测定有三种方法，分别为扩散-氟试剂比色法、灰化蒸馏-氟试剂比色法和氟离子选择电极法。

采用灰化蒸馏-氟试剂比色法。原理是样品经硝酸镁固定氟，经高温灰化后，在酸性条件下蒸馏分离氟，蒸出的氟被氢氧化钠溶液吸收，氟与氟试剂、硝酸镧作用，生成蓝色三元配合物，与标准比较定量。该法适用于粮食、蔬菜、水果、豆类及其制品、肉、鱼、蛋等食品中氟的测定。

分别吸取标准系列蒸馏液和样品蒸馏液各10.0mL于25mL带塞比色管中。分别于比色管中加入茜素氨羧配合剂溶液、缓冲液、丙酮、硝酸镧溶液，再加水至刻度，混匀，放置20min，以3cm比色皿用零管调节零点，测各管吸光度，绘制标准曲线比较。

【注意】 高温灰化，到完全不冒烟为止；用硫酸中和时，应防止溶液飞溅；蒸馏时加沸石，并且当瓶内温度上升至190℃时停止蒸馏。

3. 粮食中六六六、滴滴涕残留量的测定

【测定目的】

① 熟悉粮食样品中六六六、滴滴涕提取方法。

② 掌握气相色谱法测定六六六、滴滴涕的原理和方法。

【测定原理】

样品中六六六、滴滴涕经提取、净化后用气相色谱法测定，与标准比较定量。电子捕获检测器对于负电极强的化合物具有较高的灵敏度，利用这一特点，可分别测出微量的六六六和滴滴涕。不同异构体和代谢物可同时分别测定。

出峰顺序：α-666、γ-666、β-666、δ-666、p,p'-DDE、o,p'-DDT、p,p'-DDD、p,p'-DDT。

【仪器和试剂】

① 组织捣碎机。

② 电动振荡器。

③ 旋转浓缩蒸发器。

④ 吹氮浓缩器。

⑤ 气相色谱仪　具有电子捕获检测器（ECD）。气相色谱参考条件如下。

a. 色谱柱。内径3～4mm、长1.2～2m的玻璃柱，内装涂以OV-17（15g/L）和QF-1（20g/L）的混合液固定的80～100目硅藻土。

b. Ni-电子捕获检测器。气化室温度 215℃；色谱柱温度 195℃；检测器温度 225℃；载气（氮气）流速 90mL/min；纸速 0.5cm/min。

⑥ 丙酮。

⑦ 正己烷。

⑧ 石油醚　沸程 30～60℃。

⑨ 苯。

⑩ 硫酸。

⑪ 无水硫酸钠。

⑫ 硫酸钠溶液　20g/L。

⑬ 六六六、滴滴涕标准储备液　准确称取甲、乙、丙、丁六六六四种异构体和 p,p'-滴滴涕、p,p'-滴滴滴、p,p'-滴滴伊、o,p'-滴滴涕（α-666、β-666、γ-666、δ-666、p,p'-DDT、p,p'-DDD、p,p'-DDE、o,p'-DDT）各 10.0mg 溶于苯，分别移入 100mL 容量瓶中，加苯至刻度，混匀，每毫升含农药 100.0μg，作为储备液存于冰箱中。

⑭ 六六六、滴滴涕标准使用液　将上述标准储备液用己烷稀释至适宜浓度，一般为 0.01μg/mL。

使用的试剂一般为分析纯，有机溶剂需经重蒸馏。

【测定步骤】

（1）提取　称取具有代表性的样品（适用于生的及烹调加工过的蔬菜、水果或谷类、豆类、肉类、蛋类）约 200g，加适量水，于捣碎机中捣碎，混匀。称取匀浆 2.00～5.00g 于 50mL 具塞锥形瓶中，加 10～15mL 丙酮，在振荡器上振荡 30min，过滤于 100mL 分液漏斗中，残渣用丙酮洗涤 4 次，每次 4mL，用少许丙酮洗涤漏斗和滤纸，合并滤液 30～40mL，加石油醚 20mL，摇动数次，放气。振摇 1min，加 20mL 硫酸钠溶液（20g/L），再振摇 1min，静置分层，弃去下层水溶液。用滤纸擦干分液漏斗颈内外的水，然后将石油醚液缓缓放出，经盛有约 10g 无水硫酸钠的漏斗，滤入 50mL 锥形瓶中，再以少量石油醚分三次洗涤原分液漏斗、滤纸和漏斗，洗液并入滤液中，将石油醚浓缩，移入 10mL 具塞试管中，定容至 5.0mL 或 10.0mL。

（2）净化　将 5.0mL 提取液加 0.50mL 浓硫酸，盖上试管塞，振摇数次后，打开塞子放气，然后振摇 0.5min，于 1600r/min 下离心 15min，上层清液供气相色谱法分析用。

（3）测量　电子捕获检测器的线性范围窄，为了便于定量，选择样品进样量使之适合各组分的线性范围。根据样品中六六六、滴滴涕存在形式，相应地绘制各组分的标准曲线，从而计算出样品中的含量。

【测定结果】

六六六、滴滴涕及异构体或代谢物含量按式(6-1) 计算：

$$w = \frac{A_1 \times 1000}{m_1 \dfrac{V_2}{V_1}} \tag{6-1}$$

式中　w——样品中六六六、滴滴涕及其异构体或代谢物的单一含量，mg/kg；

A_1——被测定用样液中六六六或滴滴涕及其异构体或代谢物的单一含量，μg；

V_1——样品净化液体积，mL；

V_2——样液进样体积，μL；

m_1——样品质量，g。

报告平行测定的算术平均值的 2 位有效数字。

【问题思考】

① 气相色谱法测定六六六、滴滴涕的原理是什么？

② 简述样品的提取方法。

4. 鱼中甲基汞的测定

【测定目的】

① 熟悉冷原子吸收法标准曲线的绘制方法。

② 掌握冷原子吸收法测定鱼中甲基汞的原理和方法。

【测定原理】

样品中的甲基汞，用氯化钠研磨后加入含有 Cu^{2+} 的 (1+11) 盐酸（Cu^{2+} 与组织中结合的 CH_3Hg 交换），完全萃取后，经离心或过滤，将上层清液调试至一定的酸度，用巯基棉吸附。再用 (1+5) 盐酸洗脱，最后以苯萃取甲基汞，在碱性介质中用测汞仪测定，与标准系列比较定量。

【仪器和试剂】

① 测汞仪。

② pH 计。

③ 离心机　带 50～80mL 离心管。

④ 巯基棉　在 250mL 具塞锥形瓶中依次加入 35mL 乙酸酐、16mL 冰醋酸、50mL 硫代乙醇酸、0.15mL 硫酸、5mL 水，混匀，冷却后加入 14g 脱脂棉，不断翻压，使棉花完全浸透，将塞盖好，置于恒温培养箱中，在 (37±0.5)℃下保温 4 天（注意切勿超过 40℃），取出后用水洗至近中性，除去水分后摊于瓷盘中，再在 (37±0.5)℃恒温箱中烘干，成品放入棕色瓶中，放置于冰箱中保存备用（使用前，应先测定巯基棉对甲基汞的吸附效率为 95％以上方可使用）。

⑤ 巯基棉管　在内径 6mm、长度 20cm、一端拉细（内径 2mm）的玻璃滴管内装 0.1～0.15g 巯基棉，均匀填塞，临用现装。

⑥ 氯化亚锡溶液（300g/L）　称取 60g 氯化亚锡（$SnCl_2 \cdot 2H_2O$）加少量水，再加 10mL 硫酸，加水稀释至 200mL，放置于冰箱中保存。

⑦ 铜离子稀溶液　称取 50g 氯化钠，加水溶解，加 5mL 氯化铜溶液（42.5g/L），加 50mL (1+1) 盐酸，加水稀释至 500mL。

⑧ 氢氧化钠溶液　400g/L。

⑨ 甲基汞标准溶液　准确称取 0.1252g 氯化甲基汞，置于 100mL 容量瓶中，用少量乙醇溶解，用水稀释至刻度，此溶液每毫升相当于 1.0mg 甲基汞，放置于冰箱中保存。

⑩ 甲基汞标准使用液　吸取 1.0mL 甲基汞标准溶液，置于 100mL 容量瓶中，加少量乙醇，用水稀释至刻度，此溶液每毫升相当于 10μg 甲基汞，再吸取此溶液 1.0mL，置于 100mL 容量瓶中，用水稀释至刻度。此溶液每毫升相当于 0.1μg 甲基汞，用时现配。

⑪ 氯化铜溶液　42.5g/L。

⑫ 氯化钠。

⑬ 无水硫酸钠。

⑭ （1+5）盐酸　取优级纯盐酸，加等体积水，恒沸蒸馏，蒸出盐酸为（1+1），稀释配制。

⑮ （1+11）盐酸　取 83.3mL 盐酸（优级纯）加水稀释至 1000mL。

⑯ 淋洗液　pH 值 3～3.5，用（1+11）盐酸调节水的 pH 值至 3～3.5。

⑰ 甲基橙指示液　1g/L。

⑱ 玻璃仪器　均用（1+20）硝酸浸泡一昼夜，用水冲洗干净。

【测定步骤】

① 称取 1.00～2.00g 去皮去刺剁碎混匀的鱼肉（称取 5g 虾仁，研碎）。加入等量氯化钠，在研钵中研成糊状，加入 0.5mL 氯化铜溶液（42.5g/L），轻轻研匀，用 30mL（1+11）盐酸分次完全转入 100mL 带塞锥形瓶中，剧烈振摇 5min，放置 30min（也可用振荡器振摇 30min）。样液全部转入 50mL 离心管中，用 5mL（1+11）盐酸淋洗锥形瓶，洗液与样液合并，离心 10min（转速为 2000r/min），将上清液全部转入 100mL 分液漏斗中，于沉渣中再加 10mL（1+11）盐酸，用玻璃棒搅拌均匀后再离心，合并两份离心溶液。

② 加入与（1+11）盐酸等量的氢氧化钠溶液（40g/L）中和，加 1～2 滴甲基橙指示液，再调至溶液变黄色，然后滴加（1+11）盐酸至溶液从黄色变橙色，此溶液的 pH 值在 3～3.5 范围内（可用 pH 计校正）。

③ 将塞有巯基棉的玻璃滴管接在分液漏斗下面，控制流速约为 4～5mL/min，然后用 pH 值为 3～3.5 的淋洗液冲洗漏斗和玻璃管，取下玻璃管，用玻璃棒压紧巯基棉，用洗耳球将水尽量吹尽，然后加入 1mL（1+5）盐酸分别洗脱一次，用洗耳球将洗脱液吹尽，收集于 10mL 具塞比色管中。补加铜离子稀溶液至 10mL。再吸取 2.0mL 此溶液，加铜离子稀溶液至 10mL。

④ 另取 12 支 10mL 具塞比色管，分别加入 5mL 铜离子稀溶液，然后加入 0、0.20mL、0.40mL、0.60mL、0.80mL、1.00mL 甲基汞标准使用液，各补加铜离子稀溶液至 10mL（相当于 0、0.02μg、0.04μg、0.06μg、0.08μg、0.10μg 甲基汞）。

⑤ 将样品及汞标准溶液分别依次倒入汞蒸气发生器中，加 2mL 氢氧化钠溶液（400g/L）、15mL 氯化亚锡溶液（300g/L），通气后，记录峰高或记录最大读数，绘制标准曲线比较。

【测定结果】

$$w = \frac{m_1 \times 1000}{\frac{1}{5} \times m_2 \times 1000} \tag{6-2}$$

式中　w——样品中甲基汞的含量，mg/kg；

　　　m_1——测定用样品中甲基汞的质量，μg；

　　　m_2——样品质量，g。

结果的表述：报告算术平均值的两位有效数字。

【问题思考】

① 冷原子吸收法测定鱼中甲基汞的原理是什么？

② 熟悉冷原子吸收法标准曲线的绘制方法。

任务训练

1. 生物污染监测的方法有哪些? 适用范围是什么?
2. 简述食物中苯并[a]芘的测定原理。
3. 简述食品中氟的测定方法。

【项目概要】

一、生物污染形式

表面吸附、吸收、生物浓缩。

二、污染物在生物体内的分布情况

1. 在植物体内的分布; 2. 在动物体内的分布

三、污染物在生物体内的转移、积累、排泄

四、动、植物样品的采集、制备

五、生物样品的预处理方法

消解、灰化、提取、分离、浓缩。

六、生物污染的监测方法

七、生物污染监测

放射性污染监测

知识目标

掌握放射性污染的基本知识、放射性分布、放射性度量单位，以及放射性监测对象、内容和目的；熟悉放射性监测仪器及使用；掌握放射性样品的采集和样品的预处理；重点学习环境空气中氡的测定方法及水质放射性监测。

能力目标

具有利用国内外新知识、新技术的能力；能够运用放射性监测方法对环境样品进行监测；具有采集代表性放射性样品和预处理的能力；能使用各种放射性监测仪器；具有对环境空气中氡等进行监测的能力。

素质目标

具有获取准确监测结果，报出合格的放射性污染监测报告的能力；培养团结协作的团队精神；树立安全意识；增强环境保护意识和责任意识。

● 任务一　认识放射性污染监测 ●

随着核技术的广泛应用和发展，人们的生存环境正遭受着各种放射性的污染。放射性污染问题越来越受到人们广泛的关注。

一、基本知识

1. 放射性

自然界的各种物质都是由元素组成的。有些元素的原子核是不稳定的，它们能自发地改变原子核结构形成另一种核素，这种现象称为核衰变。在核衰变过程中不稳定的原子核总能放出具有一定动能的带电或不带电的粒子（如 α 射线、β 射线和 γ 射线），这种现象称为放射性。

放射性分为天然放射性和人工放射性。天然放射性指天然不稳定核素能自发放出射线的性质，而人工放射性指通过核反应由人工制造出来的核素的放射性。

2. 放射性衰变的类型

放射性衰变按其放出的粒子性质，分为 α 衰变、β 衰变、γ 衰变。

（1）α 衰变　指不稳定重核自发放出 α 粒子（$_2^4$He 核）的过程。其通式是 $_Z^A X \longrightarrow _{Z-2}^{A-4} Y + \alpha$，例如 $_{88}^{226} Ra \longrightarrow _{86}^{222} Rn + _2^4 He$（α 粒子）。

（2）β 衰变　指放射性核素放射 β 粒子（即快速电子）的过程。它是原子核内质子和中子发生互变的结果。β 衰变分为 β^+ 衰变、β^- 衰变、电子俘获三种类型。

① β^+ 衰变　放射性核素中一个质子转变为中子并放出 β^+ 和中微子（v）的核衰变。β^+ 衰变的通式是 $_Z^A X \longrightarrow _{Z+1}^A Y + \beta^+ + v$。

② β^- 衰变　指放射性核素内一个中子转变为质子并放出 β^- 粒子和中微子的过程。β^- 衰变的通式是 $_Z^A X \longrightarrow _{Z+1}^A Y + \beta^- + v$。

③ 电子俘获　放射性核素俘获核外绕行的一个电子，使核内一个质子转变成中子，并放出中微子的过程。电子俘获的通式是 $_Z^A X + e^- \longrightarrow _{Z-1}^A Y + X$。

离核最近的 K 层电子被俘获的概率最大，又称为 K 电子俘获。当 K 电子被俘获后，该壳层产生空位，则更高能级的电子可来填充空位，同时放射特征 X 射线。

（3）γ 衰变　是放射性核素的原子核从较高能态跃迁至较低能态时放出一种波长很短的电磁辐射（高能光子）的过程。这种跃迁对原子核的原子序数和原子质量都没有影响，但所处能态降低。某些不稳定的核素经过 α 或 β 衰变后仍处于高能状态，很快（约 10^{-13} s）再发射 γ 射线从而达到稳定能态。

3. 半衰期　（$T_{1/2}$）

放射性核素由于衰变其原有质量（或原有核素）减少一半所需的时间称为半衰期，用 $T_{1/2}$ 表示。对一些 $T_{1/2}$ 较长的核素，环境一旦受其污染，若要令其自行消失，需时是十分长久的。

二、放射性的分布

1. 放射性来源和进入人体的途径

（1）放射性来源　环境中的放射性来源于天然放射性核素和人为放射性核素。天然放射性的来源主要有宇宙射线及由其引生的放射性核素。由宇宙射线与大气层、土壤、水中的核素发生反应，所产生的放射性核素 20 余种，其中具代表性的有 $^{14}N(n,T)^{12}C$ 反应产生的氚等。此外，还有天然放射性核素，它是在地球起源时就存在于地壳之中的，经过天长日久的地质年代，母子体间达到放射性平衡，而且已建立了放射性核素系列。例如铀系，母体是 ^{238}U（$T_{1/2} = 4.49 \times 10^9$ 年），系列中有 19 种核素，还有锕系、钍系。它们共同的特点是起始母体均具有极长的 $T_{1/2}$，其值可与地球年龄相当，各代母子体间均达成了放射性平衡，每个系列中都有放射性气体 Rn 核素，而且末端都是稳定的 Pb 核素。另外，约有 20 种自然界中单独存在的核素，如存在于人体中的 ^{40}K（$T_{1/2} = 1.26 \times 10^9$ 年）、^{209}Bi（$T_{1/2} = 2 \times 10^{18}$ 年）等。它们的特点是半衰期极长，但强度极弱，只有采用极灵敏的检测技术才能发现它们。

2023 年全国辐射环境质量报告

人为放射性的来源是生产和应用放射性物质的单位所排出的放射性废物，以及核武器试验、爆炸、核事故、医学、科研和工农业等部门使用的放射性核素。

（2）放射性进入人体的途径　放射性进入人体主要有三种途径，即呼吸道进入、消化道进入、皮肤或黏膜侵入。

当放射性物质进入环境之后，首先通过直接辐射即外辐射对人体产生危害。另外也可通过以上三种途径进入人体，对人体产生内辐射，损害人体的组织器官。为保护人体的健康，应对人类活动中可能产生的放射性物质采取妥善防护措施，严格将其含量控制在规定范围内。

2. 放射性核素的危害

一切形式的放射线对人体都是有害的，所有的放射线都能使被照射物质的原子激发或电离，从而使机体内的各种分子变得极不稳定，发生化学键断裂、基因突变、染色体畸变等，从而引起损害症状。

放射性物质对人体的损害主要是由核辐射引起的。辐射对人体的损害可以分为急性效应、晚发效应、遗传效应。

① 急性效应是一次或在短期内接受大剂量照射时所引起的损害。这种效应仅发生在重大的核事故、核爆炸和违章操作大型辐射源等特殊情况中。不同照射剂量引起的急性效应见表 7-1。

表 7-1　不同照射剂量引起的急性效应

受照射剂量/Gy	急　性　效　应
0~0.25	无可检出的临床效应
0.5	血相发生轻度变化、食欲减退
1	疲劳、恶心、呕吐
>1.25	血相发生显著变化，将有 20%~25% 的被照射者发生呕吐等急性放射性病症状
2	24h 内出现恶心、呕吐，经过大约一周的潜伏期，出现毛发脱落、全身虚弱的病症
4（半死剂量）	数小时内出现恶心、呕吐，两周内毛发脱落、体温上升，3 周后出现紫斑、咽喉感染、极度虚弱的病症，50% 的人 4 周后死亡，存活者半年后可逐渐康复
≥5（致死剂量）	1~2h 内出现严重的恶心、呕吐的症状，1 周后出现咽喉炎、体温增高、迅速消瘦等症状，第 2 周就会死亡

② 晚发效应是受照射后经过数月或数年，甚至更长时期才出现的损害。急性放射病恢复后若干时间，小剂量长期照射或低于容许水平长期照射，均有可能产生晚发效应。常见的危害为白细胞减少、白血病、白内障及其他恶性肿瘤。日本广岛、长崎第二次世界大战原子弹爆炸幸存者的调查表明，在幸存者中白血病发病率明显高于未受此辐射的居民。

③ 遗传效应是指出现在受照者后代身上的损害效应。它主要是由于被照射者体内生殖细胞受到辐射损伤，发生基因突变或染色体畸变，传给后代而产生某种程度异常的子孙或致死性疾病。

3. 放射性核素的分布

（1）在土壤和岩石中的分布　土壤、岩石中天然放射性核素的含量因地域不同而变动很大，其含量主要取决于岩石层的性质及土壤的类型。某些天然放射性核素在土壤和岩石中含量的估计值见表 7-2。

表 7-2 土壤、岩石中天然放射性核素的含量   单位：10^{-2} Bq/g

核 素	土 壤	岩 石	核 素	土 壤	岩 石
^{40}K	2.96~8.88	8.14~81.4	^{232}Th	0.074~5.55	0.37~4.81
^{226}Ra	0.37~7.03	1.48~4.81	^{238}U	0.111~2.22	1.48~4.81

（2）在水体中的分布 不同水体中天然放射性核素的含量是不同的，其影响因素很复杂。淡水中天然放射性核素的含量与所接触的岩石、水文地质、大气交换及自身理化性质等因素有关。海水中天然放射性核素的含量与所处地理区域、流动状况、淡水和淤泥入海情况等因素有关。各类淡水中^{226}Ra 及其子体产物的含量见表 7-3。

表 7-3 各类淡水中^{226}Ra 及其子体产物的含量   单位：Bq/L

核 素	矿泉及深井水	地 下 水	地 表 水	雨 水
^{226}Ra	3.7×10^{-2}~3.7×10^{-1}	$<3.7\times10^{-2}$	$<3.7\times10^{-2}$	—
^{222}Rn	3.7×10^{2}~3.7×10^{3}	3.7~37	3.7×10^{-1}	3.7×10~3.7×10^{3}
^{210}Pb	$<3.7\times10^{-3}$	$<3.7\times10^{-3}$	$<1.85\times10^{-2}$	1.85×10^{-2}~1.11×10^{-1}
^{210}Po	约 7.4×10^{-4}	约 3.7×10^{-4}	—	约 1.85×10^{-2}

（3）在大气中的分布 大多数放射性核素均可出现在大气中，但主要是氡的同位素，它是镭的衰变产物，能从含镭的岩石、土壤、水体和建筑材料中逸散到大气，其衰变产物是金属元素，极易附着于气溶胶颗粒上。一般情况下，陆地和海洋的近地面大气中氡的浓度分别为 1.11×10^{-3}~9.6×10^{-3} Bq/L 和 1.9×10^{-5}~2.2×10^{-3} Bq/L。

三、放射性度量单位

1. 放射性活度 (A)

放射性活度是度量核素放射性强弱的基本物理量，它是指放射性核素在单位时间内发生核衰变的数目。可表示为：

$$A = -\frac{dN}{dt} = \lambda N \tag{7-1}$$

式中 N——t 瞬时未衰变的核数；

dN——dt 时间间隔内衰变的核数；

λ——核衰变常数；

$\dfrac{dN}{dt}$——核衰变速率。

放射性活度的 SI 单位为贝可，用符号 Bq 表示。1Bq 表示在 1s 内发生一次衰变，即 1Bq=1s^{-1}。

2. 吸收剂量 (D)

吸收剂量指单位质量物质所吸收的辐射能量，是反映物质对辐射能量的吸收状况的物理量。可表示为：

$$D = \frac{d\overline{E}_D}{dm} \tag{7-2}$$

式中 $d\overline{E}_D$——电离辐射给予质量为 dm 的物质的平均能量。

吸收剂量的 SI 单位为焦耳每千克（J/kg），称戈瑞，用符号 Gy 表示。与戈瑞暂时并用的专用单位是拉德（rad）。

$$1\mathrm{rad}=10^{-2}\mathrm{Gy}$$

3. 剂量当量 (H)

辐射对生物的危害除与机体组织的吸收剂量有关外，还与辐射类型和照射方式有关系，因此，为了统一表示各种辐射对生物的危害效应，需用吸收剂量和其他影响危害的修正因数之乘积来度量，这一度量称为剂量当量。

$$H=DQN \tag{7-3}$$

式中　D——该点处的吸收剂量；

　　　Q——该点处的辐射品质因数（表示在吸收剂量相同时各种辐射的相对危害程度），见表 7-4；

　　　N——所有其他修正因数的乘积，通常取为 1。

表 7-4　各种辐射的品质因数

照射类型	射 线 种 类	品质因数
外照射	X、γ、e	1
	热中子及能量小于 0.005MeV 的中能中子	3
	中能中子(0.02MeV)	5
	中能中子(0.1MeV)	8
	快中子(0.5～10MeV)	10
	重反冲核	20
内照射	β⁻、β⁺、γ、e、X	1
	α	10
	裂变碎片、α 发射中的反冲核	20

剂量当量（H）的 SI 单位为焦耳每千克（J/kg），专用名称为希沃特（Sv）。与希沃特暂时并用的单位是雷姆（rem）。

$$1\mathrm{rem}=10^{-2}\mathrm{Sv}$$

4. 照射量 (X)

照射量是根据 γ 或 X 射线在空气中的电离能力来度量其辐射强度的物理量。指在一个体积单元的空气中（质量为 $\mathrm{d}m$），γ 或 X 射线全部被空气所阻止时，空气电离所形成的离子的总电荷（正的或负的）的绝对值。可表示为：

$$X=\frac{\mathrm{d}Q}{\mathrm{d}m} \tag{7-4}$$

式中　$\mathrm{d}Q$——一个体积单元内形成的离子的总电荷绝对值，C；

　　　$\mathrm{d}m$——一个体积单元内空气的质量，kg。

照射量的 SI 单位是 C/kg，暂时并用的单位是 R（伦琴）。

$1\mathrm{R}=2.58\times10^{-4}\mathrm{C/kg}$。

伦琴单位的定义是 1 伦琴 γ 或 X 射线在 $1\mathrm{cm}^3$ 标准状况下的空气中，能引起空气电离而产生 1 静电单位正电荷和 1 静电单位负电荷的带电粒子。

四、放射性监测对象、内容和目的

1. 放射性监测对象

（1）现场监测　即对放射性生产或应用单位内部工作区域所做的监测。

（2）个人剂量监测　即对专业人员或公众做内照射和外照射的剂量监测。

（3）环境监测　即对从事放射性生产和应用单位的外部环境包括空气、水体、土壤、生物等所做的监测。

2. 放射性监测内容

① 对放射源强度、半衰期、射线种类及能量的监测。

② 对环境和人体中放射性物质的含量、放射性强度、空间照射量或电离辐射剂量的监测。

3. 放射性监测目的

放射性监测的目的最终在于保护专业人员和公众健康。为防止放射性污染对人体的辐射损伤，保护环境，各国均制定了放射性防护标准。放射性监测的具体目的有以下几点。

① 确定民众日常所受辐射剂量（实测值或推算值）是否在允许剂量之下。

② 监督和控制生产、应用单位的不合法排放。

③ 把握环境放射性物质累积的倾向。

⏩ 任务训练

1. 什么是放射性、半衰期、放射性活度、照射量？

2. 放射性污染的主要原因有哪些？

3. 放射性污染对人体有哪些危害？

4. 放射性核衰变有哪几种形式？各有什么特点？

5. 某人全身均匀受到照射，其中 γ 射线照射吸收剂量为 $1.5 \times 10^{-2} Gy$，快中子吸收剂量为 $2.0 \times 10^{-3} Gy$，计算总剂量当量。

● 任务二　放射性样品的采集和预处理 ●

一、放射性样品采集

环境放射性监测的步骤是样品的采集、预处理、总放射性或放射性核素的测定。放射性监测分为定期监测和连续监测。连续监测是在现场安装放射性监测仪，实现采样、预处理、测定自动化，本节重点介绍定期监测中放射性样品的采集和预处理。

1. 放射性沉降物的采集

沉降物包括干沉降物和湿沉降物，主要来源于大气层核爆炸所产生的放射性裂变产物，小部分来源于其他的人工放射性微粒。沉降物采样点应选择在固定的清洁地区，并要求附近无高大建筑物、烟囱和树木，周围也不得有放射性实验室或放射性污染源。

（1）放射性干沉降物的采集　放射性干沉降物的采集方法有水盘法、黏纸法、擦拭法、黏带法、高罐法。

① 水盘法　用不锈钢或聚乙烯塑料制成圆形水盘，盘内装有适量的稀酸，沉降物过少的地区应酌情加数毫克的硝酸锶或氯化锶载体，如图 7-1 所示。将水盘置于采样点暴露

24h，应始终保持盘中有水，以防止收集到的沉降物因水分干涸而被风吹走。将采集的样品经浓缩、灰化等处理后，测总 β 放射性。

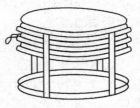

图 7-1 大型水盘采样器

② 黏纸法 将涂有一层黏性油（松香加蓖麻油等）的滤纸贴于圆盘底部（涂油面向上），放在采样点暴露 24h，然后将滤纸灰化，进行总 β 放射性测量。

③ 擦拭法或黏带法 当放射性物质沉降在刚性固体表面（如道路、门窗、地板等）引起污染时，用这两种方法采样。擦拭法是将一片蘸有三氯甲烷之类有机溶剂的滤纸装在一个类似橡胶塞的托物上，在污染物表面来回擦拭，以采集沉降物。黏带法是用一块 $1\sim2cm^2$ 大小的黏带（可涂上凡士林和机油的绵纸制作），对着污染表面压紧，然后撕下黏带，这样就采集到一个可供直接测定的样品。

④ 高罐法 用一个不锈钢或聚乙烯圆柱形罐（壁高为直径的 2.5～3 倍），暴露于空气中，以采集放射性沉降物。放置罐子的地方应高于地面 1.5m 以上，以减少地面尘土飞扬的影响。

（2）放射性湿沉降物的采集 湿沉降是指随雨、雪降落的沉降物。采集湿沉降物除可用高罐和水盘作采样器外，还常用一种能同时对雨水中核素进行浓缩的采集器。此采集器由一个承接漏斗和一根离子交换柱组成，交换柱的上下层分别装入阳离子和阴离子交换树脂。待湿沉降物中的核素被离子交换树脂吸附浓集后再进行洗脱。收集洗脱液进一步做放射性核素分离，也可将树脂从柱中取出，经烘干、灰化后测总 β 放射性。

2. 放射性气体的采集

环境中放射性气体样品的采集方法有固体吸附法、液体吸收法和冷凝法。

（1）固体吸附法 固体吸附法是利用固体颗粒作收集器，其中固体吸附剂的选择尤为重要。选择时首先要考虑吸附剂与待测组分的选择性和特效性，以使干扰降到最低，有利于分离和测量。常用的吸附剂有活性炭、硅胶和分子筛等。活性炭是 ^{131}I 的有效吸附剂，因此，混有活性炭细粒的滤纸可作为气体状态 ^{131}I 的收集器；硅胶是 ^{3}H 水蒸气的有效吸附剂，故采用沙袋硅胶包自然吸附或采用硅胶柱抽气吸附 ^{3}H 水蒸气。对于气态 ^{3}H 的采集，必须先用催化氧化法将 ^{3}H 氧化成氚水蒸气后，再用上述方法采集。

（2）液体吸收法 液体吸收法是利用气体在某种液态物质中的特殊反应或气体在液相中的溶解而进行的采集法，具体操作可参见大气采样部分。为除去气溶胶，可在采样管前安装气溶胶过滤管。

（3）冷凝法 冷凝法是用冷凝器对挥发性的放射性物质进行采集的方法。一般用冰和液态氮作为冷凝剂，制成冷凝器的冷阱，收集有机挥发化合物和惰性气体。气体状态 ^{131}I 和气态的 ^{3}H 也可用冷凝法采集。

3. 放射性气溶胶的采集

放射性气溶胶包括核爆炸产生的裂变产物、人工放射性物质以及氡、钍射气的衰变子体等天然放射性物质。放射性气溶胶的采集常用过滤法，其原理与大气中悬浮物的采集相同。

4. 其他类型样品的采集

对于水体、土壤、生物样品的采集方法与非放射性样品所用方法基本一致，此处不再重述。

二、样品的预处理

对样品进行预处理的目的是将样品中的欲测核素处理成易于进行测量的形态，同时进行浓集和除去干扰。

　　放射性样品的预处理方法有衰变法、共沉淀法、灰化法、电化学法、有机溶剂溶解法、蒸馏法、溶剂萃取法、离子交换法等。

　　1. 衰变法

　　衰变法是将采集的放射性样品放置一段时间，使其中的一些寿命短的非待测核素衰变除去，然后再进行放射性测量。如用过滤法从大气中采集到气溶胶样品后，放置 $4 \sim 5h$，寿命短的氡、钍子体发生衰变即可除去。

　　2. 共沉淀法

　　由于环境样品中的放射性核素含量很低，用一般的化学沉淀法分离时，因达不到溶度积（K_{sp}）而无法达到分离目的。但如果加入与欲分离核素性质相似的非放射性核素（毫克数量级）作为载体，当非放射性核素以沉淀形式析出时，放射性核素就会以混晶或表面吸附的形式混入沉淀中，从而达到分离和富集的目的，如用 ^{59}Co 作为载体与 ^{60}Co 发生同晶共沉淀。用新沉淀出来的水合 MnO_2 作载体沉淀水样中的钚，则二者间发生吸附共沉淀。这种分离富集的方法具有操作简便、实验条件容易满足等优点。

　　3. 灰化法

　　将蒸干的水样或固体样品放于瓷坩埚中于 $500℃$ 马弗炉中灰化，冷却后称量，测定。

　　4. 电化学法

　　通过电解将放射性核素沉积在阴极上，或以氧化物的形式沉积在阳极上。如 Ag^+、Bi^{2+}、Pb^{2+} 等可以金属的形式沉积在阴极；Pb^{2+}、Co^{2+} 等可以氧化物的形式沉积在阳极。

　　该法的优点是分离核素的纯度高，若将放射性核素沉积于惰性金属片上，就可直接进行放射性测量；若放射性核素是沉积在惰性金属丝上的，则先将沉积物溶出，再制成样品源。

　　5. 有机溶剂溶解法

　　有机溶剂溶解法是用某种适宜的有机溶剂处理固体样品（土壤、沉积物等），使其中所含被测核素溶解浸出的方法。

　　6. 其他预处理法

　　其他预处理法有蒸馏法、溶剂萃取法和离子交换法，其原理和操作与非放射性物质的预处理方法没有本质差别，此处不再作介绍。

　　用上述方法将环境样品进行预处理后，有的可作样品源直接用于放射性测量，有的则仍需经过蒸发、悬浮、过滤等操作，进一步制成满足测量要求状态（液态、气态、固态）的样品源。蒸发法是指将液体样品移入测量盘或承托片上，在红外灯下慢慢蒸干，制成固态薄层样品源；悬浮法是指用水或有机溶剂对沉淀形式的样品进行混悬，再移入测量盘用红外灯徐徐蒸干。

➡️ 任务训练

　　1. 简述放射性沉降物的采集方法。

　　2. 放射性气体应如何采集？

　　3. 放射性样品的预处理方法有哪些？

　　4. 简述共沉淀预处理法。

　　5. 电化学法预处理放射性样品的优点有哪些？

● 任务三　掌握放射性监测方法 ●

一、放射性监测仪器

放射性监测仪器种类繁多，测定时常根据监测目的、试样形态、射线类型、强度和能量等因素对仪器进行选择。放射性测量仪器监测的基本原理是基于射线与物质间相互作用能产生各种效应，如电离、发光、热效应、化学效应和能产生次级粒子的核反应等。最常用的检测器有三类，即电离型检测器、闪烁检测器和半导体检测器。

1. 电离型检测器

电离型检测器是利用射线通过气体介质时使气体产生电离的原理制成的探测器。应用气体电离原理的检测器有电流电离室、正比计数管和盖革（GM）计数管三种。电流电离室是测量由电离作用而产生的电离电流，适用于测量强放射性；正比计数管和盖革（GM）计数管是测量由每一入射粒子引起电离作用而产生的脉冲式电压变化，从而对入射粒子逐个计数，适于测量弱放射性。以上三种检测器之所以有不同的工作状态和功能，主要是因为对它们施加的工作电压不同，从而引起的电离程度不同。外加电压与电离电

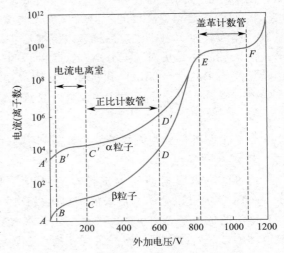

图 7-2　外加电压与电离电流的关系曲线

流的关系曲线如图 7-2 所示。其中 BC 段为电离电流室工作区；CD 段为正比计数管工作区；EF 段为盖革计数管工作区。

BC 段：在这一区域，在起始电压之上不断增大电压值，则电流随之上升，待电离产生的粒子全部被收集后，相应的电流会达到一个饱和值，并为一个常数，不再随电压的增加而改变。

CD 段：电离电流突破饱和值，而且随电压的增大继续增大。这时的电压能使初始电离产生的电子向阳极加速运动，并在前进途中与气体碰撞，使之发生次级电离。而次级电离产生的电子又可能再发生三级电离，形成"电子雪崩"，使到达阳极的电子数大大增加，电流放大倍数达 10^4 左右。

EF 段：当外加电压继续增加时，分子激发产生光子的作用更加显著，收集到的电荷与初始电离的电子数毫无关系，即不论什么粒子，只要能产生电离，无论其电离的电子数有多少，经放大后，到达阳极的电子数目基本上是一个常数，因此最终的电离电流是相同的。

（1）电流电离室　这种检测器用来研究由带电粒子所引起的总电离效应，也就是测量辐射强度及其随时间的变化。由于这种检测器对任何电离都有响应，所以不能用于鉴别射线的类型。

图 7-3 是电流电离室工作原理示意。A 和 B 是两块平行的金属板，A、B 间的电位差 V_{AB} 是可变的，电离室内充空气和其他气体，当有射线进入电离室时，即有电离电流通过电

阻（R）。射线强度越大，电流越大，利用此关系可以进行定量。

（2）正比计数管　正比计数管普遍用于 α 粒子和 β 粒子计数，其优点是工作性能稳定，本底响应低。由于给出的脉冲幅度正比于初级致电离粒子在管中所消耗的能量，所以还可用于能谱测定，但要求的条件是初级粒子必须将它的全部能量损耗在计数管的气体之中。因此，这类检测器大多用于低能 γ 射线能谱测量和鉴定放射性核素用的 α 射线能谱测量。

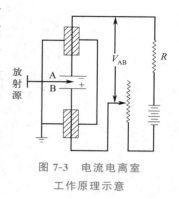

图 7-3　电流电离室
工作原理示意

图 7-4 是正比计数管的结构示意。正比计数管是一个圆柱形的电离室，以圆柱筒的外壳作阴极，在中央安放金属丝作阳极。室内充甲烷（或氩气）和碳氢化合物，充气压力与大气压相同，两极间电压根据充气的性质选定。在正比计数管工作曲线 CD 段，脉冲电压的大小正比于入射粒子的初始电离能，利用这种关系可进行定量。

（3）盖革（GM）计数管　盖革（GM）计数管是目前应用最广泛的放射性检测器，它普遍地用于监测 β 射线和 γ 射线强度。这种计数管对进入灵敏区域的粒子有效计数率接近 100％，对不同射线都给出大小相同的脉冲，因此不能用于区别不同的射线。

图 7-5 是盖革（GM）计数管的结构示意。它是一个密闭的充气容器，中间的金属丝作为阳极，用金属筒或涂有金属物质的管内壁作阴极。窗可以根据探测射线种类的不同分别选择厚端窗（玻璃）或薄端窗（云母或聚酯薄膜）。管内充以 1/5 大气压的氩气或氖气等惰性气体和少量有机气体（乙醇、二乙醚）。当射线进入计数管内时，引起惰性气体电离形成的电流使原来加有的电压产生瞬时电压降，向电子线路输出，即形成脉冲信号。在一定的电压范围内，放射性越强，单位时间内的脉冲信号越多，从而达到测量的目的。

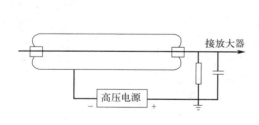

图 7-4　正比计数管的结构示意

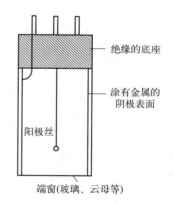

绝缘的底座

涂有金属的阴极表面

阳极丝

端窗(玻璃、云母等)

图 7-5　盖革（GM）计数管的结构示意

2. 闪烁检测器

图 7-6 是闪烁检测器的工作原理示意。它是利用射线与物质作用发生闪光的仪器。当射线照在闪烁体（ZnS、NaI 等）上时，发射出荧光光子，并且利用光导和反光材料等将大部分光子收集在光电倍增的光阴极上，光子在灵敏阴极上打出光电子，经倍增放大后，在阳极上产生电压脉冲，此脉冲再经电子线路放大和处理后记录下来。由于脉冲信号的大小与放射性的能量成正比，利用此关系可进行定量。

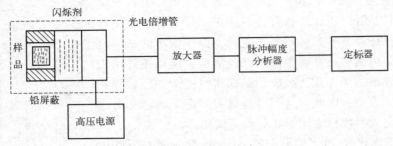

图 7-6　闪烁检测器的工作原理示意

闪烁检测器可用于测量带电粒子 α、β，不带电粒子 γ、中子射线等，同时也可用于测量射线强度及能谱等。

3. 半导体检测器

图 7-7 是半导体检测器的工作原理示意。其工作原理与电离型检测器相似，但其检测元件是固态半导体。其工作原理是半导体在辐射作用下产生电子-空穴对，电子和空穴受外加电场的作用，分别向两极运动，并被电极所收集，从而产生脉冲电流，再经放大后，由多道分析器或计数器记录。

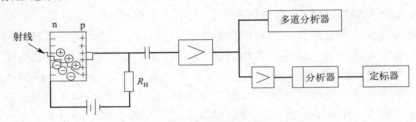

图 7-7　半导体检测器的工作原理示意

由于产生的电子-空穴对的能量较低，所以半导体检测器以其具有能量分辨率高且线性范围宽等优点，被广泛地应用于放射性探测中。如用于 α 粒子计数及 α、β 能谱测定的硅半导体探测器，用于 γ 能谱测定的锗半导体探测器等。

二、环境空气中氡的标准测量方法

环境空气中氡及其子体的测量方法有径迹蚀刻法、活性炭盒法、双滤膜法和气球法。下面简要介绍前三种。

1. 径迹蚀刻法

此法是被动式采样，能测量采样期间内氡的累积浓度，暴露 20d，其探测下限可达 $2.1 \times 10^3 \mathrm{Bq/m^3}$。探测器是聚碳酸酯片或 CR-39，置于一定形状的采样盒内，组成采样器，如图 7-8 所示。

氡及其子体发射的 α 粒子轰击探测器时，使其产生亚微观型损伤径迹。将此探测器在一定条件下进行化学或电化学蚀刻，扩大损伤径迹，以致能用显微镜或自动计数装置进行计数。单位面积上的径迹数与氡浓度和暴

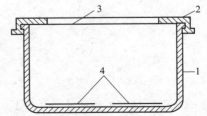

图 7-8　径迹蚀刻法采样器结构
1—采样盒；2—压盖；
3—滤膜；4—探测器

露时间的乘积成正比。用刻度系数可将径迹密度换算成氡的浓度。

测定程序是采样器的制备、布放、回收，探测器的蚀刻，计数（将处理好的片子在显微镜下读出单位面积上的径迹数），通过计算求出氡的浓度。

该法适用于室内外空气中氡-222 及其子体 α 潜能浓度的测定。氡子体 α 潜能指氡子体完全衰变为铅-210 的过程中放出的 α 粒子能量的总和。

【注意】 布放前的采样器应密封起来，隔绝外部空气；用于室内测量时，采样器开口面上方 20cm 内不得有其他物体；采样终止时，采样器应重新密封，送回实验室。

2. 活性炭盒法

活性炭盒法也是被动式采样，能测量出采样期间内平均氡浓度，暴露 3d，探测下限可达 $6Bq/m^3$。采样盒用塑料或金属制成，直径 6～10cm，高 3～5cm，内装 25～100g 活性炭。盒的敞开面用滤膜封住，固定活性炭且允许氡进入采样器，如图 7-9 所示。

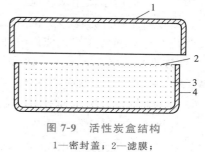

图 7-9　活性炭盒结构
1—密封盖；2—滤膜；
3—活性炭；4—装炭盒

空气扩散进炭床内，其中的氡被活性炭吸附，同时衰变，新生的子体便沉积在活性炭内。用 γ 谱仪测量活性炭盒的氡子体特征 γ 射线峰（或峰群）强度。根据特征峰面积可计算出氡的浓度。

测定程序是活性炭盒的制备、布放、回收，记录，采样停止 3h 后测量，将活性炭盒在 γ 谱仪上计数，测出氡子体特征 γ 射线峰（或峰群）面积。然后计算氡的浓度。

【注意】 布放前的活性炭盒应密封起来，隔绝外部空气，同时称量其总质量；采样终止时，活性炭盒应重新密封，送回实验室；采样停止 3h 后，应再次称量活性炭盒的质量，以计算水分的吸收量。

3. 双滤膜法

此法是主动式采样，能测量采样瞬间的氡浓度，探测下限为 $3.3Bq/m^3$。采样装置如图 7-10 所示。抽气泵开动后含氡空气经过滤膜进入衰变筒，被滤掉子体的纯氡在通过衰变筒的过程中又生成新子体，新子体的一部分为出口滤膜所收集。测量出口滤膜上的 α 放射性就可换算出氡浓度。该法适用于室内外空气中氡的测定。

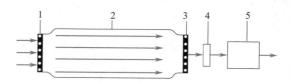

图 7-10　双滤膜法采样系统示意
1—入口膜；2—衰变筒；3—出口膜；4—流量计；5—抽气泵

测定时装好滤膜，把采样设备连接起来。以一定的流速采样 t min，在采样结束后一段时间间隔内，用 α 测量仪测量出口膜上的 α 放射性。然后计算氡的浓度。

【注意】 室外采样时，采样点要远离公路和烟囱，地势开阔，周围 10m 内无树木和建筑物；在雨天、雨后 24h 内或大风过后 12h 内停止采样；采样前应对采样系统进行检查（有无泄漏、能否达到规定流速等）；室内采样点应设在卧室、客厅、书房内；室内采样点不要设在由于加热、空调、火炉、门窗等空气变化剧烈的地方。

三、水质放射性监测

1. 水样中总 α 放射性活度的测定

水体中常见的放射 α 粒子的核素有^{226}Ra、^{222}Rn 及其衰变产物等。由于 α 粒子能使硫化锌闪烁体产生荧光光子，因此可用闪烁探测器测定。目前公认的水样总 α 放射性浓度是 0.1Bq/L，当浓度大于此值时，就应对放射 α 粒子的核素进行鉴定和测量，从而发现主要的放射性核素，由此再判断该水是否需做预处理及其使用范围。适用于饮用水、地面水、地下水。

水中氚的
分析方法

测定时水样经过滤、酸化后，蒸发至干，在不超过 350℃ 温度下灰化，然后在测量盘中将灰化后样品铺展成层，使用闪烁体探测器对样品进行计数，计算其活度。

【注意】 采集的水样首先应过滤除去固体物质；在蒸发样品时，应慢慢蒸干；测定样品之前，应先测量空测量盘的本底值和已知活度的标准样品（硝酸铀酰）。

2. 水样中总 β 放射性活度的测定

水样中的 β 射线常来自^{40}K、^{90}Sr、^{129}I 等核素的衰变。由于 β 射线能引起惰性气体的电离，形成脉冲信号，所以可采用低本底的盖革计数管测量。目前公认的水样总 β 浓度为 1Bq/L，当浓度大于此值时，需进一步测定水样中的放射性核素，确定水质污染状况。适用于饮用水、地面水、地下水。饮用水和灌溉水是首先考虑的对象。

水样中总 β 放射性活度的测定与水样中总 α 放射性活度的测定步骤相同，但计数装置采用低本底的盖革计数管，且以^{40}K 的化合物作标准源。

任务训练

1. 放射性监测仪器有哪些？
2. 如何用电离室法测定大气中的氡？
3. 怎样测定水样中总 α 放射性活度？
4. 水样中总 β 放射性活度的测定方法是什么？
5. 径迹蚀刻法、活性炭盒法和双滤膜法各应注意的问题是什么？

【项目概要】

一、基本概念

放射性、半衰期等。

二、基本知识

1. 放射性衰变的类型　α 衰变、β 衰变、γ 衰变；
2. 放射性污染的来源　天然和人工放射性核素；
3. 放射性污染的危害　急性效应、晚发效应、遗传效应；
4. 放射性在环境中的分布　在大气、水体、土壤和岩石中的分布；

5. 放射性度量单位　　放射性活度、吸收剂量、剂量当量、照射量；

6. 放射性监测对象　　现场、个人、环境；

7. 放射性监测的内容和目的。

三、放射性监测仪器

电离型检测器、闪烁检测器、半导体检测器。

四、放射性样品的采集和预处理

1. 沉降物的采集方法：水盘法、黏纸法、擦拭法或黏带法、高罐法等。

2. 放射性气体的采集方法：固体吸附法、液体吸收法、冷凝法。

3. 放射性气溶胶的采集方法：同大气中悬浮物采集方法相同。

4. 样品的预处理方法：衰变法、共沉淀法、灰化法、电化学法等。

现代环境监测技术

 知识目标

> 掌握连续自动环境监测系统的组成、自动监测项目；熟悉常用连续自动监测仪器；掌握遥测技术，了解便携式测定仪、监测车、监测船的基本知识；了解应急监测的相关知识。

能力目标

> 具有利用国内外新知识、新技术的能力；能够运用连续自动监测系统对环境监测对象进行监测，完成监测任务；能正确使用连续自动监测仪器；具有使用便携式测定仪、监测车、监测船的能力；能对突发事件进行监测。

素质目标

> 培养团队协作的团队精神；增强生态环境意识和责任意识；学会学习、学会创造、开拓进取、勇于创新。

● 任务一 认识连续自动监测 ●

环境中污染物质的浓度和分布是随时间、空间、气象条件及污染源排放情况等因素的变化而不断改变的，定点、定时人工采样测定结果不能确切地反映污染物质的动态变化，不能及时提供污染现状和预测发展趋势。为了及时获得污染物质在环境中的动态变化信息，正确评价污染状况，并为研究污染物扩散、转移和转化规律提供依据，必须采用和发展连续自动监测技术。

现代环境监测技术是从 20 世纪 50 年代后期逐步建立和发展起来的。中国从 20 世纪 80 年代开始在北京、上海、青岛等 15 个城市相继建立起地面大气自动监测站，以后又在黄浦江、天津引滦进津河段及吉化、宝钢、武钢等大型企业的供排水系统建立了水质连续自动监测系统。从 1999 年 9 月 18 日开始，我国部分主要流域开展了地表水水质自动监测站建设的试点工作，并分别在松花江、淮河、长江、黄河及太湖流域的重点断面建设了 10 个水质自动监测站。在试点的基础上，从 2000 年 9 月开始，陆续在松花江、辽河、海河、黄河、淮河、长江、珠江、太湖、巢湖、滇池流域建成了 32 个水质自动监测站。截至目前，在重点流域主要断面已经建设了 100 个水质自动监测站。分布在 25 个省（自治区、直辖市），85 个托管站负责维护。其中，河流上 83 个，湖库上 17 个；国界河流或出入国境断面上 6 个，省界断面上 37 个，入海口 5 个，其他 52 个。

一、连续自动监测系统组成

1. 水污染连续自动监测系统组成

水污染连续自动监测系统（WPMS）就是在一个水系或一个地区设置若干个有连续自动监测仪器的监测站，由一个中心站控制若干个子站，随时对该地区的水质污染状况进行自动监测，形成一个自动化的监测系统，如图 8-1 所示。

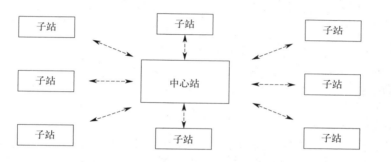

环境监测
技术的
发展趋势

图 8-1　水污染连续自动监测系统组成示意

自动监测系统在正常运行时一般不需要人的参与，而是通过其内部的自动控制系统来完成各项工作。中心站是各个子站的网络指挥中心，又是信息数据中心。它配有功能齐全、存储容量大的计算机系统和用作无线电通信联络的电台。中心站的工作一般是间歇式的，如每隔五天开动一次。它的主要任务是按预定的程序通过总站（中心站）电台与各子站联系完成下列工作。

① 向各子站发出各种工作指令，管理子站的监测工作，如开机、停机、校对监测仪器等。

② 收集各子站的监测数据，并将汇集到的数据进行数据处理，统计检验，打印污染指标统计表或绘制污染分布图等。

③ 分门别类地将各种监测数据存储到磁盘上建立数据库，以便随时检索或调用。

④ 向各有关污染源所在地的行政管理部门发出污染指数或趋近超标的污染警报，以便采取相应的对策。

各子站装备有采水设备，水质污染监测仪器及附属设备，水文、气象参数测量仪器，微型计算机及无线电台。其任务是对设定水质参数进行连续或间断自动监测，并对测得的数据作必要处理；接受中心站的指令，将监测数据作短期储存，并按中心站的调令，通过无线电传递系统传递给中心站。

2. 大气污染连续自动监测系统组成

与水污染连续自动监测系统类似，大气污染连续自动监测系统也由一个监测中心站和若干子站组成。中心站与子站的主要设备配置如图8-2、图8-3所示。

大气污染自动监测系统中的各站点多数为固定站，但有时还设有若干流动监测站、排放源监测站、遥测监测站与固定站配合（互相补充）成为一个完整的系统。

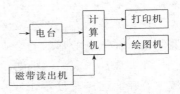

图 8-2 中心站的主要设备配置

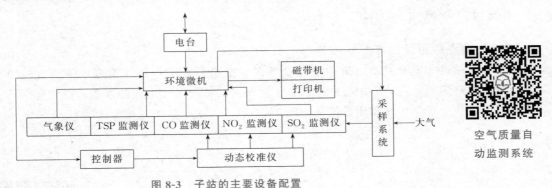

图 8-3 子站的主要设备配置

空气质量自动监测系统

二、连续自动监测项目

1. 水污染连续自动监测项目

水污染的监测项目是很多的，综合指标的监测项目有水温、浊度、pH值、电导率、溶解氧、化学需氧量、生化需氧量、总需氧量和总有机碳等。单项污染物的监测项目有氟化物、氯离子、氰离子、砷、酚、铬和重金属等。每一个项目都有几种测定方法，然而某些监测项目和方法还不能用于水污染连续自动监测系统。这是因为自动监测系统是在自动连续监测仪器与电子计算机相结合的基础上建立的，所以要监测的项目必须有合适的自动检测方法和仪器。表8-1列出了目前已被水污染自动监测系统所采用或可能被采用的监测项目及监测方法。

表 8-1 水质污染连续自动监测项目及方法

监测项目		监测方法	监测项目		监测方法
综合指标	水温	热敏电阻或铂电阻法	单项污染物浓度	氟离子	氟离子电极法
	浊度	表面光散射法		氯离子	氯离子电极法
	pH 值	玻璃电极法		氰离子	氰离子电极法
	电导率	电导电极法		氨氮	氨离子电极法
	溶解氧	隔膜电极法		铬	湿化学自动比色法
	化学需氧量	$K_2Cr_2O_7$ 或 $KMnO_4$ 湿化学法，或流动池紫外线吸收光度法		酚	湿化学自动比色法或紫外线吸收光度法
	总需氧量	高温氧化锆-库仑法或燃料电池法等			
	总有机碳	气相色谱法或非色散红外线吸收法			

水污染自动监测系统的监测项目取决于建站的目的和任务，也与自动监测方法的成熟程度有关。一般只选择上述监测项目中的部分项目，而且通常以监测水污染的综合指标为主，有时还可根据需要增加某些其他项目。但总的来看，在现有水污染连续自动监测系统中，浓

度监测项目还是比较少的，这主要是由于监测污染物浓度的自动化监测仪器还比较短缺，特别是重金属的自动化监测仪器更缺。

　　水污染连续自动监测系统目前存在的主要问题是监测仪器长期运转的可靠性较差，经常发生传感器被玷污、采水器和水样管路堵塞等故障，例如国产的 pH 值监测仪在使用不太长的时间后电极就容易损坏。而对水样进行浓度检测时，为了消除干扰元素，往往需要预先对水样进行分离或消解处理，测定项目不同或者水质不同，分离或消解的方法也不相同，如果要实现自动连续监测，就要有一种不需要分离或消解的方法，这在技术上仍有一定难度。

　　2. 大气污染连续自动监测项目

　　各国大气污染自动监测系统的监测项目基本相同，主要有二氧化硫、氮氧化物、一氧化碳、总悬浮颗粒物或飘尘、臭氧、硫化氢、总碳氢化合物、甲烷、非甲烷烃及气象参数等。《环境监测技术规范》中，将地面大气自动监测系统的监测点分为Ⅰ类测点和Ⅱ类测点。Ⅰ类测点数据按要求进国家环境数据库，Ⅱ类测点数据由各省、市管理。Ⅰ类测点除测定气温、湿度、大气压、风向、风速五项气象参数外，规定测定的污染因子列于表 8-2 中。Ⅱ类测点的测定项目可根据具体情况确定。

表 8-2　大气污染自动监测项目和方法

监　测　项　目	测　定　方　法
二氧化硫	溶液电导率法、电量法、火焰光度法、紫外荧光法
氮氧化物	化学发光法、分光光度法
总悬浮颗粒物或飘尘	β 射线吸收法、压电天平法、光散射法、光吸收法
一氧化碳	非分散红外吸收法、气相色谱法、定电位电解法
臭氧	化学发光法、非分散红外吸收法
总烃	气相色谱法

三、常用连续自动监测仪器

1. 水污染连续自动监测仪器

常用连续自
动监测仪器

　　目前常用的水污染连续自动监测仪器主要有水温监测仪、电导率监测仪、pH 监测仪、溶解氧监测仪、浊度监测仪、COD 监测仪、BOD 监测仪、TOC 监测仪、紫外（UV）吸收监测仪、TOD 监测仪、无机化合物监测仪等。

　　虽然各种监测仪器的测定原理各不相同，但它们都有共同的特征，即通过某种传感器将所测得的物理信号（温度信号、光信号、电信号）输入信号转换器或放大电路中，在这里不同形式的信号都被转换成电信号并同时被放大，最后根据需要显示为数字信号或图像信号。现以镉离子自动监测仪为例来加以说明。

　　图 8-4 为镉离子自动监测仪的工作原理。定量泵 1 抽取水样经过滤器、高位槽送入混合槽，在此与由定量泵 2 输送来的掩蔽剂-调节剂混合，将水样调至测定要求的离子强度和 pH 值。然后流入测量槽测定后排出。测量槽中安装有镉离子选择电极和甘汞电极，将镉离子浓度转换成电信号，经放大、运算等处理后，送指示表或记录仪显示记录。自动监测仪在程序控制器的控制下，定期用标准溶液校正仪器，用机械式电极清洗器清洗电极及喷射清洁水清洗过滤器和测量槽。除了对单一项目的监测以外，国内外还建立了以监测水中一般指标和某些特定污染指标为基础的连续自动监测站，这种监测站可以同时完成多个项目的自动监测，如图 8-5 所示。

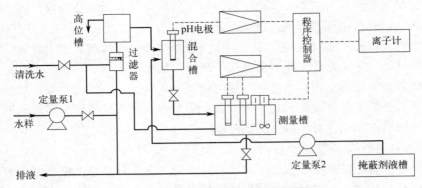

图 8-4   镉离子自动监测仪的工作原理

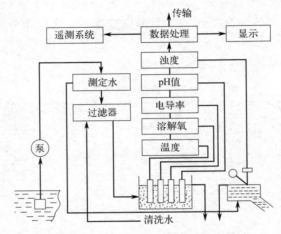

图 8-5   水质一般指标连续自动监测系统

2. 大气污染连续自动监测仪器

大气污染连续自动监测技术目前已较成熟，相对于水质监测来说，它的稳定性和可靠性是令人满意的。常用的大气污染连续自动监测仪器主要有二氧化硫监测仪、氮氧化物监测仪、一氧化碳监测仪、臭氧监测仪、总碳氢化合物监测仪、硫化氢监测仪、飘尘监测仪等。

与水自动监测相类似，各种大气污染连续自动监测仪器的基本原理也是将大气污染物质的测量信号转换成电信号，再经过放大电路的放大，最后输出为数字信息或图像信息。

现以火焰光度法硫化物自动监测仪为例说明其工作原理（图 8-6）。这种仪器是以色谱仪中的火焰光度检测器为信号转换装置设计的仪器，抽气泵 1 将气样抽入火焰光度检测器 2 的富氢火焰中，则二氧化硫还原为硫原子，并在

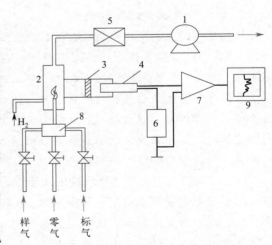

图 8-6   火焰光度法硫化物自动监测仪工作原理
1—抽气泵；2—火焰光度检测器；3—滤光片；4—光电倍增管；5—减压控制阀；6—高压电源；7—电子放大系统；8—自动切换阀；9—记录仪

适宜温度下被激发，激发态的硫原子瞬间跃至基态，发射出 $300 \sim 394nm$ 的特征窄带紫外线，经干涉滤光片 3 选择 $394nm$ 峰值光，用光电倍增管 4 将光信号变成电信号，送入电子放大系统 7 放大，再转换成电压信号送至记录仪显示和记录。由于发光强度与激发态硫原子浓度成比例，而在一定条件下，被激发的硫原子浓度与气样中硫化物浓度的平方成正比，因而发光强度与气样中硫化物浓度的平方成正比，故通过测量电信号的大小可得知气样中含硫化合物的浓度。硫化氢等其他硫化物均有响应，测量时应设法排除。

四、便携式测定仪

简易便携式现场监测分析仪器在实际监测工作中已有较多的应用，这类仪器的使用不仅可以减少环境试样在传输过程中的沾污，减少固定和保存的繁杂手续，还可以大大减轻监测分析人员的工作量，便于适时掌握环境污染的动态变化趋势。

1. 单项目便携式测定仪

单项目便携式测定仪主要有 pH 计、电导率仪、溶解氧仪、COD 快速测定仪、紫外曝气快速 COD/BOD 测定仪等。

2. 多用途便携式测定仪

（1）便携式水分析实验室 DR2000 分光光度计与其他装置、设备和试剂包装在一起，组成一个便携式实验室，以便在任何时间、任何地点都能快速、准确地测试。DREL/2000 便携式水实验室包括 DR2000 分光光度计、不易碎的数字滴定仪、程序和仪器手册、便携式 HACHONETMpH 计和电极、便携式电导仪/TDS 计、电池整流器/充电器、试剂和装置、装置/化学箱、仪器箱。测试项目包括酸度、碱度、溴、钙、氯化物、氯、导电性、钢、硬度、铁、硝酸盐、亚硝酸盐、pH 值、磷、硫酸盐、氟化物、锰-PAN、DO、二氧化碳、铬、氨氮、非过滤性残渣、二氧化硅。

（2）便携式气相色谱仪（GC） 便携式 GC 与一般的 GC 相比，在性能方面已无明显差别，而体积小、轻便、适用于现场监测是其主要特征。这类仪器主要使用 PID 检测器。PID 可检测离子电位不大于 12eV 的任何化合物，如烷烃（除甲烷外）、芳香族、多环芳烃、醛类、酮类、酯类、胺类、有机磷、有机硫化合物以及一些有机金属化合物，还可检测 O_2、NH_3、H_2S、AsH_3、PH_3、Cl_2、I_2 和 NO 等无机化合物。

五、监测车和监测船

大气污染和水污染的发生有时会出现在固定监测站的监测范围以外的地点，也可能出现在比较偏远故不便设置监测站的地点，交通及运输过程中的突发性污染事故大多属于这种情况，这时就要借助流动监测站来完成监测任务。

大气污染监测车是装备有大气污染自动监测仪器、气象参数观测仪器、计算机数据处理系统及其他辅助设备的汽车。它是一种流动监测站，也是大气环境自动监测系统的补充，可以随时开到污染事故现场或可疑点采样测定，以便及时掌握污染情况，采取有效措施。

中国生产的大气污染监测车装备的监测仪器有 SO_2 自动监测仪，NO_x 自动监测仪，O_3 自动监测仪，CO 自动监测仪和空气质量专用色谱仪（可测定总烃、甲烷、乙烯、乙炔及 CO），测量风向、风速、温度、湿度的小型气象仪，用于进行程序控制、数据处理的电子计算机及结果显示、记录、打印仪器，辅助设备有标准气源及载气源、采样管及风机、配电系统等。除大气污染监测车外，还有污染源监测车，只是装备的监测仪器有所不同。

　　水污染监测船是一种水上流动的水分析实验室，它用船作运载工具，装上必要的监测仪器、相关设备和实验材料，可以灵活地开到需要监测的水域进行监测工作，以弥补固定监测站的不足；可以方便地追踪寻找污染源，进行污染物扩散、迁移规律的研究；可以在大水域范围内进行物理、化学、生物、底质和水文等参数的综合测量，取得多方面的数据。

　　在水污染监测船上，一般装备有水体、底质、浮游生物等采样系统或工具，固定监测站和水监测实验室中必备的监测仪器、化学试剂、玻璃仪器及材料，水文、气象参数测量仪器及其他辅助设备和设施，如标准源、烘箱、冰箱、实验台、通风及生活设施等。有的还备有浸入式多参数水质监测仪，可以垂直放入水体不同深度同时测量 pH 值、水温、溶解氧、电导率、氧化还原电位和浊度等参数。

六、应急监测

　　突发性环境污染事故是威胁人类健康、破坏生态环境的重要因素，其危害制约生态平衡及经济、社会的发展。加强突发性环境污染事故应急监测，研究其处理处置技术，是环境监测和环境保护领域中一项非常重要的工作。

1. 突发性环境污染事故类型与特征

　　突发性环境污染事故不同于一般的环境污染，它没有固定的排放方式和排放途径，都是突然发生、来势凶猛，在瞬时或短时间内大量地排放污染物质，对环境造成严重污染和破坏，给人民的生命和国家财产造成重大损失的恶性事故。突发性环境污染的类型有核污染事故，剧毒农药和有毒化学品的泄漏、扩散污染事故，易燃易爆物的泄漏爆炸污染事故，溢油事故，非正常大量排放污水造成的污染事故等。突发性环境污染事故的特征具有形式的多样性、发生的突然性、危害的严重性、危害的持续性、危害的累积性和处理处置的艰巨性。突发性环境污染事故的处理、处置是指在应急监测已对污染物种类、污染物浓度、污染范围及其危害作出判断的基础上，为尽快地消除污染物，限制污染范围扩大，以及减轻和消除污染危害所采取的一切措施。突发性环境污染事故的处理、处置应包括对受危害人员的救治；切断污染源、隔离污染区、防止污染扩散；减轻或消除污染物的危害；消除污染物及善后处理；通报事故情况，对可能造成影响的区域发出预警通报。

2. 突发性环境污染事故的应急监测

　　突发性环境污染事故应急监测，是环境监测人员在事故现场，用小型、便携、简易、快速检测仪器或装置，在尽可能短的时间内对污染物质的种类、污染物质的浓度、污染的范围及其可能的危害进行监测、分析、研究和判断的过程。

　　环境化学污染事故的应急监测要求应急监测人员快速赶到现场，根据事故现场的具体情况布点采样。利用快速监测手段判断污染物的种类，给出定性、半定量和定量监测结果，确认污染事故的危害程度和污染范围等。

　　一般现场应急监测的内容包括：石油化工等危险作业场所的泄漏、火灾、爆炸等；运输工具的破损、倾覆导致的泄漏、火灾、爆炸等；各类危险品存储场所的泄漏、火灾、爆炸等；各类废料场、废工厂的污染；突发性的投毒行为；其他等。

　　现场应急监测的作用是对事故特征予以表征；为制订处置措施快速提供必要的信息；连续、实时地监测事故的发展态势；为实验室分析提供第一信息源；为环境污染事故后的恢复计划提供充分的信息和数据；为事故的评价提供必需的资料。事故发生后，监测人员应携带必要的简易快速检测器材和采样器材及安全防护装备尽快赶赴现场。根据事故现场的具体情况立即布点采样，利用检测管和便携式监测仪器等快速检测手段鉴别、鉴定污染物的种类，并给出定量或半定量的监测结果。现场无法鉴定或测定的项目应立即将样品送回实验室进行分析。根据监测结果，确定污染程度和可能污染的范围并提出处理处置建议，及时上报有关部门。由于环境化学污染事故的污染程度和范围具有很强的时空性，所以对污染物的监测必须从静态到动态、从地区性到区域性乃至更大范围，以了解当时当地的环境污染状况与程度，并快速提供有关的监测报告和应急处理处置措施。

3. 采样方法

环境空气污染事故应尽可能在事故发生地就近采样，并以事故地点为中心，根据事故发生地的地理特点、风向及其他自然条件，在事故发生地下风向（污染物漂移云团经过的路径）影响区域、掩体或低洼地等位置，按一定间隔的圆形布点采样，并根据污染物的特性在不同高度采样，同时在事故点的上风向适当位置布设对照点。在距事故发生地最近的居民住宅区或其他敏感区域应布点采样。采样过程中应注意风向的变化，及时调整采样点位置。利用检气管快速监测污染物的种类和浓度范围，现场确定采样流量和采样时间。采样时应同时记录气温、气压、风向和风速，采样总体积应换算为标准状态下的体积。

突发性水环境污染事故的应急监测一般分为事故现场监测和跟踪监测两部分。现场监测采样一般以事故发生地点及其附近为主，根据现场的具体情况和污染水体的特性布点采样及确定采样频次。对江河的监测应在事故地点及其下游布点采样，同时要在事故发生地点上游采对照样。对湖（库）的采样点布设以事故发生地点为中心，按水流方向在一定间隔按扇形或圆形布点采样，同时采集对照样品。事故发生地点要设立明显标志，如有必要则进行现场录像和拍照。现场要采平行双样，一份供现场快速测定，另一份供送回实验室测定，如有需要，同时采集污染地点的底质样品。跟踪监测采样是当污染物质进入水体后，随着稀释、扩散和沉降作用，其浓度会逐渐降低。为掌握污染程度、范围及变化趋势，在事故发生后，往往要进行连续的跟踪监测，直至水体环境恢复正常。对江河污染的跟踪监测要根据污染物质的性质和数量及河流的水文要素等，沿河段设置数个采样断面，并在采样点设立明显标志，采样频次根据事故程度确定。对湖（库）污染的跟踪监测，应根据具体情况布点，但在出水口和饮用水取水口处必须设置采样点。由于湖（库）的水体较稳定，要考虑不同水层采样。采样频次每天不得少于 2 次。

要绘制事故现场的位置图，标出采样点位，记录发生时间、事故原因、事故持续时间、采样时间、水体感官性描述、可能存在的污染物、采样人员等事项。

4. 应急监测技术

由于事故的突发性和复杂性，当我国颁布的标准监测分析方法不能满足要求时，可等效采用 ISO、美国 EPA 或日本 JIS 的相关方法，但必须用加标回收、平行样等指标检验方法的适用性。

现场监测可使用水检测管或便携式监测仪器等快速检测手段，鉴别鉴定污染物的种类并给出定量、半定量的测定数据。现场无法监测的项目和平行采集的样品，应尽快将样品送回实验室进行检测。跟踪监测一般可在采样后及时送回实验室进行分析。

（1）感官检测法　用鼻、眼、口、皮肤等人体器官感触被检物质的存在。如氰化物具有杏仁味，二氧化硫具有特殊的刺鼻味等。很多化学物质无色无味，形态、颜色相同，并且直接伤害监测人员，对于剧毒物质绝不能用感官方法检测。

（2）动物检测法　利用动物的嗅觉或敏感性来检测有毒有害化学物质，如利用狗的嗅觉特别灵敏，利用有些鸟类对有毒有害气体特别敏感来检测有毒物。

（3）试纸法　试纸可给出某化合物是否存在的信息，以及是否超过某一浓度的信息，它的测量范围为 1～1000mg/L。把滤纸浸泡在化学试剂中后，晾干，裁成长条、方块等形状，装在密封的塑料袋或容器中，如 pH 试纸。使用时，取试纸条，浸入被测溶液中，过一定时间后取出，与标准比色板比较即可得到测试结果。试纸的缺点是有些化学试剂在纸上的稳定性较差，且测定范围及间隔较粗，主要用于高浓度污染物的测定。

测试条（棒）用于半定量测定离子及其他化合物，实际应用时遵循"浸入—停片刻—读数"程序，试纸的显色依赖于待测物的浓度，与色阶比较即可得到待测物的浓度值。半定量测试条（棒）的测量范围为 0.6～3000mg/L。

（4）侦检粉或侦检粉笔法　侦检粉主要是指一些染料，如用石英粉作为载体，加入德国汉莎黄、永久红 B 和苏丹红等染料混匀，遇芥子气泄漏时显蓝红色。侦检粉的优点是使用简便、经济，可大面积使用；缺点是专一性不强、灵敏度差，不能用于大气中有害物质的检测。侦检粉笔是一种将试剂和填充料混合，压成粉笔状，便于携带的侦检器材，它可以直接涂在物质表面或碾成粉末撒在物质表面进行检测。如用氯胺 T 和硫酸钡为主要试剂制成的侦检粉笔可检测氯化氰，画痕处由白色变红再变蓝，灵敏度达 5×10^{-6}。侦检粉笔在室温下可保存 3 年。侦检粉笔由于其表面积较小，减少了和外界物质作用的机会，通常比试纸稳定性好，也便于携带。其缺点是反应不专一，灵敏度较差。

（5）侦检片法　大部分是用滤纸浸泡或制成锭剂夹在透明的薄塑料片中密封制成。检测时，置于样品中，然后观察颜色的变化。与试纸相似，只是包装形式不同，稳定性有所改善。

（6）检测管法　检测管法是将试剂封在毛细玻璃管中，再将其组装在一支聚乙烯软塑料试管中，试管口用一带微孔的塞子塞住。使用时先将试管用手指捏扁，排出管中空气，插入水样中，放开手指便自动吸入水样，再将试管中的毛细试剂管捏碎，数分钟内显色，与标准色板比较以确定污染物的浓度。直接检测管法（速测管法）是将检测试剂置于一支细玻璃管中，两端用脱脂棉或玻璃棉等堵塞，再将两端熔封。使用前将检测管两端割断，浸入一定体积的被测水样中，利用毛细作用将水样吸入，也可连接泵抽入水样或空气样，观察颜色的变化或比较颜色的深浅和长度，以确定污染物的类别和含量。吸附检测管法是将一支细玻璃管的前端放置吸附剂，后端放置用玻璃安瓿瓶装的试剂，中间用玻璃棉等惰性物质隔开，两端用脱脂棉或玻璃棉等堵塞，再将两端熔封。使用前将检测管两端割开，用泵抽入水样或空气样使其吸附在吸附剂上，再将试剂安瓿瓶破碎，让试剂与吸附剂上的污染物作用，观察吸附剂的颜色变化，与标准色板比较以确定污染物的浓度。

（7）化学比色法　比色法利用化学反应显色原理进行分析，其优点是操作简便，反应较迅速，反应结果都能产生颜色或颜色变化，便于目视或利用便携式分光光度计进行定量测定。由于器材简单、监测成本低，所以易于推广使用。但比色法的选择性较差，灵敏度有一定的限制。

（8）便携式仪器分析法　这是近年来发展最快的领域，不仅包括用于专项测定的袖珍式检测器，而且也发展了具有多组分监测能力的综合测试仪器。通过针对常规光度计、光谱分析仪器、电化学分析仪、色谱分析仪器等小型化，已出现了多种多样的适于现场快速监测分析的便携式仪器。

（9）免疫分析法　这是一种较新的现场快速分析方法。其特点是选择性好、灵敏度高，目前已用于农药残留引起的环境化学污染事故的现场分析。

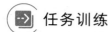 **任务训练**

> 1. 什么是环境质量连续自动监测系统？它是如何组成的？
> 2. 与目前的人工采样监测相比，水质连续自动监测有什么优点和不足？
> 3. 结合国情特点，简述在我国发展环境质量连续自动监测技术的必要性。
> 4. 应急监测技术有哪些？
> 5. 便携式监测仪器有哪些？

● 任务二　认识遥测技术 ●

遥测也称遥感技术，诞生于 20 世纪 60 年代，此后不久的 70 年代初期中国的遥感事业也开始起步。1986 年 12 月中国科学院遥感卫星地面站建成并正式运行，从此中国拥有了世界先进水平的地球资源环境航天遥感数据生产运行系统。遥感是集航空航天、微波通信、计算机信息技术、数字信号和图像处理、感光化学、软件工程等高新技术于一体的尖端科学技术，它在获取大面积同步和动态环境信息方面"快"而"全"，是其他监测手段无法比拟和完成的，因此得到了日益广泛的应用。

遥感的定义可以表述为：利用一定的运载工具，使用一定的专用仪器记录、传送并辨识远距离的物质特征。

遥感技术的应用范围主要包括国土资源调查、土地利用动态监测、农作物估产、生态环境监测、海洋污染监测、自然灾害监测与灾情评估、遥感制图以及气象观测等。其中环境污染监测也是遥感技术应用的一项重要成果。

遥感监测是一种不直接接触目标物或现象而能收集信息，对其进行识别、分析、判断的更高自动化程度的监测手段。它最重要的特征是不需要采样而直接可以进行区域性的跟踪测量，快速进行污染源的定点定位、污染范围的核定，并掌握大气生态效应，污染物在水体、大气中的分布、扩散等变化，从而获得全面的综合信息。对环境污染进行遥感监测的主要方法有摄影、红外扫描、相关光谱和激光雷达探测。

一、遥测方法

1. 照相摄影遥测

照相摄影遥测是利用安装在卫星或飞机上的摄影机来完成的，它可以对土地利用、植被面积、水体污染和大气污染状况等进行大范围的监测。其原理是基于不同物体对光（电磁波）的反射特性不同，因此就会在胶片上记录到不同颜色或色调的照片。

由于纯净水对光的反射能力相当弱，因此当水体受到污染时，在摄影底片上未污染区与污染区之间呈现很强的黑白反差。正常的绿色植物在彩色红外照片上呈鲜红色，而受污染的植物内部结构、叶绿素和水分含量将发生不同程度的变化，在彩色照片上就会呈现浅红、紫色或灰绿色等不同情况。含有不同污染物质的水体，其密度、透明度、颜色、热辐射等有差异，即使是同一污染物质，由于浓度不同，故水体反射波谱的变化反映在遥感影像上也有差异。缺氧水其色调呈黑色或暗色；水温升高改变了水的密度和黏度，彩片上会呈现淡色调异常；海面被石油污染的彩片上色调变化明显等。在大气监测中，根据颗粒物对电磁波的反射、散射特性，采用摄影遥感技术就可对其分布、浓度进行监测。

2. 热红外扫描遥测

热红外扫描遥测是利用某种仪器将接收到的监测对象的红外辐射能转换成电信号或其他形式的能量，然后加以测量，从而获得红外辐射能的波长和强度，并以此判断污染物的种类及其含量。

热红外扫描图像主要反映目标的热辐射信息，对监测工厂的热排水造成的污染很有效，无论是白天还是黑夜，在热红外照片上排热水口的位置、排放热水的分布范围和扩散状态都十分明显，水温的差异在照片上也能识别出来。因而利用热红外遥感监测能有效地探测到热污染排放源。除此之外，它还可以监测草原及森林火灾、海洋石油污染等环境灾害。

3. 相关光谱遥测

相关光谱技术目前主要用于对大气中 NO、NO_2 和 SO_2 三种有害气体分子的监测。其基本原理是：气体分子对不同波长的紫外线和可见光具有吸收作用，故可利用自然光作光源（在一些特殊场合，也可采用人工光源），使光线透过受检大气层，测量透过光的波长和强度，即可计算出污染物的含量。但为了排除测定中非受检组分的干扰作用，需要在测量仪器中加装相关器，这种技术就称为相关光谱技术。

相关器是根据某一特定污染物质吸收光谱的某一吸收带（如 SO_2 选择 300nm 左右），预先复制出的刻有一组狭缝的光谱型板，狭缝的宽度和间距与真实的吸收光谱波峰和波谷所在波长相对应，这样就可从这组狭缝中射出受检物质分子的特征吸收光谱，如图 8-7 所示。因此，在相关技术中使用的是成对的吸收光，每对吸收光波长都是邻近的，而且所选波长要使其通过受检对象时分别发生强吸收和弱吸收，这有利于提高检测灵敏度。

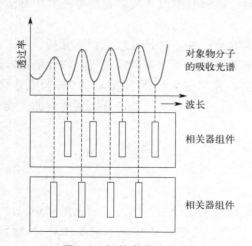

图 8-7 相关光谱法原理

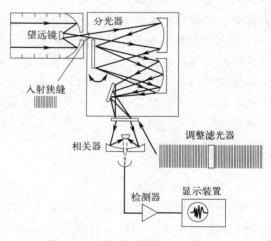

图 8-8 相关光谱遥测仪光路示意

图 8-8 是相关光谱遥测仪光路示意。相关器装在一个可旋转的盘上，通过旋转将相关器两组件之一轮换地插入光路，分别测定透过光。将这种仪器装备在汽车或飞机上，即可大范

围遥测大气污染物及其分布情况。也可以装在烟囱里侧，在其对面安装一个人工光源，用以测定烟道气中的污染物。

当需要对 NO、NO_2 和 SO_2 三种气体同时进行连续测定时，则应当在系统中装置三套相关器。监测这三种污染组分的实际工作波长范围是：SO_2 为 250～310nm；NO 为 195～230nm；NO_2 为 420～450nm。

4. 3S 技术简介

3S 技术是三项高新技术组合的总称，它包括地理信息系统（geographic information system，GIS）、遥感（remote sensing，RS）和全球卫星定位（global position system，GPS）。这三项技术形成了对地球进行空间观测、空间定位及空间分析的完整的技术体系。

（1）遥感（RS）技术　卫星遥感技术在空气污染扩散规律研究、水污染监测、海洋污染监测、城市环境生态与污染监测、环境灾害监测、全球环境监测中已取得显著成绩，卫星遥感可提供高分辨率测量结果。

（2）全球卫星定位（GPS）技术　全球卫星定位技术是 20 世纪末迅速发展起来的又一新技术，是以人造卫星组网为基础的无线电导航系统。它可在全球范围内提供全天候、连续、实时、高精度的三维位置、三维速度以及时间数据，可利用卫星技术，实时提供全球地理坐标系统。

（3）地理信息系统（GIS）技术　地理信息系统具有输入、存储、查询、检索、处理、分析、更新、输出各种空间信息的能力，是综合分析、评价和提供可持续发展环境科技决策的有效工具。它是进行国土资源调查、城乡环境规划以及环境管理与决策的重要基础。

综上所述，"3S" 技术以现代高新技术为基础，为人类全面地、综合地、系统地研究地球生态环境提供了强有力的技术保障。它揭示了岩石圈、水圈、大气圈和生物圈的相互作用及相互关系，扩大了人类的视野，加深了人们对生态环境的了解，在遥感（RS）与地理信息系统（GIS）基础上建立的数学模型，为定量化分析奠定了基础。利用 "3S" 技术对环境进行监测，可获取生态环境变化的基本数据和图像资料，提供沙漠化进程、土地盐渍化和水土流失的情况，生态环境恶化状况，以及工业废水和生活污水对水体的污染、石油对海洋的污染等基本状况和发展程度的数据与资料，为环境管理与治理进行科学决策提供了依据。建立国家环境信息系统，"3S" 技术是重要支撑，也是保证国民经济持续稳定发展的重要措施。

二、遥测实例

1. 水污染遥测技术

对水污染进行大范围实时监测是遥感技术应用的一个重要方面，它主要应用热红外扫描遥测技术。其应用实例有海洋赤潮监测、湖泊水质监测、河流无机物污染监测、水体叶绿素含量监测、海洋石油泄漏污染监测等。

近年来，各大海域相继出现大面积赤潮现象，并且出现次数呈明显的上升趋势。自然资源部在沿海重要养殖区设立了 10 个赤潮监控区，利用船舶、海监飞机和卫星遥感等技术手段在近海海域实施了高密度、高频率的监测，提高了赤潮的发现率。2002 年，全海域共发现赤潮 79 次，累计面积超过 $10000km^2$。其中，在赤潮监控区内发现赤潮 21 次，累计面积 $2700km^2$，监控区内赤潮的发现率为 100%。东海海域共发现赤潮 51 次，累计面积超过

$9000km^2$；黄海、渤海海域共发现赤潮 17 次，累计面积近 $600km^2$；南海海域发现赤潮 11次，累计面积约为 $540km^2$。

2. 城市生态环境遥测技术

遥感监测技术在城市生态环境监测中的应用也相当广泛，其监测实例有大气污染物监测、城市扩展动态监测、城市绿化动态监测、土地利用动态变化监测、城市热岛现象监测等。

如天津海河热污染调查利用多级、多时相的红外扫描图像上呈现的热污染源的位置、热水扩散状况和范围，结合地面观测，查明了海河热污染状况。海河全线 79km 共有热污染源 23 个，热排水口 40 个。通过对热污染状况所做的分段分级评价，新红桥-解放桥区段为轻度热污染河段，解放桥-邢家圈区段为严重热污染河段，邢家圈-葛沽区段为中度热污染河段，葛沽-新河船厂区段为无热污染河段，新河船厂-海河闸区段为严重热污染河段。

3. 全球环境变化遥测技术

全球环境变化是目前全人类最关注的问题，也是遥感监测技术应用的重点领域。其监测实例有气象预报、土地沙漠化、土地盐碱化、土壤湿度、地表辐射温度、海洋叶绿素、海冰监测、水体面积变化、草场退化、臭氧层破坏、大气温室效应、地表积雪覆盖、地表植被覆盖等。

距地面 15～50km 高度的大气平流层，集中了地球上约 90% 的臭氧，这就是"臭氧层"。气象卫星的探测资料表明，臭氧减少的区域位于南极点附近，呈椭圆形，而且范围越来越大，1985 年已相当于美国国土面积，这一现象被称作"南极臭氧洞"。南极臭氧洞的出现、扩大和加深，引起了人们的极大关注。

4. 自然灾害监测预报

严重的自然灾害往往会给一个国家和地区造成巨大的经济损失与人员伤亡，利用遥感监测技术就能够对灾害的发生做出提前预报，从而最大限度地减轻灾害所造成的损失。这方面的监测实例有洪涝灾害、沙尘暴灾害、森林及草原火灾、干旱、风灾、虫灾、雾灾、泥石流滑坡等。

1985 年 8 月，中国东北三省受到 6 号、8 号、9 号强台风的袭击，河水暴涨，泛滥成灾。由于气象部门根据卫星云图及早地做出了准确的预报，减少了损失。

1986 年 4 月 21 日 14 时，中国气象局卫星气象中心根据卫星红外云图的分布，及时发现了内蒙古兴安盟地区长 70～80km、宽 25km 的森林大火。为及时扑灭山火发挥了不可替代的作用。

 任务训练

1. 遥感的定义是如何表述的？

2. 为什么说遥感技术是一种多学科综合的尖端科学技术？它与传统的监测方法相比较有哪些突出的优点？

3. 什么是"3S"技术？它有什么特点？

4. 遥感监测技术可以细分为哪些不同的种类？分别用于监测什么对象？

5. 你认为遥感监测技术是否终将会取代现有的环境监测方法？理由是什么？

【项目概要】

一、基本知识

1. 连续自动监测系统的组成：（1）水体污染连续自动监测系统的组成；（2）大气污染连续自动监测系统的组成。

2. 连续自动监测项目：（1）水体污染连续自动监测项目；（2）大气污染连续自动监测项目。

3. 常用连续自动监测仪器：（1）水体污染连续自动监测仪器；（2）大气污染连续自动监测仪器。

4. 遥测技术：（1）照相摄影遥测；（2）热红外扫描遥测；（3）相关光谱遥测；（4）激光雷达遥测；（5）3S技术。

二、环境监测和环境监测技术的发展是永远不会停止的，高新的监测技术的出现极大地推动环境监测事业特别是环境保护工作的发展。它将对保护人类环境、坚持可持续发展的道路做出极大的贡献。

附　录

● 附录一　常用元素的原子量 ●

原子序数	元素名称	符号	原子量	原子序数	元素名称	符号	原子量
1	氢	H	1.00794	47	银	Ag	107.8682
2	氦	He	4.002602	48	镉	Cd	112.411
3	锂	Li	6.941	49	铟	In	114.82
4	铍	Be	9.012182	50	锡	Sn	118.710
5	硼	B	10.811	51	锑	Sb	121.75
6	碳	C	12.011	52	碲	Te	127.60
7	氮	N	14.00674	53	碘	I	126.90447
8	氧	O	15.9994	54	氙	Xe	131.29
9	氟	F	18.9984032	55	铯	Cs	132.90543
10	氖	Ne	20.1797	56	钡	Ba	137.327
11	钠	Na	22.989768	57	镧	La	138.9055
12	镁	Mg	24.3050	58	铈	Ce	140.115
13	铝	Al	26.981539	59	镨	Pr	140.90765
14	硅	Si	28.0855	60	钕	Nd	144.24
15	磷	P	30.973762	61	钷	Pm	〔145〕
16	硫	S	32.066	62	钐	Sm	150.36
17	氯	Cl	35.4527	63	铕	Eu	151.965
18	氩	Ar	39.948	64	钆	Gd	157.25
19	钾	K	39.0983	65	铽	Tb	158.92534
20	钙	Ca	40.078	66	镝	Dy	162.50
21	钪	Sc	44.955910	67	钬	Ho	164.93032
22	钛	Ti	47.88	68	铒	Er	167.26
23	钒	V	50.9415	69	铥	Tm	168.93421
24	铬	Cr	51.9961	70	镱	Yb	173.40
25	锰	Mn	54.93805	71	镥	Lu	174.967
26	铁	Fe	55.847	72	铪	Hf	178.49
27	钴	Co	58.93320	73	钽	Ta	180.9479
28	镍	Ni	58.69	74	钨	W	183.85
29	铜	Cu	63.546	75	铼	Re	186.207
30	锌	Zn	65.39	76	锇	Os	190.2
31	镓	Ga	69.723	77	铱	Ir	192.22
32	锗	Ge	72.61	78	铂	Pt	195.08
33	砷	As	74.92159	79	金	Au	196.96654
34	硒	Se	78.96	80	汞	Hg	200.59
35	溴	Br	79.904	81	铊	Tl	204.3833
36	氪	Kr	83.80	82	铅	Pb	207.2
37	铷	Rb	85.4678	83	铋	Bi	208.98037
38	锶	Sr	87.62	84	钋	Po	〔210〕
39	钇	Y	88.90585	85	砹	At	〔210〕
40	锆	Zr	91.224	86	氡	Rn	〔222〕
41	铌	Nb	92.90638	87	钫	Fr	〔223〕
42	钼	Mo	95.94	88	镭	Ra	226.0254
43	锝	Tc	98.9062	89	锕	Ac	227.0278
44	钌	Ru	101.07	90	钍	Th	232.0381
45	铑	Rh	102.90550	91	镤	Pa	231.03588
46	钯	Pd	106.41	92	铀	U	238.0289

● 附录二　特殊要求的纯水 ●

1. 无氯水

利用亚硫酸钠等还原剂将水中余氯还原成氯离子，用联邻甲苯胺检查不显黄色。然后用附有缓冲球的全玻璃蒸馏器（以下各项的蒸馏同此）进行蒸馏制得。

2. 无氨水

加入硫酸至 pH<2，使水中各种形态的氨或胺均转变成不挥发的盐类，然后用全玻璃蒸馏器进行蒸馏制得。但应注意避免实验室空气中存在的氨重新污染。还可利用强酸性阳离子树脂进行离子交换，得到较大量的无氨水。

3. 无二氧化碳水

将蒸馏水或去离子水煮沸至少 10min（水多时）或使水量蒸发 10%以上（水少时），加盖放冷即可。或用惰性气体或纯氮通入蒸馏水或去离子水中至饱和。

4. 无铅 (重金属) 水

用氢型强酸性阳离子交换树脂处理原水即得。所用储水器事先应用 6mol/L 硝酸溶液浸泡过夜，再用无铅水洗净。

5. 无砷水

一般蒸馏水和去离子水均能达到基本无砷的要求。制备痕量砷分析用水时，必须使用石英蒸馏器、石英储水瓶等器皿。

6. 无酚水

（1）加碱蒸馏法　加氢氧化钠至水的 pH 值大于 11，使水中的酚生成不挥发的酚钠后蒸馏即得；也可同时加入少量高锰酸钾溶液至水呈红色（氧化酚类化合物）后进行蒸馏。

（2）活性炭吸附法　每 1L 水加 0.2g 活性炭，置于分液漏斗中，充分振摇，放置过夜，用中速滤纸过滤即得。

7. 不含有机物的蒸馏水

加入少量高锰酸钾碱性溶液（氧化水中有机物），使水呈紫红色，进行蒸馏即得。若蒸馏过程中红色褪去应补加高锰酸钾。

参考文献

[1]   王寅珏. 环境监测与分析. 北京：化学工业出版社，2018.

[2]   奚旦立. 环境监测. 5版. 北京：高等教育出版社，2021.

[3]   化学工业部. 大气污染监测方法. 北京：化学工业出版社，1986.

[4]   中国环境监测部站. 环境水质量监测保证手册. 2版. 北京：化学工业出版社，1994.

[5]   中国标准出版社第二编辑室. 噪声测量或放射性物质测定方法国家标准汇编. 北京：中国标准出版社，1997.

[6]   环境监测管理和环境质量监测分析方法标准实务全书. 北京：科学技术文献出版社，1998.

[7]   周新祥. 噪声控制及应用实例. 北京：海洋出版社，1999.

[8]   中国标准出版社第二编辑室. 中国环境保护标准汇编. 废气废水废渣分析方法. 北京：中国标准出版社，2001.

[9]   梁红，李理. 环境监测. 新一版. 武汉：武汉理工大学出版社，2015.

[10]   李弘. 环境监测. 2版. 北京：化学工业出版社，2020.

[11]   周中平，赵寿堂，朱立，等. 室内污染检测与控制. 北京：化学工业出版社，2002.

[12]   吴忠标. 环境监测. 北京：化学工业出版社，2003.

[13]   齐文启，孙宗光，边归国. 环境监测新技术. 北京：化学工业出版社，2004.

[14]   奚旦立，孙裕生，刘秀英. 环境监测. 3版. 北京：高等教育出版社，2004.

[15]   赵育. 环境监测. 2版. 北京：中国劳动社会保障出版社，2019.

[16]   金朝晖. 环境监测. 天津：天津大学出版社，2007.

[17]   孙宝盛，单金林，邵青. 环境分析监测理论与技术. 2版. 北京：化学工业出版社，2007.

[18]   周正立，张悦，鲁战明. 污水处理剂与污水监测技术. 北京：中国建材工业出版社，2007.

[19]   孙春宝. 环境监测原理与技术. 北京：机械工业出版社，2007.

[20]   刘德生. 环境监测. 2版. 北京：化学工业出版社，2008.

[21]   张宝军. 水环境监测与评价. 北京：高等教育出版社，2008.

[22]   [英]里夫. 环境监测基础. 张勇，译. 北京：化学工业出版社，2009.

[23]   杨若明，金军. 环境监测. 北京：化学工业出版社，2009.

[24]   蔡宝森. 环境统计. 2版. 武汉：武汉工业大学出版社，2009.

[25]   李广超. 环境监测. 北京：化学工业出版社，2010.

[26]   李弘. 环境监测技术. 2版. 北京：化学工业出版社，2014.

[27]   张欣. 环境监测. 北京：化学工业出版社，2014.

[28]   陈玲，赵建夫. 环境监测. 2版. 北京：化学工业出版社，2014.

[29]   王海芳. 环境监测. 北京：国防工业出版社，2014.

[30]   俞继梅. 环境监测技术. 北京：化学工业出版社，2014.

[31]   孙福生. 环境分析化学. 北京：化学工业出版社，2014.